Feine Würze Dioxin

Erich Schöndorf

Feine Würze Dioxin

BAD VILBELER BUCHVERLAG

© 2002 Bad Vilbeler Buchverlag
Dr. Erich Schöndorf
An der Pfingstweide 16, 61118 Bad Vilbel
Alle Rechte vorbehalten
Titelfoto: Tobias Eisenberg, Gießen
Cover: Volker Zapke, Grafik-Design, Engelskirchen
Autorenfoto: Andreas Varnhorn, Frankfurt/M.
Satz: Ole Schöndorf, Carsten Prull
Herstellung: Druckwerkstatt Schmidtstrasse Bremen

ISBN 3-00-010357-0

Inhalt

Vorbemerkung

Der vorliegende Roman spielt in der Zukunft. Alle seine Personen und Handlungen sind frei erfunden. Ähnlichkeiten mit der Wirklichkeit wären rein zufällig und sind nicht beabsichtigt. Zusammengesetzt ist die Geschichte allerdings aus zahlreichen authentischen Einzelelementen. Die naturwissenschaftlichen Fakten sind korrekt dargestellt.

Das Buch will auf die Gefahren aufmerksam machen, die der Gesellschaft durch ihren fortschreitenden moralischen Verfall drohen. Und es will daran erinnern, dass technischer Fortschritt ebenso wie wirtschaftliche Macht einer konsequenten Kontrolle bedürfen, ohne die sie zum alles vernichtenden Monster werden.

Ein Großstadtmorgen

Die Männer laufen über den Bürgersteig des Oederwegs stadteinwärts. In Höhe des Penny-Marktes wechseln sie die Straßenseite, um knapp 100 Meter weiter in die Germaniastraße einzubiegen. Sie laufen mit weit ausholenden Schritten und ihre Geschwindigkeit sowie der Lärm, den ihre metallbeschlagenen Stiefel verursachen, wenn sie auf die harten Verbundsteine des Gehwegs treffen, gibt ihnen etwas Gefährliches. Es ist Donnerstag Morgen, kurz nach 9.30 Uhr, ein freundlicher Frühherbsttag. Auf den Straßen im Stadtteil Bornheim ist noch alles ruhig. Wenige Einkäufer nur sind unterwegs, und die Studenten, die hier zahlreich wohnen, liegen, weil Semesterferien sind, noch in den Federn.

Auf der Germaniastraße benutzen die Läufer die Fahrspur, denn die schmalen Gehsteige sind zugeparkt. Ihre Schritte werden jetzt langsamer. Einem der dreien fällt es immer schwerer, Anschluss zu halten.

„Wartet doch!", keucht er.

„Wir halten die Tür auf", ruft der Führende zurück und versucht mit aller Macht, seine Geschwindigkeit zu halten.

Ihr Ziel ist die Straßenbahnhaltestelle an der Rothschildallee, Ecke Burgstraße. Als sie 300 Meter davon entfernt sind, hören sie hinter sich die Bahn kommen. Sie verschärfen noch einmal ihr Tempo, aber dann sind die zwei Graffiti-bemalten Wagen schon an ihnen vorbei und gleich darauf in die Haltestelle eingefahren. Es reicht nicht mehr. Auch diesmal haben sie verloren.

„Scheiße!", brüllt der Anführer. Die Bahn hätte ihre Rettung bedeutet. Eine Viertelstunde später wären sie an der Hauptwache in das Gewühl der Schnäppchenjäger eingetaucht und vor jeder Verfolgung sicher gewesen. Erst einmal jedenfalls. Aber Menschen wie Klaus Bredow und seine Freunde Kevin Moos und Patrick Minkel denken nicht weiter. Dass die Überwachungskamera in der Nebenstelle der Dresdner Bank gestochen scharfe Bilder von ihnen gemacht hat, dass ihre Pudelmützen viel zu klein waren, um ihre Identifizierung zu verhindern, das kommt ihnen nicht in den Sinn. Da können sie eigentlich nur noch von Glück reden, dass sie ohne Beute verschwinden mussten, weil eine ausgeflippte Rentnerin wild schreiend den gesamten Kundenraum in Panik versetzt und sie binnen Sekunden entmutigt hatte. Denn das Geld, das man ihnen gegeben hätte, wäre Falschgeld und zudem mit einer Sprengladung gesichert gewesen, die exakt drei Minuten nach der Übergabe in die Luft gegangen wäre.

Jetzt stehen sie keuchend auf dem Gehweg vor dem Eingang zu einem Bürokomplex und wissen nicht weiter. Sekunden später die ersten Martinshörner. Sie kommen aus der Stadt und sie nähern sich rasch.

Bald sehen die Männer am Ende der Germaniastraße das zuckende Blaulicht von zwei oder drei Wagen. Sie drängen in den Eingang des Bürogebäudes. Die Wagen rasen vorbei.

„Weiter", ruft der Anführer, „wir warten auf die nächste Bahn."

Die nächste Bahn wird in einer Viertelstunde kommen. Gerade sind sie losgelaufen, hören sie erneut das wilde Jaulen eines Polizeiwagens, jetzt aus der entgegengesetzten Richtung. Die Beamten, die in diesem Wagen sitzen, haben sie möglicherweise schon gesehen, die Fahndung noch im Ohr, nach der die drei Täter zu Fuß geflüchtet sind.

„Rechts!", schreit der Anführer und biegt abrupt auf den Schulhof der Käthe-Kollwitz-Schule ein, die unmittelbar an den Bürokomplex anschließt. Die Komplizen folgen automatisch.

Das Hauptgebäude, aus rotem Ziegel gemauert, steht zurückgesetzt und ist über eine breite fünfstufige Treppe erreichbar. Seitlich davon, auf dem ehemals großzügig bemessenen Schulhof, stehen gut ein halbes Dutzend Container – Ersatzräume, denn das alte Gebäude ist zu klein geworden für die vielen Schüler aus den türkischen und marokkanischen Familien, die in den Stadtteil gezogen sind.

Instinktiv steuert Klaus Bredow auf die Container zu. Eine große Alu-Tür ist sein Ziel. Ein kurzer Ruck und er steht 23 Kindern und einer Lehrerin gegenüber. Dicht hinter ihm folgen seine beiden Komplizen.

Die Schüler der Klasse 5d sind vor Schreck wie gelähmt.
„Was wollen Sie hier?", schreit die junge Lehrerin. „Raus! Machen Sie, dass Sie rauskommen!" Träumt sie oder soll das der GAU sein? Sekunden später ist die Frage beantwortet. Klaus Bredow schlägt ihr mit der Pistole ins Gesicht. „Hinsetzen und Maul halten!" Dann öffnet sich die Tür zum Nachbarcontainer und die Lehrerin der 10b stürmt in den Klassenraum. „Mein Gott ..."
„Tür zu und hinsetzen!", schreit Klaus Bredow, während er die Pistole auf sie richtet.

Draußen sind die ersten Polizeibeamten hinter ihrem Streifenwagen in Deckung gegangen. Kevin Moos beobachtet sie durch das schmale Fenster des Containers. Dann öffnet er die Tür einen Spalt weit. „Haut ab! Sofort! Sonst passiert ein Unglück. Wir sind bewaffnet!" Dabei streckt er die Hand mit seiner Pistole aus dem Türspalt.
„Okay", ruft einer der Beamten. „Wir fahren wieder raus." Mit erhobenen Händen steigen die beiden Polizeibeamten in ihren Wagen und verlassen rückwärts fahrend den Schulhof. Während vor dem Eingang immer mehr Streifenwagen eintreffen und die Luft vom Gejaule der Martinshörner vibriert, rennen die drei Männer kopflos im Klassenraum hin und her. Ihre Slogans, die sie den Kindern und den beiden Lehrerinnen entgegenschreien, haben sie aus dem Fernsehen. „Ruhig sitzen bleiben!" „Wenn ihr Scheiße baut, schießen wir!" „Wer abhaut, wird umgelegt!"
Klaus Bredows Blick fällt auf das Telefon an der Wand neben der Tafel. „Du", keucht er und zeigt mit der Pistole auf die Lehrerin der 5d, „ruf den Direktor an und sag, dass keiner versuchen soll, hier herein zu kommen. Sag ihm, dass wir bewaffnet sind und keinen Spaß verstehen."
Zitternd geht die junge Lehrerin zum Haustelefon. 2400 – den Anschluss kennen sie alle.
„Herr Koep, hier sind ..."

„Ich weiß schon Bescheid", redet der Direktor beruhigend auf sie ein, „regen Sie sich nicht auf."

„Sie haben Pistolen. Niemand darf zu uns kommen, sonst ..."

„Haben Sie keine Angst. Wir werden alles tun, damit niemandem etwas geschieht. Ihre Kollegin aus dem Nachbarraum ist auch bei Ihnen?"

„Ja." Dann unterbricht Klaus Bredow mit einem Druck auf die Gabel die Verbindung.

Die drei Geiselnehmer stammen aus dem Stadtteil Preungesheim. Dort in der Jaspertstraße sind sie geboren und aufgewachsen. Ihr Viertel heißt unter Sozialwissenschaftlern Sozialer Brennpunkt und die Polizisten sprechen einfach vom Knast-Ghetto, weil es nur wenige hundert Meter vom Gefängnis entfernt liegt, und auch, weil mancher aus dem Viertel dort Quartier genommen hat. Die Reihenhäuser des sozialen Wohnungsbaus, gelb und grün gestrichen und mit weißen Birken umstanden, liegen eigentlich ganz idyllisch, wenn die Bewohner dafür noch einen Blick hätten. Aber den haben sie nicht. Sie gehören ausnahmslos zu den Habenichtsen. Arm in jeder Beziehung: ohne Arbeit, ohne Ausbildung und Bildung, ohne Perspektive. Drogen füllen die Lücken. Die Menschen saufen, und wer es sich leisten kann, drückt Heroin oder raucht Crack. Soziales Verhalten lernt man unter diesen Bedingungen nicht. Gewalt ist an der Tagesordnung, die Faust der beliebteste Problemlöser. Keiner der drei Geiselnehmer, die nach dem missglückten Raubüberfall auf die Zweigstelle der Dresdner Bank am Platz der Republik in die Schule geflüchtet sind, kennt seinen Vater. Alle haben sie Stiefväter, die ausnahmslos diesen Namen nicht verdienen. Als Alkoholiker, allein mit sich und ihren Problemen beschäftigt und selbst damit noch überfordert, sind die nicht ansatzweise in der Lage, die Ansprüche zu erfüllen, die die jungen Leute an ihre Ersatzväter stellen – auf der Suche nach Geborgenheit und nach Vorbildern. Als Kevin Moos, mit 18 der Jüngste der drei, im vergangenen Jahr mit seinem „Vater" vor dem Fernseher saß und sie über Fußball diskutierten, da gab der ihm eine schallende Ohrfeige, nachdem der Junge sich als Bayern München-Fan zu erkennen gegeben hatte – der Ältere so unfertig wie der Junge. Kevin Moos war daraufhin weggelaufen, drei Tage lang war er saufend durch die Stadt gezogen, nachdem seine kleine Welt, in der es endlich einen Vater gegeben hatte, wieder einmal zusammen gebrochen war.

In der Rosmannitterstraße 12, einem leidlich in Stand gesetzten Altbau nicht weit vom Main entfernt, warten auch an diesem Vormittag zwei Dutzend junge Männer und eine Frau auf den Fall der Fälle. Seit 1972 gibt es ihre Einheit, seit dem Jahr der Olympischen Spiele in München, als bei einem Überfall palästinensischer Terroristen auf die Unterkunft der israelischen Sportler 17 Menschen, darunter ein Polizist und alle neun Geiseln, starben. Dieses Drama war notwendig, um die Verantwortlichen von etwas zu überzeugen, was andere schon längst wussten: dass man für besondere Aufgaben auch besonderes Personal braucht.

Der Alarm läuft um 11.14 Uhr auf. Polizeihauptkommissar Kämmerling sitzt heute am roten Telefon. Schon nach dem ersten Klingelzeichen nimmt er den Hörer ab. Der Lagebeamte im Polizeipräsidium hat einen Auftrag und Sekunden später signalisieren hektische Huptöne und eine Lautsprecheransage, dass es wieder einmal soweit ist: Geiselnahme, diesmal – besonders brisant – in einer Schule. Um 11.17 Uhr verlassen die ersten drei 280 PS-Wagen den Standort. Die Männer tragen die speziell für solche Einsätze konzipierte Kleidung: schwarze Overalls, schwarze Gesichtsmasken, Springerstiefel und kohlefaserverstärkte Titanhelme. Alle sind darüber hinaus mit Speziallangwaffen ausgerüstet, Präzisionsgewehre, die vor allem eins können: punktgenau treffen. Die zweite Hälfte des Kommandos benutzt den Mannschaftswagen, und sie wird nicht viel später vor Ort sein, denn auch er ist frisiert und verfügt über mehr als 200 Pferdestärken.

Die Vorhut hat Blaulicht und Martinshorn gesetzt. Hinter der Kreuzung Mainzer Landstraße/Borsigallee schaltet sie ihre Sondersignale aus. Geiselnahmen sind Nervensache – vor allem auf der Täterseite. Die reagiert unter Stress leicht falsch und Polizeisirenen können das betreffende Klientel schnell nervös machen. Die letzten zwei Kilometer werden dennoch zügig zurückgelegt, denn die Beamten bahnen sich mit Polizeikellen und Hupen den Weg über rote Ampeln und über verstellte Kreuzungen.

Währenddessen spielen die Beamten des Spezialeinsatzkommandos, wie die Sonderabteilung der Polizei offiziell heißt, das zigfach geübte Ritual. Sie konzentrieren sich auf das, was in wenigen Minuten kommen kann. Abschalten gegen die äußeren Reize. Besinnung auf die eigenen Fähigkeiten. Du bist cool. Was jetzt kommt, ist deine Sache. Du bist ihr gewachsen. Du wirst heute wieder gewinnen. Runter mit Blutdruck und Puls. Nur dann kann man optimal reagieren und optimal entscheiden. Zum Beispiel, ob sie den Täter nur kampfunfähig schießen oder töten. Diese Entscheidung ist abhängig von der konkreten Gefahrensituation und sie kann nur vom Beamten selbst getroffen werden. Das haben sie oft geübt, aber davor werden sie immer wieder Angst haben.

Man lotst ihre Wagen auf den Parkplatz hinter der Schule. Danach laufen die Männer durch die alten Gebäude vor zum Container-Bereich. Strategisch ist das keine gute Situation. Die Gebäude, in denen sich die Geiselnehmer verschanzt haben, sind vom Haupttrakt aus nur schwer einzusehen. Einsatzleiter Kämmerling lässt sich vom Rektor den Übersichtsplan geben.
    „Gibt es unter- oder überirdische Zugänge zu den Containern?"
    „Nein. Das sind Kästen, die einfach dort aufgestellt wurden. Es existieren jeweils nur eine Außen- und eine Zwischentür."
Schlechte Karten für das SEK.

Im Container herrscht jetzt eine Mischung aus Professionalität und Dilettantismus. Der Anführer hat die Übersicht behalten und die Nerven. Seine jüngeren Kumpels dagegen laufen hektisch hin und her und schreien wirres Zeug. Der Boss befiehlt den Kindern, sich in einer Doppelreihe vor die Fensterfront zu setzen. Ein menschlicher Schutzwall, eine bewährte Sache, davon waren erst kürzlich die Zeitungen voll. Die zwei Lehrerinnen bleiben in der Nähe der Geiselnehmer. Dann geht der Wortführer zum Telefon und wählt die Nummer des Direktors.

„Hören Sie", sagt er, „wenn sich irgendjemand dem Container nähern sollte, gibt es hier Tote!"

„Machen Sie bitte keine Dummheiten", sagt der Schulleiter flehend. „Die Polizei wird alles tun, was Sie wollen!"

Dann bricht der Telefonkontakt ab. Die Polizei hat die Leitungen gekappt. Man wird sich ab jetzt nur noch über Megaphon unterhalten. Dazu müssen die Gangster ihren Verschlag öffnen. Wenn auch nur um einen Spalt. Das kann eine kleine Chance bedeuten.

Polizeihauptkommissar Kämmerling wägt die Möglichkeiten ab. Eine verwegene Lösung: Ran an die Container. Blendgranaten werfen. Oder ablenken durch Schusswaffengebrauch, vielleicht auch durch einen Hubschrauber über dem Dach. Dann schnell an die Längsseite, Türen und Fenster aufsprengen und in die Gebäude.

Der Hauptkommissar weiß, dass er die Manpower dafür hat. Seine Leute sind die Besten der Besten. Die meisten jünger als 30. Eine Auslese. Auf jeden der Beamten kommen neun, die die Eignungsprüfung nicht bestanden haben. Alle sind sie körperlich topfit. Und das müssen sie auch sein, denn das Verbrechen, mit dem sie es in der Regel zu tun haben, ist zwar dumm, aber stark. Ulrich Kämmerling kann sich allerdings nicht nur auf Bizeps stützen. Seine Leute sind Allround-Spezialisten. Sind auch mental Spitze. Stundenlang unbeweglich am Einsatzort stehen, auf den Täter warten oder auf die Gelegenheit zum Zugriff. Dann – sekundenschnell – explodieren. Das können nicht viele, sondern nur auserwählte. Seine Leute gehören dazu.

Und sie gehören zu denen, die im mitmenschlichen Umgang geschult sind. Auch ein Umstand, der das Unternehmen „Container" erfolgreich machen könnte. Einer für alle – alle für einen. Seine Leute arbeiten stets für die gemeinsame Sache, sie sind teamfähig.

Rambos – der Polizeihauptkommissar kann das Wort nicht mehr hören – wären hier völlig fehl am Platz. Alle sozialen Bedingungen müssen stimmen. Partnerschaftsprobleme sind ein Ausschlusskriterium. Wer sich um zehn Uhr noch mit seiner Ehefrau zankt – um das Sorgerecht für die Kinder zum Beispiel oder um die Frage, warum die Liebe ein Verfallsdatum hat –, der kann zwei Stunden später nicht die Zehntelsekunde abpassen, in der er mit seinem Schuss die Geisel rettet. Bei allen zweifelhaften Kandidaten hat der Hauptkommissar seine Auffassung durchgesetzt. Nichteinstellung oder Rausschmiss.

PHK Kämmerling kann sich die Lösung aber auch anders vorstellen. Parallel zur Containerfront steht auf der südlichen Seite des Schulhofs ein vierstöckiges Wohnhaus. Von dort könnte man die Klassenräume unter Feuer nehmen. Sinn würde das allerdings nur machen, wenn man die Jalousien der Container-Fenster öffnen könnte. Die nämlich sind geschlossen. Der Hauptkommissar erkundigt sich beim Rektor. Studiendirektor Koep holt den technischen Leiter herbei.

„Über die zentrale Steuerung sind die Läden zu öffnen. Das geht schnell und ist relativ geräuschlos."

Die Schule hat die Eltern verständigt. Mit Taxen und Privatwagen erscheinen sie jetzt am Tatort. Streifenpolizisten weisen ihnen den Weg auf den großen Parkplatz am hinteren Ende der Gebäude. In der Aula werden sie von Lehrern und entsprechend geschulten Beamten betreut. Der Polizeipräsident, der mittlerweile auch vor Ort ist, beruhigt sie: „Wir werden alles tun, um die Geiselnahme so schnell wie möglich zu beenden." Und er sagt auch: „Wir sind auf solche Situationen vorbereitet. Wir wissen, was man tun muss." Den Eltern hilft das in ihrer Verzweiflung kaum.

„Ist Haferbeck verständigt?", fragt der Einsatzleiter.

„Gerade angekommen."

Der Polizeipsychologe spielt stets eine Schlüsselrolle in Fällen dieser Art. Denn er beurteilt die Gefährlichkeit der Täter, bewertet das Risiko, das sie für die Opfer darstellen. Davon hängt die Polizeitaktik ab. Ob verhandelt wird, wie verhandelt wird, mit welchem Ziel verhandelt wird oder ob vielleicht schon gleich und schnell geschossen wird. Fünf Jahre war der Beamte bei der Polizei in Chicago tätig. Er hat viele einschlägige Erfahrungen gesammelt, die man aber, wie er immer wieder betont, nicht ohne weiteres auf deutsche Verhältnisse übertragen kann. Nur soviel gilt überall: Je niedriger die Schichtzugehörigkeit, um so schneller schießen die Täter. Perspektivlosigkeit und Verzweiflung machen risikobereit und rücksichtslos.

Udo Haferbeck benötigt Infos zu den Tätern. Die gibt es zunächst nicht. Dann aber haben die Spezialisten des Erkennungsdienstes Erfolg. Beim Vergleich der Fotos, die die Überwachungskamera in der Sparkassenfiliale am Morgen geschossen hat, mit den Beschuldigtenaufnahmen ihrer Lichtbildkartei können sie die Täter identifizieren. Drei hinlänglich bekannte Loser aus dem Ghetto. Wenig später hat der Psychologe auch die Polizeiakten über die Geiselnehmer in der Hand. Es ist umfangreiches Material und damit sieht es nicht gut aus.

„Sie werden sich bald melden.", sagt der Psychologe.

„Und einen Fluchtwagen verlangen", ergänzt der Einsatzleiter.

Haferbeck schüttelt den Kopf. „Der Fluchtwagen kommt später. Zuerst werden sie Bier und Schnaps ordern. Oder gibt es im Klassenraum alkoholische Getränke?"

„Natürlich nicht", wehrt sich der Schulleiter.

„Die drei sind alkoholabhängig?"

„Ziemlich stark sogar, der jüngere ist zudem Heroinkonsument. Sie dürften unmittelbar vor dem Überfall noch etwas getrunken haben, das ist jetzt drei Stunden her, dann kommt gleich der Entzug."

„Was sollen wir machen?"

„Geben Sie ihnen den Alkohol. Ich weiß zwar nicht, wie sie darauf reagieren. Aber prinzipiell sind solche Leute unter Entzug gefährlicher als unter Drogen."

Der Schulleiter meldet sich noch einmal zu Wort: „Ich bitte Sie um alles in der Welt, Herr Kommissar, beenden Sie dieses Drama so schnell wie möglich. Ich sage das nicht wegen meinen Lehrern. Ich sage das vor allem wegen den 30 Kindern. Wenn sie noch länger in dieser Situation verbleiben, sind sie krank für ihr restliches Leben. Keine Therapie kann dann noch etwas ausrichten." Dass er damit richtig liegt, wissen alle hier.

Einsatzleiter Kämmerling spricht jetzt über das Megaphon. Die

Polizei wird nicht eingreifen. Sie sollen bitte den Geiseln nichts tun und ihre Forderungen vortragen. Man wird ihnen selbstverständlich entgegenkommen. Verhandelt werden muss allerdings über den Hof, das Haustelefon ist aufgrund eines technischen Defekts leider ausgefallen.

Dann öffnet sich die Tür einen Spalt weit. Einen Kasten Bier will man und zwei Flaschen Tequila. Und schnell, sonst garantiert man für nichts.

Die Antwort der Polizei kommt prompt. Man wird sich beeilen, aber zehn Minuten dauert es noch, denn die Getränke müssen erst im Supermarkt an der Ecke besorgt werden. Und wenn dort kein Tequila vorrätig ist?

„Wodka!", schallt es autoritär durch die erneut geöffnete Tür.

Udo Haferbeck hat an einem kleinen Tisch im Flur die Akten noch einmal studiert. Jetzt springt er auf und kommt auf den Hauptkommissar zu, der gerade das Megaphon abgesetzt hat und vom Fenster zurückgegangen ist.

„Ich fürchte, wir haben ein Problem", sagt der Psychologe.

Der Einsatzleiter macht den Nacken steif.

„Da gibt es ganz markante Auffälligkeiten im Vorstrafenregister der drei. Tierschutzdelikte nämlich und Brandstiftung."

„Was schließen Sie daraus?"

„Mir ist das beim ersten Durchsehen gar nicht aufgefallen. Sie haben Katzen und Hunde gefangen, an ihr Auto gebunden und zu Tode geschleift. Mehrfach, mit 14 Jahren schon. Als sie deswegen im Tierheim gemeinnützige Arbeit leisten mussten, haben sie einen Hund stranguliert und mit seiner Leine am Gitter aufgehängt. Überall steht: keine Reue, keine Einsicht, ohne Gefühl."

„Nun haben wir es ja hier nicht mit Tieren zu tun."

„Das ist soweit richtig. Aber im vergangenen Jahr haben die drei im katholischen Pfarrhaus auch noch Feuer gelegt. Diese Kombination ist heiß. Studien in den Vereinigten Staaten sagen, dass danach mit 80-prozentiger Wahrscheinlichkeit Tötungsdelikte am Menschen folgen. Wenn noch Bettnässen hinzu käme, wären es 90 Prozent, aber da gibt es keine Erkenntnisse. Ich glaube nicht, dass außerhalb der Staaten etwas anderes gilt."

„Sicher?"

„Ziemlich sicher!"

„Was raten Sie uns?"

Der Polizeipsychologe zögert keinen Augenblick: „Schießen!"

„Sie sprechen vom finalen Rettungsschuss?"

„Davon spreche ich. Und der sollte schnell kommen."

Der Einsatzleiter führt seine Scharfschützen ins Nachbarhaus. Die Wohnung mit der günstigsten Schussperspektive ist abgeschlossen. Die Bewohner sind nicht zu Hause. Die Männer des SEK brechen die Tür auf – eine Sekundensache – und postieren sich am Fenster. Man wird die Nummer mit dem Service-Wagen ausprobieren. Sie ist so alt wie die Geiselnahme selbst, aber die drei aus dem Ghetto werden ihr zum Opfer fallen.

Wer schießt, ist eine längst beschlossene Sache. Die Positionen 1 – 20 sind über die Ergebnisse des Übungsschießens vergeben worden. Der heutige Fall hat Ausnahmecharakter. Es gibt drei Ziele und deswegen müssen auch drei Schützen ausgewählt werden. Hauptkommissar Kämmerling verteilt die Aufgaben. Nummer 3 wird den linken, Nummer 2 den mittleren und Nummer 1 den rechten Geiselnehmer unter Feuer nehmen, falls sie denn, wenn die Jalousien hochgezogen sind, auf eine Reihe gebracht werden können. Wenn eine andere Situation entsteht, wird sich der Einsatzleiter etwas Neues einfallen lassen.

„Alles klar?", fragt Ulrich Kämmerling.

„Fertig", antworten die Beamten, während sie ihre futuristischen Präzisionsgewehre in Anschlag bringen. Eine Scheiß-Situation, denkt der Einsatzleiter, trotz aller Routine. Auch weil Nummer 3 heute Geburtstag hat. Bettina Krüger wird 29.

Der Service-Wagen mit dem Bier, Schnaps und den belegten Brötchen rollt langsam zur Container-Tür. Der „Hausmeister", der ihn über den Schulhof vorwärts bewegt, trägt eine Pistole unter seinem braunen Kittel. Auf halbem Weg meldet sich der Einsatzleiter zu Wort: „Wir bringen Ihnen jetzt die Getränke und ein paar belegte Brötchen", spricht er ruhig und gefasst ins Megaphon. „Bitte geben Sie den Kindern Gelegenheit, etwas zu essen. Wir werden Ihren Wünschen selbstverständlich nachkommen und Ihre Forderungen erfüllen."

Diese Sätze sind Vorgaben des Psychologen. Wenn es noch eine Möglichkeit gibt, die Lage zu entspannen, dann diese: Eingestehen, dass die Täter das Sagen haben, am längeren Hebel sitzen, Herr im Hause sind. Das kennen sie aus dem wirklichen Leben nicht. Und das könnte sie ein klein wenig berechenbarer, weniger aggressiv machen – und auch ablenken von dem Geräusch der sich jetzt öffnenden Jalousien.

Tatsächlich reagieren sie darauf überhaupt nicht. Stattdessen wird die Tür wieder einen Spalt weit geöffnet und der Anführer schreit: „Gehen Sie hinter dem Wagen weg! Und ausziehen! Ziehen Sie sich aus!" Der „Hausmeister" ist auf diese Situation vorbereitet. Blitzschnell deponiert er die Pistole an der Rückseite des Wagens und tritt zwei Schritte zur Seite. „Ich bin völlig unbewaffnet", sagt er im Tonfall eines sedierten Roboters und entledigt sich seiner Kleidung bis auf die Unterhosen. Dann dreht er sich mit erhobenen Händen einmal um seine eigene Achse. „Alles okay?"

„Kommen Sie!", schallt es zurück.

Von ihrem Standort aus können die Scharfschützen jetzt den gesamten Klassenraum einsehen. Ganz links am hinteren Ende des Zimmers sitzt ein Geiselnehmer auf einem Tisch und richtet die Pistole auf eine der Lehrerinnen, die mit abgewandtem Gesicht vor ihm auf einem Stuhl hockt. Gegenüber, am Lehrerpult, steht ein anderer Täter. Er hat ein kleines Mädchen an sich geklammert und hält ihr seine Pistole an die Schläfe. Der dritte Täter ist nicht zu sehen; er befindet sich offenbar hinter der Außentür, die immer noch einen Spalt offen steht.

„Bleiben Sie bei Ihrer Einschätzung?", fragt der Einsatzleiter knapp.

„Der Mann ganz rechts bedroht ein Kind. Er hält einer Zehnjährigen die Waffe an die Schläfe. Er wirkt völlig apathisch. Schießen Sie, so schnell Sie können!"

Jetzt ist der Wagen mit den Köstlichkeiten und den anderen Dingen an der Eingangstür angelangt. Im Fadenkreuz des linken und mittleren Scharfschützen befinden sich die Köpfe der Geiselnehmer. Bettina Krüger hat die Tür im Visier.

„Bitte bedienen Sie sich!", ruft der „Hausmeister" freundlich.

„Hauen Sie ab", schallt es aus dem Container. „Abhauen, sage ich. Weg!"

Der Beamte entfernt sich mit erhobenen Händen. Dieses Ass ist verloren. Die Pistole am Wagen auch. Aber sie wird dem neuen Besitzer nichts mehr nützen.

Der Anführer öffnet langsam die Tür. Er hat seinen linken Arm um den Hals der Lehrerin gelegt und sie fest an sich gepresst. Mit der rechten Hand drückt er ihr die Pistole an die Schläfe. Sie ist sein Schutzschild, den er jetzt langsam nach draußen schiebt, damit sie den Wagen ergreifen und in den Klassenraum ziehen kann.

Auf dem Display des Einsatzleiters sind zwei Felder grün und eins ist rot. Der Kopf des dritten Geiselnehmers muss frei werden. Sonst ist ein Schuss nicht zu verantworten.

Die Lehrerin hat jetzt den Metallbügel des Service-Wagens gepackt und zieht ihn langsam zur Tür. Der Einsatzleiter hat einen vierten Schützen geholt. Auf seinem Gewehr steckt eine Akustik-Granate, oder, wie es offiziell heißt, ein Irritations-Körper. Er explodiert an jedem festen Hindernis und dient der Ablenkung von Tätern. Es ist ein Erfolgsprodukt aus den Labors der CIA in Denver. Sein Sound schlägt jedes Hirn und jedes Ohr in seinen Bann. Erst im vergangenen Jahr haben die Amerikaner das Patent allen Nato-Staaten geschenkt - als Dank fürs Mitmachen anderswo.

„Jetzt!", sagt der Einsatzleiter, als die Lehrerin den Wagen bis zur Containertür gezogen hat. Der Sprengkörper explodiert am entfernten Ende des Flachdachs. Erschrocken dreht der Anführer seinen Kopf nach rechts, während die Geisel verkrampft innehält und auf alles gefasst ist.

Bettina Krüger drückt mit dem Daumen der rechten Hand den kleinen Knopf am oberen Ende des Schafts. Jetzt zeigt das Display von Hauptkommissar Kämmerling für alle Waffen grün. „Feuer!", sagt der Einsatzleiter knapp in das kleine Mikro seines Head-sets. Dann fallen, im Abstand von Sekundenbruchteilen, drei Schüsse. Fast gleichzeitig stürzen SEK-Beamte aus dem alten Schulgebäude auf die Container zu und klettern durch die Fenster in den Klassenraum. Dort gibt es allerdings für sie nichts mehr zu tun. Die Geiselnehmer sind tot. Die Spezialmunition hat ihre Köpfe zerfetzt. Tot ist allerdings auch die Klassenlehrerin der 5d. Schon in die linke

Schläfe getroffen, hat der Anführer noch den Abzug seiner Pistole bedient. Nun liegen beide mit halboffenen Mündern neben dem blutbespritzten Service-Wagen. Die Notärzte haben keine Chance.

"Geisel tot!", schreibt am nächsten Tag die Bild-Zeitung in ihrer Headline. Und im Untertitel heißt es: „Kidnapper sterben im Kugelhagel des SEK - Kinder unverletzt."

Auf Seite 3 stellt ein Kommentator die Frage, ob die Bilanz des Polizeieinsatzes in Ordnung sei. Eine Antwort gibt er nicht.

Im Keller

Es war der 10. Mai und anscheinend würden auch in diesem Jahr die Eisheiligen wieder ausfallen. Das Thermometer zeigte 23 Grad Celsius und in den Vorgärten blühten Forsythien und Magnolien um die Wette. Ein Stakkato aus unzähligen Vogelhälsen bot dem Lärm der Straßen Paroli und Hyazinthenduft behauptete sich gegen den Gestank der Auspuffgase.

Kurz vor zwei Uhr betrat Annette Basler das kühle Halbdunkel im Eingangsbereich des Rechtsmedizinischen Instituts an der Jefferson-Allee im Süden Frankfurts. Den Gruß der Sekretärin aus dem Anmeldezimmer mit der stets offen stehenden Tür erwiderte sie nur knapp. In ihrem Büro kochte sie sich zunächst Kaffee, um danach einen flüchtigen Blick über die Tagespost zu werfen. Missmutig öffnete sie zwei oder drei Briefe, deren Inhalt sie aber nicht interessierte. Als das Telefon klingelte, hob sie nicht ab, sondern machte es sich in ihrem alten Ledersessel bequem. Dabei legte sie die Beine auf den Schreibtisch und schaute, von Zeit zu Zeit an ihrer Tasse nippend, durch das gegenüberliegende Fenster ins frische Grün des Gartens.

Das würde kein guter Tag werden, war sie sich sicher. Sie kannte auch den Grund. Einmal mehr würde sie heute unter Beobachtung arbeiten. Würde im Keller des Instituts einer nur ganz zu Anfang sprachlosen, dann aber stets wacher werdenden und forscher sich zu Wort meldenden Gruppe gegenüber stehen, deren Fragen zwar Kompetenz verrieten, gleichzeitig aber von Minute zu Minute bedrohlicher wurden. Und sie würde einmal mehr die Fragen der Besucher beantworten und ihre Arbeit erläutern. Das war es, was ihr mittlerweile so gewaltig auf die Nerven ging. Dabei hatte es bis vor kurzem noch ganz anders ausgesehen: Sie fand einen Riesenspaß daran, einer Horde blasser Studenten ihre Arbeit zu zeigen. Wenn sie etwas rüberbringen konnte, wenn sie ihrem Gegenüber ein Aha-Erlebnis verschaffen konnte, war sie glücklich. Soweit sie sich erinnerte, hatte sie immer irgendetwas „rübergebracht". Mit 15, als Obertertianerin, war sie erstmalig von einer Familie aus dem Bekanntenkreis für Nachhilfestunden angeheuert worden. Es ging um Latein, die gleichaltrige Tochter stand auf glatt fünf. Die Eltern waren verzweifelt und ratlos. Die um Hilfe Gebetene wusste schnell, was Sache war. Ihre Schülerin hatte ganz einfach den Einstieg in die fremde Sprache verpasst, war schon beim Start auf das falsche Gleis geraten. Nur eine handvoll Sitzungen brauchte sie, bis sie ihrem Lehrling erklärt hatte, wie Latein funktioniert, dann war das Problem gelöst. Von fünf auf zwei in nur vier Wochen. Den überglücklichen Eltern war das einen Tausender wert. So ging es weiter. Nachhilfe in Chemie, Deutsch, Englisch, immer erfolgreich, brachte ihr in jungen Jahren schon ein üppig dimensioniertes Taschengeld ein.

Aber das war es nicht, was sie an dieser Tätigkeit interessierte. Zumal sie keine Wünsche hegte, die ihre wohlhabenden Eltern nicht erfüllt hätten. Es war die Faszination, die mit der erfolgreichen Vermittlung von Wissen verbunden war, der Spaß am „Rüberbringen", andere zu interessieren und, wenn möglich, zu faszinieren. Als Medizinstudentin war sie schnell die beste Assistentin ihres Professors und leitete die Kurse in Anatomie und Pathologie. Studenten zu unterrichten machte ihr genauso viel Spaß, wie Muskeln und Nerven zu sezieren.

Das war mittlerweile anders geworden. Die Betreuung der zahlreichen Besuchergruppen, die sich um die Sektionstische drängelten - Jura- und Medizinstudenten, aber auch interessierte Laien - machte ihr immer weniger Freude. Und heute war das alles in offene Ablehnung umgeschlagen. Gleichzeitig, als sie so dasaß und Kaffee trinkend in den frühen Sommer schaute, wurde ihr bewusst, woran das lag.

Es waren die Fragen der Besucher, spezielle Fragen allerdings, nicht die nach der Erkennbarkeit von Raucherlungen und Säuferlebern. Fragen, die sie selbst betrafen. Wie man als am Krankenbett ausgebildete Ärztin am Sektionstisch arbeiten könne. Ob Arztsein nicht entscheidend mit Heilen zu tun habe und nicht mit der Feststellung von Todesursachen.

24

Diese Fragen hatte sie einmal lässig beantwortet. Standardantworten waren daraus geworden, stets wortgleiche Erklärungen mit hohem Überzeugungswert - auch und vor allem für sie selbst. Die Erforschung von Todesursachen diene auch der Bekämpfung von Krankheiten und es sei doch wichtig, einen Mörder zu überführen, beziehungsweise einen unschuldig Verdächtigten zu entlasten, hatte sie den Fragestellern mit wachsendem Selbstbewusstsein mitgeteilt. Ihre anfänglichen Zweifel waren schließlich ganz verschwunden - und kamen jetzt zurück.

Und damit auch die Erinnerung. Zum Beispiel an ihre Zeit im Unfallkrankenhaus. Drei- oder fünfmal pro Tag bringt der Rettungshubschrauber Opfer von Verkehrs- und Arbeitsunfällen. Auf der Intensivstation tobt ein wilder Kampf gegen den Tod. Das Visier ist offen und der Ausgang auch. Oft wird verloren. Aber es wird auch gewonnen. Den Angehörigen zu sagen: Er hat überlebt - das war eine wichtige Sache.

In der Jefferson-Allee in Frankfurt gab es diese Dinge nicht mehr. Weder Niederlagen noch Siege. Lange hatte sie von dem Mangel an Enttäuschungen gelebt - jetzt fehlten ihr die Erfolge. Und jetzt meldete sich auch das schlechte Gewissen. Hatte sie es sich zu bequem gemacht? War sie einfach nur weggelaufen und hatte ihre Kollegen alleine gelassen? Vor einem halben Jahr war ihr auf einem Maifest in der Innenstadt ein ehemaliger Kommilitone aus Hamburg begegnet. Er arbeitete als Notarzt in Heidelberg. Fünfmal in der Woche, so seine Schilderung, musste er Menschen wiederbeleben; dreimal mit Erfolg. Sechzig Wochenstunden machte er Bereitschaftsdienst bei wenig Schlaf und nur eingeschränktem Familienleben. Sie hatte nichts dagegenzusetzen.

Von einem Besucher der Akademie Arnoldshain, einer kirchlichen Fortbildungsstätte, gerade 30 Kilometer entfernt im Taunus gelegen, war sie vor ein paar Wochen gefragt worden, ob sie den Job der Gerichtsmedizinerin noch einmal wählen würde. „Aber natürlich", hatte sie mit einem souveränen Lachen geantwortet, noch keinen Tag habe sie ihre damalige Entscheidung bereut. Abends, zu Hause vor dem Fernseher, war ihr dann ganz spontan bewusst geworden, dass dies die Antwort war, die sie schon seit Jahr und Tag ihrem Boss nachplapperte. Dann überlegte sie ein erstes Mal, ob diese Antwort richtig war. Was folgte, war eine Nacht voller Albträume.

Ihre Kollegen hatten diese Sorgen nicht. Sie waren mit Begeisterung bei der Sache, auch noch nach vielen Jahren am Institut. Sie sprachen vom letzten Dienst am Menschen, von der postmortalen Krankenversorgung, begriffen sich als Lobby der Toten. Auch wenn Annette Basler das als verbale Falschmünzerei ansah, eines konnte sie ihren Mitarbeitern nicht absprechen: Dass der Job interessant, abwechselungsreich und spannend war. Es ging ja nicht nur um Obduktionen. Gutachten zur Schuldfähigkeit von betrunkenen Autofahrern und Serienmördern, Expertisen über ärztliche Behandlungsfehler, Todeszeitbestimmungen, Lebensalterabschätzungen, Identifizierung fotografierter Bankräuber und die Zuordnung von Skelettfunden – das alles stand noch auf ihrem Programm und diese Posten waren zweifelsfrei von hoher Attraktivität.

Und auch die Geschichte von Dr. Schubert, des erst kürzlich von Berlin an den Main gewechselten Kollegen, die so viel verriet von der Faszination des Berufes, schlug sie immer noch in ihren Bann. Der erfahrene Mediziner mit dem Spezialgebiet „Schussverletzungen" hatte im Auftrag der Vereinten Nationen im Kosovo an Untersuchungen von Massengräbern teilgenommen. Im Stiefel eines grässlich zugerichteten Albaners war er auf einen Brief gestoßen, den der junge Mann im Wissen um sein Schicksal an seine Verlobte geschrieben hatte. Er sterbe in der Überzeugung, stand da, dass seine Mörder einmal ihre gerechte Strafe erhielten. Diejenigen, die gemeint waren, saßen mittlerweile im Gefängnis in Den Haag. Dr. Schubert hatte seinen Beitrag dazu geleistet.

Manchmal fragte sich Annette Basler, warum sie sich gerade für die Rechtsmedizin entschieden hatte, wo es doch noch eine Reihe anderer Spezialisierungsmöglichkeiten gegeben hatte, von der Chirurgie bis zur Inneren Medizin. Dann dachte sie an den Stress der Nachtschichten, die Hektik der Notfallaufnahmen und die Angst vor der Niederlage. Aber auch an ihren Wunsch, diejenige zu sein, die in der Leiche aus dem stinknormalen Verkehrsunfall die Kugel des Mörders entdeckt.

Ihre Mutter hatte früh vor der Rechtsmedizin gewarnt und die Tochter daran erinnert, dass diese als Kind stets nur mit

„kranken" Puppen gespielt und viele Stunden in deren Heilung investiert hatte. *Du brauchst den lebenden Patienten*, war ihre kompromisslose Einschätzung gewesen, aber Annette Basler hatte den guten Rat ignoriert.

Die Besucher heute kamen wiederum von der Akademie im Wald. Es waren Teilnehmer eines Seminars über Ethik und Medizin. Sie hatte kein gutes Gefühl.

Als die große Wanduhr im Flur des Instituts zwei schlug, zog Annette Basler ihren weißen Kittel über und verließ das Büro. Auf dem Weg zum kleinen Hörsaal begegnete ihr der Chef. „Sie sollten sich beeilen, Ihre Gäste warten schon", sagte Professor Gerster im Vorübergehen und lächelte, wie er das immer tat.

Die Besucher der Rechtsmedizin sind ausnahmslos pünktlich. Manchmal sogar zu pünktlich. Regelmäßig sitzen sie schon eine Viertelstunde vor Beginn der Veranstaltung hochdiszipliniert auf den engen Klappstühlen des Unterrichtsraumes und warten schweigend auf den Referenten. Und vor allem auf das, was sich anschließend ein Stockwerk tiefer abspielen wird. Für die meisten ist es die erste Leiche, die sie dort zu Gesicht bekommen. Eine dramatische Angelegenheit, denn die meisten haben den Tod aus ihrem Alltag verdrängt. Trotz RTL und PRO 7: Richtige Leichen machen Lebende leichenblass.

Eine Viertelstunde lang erläutert Annette Basler die Geschichte des Instituts und bereitet das gute Dutzend junger Männer und Frauen auf die Obduktion vor. In groben Zügen sollen sie schon einmal wissen, was auf sie zukommt. Annette Basler wird Kopf, Brust und Bauchraum des Verstorbenen öffnen, sämtliche Organe herausnehmen und untersuchen. Es gibt gute Gründe für dieses Gemetzel. Man will die Wahrheit erfahren und Wahrheit geht in diesem Hause vor Pietät. „Obduktion light" gibt es nicht. Entweder oder. Wenn die Besucher das verstanden haben, ist schon viel gewonnen.

„Gehen Sie mir einfach nach", sagt sie, „und atmen Sie zunächst nicht durch die Nase."

Marschordnung und Atemtechnik sind wichtig, um die Besucher überhaupt zum Sektionstisch zu bringen. Annette Basler weiß das nur zu gut. Bei ihrer allerersten Besuchergruppe - Jurastudenten im dritten Semester - hatte sie das Schlusslicht gespielt und das war gründlich schief gegangen. Auf der Hälfte der schmalen Treppe kam ihr der Kopf der Schlange schon wieder entgegen, noch ein bisschen blasser als zuvor. Irritiert vom schlechten Geruch, der dem unbekannten Kellergewölbe entstieg, und erschreckt durch die beiden nackten Füße, die im Türspalt zum Sektionsraum zu sehen waren, hatten die Studenten umgehend kehrt gemacht und nicht alle waren anschließend wieder zu einem zweiten Versuch aufgebrochen.

„Was erwartet uns eigentlich da unten?", fragt ein junger Mann mit Schweißperlen auf der Stirn, als sie sich in der Mitte der Treppe befinden. „Ich meine, was ist das für eine Leiche?"

„Eine ganz normale", gibt Annette Basler zur Antwort und weiß, dass das nicht stimmt.

Dann führt sie ihre Gäste in den Sektionsraum, ein niedriges Kellergewölbe mit weiß getünchten Wänden und einem hell gekachelten Boden. Die Decke ist mit Neonröhren gespickt, die ihr gleißend kaltes Licht auf zwei Edelstahltische in der Raummitte werfen. Schweigend verteilen sich die Besucher um den Tisch am hinteren Ende des Raumes, auf dem ein nackter weiblicher Leichnam liegt.

„So, das ist also unser heutiger Fall", sagt Annette Basler betont unaufgeregt. Sie weiß, dass Normalität in diesem Augenblick wichtig ist, um den Gästen über den ersten Schock hinwegzuhelfen. „Eine junge Frau, 20 Jahre alt, 1,80 m groß und mit 68 Kilo sehr schlank."

Kopf und Gesicht der Verstorbenen sind blutverschmiert. Ihre langen schwarzen Haare hängen rotgefärbt und zerzaust über der metallenen Kopfstütze, die der Sektionsgehilfe unter ihren Hals geschoben hat. Aus dem linken Ohr kommend führt eine schmale Blutspur bis zum Schlüsselbein. Das Becken ist merkwürdig verdreht und der rechte Unterschenkel offensichtlich gebrochen; ein Teil des Knochens hat sich durch Gewebe und Haut nach außen gebohrt.

„Was könnte passiert sein?", fragt Annette Basler ruhig.

Es dauert eine Weile bis zur ersten Antwort. „Ein Verkehrsunfall."

„Nicht schlecht", lobt die Ärztin, „das Polizeiprotokoll sagt aber etwas anderes. Danach ist die Verstorbene vom Balkon ihrer Wohnung im dritten Stock gesprungen."

„Selbstmord?"

„Könnte sein."

„Was heißt: könnte sein? Was kommt denn sonst noch in Betracht?"

„Vielleicht hat man sie ja gezwungen, zu springen", sagt Annette Basler und registriert erste überraschte Augenaufschläge, „oder man hat sie geschubst. Nicht alles, was zunächst nach Selbstmord aussieht, ist es auch."

Annette Basler macht eine kleine Pause. „Unsere Aufgabe ist es zunächst aber, die unmittelbare Todesursache festzustellen. Dann nehmen wir auch noch Stellung zur Theorie der Polizei."

„Sie meinen, zu der These, dass die Frau Selbstmord begangen hat?"

„Ja, richtig."

„Aber was wollen Sie dazu sagen? Sie waren doch gar nicht dabei." Der junge Mann, dem schon der Gang in den Keller den Schweiß auf die Stirn getrieben hatte, ist wieder oben auf.

„Vielleicht finden wir ja bei der Toten Verletzungen, die auf einen Kampf vor dem Sturz schließen lassen, typische Abwehrverletzungen, wie wir sagen. Das spräche zum Beispiel gegen einen Selbstmord - aber jetzt fangen wir am besten einfach an."

Annette Basler zieht Latexhandschuhe über und holt ihr Diktiergerät aus dem Wandschrank.

„Am Anfang jeder Untersuchung steht die äußere Besichtigung der Leiche." Annette Basler ist mit einem Mal wieder in ihrem Element, ganz wie am ersten Tag. „Wir schauen nach den Leichenflecken, die uns etwas über den Todeszeitpunkt verraten, sowie nach Verletzungen, oder wir registrieren Besonderheiten wie diese hier."

Annette Basler greift unvermittelt in die blutverschmierten Haare und zieht sie mit einem Ruck vom Kopf. Die Besucher halten die Luft an.

„Eine Glatze", sagt jemand nach Ablauf diverser Schrecksekunden ungläubig.

„Richtig", entgegnet Annette Basler mit einem warmen Lächeln, „es gibt auch kahlköpfige Frauen. Aber was fällt Ihnen im Schädel-Gesichtsbereich noch auf?"

Die Besucher recken die Hälse.

„Keine Augenbrauen", sagt schließlich jemand.

„Auch richtig", antwortet Annette Basler, „keine Augenbrauen, keine Wimpern", - sie hebt den rechten Arm der Leiche hoch -, „keine Achselhaare und keine Schamhaare. Als Arzt wissen Sie darüber hinaus: Die Haare sind nicht abrasiert worden, sondern ausgefallen."

„Und wie kommt das?"

„Das weiß ich auch nicht."

Jetzt ist der Sektionsgehilfe an der Reihe, der Mann fürs Grobe. Mit einem Trennschleifer, wie es ihn in jedem Baumarkt zu kaufen gibt, öffnet er den Schädel. Es dampft gewaltig, als er entlang einer Linie oberhalb von Augen und Ohren den Knochen zertrennt. Für einige Augenblicke stinkt es bestialisch. Dann klappt der Gehilfe die Schädeldecke nach hinten weg. Auf der rechten Seite ist sie in zahllose kleine Stücke zersprungen und wird nur noch von der Kopfhaut zusammengehalten. Das Hirn darunter zeigt nicht mehr die klassische Form aus größeren und kleineren Windungen, sondern ist weiße Pampe. Der Gehilfe löst es aus dem Schädel und legt es auf eine Metallbank am Fußende des Tisches.

„Am Zustand der Schädeldecke und der darunterliegenden Hirnmasse erkennt man sehr gut, dass auf diesen Bereich stumpfe Gewalt eingewirkt hat."

„Sie ist also mit dem Teil des Kopfes auf den Asphalt aufgeschlagen", konstatiert ein Gast.

Annette Basler muss erneut korrigieren.

„Das wäre ein vorschneller Schluss. Sie können bestenfalls sagen, dass die festgestellten Verletzungen typisch sind für einen Sturz aus großer Höhe mit anschließendem Aufprall auf einen harten Gegenstand." Dann macht sie eine kleine Pause, um den fraglichen Befund in ihr Diktiergerät zu sprechen.

„Die gleichen Verletzungen entstehen allerdings auch bei

einem Schlag mit einem Bügeleisen oder einer schweren Blumenvase."

Mit einem großen Messer schneidet die Ärztin das Gehirn in zentimeterbreite Scheiben.

„Das machen wir, um Veränderungen festzustellen, Tumore beispielsweise oder kranke Gefäße. Da ist aber nichts. Allerdings erkennt man jetzt, dass etwa ein Drittel des Gehirns durch die Gewalteinwirkung auf den seitlichen Schädel zerstört wurde - eine Verletzung, die für sich allein schon unmittelbar zum Tode führen kann."

„Dann könnten Sie doch jetzt aufhören."

„... und die Kugel übersehen, die das Opfer im Bauch stecken hat!"

Heute lernen die Gäste im Minutentakt dazu. Annette Basler fühlt sich jetzt rundum gut.

„Aber bleiben wir noch beim Gehirn. Was ich immer mache: die Hirnanhangdrüse, die Hypophyse, untersuchen und auch sicherstellen."

Mit einem schmalen Meisel legt die Ärztin nun ein kleines Areal am Boden des Zwischenhirns frei. Für ein paar Sekunden verschlägt es ihr die Sprache. Das normalerweise haselkerngroße Organ hat die Ausmaße einer Walnuss. Und es ist auch nicht wie üblich grau-braun, sondern tiefblau und auffallend marmoriert. Ein Besucher hat sich ebenfalls über die Bank gebeugt.

„Sagten Sie nicht: haselkerngroß?"

„Sie haben recht", antwortet Annette Basler, „die hier ist ein bisschen größer geraten."

„Gibt es das öfters?"

„Ganz selten, ich weiß gar nicht, wann ich so etwas zum letzten Mal gesehen habe."

Jetzt sagt Annette Basler wiederum nicht die Wahrheit. Es ist erst sechs Wochen her und sie kann sich haargenau daran erinnern.

„Die Hypophyse stellen wir auf jeden Fall sicher", sagt Annette Basler noch immer irritiert. Dann entfernt sie das auffällig große Organ mit dem Seziermesser vom Zwischenhirnboden und deponiert es in einer kleinen Tupperdose. In kaum einer Stunde wird das Beweismittel bei minus 40 Grad vor jeder Veränderung sicher sein.

Als sie den neuesten Befund auf Band sprechen will, hat ihr Gerät gerade den Geist aufgegeben. Weiblicher Intuition folgend versucht sie die Technik mit Schütteln zu überlisten. Es misslingt. In diesem Augenblick geht die Tür des Sektionsraumes auf und zwei Mitarbeiter bringen auf einem Buggy eine weitere Leiche herein. Gekonnt hieven sie sie auf den freien Tisch. Dr. Fred Malorny ist zuständig. Auch Kripoleute sind erschienen. Annette Basler schaut kurz auf.

„Ist das die Sache von der Autobahn?" Dr. Malorny nickt.

„Sagst Du meinen Leuten ein paar Worte dazu?" Dr. Malorny nickt erneut und macht eine einladende Handbewegung.

„Meine Damen und Herren", wendet sich die Ärztin an ihre Besucher, „wir unterbrechen für eine Minute. Ich habe mit meinem Diktiergerät ein paar Takte zu reden. Auf dem Nachbartisch liegt ein interessanter Fall. Dr. Malorny wird Ihnen etwas dazu erzählen."

Annette Basler hält Schütteln weiterhin für das Mittel der Wahl, um ihr Diktiergerät wieder in Gang zu setzen. Heftige mit den Fingerkuppen ausgeführte Klopfattacken sollen es zusätzlich beeindrucken. Nach einer knappen Minute ist Hilfe zur Stelle.

„Darf ich?" Hinter ihr hat sich eine sympathische Stimme gemeldet. Sie gehört einem jüngeren Mann mit blonden halblangen Haaren, einem Siebentagebart und einer Secondhand-Brille.

„Entschuldigung, ich glaube, wir kennen uns noch nicht. Mein Name ist Neuhaus, Staatsanwalt Neuhaus. Ich bin wegen des Autobahnfalles hier. In technischen Dingen gelte ich als nicht ganz untalentiert, wenn ich mal schauen darf ..."

Der Staatsanwalt nimmt das Corpus delicti in Augenschein und drückt sämtliche Tasten und Knöpfe. Annette Basler glaubt zu erkennen, dass er sich dabei viel Zeit lässt.

„Ich habe Sie allerdings schon öfter hier unten gesehen", sagt Dirk Neuhaus, während er eine neue Testreihe beginnt, „aber immer am Nachbartisch."

„Ganz fremd sind Sie mir auch nicht", entgegnet Annette Basler höflich, obwohl sie sich nicht erinnern kann, ihren freundlichen Helfer auch nur einmal wahrgenommen zu haben.

Irgendwann hat Dirk Neuhaus den Fall gelöst. „Der Akku ist leer, Sie haben einen neuen zur Hand?"

„Ja, selbstverständlich - und vielen Dank."

„Gern geschehen", antwortet der Staatsanwalt mit einem etwas zu breiten Lächeln, wobei Annette Basler das Gefühl hat, als wolle er noch etwas sagen, etwa: Wenn wir uns hier unten noch einmal treffen, dann wünsche ich mir wieder ein defektes Diktiergerät.

Ein komischer Typ, denkt die Ärztin, aber irgendwie ganz nett. Sie geht hinüber zum Nachbartisch. Dr. Malorny erläutert den Besuchern gerade seinen Fall.

Fred Malorny ist der Sunnyboy des Hauses. Man sieht ihn nur lächeln. Wenn er darauf angesprochen wird, sagt er, er lache aus Demut und nicht aus Übermut. Im Angesicht von so viel Tod freue er sich über jede Minute seines Lebens. Das klingt überzeugend. Psychologen würden aber Bedenken anmelden. Lachen, sagen sie, hat im Alltagsgeschäft nur wenig mit Gefühlen zu tun. Es ist soziale Handlung, dient etwa der Abwehr oder der Täuschung. Aber was soll's? Alle im Hause wissen: Die Psychologie des Lachens ist noch längst nicht enträtselt und über das Lachen in Sektionssälen ist die erste Arbeit noch zu schreiben.

„Seit langem wieder einmal ein doppelt gesicherter Selbstmord", sagt Dr. Malorny. „Die Fälle sind eher vom Menschlichen her interessant, nicht so sehr vom Medizinischen." Dabei wischt er dem Verstorbenen mit einem Schwamm das Blut vom Gesicht. An der rechten Schläfe ist ein centgroßes Loch erkennbar.

Am frühen Morgen ist der 42-Jährige nach den vorläufigen polizeilichen Erkenntnissen im Westen Frankfurts auf eine Autobahnbrücke geklettert, hat einen Strick am Geländer befestigt und das andere Ende als Schlinge um den Hals gelegt. Beim Sprung in die Tiefe hat er sich mit einer Pistole in den Kopf geschossen. Menschen, die ihrem Leben in dieser Weise ein Ende setzen, wähnen sich in einer ausweglosen Situation. Sie gehen auf Nummer sicher. Wenn ihre Pistole versagt oder die Kugel nicht die gewünschte Wirkung hat, besorgt der Strick das Geschäft. Und wenn der reißen sollte, wartet in 50 Meter Tiefe der sichere Tod, im Zweifelsfall unter einem 40-

Tonner. Hier haben weder Pistole noch Seil versagt.

„Und was war die konkrete Todesursache?"

„Das werden wir nicht sagen können. Sowohl die Kugel als auch der Strick waren für sich allein geeignet, den Tod herbeizuführen. Irgendwas hat gewonnen - mit vielleicht einer Sekunde Vorsprung. Aber das versteht sich alles nur als vorläufiges Ergebnis, vielleicht finden wir ja noch eine zweite Kugel aus einer fremden Pistole, dann sieht alles wieder ganz anders aus."

„Das ist aber unwahrscheinlich."

„Ja, sehr, aber nicht unmöglich."

„Was ist das für ein Mann?", fragt jemand.

„Ein Arzt", antwortet Dr. Malorny. Betretenes Schweigen.

„Weiß man, warum er sich das Leben genommen hat? War er krank?"

„Das wird sich zeigen."

„Wir spekulieren da in eine andere Richtung", wirft der Staatsanwalt ein. „Bei uns gibt es nämlich eine Akte über ihn." Die beiden Kripomänner mit den knorrigen Colts im Gürtel grinsen.

„Hätte der sich nicht wenigstens eine angenehmere Todesart wählen können?"

„Ob wir uns umbringen und wie wir das tun, hängt nicht nur von unserem Schicksal und unseren Möglichkeiten ab, sondern vor allem von unseren Genen."

Annette Basler geht zurück an ihren Tisch. Sie ist nachdenklich geworden. Diese Hypophyse. Diese Haarlosigkeit. Und dann die Geschichte von vor sechs Wochen. Sie hat einen Verdacht, den sie nicht zu Ende denken kann. Aber warum hat sie die Riesendrüse so überrascht? Hat sie es nicht geahnt in Anbetracht des kahlen Körpers der Toten? Sie weiß im Augenblick keine Antwort.

Jetzt ist sie noch auf die Bauchspeicheldrüse gespannt. Ungeduldig seziert sie in Richtung Bauchraum. Als der Sektionsgehilfe mit einem Bolzenschneider die Rippen unmittelbar am Brustbein knackt, um Herz und Lunge zugänglich zu machen, verziehen die Gäste das Gesicht und einige schauen weg. Als der Magen entfernt wird, liegt die Bauchspeicheldrüse frei. Was sie jetzt sieht, hat sie insgeheim schon gewußt, aber sie ist doch erschrocken.

Das normalerweise 100 Gramm schwere, für die Insulinproduktion zuständige Organ sieht aus wie aufgeblasen. Weisse Knötchen überziehen die feuerrote Oberfläche und wurmdicke Aufwerfungen inszenieren ein wahrhaftes Krampfader-Mimikry.

Annette Basler schluckt zweimal und hat sich dann schnell wieder gefangen. Die Gäste sollen ihre Betroffenheit nicht spüren. Aber verheimlichen will sie ihnen auch nichts.

„Eine gleichfalls nicht normgemäße Pankreas", sagt sie, während sie ein großes Stück davon für den Gefrierschrank abschneidet. „Dafür ist aber die Leber erkennbar jungfräulich."

„Kein Alkohol?"

„Kein Missbrauch jedenfalls."

„Hat die Verstorbene eigentlich geraucht?"

Keine Frage wird von Laien hier unten öfter gestellt als diese.

„Tut mir leid", Annette Basler zuckte mit den Schultern, „nach zwei bis drei Jahrzehnten ist keine Großstadtlunge mehr sauber. Egal, ob gepafft wurde oder nicht. Sehen Sie hier." Sie nimmt die Lunge aus der Metallwanne und wischt das Blut von der mattglänzenden Oberfläche. Zahllose schwarze Ablagerungen, kaum stecknadelkopfgroß, werden sichtbar und machen die Besucher, Raucher wie Nichtraucher, ratlos.

Nach einer guten Stunde ist die Obduktion beendet. Der Sektionsgehilfe kippt den Inhalt der Edelstahlwanne zurück in den leeren Körper der Verstorbenen. Während er beginnt, den Leichnam mit einer langen Nadel und einem dicken Faden zuzunähen, bittet Annette Basler ihre Besucher nach oben. Auf der Treppe drückt sich der junge Mann mit den Schweißperlen an ihre Seite.

„Darf ich Sie noch etwas fragen, etwas ganz Persönliches?"

„Bitte schön, Sie dürfen."

„Haben Sie schon einmal - ich will mal so fragen: die Fassung verloren bei Ihrer Arbeit hier unten, geweint, meine ich?"

Annette Basler ist für einen Augenblick irritiert.

„Ja", sagt sie schließlich, „ich habe schon einmal geweint hier unten."

„Um was ging es, wenn ich fragen darf?"

Die Ärztin antwortet erst einige Stufen später.

„Um ein kleines Mädchen, sechs Jahre alt, totgefahren auf dem Heimweg vom Kinderfasching. Sie lag auf dem Tisch, noch im Clownskostüm, mit einer roten Pappnase und goldenen Sternen auf den weißen Wangen."

„Im Normalfall weinen Rechtsmediziner aber nicht bei ihrer Arbeit?"

„Nein, solche Gefühle können wir uns in der Regel nicht leisten. Wenn es allzu hart kommt, gehen wir zum Kühlschrank. Der ist stets gut bestückt."

Todesursache: stumpfe Gewalteinwirkung auf den Schädel, wird sie in ihr Gutachten schreiben. Aber sie weiß, dass das nicht die ganze Wahrheit ist. Sie weiß, dass hinter den fehlenden Haaren und den beiden deformierten Drüsen noch eine andere Wahrheit steckt. Dazu wird sie nichts schreiben. Was sollte sie auch schreiben?

Kneipengeschichten

Annette Basler ist 33 Jahre alt und hat in Hamburg Medizin studiert. Nach bestandenem Staatsexamen ist sie nach Berlin gezogen, um in der Hochburg des Verbrechens ihren Facharzt für Rechtsmedizin zu machen. Fünf Jahre hat das noch gedauert, 300 Obduktionen, 200 Gerichtstermine und 40 Leichenfundortuntersuchungen lang, eine Rosskur, von der Außenstehende nichts ahnen. Dann liest sie von einer freien Stelle in der Mainmetropole. Sie bewirbt sich, lange schon hauptstadtmüde, und wird genommen, als eine unter 25 Kandidaten. Schon drei Tage später beginnt sie ihre Tätigkeit am Rechtsmedizinischen Institut der Universität Frankfurt am Main.

Ihre Wohnung hat sie in der Gartenstraße im Stadtteil Sachsenhausen, den die Einheimischen Dribdebach nennen, weil er auf der anderen Mainseite liegt, und den die Touristen nur als das Äppelwoi-Viertel kennen. Die anderthalb-Zimmer-Altbauwohnung ist mit 1.000 Euro Warmmiete nicht gerade billig, dafür aber, vom Fluglärm abgesehen, ruhig gelegen mit einem schönen Ausblick über die Skyline der Stadt bis hin zum Höhenzug des Taunus. Der entscheidende Vorteil der Wohnung besteht allerdings in der Nähe zu ihrer Arbeitsstätte. Nur zehn Minuten Fußweg sind es bis zu ihrem Büro in der Jefferson-Allee. So ist sie weder auf die immer vollen öffentlichen Verkehrsmittel angewiesen noch auf ein eigenes Auto. Das ist auch gut so, denn sie besitzt nicht einmal einen Führerschein.

Wie bei allen Singles schwankt ihre Stimmung täglich zwischen himmelhoch-jauchzend und tieftraurig. In ihren depressiven Phasen träumt sie von trauter Zweisamkeit und wohlgeratenen Kindern. Dass sie diesem Traum noch nicht nachgegeben hat, liegt daran, dass sie den dahintersteckenden genetischen Plan durchschaut hat. Der Natur kommt es ausschließlich auf Arterhaltung an: Glück, dauerhaftes jedenfalls, gehört nicht zu ihrem Programm, sondern wird zur Planerfüllung nur vorgespiegelt. Annette Basler kennt die Realität. Laut hupend geht es zum Standesamt und schon ein Jahr später schleichen die Beteiligten zum Scheidungsrichter - am liebsten durch den Hintereingang. Da setzt sie lieber auf die Vorteile von Autonomie und Unabhängigkeit, wenn die auch manchmal arg theoretisch ausfallen.

Annette Basler hat durchgehalten - mit einem kleinen Aussetzer während ihres Studiums. Da war sie ein Jahr lang mit einem Kommilitonen befreundet und man hatte auch schon über eine gemeinsame Zukunft gesprochen. Aber als sich der junge Mann kurz nach dem Physikum die erstem Maßanzüge zulegte und auf Partys den apollinaristrinkenden Langweiler spielte, der ab halb elf die Uhr nicht mehr aus dem Auge ließ, beendete Annette Basler die Beziehung rasch.

Annettes Mutter wäre an dieser Trennung fast verzweifelt, hielt sie doch den jungen Mann im feinen Zwirn für den besten Fang, den ihre Tochter machen konnte. Monatelang pflegte sie noch den Kontakt mit dem verlassenen Liebhaber, während sie ihre Tochter, die sie für frech und aufsässig hielt, schlichtweg ignorierte. Der Vater hingegen sah das ganz anders. Als gebürtiger Bentheimer hatte er viel von der Mentalität seiner holländischen Nachbarn. Jeder solle nach seiner Fasson glücklich werden, war sein Credo. Eine Schönheit im klassischen Sinne sei seine Tochter zwar nicht, räumte er gerne gegenüber seiner Ehefrau ein, also keine Julia Roberts oder Claudia Schiffer. Aber ihre ausgesprochen weiblich proportionierte Pummeligkeit, ihre kessen, kurzgeschnittenen blonden Haare und der Hauch von Sommersprossen im engen Umfeld ihrer Nase stellten zusammen mit ihrer intellektuellen, selbstbewussten Art gerade die Mischung dar, die ihr auch nach Beendigung der Single-Phase noch allerbeste Partnerchancen böte. Eine heiße Liebe zwischen ihr und einem 20 Jahre älteren, gut situierten Medizinprofessor hielt er ebenso für möglich wie zu einem profilierten Vertreter des politischen Lebens. Eine spätere Beziehung zu einem arbeitslosen Tierpfleger wollte er aber, wie er seine Tochter kannte, ebenfalls nicht ausschließen.

Nicht nur Mütter wissen um ihre Töchter. Aber den Vätern glaubt man so schnell nicht, vor allem, wenn sie dann noch

Tabus berühren. Dass Annette mit einem dezenten Anflug von Erotik versehen sei, besonders verführerisch, weil dem ersten Blick nicht zugänglich, hat Vater Basler zuhause nie angesprochen. Mutter Basler, in Paderborn geboren und auch dort aufgewachsen, hätte sich heftig beschwert, denn dort ist die Welt noch in Ordnung.

Freitag Nachmittag, halb sechs. Annette Basler ist gerade eine Stunde zu Hause. Das Wochenende beginnt und sie hat frei. Sie studiert das Fernsehprogramm und überlegt, ob sie zum Italiener gegenüber essen gehen soll. Diverse Reste vom Vorabend sind die Alternative. Dann klingelt das Telefon.

„Hallo, Frau Dr. Basler, Dirk Neuhaus, erinnern Sie sich noch an mich? Wir haben uns vorgestern in der Rechtsmedizin gesehen. Ich durfte mich um Ihr Diktiergerät kümmern."

„Der Herr Staatsanwalt, natürlich erinnere ich mich. Sie haben mein Diktat gerettet! - Und jetzt darf ich mich revanchieren?"

Irgendwie frech, denkt Dirk Neuhaus und sieht seine Chancen schon schwinden.

„Ja, natürlich, indem Sie meine Einladung annehmen", antwortet er kurz entschlossen. „Sagen wir 20 Uhr im *Sawadi*. Sie kennen das Lokal in der Großen Friedberger Straße? Allerbeste Thailändische Küche."

Jetzt hat Annette Basler ein Problem. Nicht, dass ihr Ansprachen dieser Art unbekannt wären. Axel Herzog, der Toxikologe im Institut, praktiziert sie im Vier-Wochen-Rhythmus, bisher allerdings ohne Erfolg. Aber der Staatsanwalt ist ihr spontan sympathisch gewesen.

„Oh mein Gott", sagt sie und ist dann ganz offen, „Ihre Einladung kommt ein bisschen überraschend für mich."

„Ehrlich gesagt, für mich auch", entgegnet Dirk Neuhaus.

Jetzt müssen beide lachen.

„Sagen Sie ganz einfach Ja, ohne noch lange zu überlegen", macht der Staatsanwalt Mut.

„Einverstanden, ich sage Ja", entgegnet die Ärztin, nachdem ihr unmittelbar zuvor ein verlockender Gedanke durch den Kopf geschossen ist. „Aber ich habe kein Auto."

„Ich auch nicht", beruhigt sie der Hoffnungsträger am anderen Ende der Leitung. „Ich hole Sie mit einem Taxi ab."

Das Restaurant *Sawadi* ist ein heißer Tipp für diejenigen, die die Schnauze voll haben von Pommes frites und Jägerschnitzel. Dirk Neuhaus hat einen kleinen Tisch reservieren lassen, abseits des großen Trubels in dem stets gut besuchten Lokal. Sie essen Glasnudeln mit grönländischen Shrimps und einen asiatischen Gemüseteller. Die Sauce ist schweinescharf, aber beide mögen das. Auf Anraten des Staatsanwaltes trinken sie Bier.

„Thailänder haben Wein im Keller, den noch nicht einmal Japaner trinken."

„In welchem Dezernat arbeiten Sie?", fragt Annette Basler ihren Gastgeber, nachdem eine 35-Kilo-Frau mit eng geschnittenen Augen die leeren Teller abgeräumt hat.

„Umwelt", antwortet der Staatsanwalt, „Umwelt, Ärzte- und Pharmazieverfahren, alles, was mit Chemie und Medizin zu tun hat."

„Und dann kommen Sie zur Obduktion eines Selbstmörders?"

„Das war Zufall. Ich habe Bereitschaftsdienst in dieser Woche, bin für alles zuständig. Der Bad Homburger Arzt, der sich von der Autobahnbrücke gestürzt hat, war für uns aus anderen Gründen interessant. Wir haben gegen ihn wegen des Verdachts des illegalen Organhandels ermittelt."

„Hatte das etwas mit seinem mutmaßlichen Selbstmord zu tun?"

„Nein, offenbar nicht. Er war krank. An seinem linken Lungenflügel klebte ein faustdicker Tumor."

Annette Basler nimmt einen großen Schluck aus dem Tulpenglas. Dann fragt sie unvermittelt:

„Haben Sie schon einmal Tötungsdelikte bearbeitet?"

„Aber ja, fünf Jahre lang", antwortet Dirk Neuhaus. „So lange habe ich im Allgemeinen Dezernat gearbeitet: Diebstahl, Raub, Vergewaltigung und auch Mord und Totschlag - die klassische Kriminalität, wie man sagt."

Annette Basler nickt nachdenklich, während sie ihrem Gegenüber prüfend in die Augen schaut.

„Wenn es Sie stört, dass ich Sie mit beruflichen Dingen auch noch in der Kneipe belästige, dann sagen Sie es bitte."

„Um Gottes Willen, nein", beeilt sich Dirk Neuhaus in erkennbarer Mühe, die Bedenken seines Gastes zu zerstreuen. „Wir denken doch sowieso an nichts anderes." Nach ein paar Sekunden ergänzt er lächelnd: „Von Ausnahmen abgesehen."

Sie prosten sich zu und bestellen gleich darauf neu.

„Wieviel Tötungsdelikte haben Sie bearbeitet?"

„Keine Ahnung."

„Ungefähr?"

„Ungefähr - ein paar Dutzend vielleicht."

„Normale Sachen oder auch Exoten?"

„Alles. Wir können uns unsere Fälle nicht aussuchen. Ob ich zuständig bin, hängt vom Namen des Beschuldigten oder des Opfers ab. Der Anfangsbuchstabe ist entscheidend."

Das Gespräch wird für einen Augenblick unterbrochen. Ein halbes Dutzend junger Männer in bester Stimmung zwängt sich am Tisch vorbei in Richtung Tresen.

„Warten Sie bitte noch zwei Minuten, dann ist der Platz am Fenster frei", sagt der Thai am Zapfhahn.

„Die Koks-Mafia", flüstert Dirk Neuhaus. „Kennen Sie die Typen?"

Annette Basler schüttelt den Kopf.

„Unsere bekanntesten Anwälte. Jung, dynamisch, immer in Bewegung. Sie sind jeden Tag am Gericht, stauben die lukrativsten Mandate ab. Ein Teil ihrer Kreativität beziehen sie allerdings über die Nase."

Annette Basler muss lachen.

„Aber die können sich das Zeug wenigstens leisten. Unter 20.000 übernehmen die keinen Fall - Vorschuss!"

„Geben sie dann auch eine Erfolgsgarantie?"

„Nein, so was macht niemand."

„Sind sie wenigstens gut?"

„Nicht besser als andere auch. Sie sind einfach irgendwann berühmt geworden und leben jetzt von ihrer Aura. Um ihre Namen ranken sich Geschichten. Die Angst der Täter schafft

Mythen."

Die wohlgelaunte Männerrunde sitzt jetzt am Fenstertisch.

„Erinnern Sie sich noch an meinen Fall von vorgestern Nachmittag?" Annette Basler ist wieder ernst geworden.

„Eine junge Frau", antwortet Dirk Neuhaus, „ebenfalls ein Selbstmord - oder?"

Annette Basler schaut irgendwo hin.

„Ich weiß nicht, ob Ihnen das aufgefallen ist. Der Körper war völlig unbehaart."

Für Dirk Neuhaus kein Anlass, sich zu wundern. „Ist das so ungewöhnlich?"

„Ist es das nicht?"

„Vielleicht hat die Verstorbene vorher eine Chemotherapie gemacht. Möglicherweise ohne Erfolg, und das ist dann auch der Grund für ihren Selbstmord gewesen."

„Es gab keine Chemo. Wir haben die Unterlagen des Hausarztes beigezogen. Im übrigen waren auch keine Anhaltspunkte für eine Krebserkrankung festzustellen."

„Aber Haarausfall hat doch noch andere Ursachen."

„Sie meinen den totalen Haarausfall? - Natürlich, auch der. Hormonstörungen werden diskutiert und Autoimmunreaktionen. Diese Dinge lassen sich allerdings nur schwer oder gar nicht nachweisen. Aber darum geht es nicht in erster Linie. Etwas anderes macht mich nachdenklich. Ihre Hypophyse war markant vergrößert und auffallend bläulich verfärbt. Genau wie die Bauchspeicheldrüse."

„Macht das eine Rechtsmedizinerin schon bösgläubig?"

Wann beißt er an?, denkt die Ärztin und legt nach: „Das ist noch nicht alles. Vor etwa sechs Wochen hatte ich einen 51-jährigen Mann auf dem Tisch, ebenfalls Selbstmord. Er hatte sich vor eine Straßenbahn geworfen. Auch er war gänzlich unbehaart, hatte eine stark veränderte Hypophyse und seine Pankreas war an beiden seitlichen Enden ballonartig vergrößert. Der eine Fall wie der andere."

„Aber das spricht doch nur für eine gemeinsame Grunderkrankung der beiden."

„Die allerdings noch nirgendwo beschrieben ist", spöttelt Annette Basler, „und für die es keinerlei Belege gibt, ein echtes Phantom! Und noch etwas anderes haben die Toten gemeinsam. Sie wohnten beide in Bergen-Enkheim."

„Na und?"

„... und arbeiteten beide in derselben Firma."

„Wahrscheinlich am Flughafen, wo alle arbeiten."

„Nein, viel kleiner: bei Toledo-Wellness."

Die Gruppe am Fenstertisch hat den Staatsanwalt erkannt und spendiert zwei Cognac.

Dirk Neuhaus ist eine Spur nachdenklicher geworden. Aber dann sagt er:

„Irgendwie blinken da bei mir immer noch keine Lämpchen. Zwei haarlose Selbstmörder aus ein und demselben Stadtteil mit zwei kaputten Drüsen und einem gemeinsamen Arbeitsplatz. Alles noch im Toleranzbereich, noch innerhalb der Bandbreite des täglichen Lebens. Zufall halt. Aber offensichtlich haben Sie eine andere Theorie."

„Nein, keine andere Theorie", Annette Basler schüttelt den Kopf. „Nur ein eigenartiges Gefühl."

Sie muss ihm ja nicht alles sagen, was sie denkt. Sie will etwas von ihm wissen, dem Strafverfolger, der von berufswegen aus ganz banalen Dingen einen Verdacht konstruieren muss, um dann aus diesem Verdacht einen Beweis zu machen. Da hat sie sich vielleicht zu viel versprochen.

Dirk Neuhaus ist skeptisch. „Nur ein eigenartiges Gefühl, oder kann es sein, dass Sie doch einen bestimmten Verdacht haben?", fragt er mit zusammengekniffenen Augen. „Kommen Ihnen vielleicht Zweifel an der Selbstmordtheorie der Polizei?"

Annette Basler zuckt wortlos mit den Schultern. Er soll verdammt nochmal selbst nachdenken.

„Der Mann gerät unter eine Straßenbahn und die Frau fällt vom Balkon. So kann man es auch sagen und das klingt schon ganz anders als: Er wirft sich vor die Bahn und sie stürzt sich vom Balkon." Im Kopf des Staatsanwaltes scheinen Veränderungen stattgefunden zu haben.

„Ist es eigentlich normal, dass Frauen, die sich umbringen wollen, vom Balkon springen? Ist das nicht eine Männerdomäne und bevorzugen Frauen nicht eher die Überdosis Schlaftabletten?"

„Ein altes Vorurteil." Annette Basler lächelt nachsichtig.

„Der Sprung in die Tiefe steht in der Statistik des weiblichen Selbstmordes an erster Stelle."

„Trotzdem ein wenig seltsam." Dirk Neuhaus wartet wiederum vergeblich auf eine Reaktion seines Gegenübers.

Dann hellen sich seine Gesichtszüge plötzlich auf.

„Mir fällt da gerade etwas ein, was uns vielleicht weiter bringt", sagt er mit viel Zuversicht in der Stimme. Annette Basler registriert, dass er *uns* gesagt hat.

„Wenn Sie am kommenden Freitag Zeit haben, kann ich Sie mit einem Menschen bekannt machen, der sich für den Fall sicherlich interessiert."

„Ein Kollege von Ihnen?"

„Nein, ein Kriminalbeamter. Er heißt René Gronwald und arbeitet im Umweltkommissariat. Am Freitag findet wie jedes Jahr im Frühling der Schießwettbewerb zwischen Kripo, Staatsanwaltschaft und Zoll statt. Sie können sicher sein, dass der Kommissar mit von der Partie ist. Ich hatte schon viel mit ihm zu tun. Irgendwie ist er ein Genie. Ein Mann mit dem Blick nicht nur für das Wesentliche, sondern auch und vor allem für das Außergewöhnliche. Ein geborener Bulle, ein richtiger Filmbulle. Ich könnte mir denken, dass ihn die Geschichte zum Kombinieren anregt. - Kommen Sie mit? Sie sind eingeladen!"

Annette Basler wittert Morgenluft. Diese Chance wird sie sich nicht entgehen lassen. „Das klingt verlockend", antwortet sie. „Und vielen Dank auch. Ich werde es mir einrichten."

„Wenn Sie die Schießerei stört" - Dirk Neuhaus gibt sich jetzt viel Mühe -, „Sie müssen selbstverständlich nicht selbst schießen, aber wenn Sie wollen, dürfen Sie mitmachen - in dem Team Ihrer Wahl! Im übrigen schießen wir auf Scheiben und nicht, wie Sie vielleicht denken, auf Pappkameraden."

„Ah so", sagt Annette Basler auffällig gedehnt, während sie sich auf beide Ellbogen gestützt bedrohlich vor ihrem Gastgeber aufbaut. „Könnten Sie sich vorstellen, dass ich in meinem Leben schon öfter abgedrückt habe als beispielsweise Ihr Freund von der Polizei?"

Ihre Stimme klingt mit einem Mal anders, so als habe sie irgendjemand gerade ganz furchtbar verletzt.

„Nein", sagt Dirk Neuhaus demonstrativ lässig, „oder meinen Sie die Geschichte mit der Signalpistole und den Silvester-raketen?"

„Sicher nicht", antwortet Annette Basler kalt. „Scharfe Waffen, Pistolen, Revolver, Pumpguns. Und nicht auf Scheiben, auch nicht auf Pappkameraden, sondern ..."

„... sondern?" Dirk Neuhaus ist irritiert.

„... auf Menschen!"

„Auf Menschen?"

„Ja, auf Menschen, auf tote Menschen allerdings."

„Erzählen Sie mir die Geschichte?"

„Vielleicht später einmal, heute nicht."

Annette Basler ist blass geworden. Das Eis, das Dirk Neuhaus zum Abschluss noch spendiert, will ihr nicht schmecken. Zum zweiten Mal in dieser Woche hat sie etwas eingeholt, das schon ganz weit weg schien.

Die Schützenkönigin

„Sie haben einen siebten Sinn, stimmt das?" Annette Basler sondiert lachend das Terrain.

„Wer sagt das?"

„Der Staatsanwalt sagt das."

Dirk Neuhaus wiegt bedächtig den Kopf, um schließlich zustimmend zu nicken.

„Nun?"

„Was verstehen Sie eigentlich unter einem siebten Sinn?", fragt René Gronwald, dem das Thema sichtlich unangenehm ist.

„Intuition, Eingebung, etwas Übersinnliches. Ja, der siebte Sinn steht über unseren normalen Sinnen. Er vermittelt Fähigkeiten, die nur ganz wenige haben. Kriminalbeamte, die diese Begabung besitzen, können hoffnungslose Fälle lösen. Können Sie hoffnungslose Fälle lösen?", insistiert die Ärztin. Dabei versucht ihr Blick erfolglos die hinter dunklen, verspiegelten Brillengläsern verborgenen Augen ihres Gegenüber zu erfassen.

„Unsere Ausbilder sagen, es gibt keinen siebten Sinn, jedenfalls besitzen Polizisten ihn nicht."

„Und warum gibt es dann gute und schlechte Fahnder?", bohrt Annette Basler weiter und begreift ein erstes Mal das Geheimnis der Sonnenbrille. Sie macht ihren Träger unberechenbar. Menschen kann man nur taxieren, wenn man ihnen in die Augen schaut. Humphrey Bogart lässt grüßen.

„Weil sie ihr ganz normales Handwerk unterschiedlich beherrschen. Weil der eine engagiert arbeitet und der andere schludert. Und weil die Leute mehr oder weniger Erfahrung haben. Was so oft als Intuition daher kommt, ist nichts anderes als die Summe von Erfahrungen, die uns allerdings oftmals gar nicht bewusst sind."

René Gronwalds augenloses Gesicht ist ohne Mimik. Das

macht es der Ärztin noch viel schwerer, ihren Gegenüber einzuordnen. Aber das Gesicht spricht sie an. Die weichen Rundungen über den scharfen Kanten von Kinn und Backenknochen erscheinen wie mit unter die Haut gespritztem Silikon modelliert. Der für Kriminalbeamte obligatorische schmale Oberlippenbart vermittelt Militanz und zugleich Freundlichkeit. Und der glatt rasierte Rest verrät den deutschen Hang zu Sauberkeit und Ordentlichkeit. Sie wird den Kommissar noch anders erleben, drahtig, wuselig und auch schon einmal mit viel Nerven.

„Aber Tiere haben einen siebten Sinn. Schon lange vor einem Erdbeben oder einem Vulkanausbruch flüchten sie in sichere Regionen."

Der Kommissar schüttelt den Kopf. „Kein siebter Sinn. Nur eine äußerst fein entwickelte Empfindsamkeit. Die Tiere spüren einfach die für uns nicht wahrnehmbaren Erschütterungen, die den Naturkatastrophen voraus gehen."

Jetzt versucht sie es mit Taktieren: „Vielleicht können wir uns ja auf einen Kompromiss verständigen? Es gibt Wissenschaftler, die sagen, der siebte Sinn ist gar kein übersinnliches Phänomen, sondern das Produkt der Kommunikation zwischen den klassischen Sinnen. Sie nennen ihn: Fingerspitzengefühl! Was halten Sie *davon*?"

Recht interessant, denkt René Gronwald, aber er sagt: „Polizisten philosophieren nicht."

„Also können wir auch nicht auf den Wunderkommissar setzen?"

Ein erstes Mal lacht René Gronwald und zeigt dabei seine weißen, makellosen Zähne.

Die Ärztin, der Staatsanwalt und der Kommissar sitzen an einem kleinen Tisch im hinteren Eck des Revolverstübchens, wie das Kommunikationszentrum des polizeieigenen Schießplatzes *Grün-Gelb* von seinen Benutzern liebevoll genannt wird. Annette Basler hat frei genommen, aus wohl überlegten Gründen, und Dirk Neuhaus und René Gronwald sind seit Jahren schon Gäste beim Schießwettbewerb zwischen Kriminalpolizei, Staatsanwaltschaft und Zollfahndung.

Es ist Freitag, der 14. Mai, 17 Uhr und das Revolverstübchen füllt sich mit zunehmender Geschwindigkeit. Während einige der kleinen Tische noch frei sind, herrscht am Tresen schon drangvolle Enge. Duftender Kaffee und kalorienschwangere Torten konkurrieren mit kühlem Pils und heißer Rindswurst. Noch steht es unentschieden, aber das wird sich bald ändern. Wenn in einer Stunde das Schießen beginnt, haben Henninger und Hennesey bei allen für ruhige Hände gesorgt.

„Sie kennen den Fall, um den es mir geht?", fragt Annette Basler jetzt unvermittelt in Richtung des Kommissars, dem gerade eine Wurst serviert wird.

„Herr Neuhaus hat mich bereits informiert", antwortet René Gronwald, „aber vielleicht wissen Sie ja mittlerweile noch etwas mehr."

„Kein Stück", entgegnet Annette Basler, „nur die alte Geschichte. Zwei Leichen im Abstand von sechs Wochen, ein 51-jähriger Mann wird von der U-Bahn überfahren und eine junge Frau fällt vom Balkon, beides angeblich Selbstmorde. Beide Opfer weisen über die Unfallverletzungen hinaus markante und identische Anomalien auf: totale Haarlosigkeit, eine fünffach vergrößerte Hypophyse und eine völlig ausgefranste Pankreas. Beide arbeiten bei Toledo-Wellness, einer Pharmafirma, und dazu noch in derselben Abteilung."

„Nicht gerade viel", wirft der Staatsanwalt ein.

„Deswegen brauche ich ja jemanden mit besonderer Kombinationsfähigkeit." Annette Basler schaut zum Kommissar. „Was sagt denn Ihr siebter Sinn – oder Ihre Erfahrung?"

„Sie sagt mir, dass ich noch nicht genug weiß", antwortet der prompt.

„Was fehlt Ihnen?"

„Eine Menge an Informationen, vor allem zu Ihrer Person."

„Zu meiner Person?"

„Ja, zum Beispiel, woher Ihr kriminalistischer Eifer kommt. Die Rechtsmedizin begnügt sich doch in der Regel mit der Feststellung der Todesursache. Der Rest ist ihr egal, ist Sache der Polizei oder der Staatsanwaltschaft. Warum halten Sie sich nicht an die Regel?"

Annette Basler will zunächst antworten und dann doch nicht. Aber eine Erklärung ist sie dem Kommissar schuldig.

„Ist das so schwer zu verstehen? Wir wollen auch einmal ganz vorne mitmischen. Nicht nur die banale Todesursache liefern, sondern darüber hinaus den Fall lösen. Nicht immer nur zuarbeiten. So wie der Justizwachmeister aus dem Rodgau. Kennen Sie die Geschichte? Nein? – Aber der Staatsanwalt kennt sie."

„Er kennt sie auch nicht."

„Oder will sie nicht kennen. Es ist eine kurze Geschichte. Der Wachtmeister steht jeden Morgen in seinem Heimatort in voller Uniform auf einer kleinen Kreuzung und regelt den Verkehr. 30 Jahre lang hat er Gefangene in Handschellen durch die Gerichtsflure geführt, hat Hunderte von Verhandlungen erlebt und durfte doch nicht ein einziges Mal mitreden oder gar entscheiden. Für eine halbe Stunde täglich hat er das jetzt geändert."

„So kenne ich die Rechtsmedizin nicht", sagt der Kommissar und zieht sich noch mehr hinter seine Sonnenbrille zurück.

„Irgendwie habe ich aber das Gefühl, Sie verlangen mehr als die Rehabilitation eines frustrierten Berufsstandes. Träumen Sie vielleicht doch vom großen Coup im Keller Ihres Sachsenhäuser Instituts? Von dem plötzlichen Herztod, der sich als Mord erweist, weil Sie den haarfeinen Stichkanal entdeckt haben?"

„Sie meinen den Fall Staschinskij, nicht wahr? Den Mord an dem rumänischen Politiker mittels einer extrem dünnen Metallspritze."

„Sie kennen ihn?"

„Er gehört zu unserer Pflichtlektüre!"

„Wie wurde der Fall damals eigentlich aufgeklärt?"

„Von einem aufmerksamen Obduzenten", antwortet Annette Basler. „Warum sollte ich nicht davon träumen? Wir träumen doch alle, oder?"

„Keine Frage, Polizisten träumen von der Festnahme des Syndikat-Bosses, Richter von der Verurteilung des Massenmörders und Staatsanwälte träumen ... von was, Herr Neuhaus?"

„Von einer schönen Staatsanwältin."

„Sehen Sie", sagt der Kommissar, „ alles Träume, die nie in Erfüllung gehen. Aber ohne Träume wären wir verloren. – Sagen Sie, gibt es nicht doch einen besonderen Auslöser für Ihr merkwürdiges Interesse?"

„Das schminken Sie sich bitte ab", antwortet Annette Basler

trotzig und hält für einen Augenblick die Luft an. Hat der Kommissar wirklich einen siebten Sinn? Sie ist unsicher geworden. Keine Frage, ihr kriminalistisches Interesse hat mit einem Fall zu tun, der ihre Studienkollegin aus Hamburg berühmt gemacht hatte, vor wenigen Jahren. Ebenfalls Rechtsmedizinerin, gerade einmal ein halbes Jahr im Dienst, war sie mit der Obduktion einer jungen Frau befasst, die Nachbarn tot in ihrem Wohnzimmer aufgefunden hatten. Alles sah nach einem natürlichen Tod aus – Herzversagen halt. Trotzdem hatte die Staatsanwaltschaft eine Obduktion angeordnet. Denn die Verstorbene war allein zu Hause gewesen, nachdem ihr Mann schon vor Wochen zu einer längeren Geschäftsreise in die Vereinigten Staaten aufgebrochen war. So gab es keine Zeugen für den Vorgang und die Behörde wollte auf Nummer sicher gehen.

Als die Ärzte den Körper öffneten, strömte ihnen ein bekannter Geruch entgegen. Bittermandel. Bittermandel heißt Zyankali. Also Selbstmord. Juristisch so wenig von Belang wie das Herzversagen aus natürlicher Ursache. Daran wollte die Ärztin angesichts der Schönheit auf dem Sektionstisch allerdings nicht glauben. Auch gab es keine Hinweise auf persönliche Probleme der jungen Frau. Mit einem Mal war sich die Ärztin sicher: Das Geheimnis steckte im Tampon, den die Tote trug. Als sie ihn sicherstellte, schüttelte der Professor, der die Obduktion leitete, verärgert den Kopf, aber er ließ seine Assistentin gewähren. Und das war gut so, denn die Untersuchung ergab eine hohe Zyankalibelastung des blutgetränkten Zellstoffkörpers. Noch am gleichen Abend hatte sie Annette Basler am Telefon von ihrem Volltreffer erzählt und schon einen Tag später legte der Ehemann, der umgehend aus den Vereinigten Staaten zurückgekehrt war, ein Geständnis ab. Mit einer Einwegspritze hatte er unmittelbar vor seiner Abreise das Gift durch die Plastikumhüllung in den Tampon seiner Ehefrau injiziert. Während der Benutzung dauerte es nur wenige Minuten, bis die hochgiftige Chemikalie in die Blutbahn des Opfers gelangt war und binnen Sekunden zum Tod geführt hatte. Das Tatmotiv hieß übrigens Jennifer und wohnte irgendwo in Texas.

Diese Geschichte hatte Annette Basler nie losgelassen. Sie war ihr der Beleg dafür, dass auch Rechtsmediziner einmal ganz oben stehen können und nicht nur als Handlanger der Justiz dienen müssen. Da wollte sie auch einmal hin, unbedingt, wenn sie schon auf der Intensivstation nicht mehr punkten durfte. Aber das erzählte sie dem Kommissar nicht.

„Haben Sie eigentlich eine Idee, was geschehen sein könnte?", wollte der Kommissar jetzt wissen.

„Bei den völlig unbehaarten Körpern denkt ein Arzt spontan an Gift", antwortete Annette Basler. „Nachdem wir eine Chemotherapie hatten ausschließen können, bot sich noch die Verbindung zum Arbeitsplatz an. Pharmazie heißt Chemie und Chemie heißt Gift. So spukt es jedenfalls auch in unseren Köpfen herum. Aber da ist wohl nichts. Ich habe in der Firma nachgefragt. Beide haben in der Abteilung von Professor Engel gearbeitet und dort geht es nur um Rückstandsforschung, um Abbauprodukte von Blutdruck- und Blutfettsenkern. Gifte, egal welcher Art, sind dort kein Thema."

Annette Basler macht eine kurze Pause, dann sagt sie mit gehobener Stimme: „Aber ich habe das Gefühl, dass hier nicht nur Zufälle eine Rolle spielen. Hinter all diesen Anomalien könnte eine große Geschichte stecken."

In diesem Augenblick bittet der Lautsprecher die Wettbewerbsteilnehmer zum Schießstand.

„Sie machen mit?", fragt Dirk Neuhaus vorsichtig und betont freundlich.

„Selbstverständlich", entgegnet Annette Basler, „und wenn es recht ist, werde ich für die Staatsanwaltschaft schießen."

„Gerne, das wird unsere Chancen wohl deutlich verbessern." Dirk Neuhaus freut sich ernsthaft und René Gronwald grinst und schweigt.

„Vor zehn Jahren wären Sie noch die einzige Frau in unseren Reihen gewesen." Der Staatsanwalt deutet auf einen Stehtisch am Kopfende des Tresens, wo sich ein halbes Dutzend junger Frauen mit Zielwasser versorgt. „Die Girlies aus der Rauschgiftabteilung. Die Emanzipation frisst ihre Kinder. Neben dem Gesetzbuch liegt die Pistole. Mit der Treffsicherheit hapert es allerdings noch."

Der Kommissar lacht: „Eine soll im vergangen Jahr schon die Scheibe getroffen haben."

Scheißbulle, denkt Annette Basler und trinkt ihren Rest Kaffee.

Wenige Minuten später entscheidet sich die Ärztin für Gewehr – stehend und für eine Waffe vom Typ Dragunov SSV-58. Der russische Kassenschlager ist eine moderne Kriegswaffe und gehört zur polizeieigenen Sammlung sichergestellter Schusswaffen. Davor gehörte er der Russen-Mafia. Jetzt wird er von der Gegenseite benutzt, zu Übungszwecken.

Annette Basler stellt sich breitbeinig und in der Hüfte wippend in Position, fixiert das Gewehr zwischen Kinn und Schulter und schießt binnen weniger Sekunden das Magazin leer. René Gronwald steht zwei Plätze weiter und hat sie dabei beobachtet.

Sie schießt heute nicht zum ersten Mal, denkt er. Ansprechen wird er sie darauf allerdings nicht. Von Dirk Neuhaus weiß er, dass es da ein Problem gibt. Eine Viertelstunde später sitzen sie wieder im Revolverstübchen, wo alle auf das Ergebnis warten.

„Das ist kein Fall, wie Sie sich ihn wünschen", sagt Annette Basler halb resigniert und halb ärgerlich, während ihr Blick zwischen Staatsanwalt und Kommissar hin und her wandert.

„Die Beweislage ist ja auch ein bisschen dünn", versucht Dirk Neuhaus zu erklären, „wenn wir es einmal juristisch formulieren."

„Oder auch nicht", fällt ihm der Kommissar in den Rücken, „wenn wir einmal dem gesunden Menschenverstand eine Chance geben."

Dirk Neuhaus ist nur eine Sekunde lang enttäuscht. Zu lange schon kennt er den Kommissar, als dass er sich jetzt ernsthaft wundern dürfte.

René Gronwald ist ein Jäger. Er nimmt auch feinste Spuren auf und verfolgt sie bis zum Ziel. Das kann so oder so aussehen. Jäger seines Schlags sind Besessene. Oder Süchtige, die für den großen Kick alles tun. René Gronwald ist allerdings Jäger ohne Motiv. Er jagt jede Beute. Beute ist für ihn alles, was gegen das Gesetz verstoßen hat. Differenzieren mag er nicht. Das ist sein archaisches Erbe und dazu steht er, aber es hat ihm schon viel Kritik eingebracht. Anlässlich einer Fortbildungsveranstaltung hat ein Referent von der Universität seine

Berufsauffassung mit der Bemerkung kommentiert, erfolgreiche Jäger dürften halt nicht denken. Aber auch diese Kritik hat er nicht an sich herangelassen.

Annette Basler wittert Morgenluft. „Ein Unternehmen, ein Pharma-Unternehmen zudem, zwei Selbstmorde mit drei identischen anatomischen Anomalien, da haben wir es doch mit Bestandteilen eines großen Puzzles zu tun. Und da spielen kriminelle Dinge eine Rolle. Wenn ich schon keine kriminalistische Erfahrung in die Waagschale werfen darf, dann spreche ich einfach von weiblichem Instinkt – und dieser Auffassung schließt sich der Kommissar möglicherweise ja an."

Der ist mit seinen runden Balken vor den Augen immer noch so undurchschaubar wie ganz zu Anfang. Aber langsam scheint er ein Stück seiner Reserviertheit aufzugeben.

„Wenn Sie eine Leiche auf den Tisch bekommen, männlich, Kosovo-Albaner, einen Einschuss im Bauchbereich. Was machen Sie dann?"

„Ich führe eine Obduktion durch", entgegnet Annette Basler unsicher und schnippisch.

„Das heißt? – Wie gehen Sie vor?"

„Wie immer!"

„Also?"

„Äußere Leichenschau, danach Eröffnung von Kopf, Brust und schließlich Bauch."

„Sie fangen also nicht am Bauch an, stellen etwa fest, dass eine Kugel die linke Aorta getroffen hat und das Opfer anschließend verblutet ist. Und hören dann auf."

„Selbstverständlich nicht, ich ..."

„Sie arbeiten Ihr vorgegebenes Programm ab, nicht wahr? Und das mit gutem Grund. Genau so machen wir das auch."

René Gronwald beißt noch einmal in seine kalte Wurst und nimmt einen Schluck Kaffee.

„Step by Step – Schritt für Schritt. Alles andere geht schief. Polizisten lernen eins: Keine Geschichten erfinden, bevor die Details recherchiert sind. Wer sich schon am Anfang eines Falles auf eine bestimmte Lösung festlegt, der hat sich schnell verrannt. Und wer sich so verrannt hat, ist blind und taub für alle anderen Denkansätze."

„Ich habe gar keinen Lösungsvorschlag", sagt Annette Basler

vorwurfsvoll.

„Aber Sie stecken Ihre ganze Kraft schon in die Geschichte. Sie überlegen unentwegt, wie das Puzzle aussehen könnte, in das die Fakten passen", weist sie der Kommissar zurecht.

„Ist das nicht berechtigt?"

„Mag sein, aber klug ist es nicht. Klären Sie erst einmal die Fakten, alle, verstehen Sie? Alle Fakten, die wichtig sind! Sie sind doch noch nicht einmal sicher, ob es sich in den beiden Fällen jeweils um einen Selbstmord handelt. Das muss vordringlich geklärt werden. Wenn von einer Fremdtötung ausgegangen werden müsste, wären sämtliche Fragen neu zu stellen. Und dann interessiert mich noch, ob zwischen den beiden Opfern irgendwelche Beziehungen bestehen. Waren sie verfeindet oder verliebt oder vor kurzem zusammen im Kongo? Falls Kongo, warum Kongo? Um Urlaub zu machen, Waffen zu verkaufen oder Ebola zu erforschen? Wir haben viel zu wenig Fakten!"

Annette Basler ist ein Stück kleiner geworden auf ihrem wackeligen Stuhl. Allerdings: Auch der Kommissar hat *wir* gesagt. Und sie kann seine Einwände nachvollziehen.

Der Lautsprecher verkündet die Sieger. Annette Basler hat den Wettbewerb im „Gewehrschießen stehend" deutlich vor dem Zweitplazierten gewonnen. René Gronwald ist Fünfter im Pistolenschießen geworden und Dirk Neuhaus taucht in keiner Wertung auf. Später wird er behaupten, gar nicht teilgenommen zu haben, was aber zahlreiche Zeugen besser wissen und auch durch die Kontrollbögen widerlegt wird. Wie jedes Jahr hat Manfred Hensold in dieser Disziplin den ersten Platz belegt.

„Wer ist Manfred Hensold?", fragt Annette Basler.

„Der Vorsitzende Richter der Staatschutzkammer. Pistolenträger und hervorragender Schütze."

„Hat er viele Feinde?"

„Wahrscheinlich, aber statistisch gesehen sind Richter und Staatsanwälte nur selten das Opfer von Anschlägen oder Racheakten."

„Das hätte ich nicht gedacht."

„Aber es ist nachvollziehbar. Die große Wut der Gangster bei der Verurteilung oder bei der Festnahme kühlt im Knast schnell wieder ab. Wir haben in Deutschland keine richtige Rachekultur."

Im Revolverstübchen wird jetzt gefeiert. Es ist laut geworden. Die Girlies aus dem Rauschgiftdezernat der Staatsanwaltschaft trinken Rotkäppchen-Sekt. Offenbar haben sie auch diesmal wieder die Scheiben getroffen.

„Bevor wir uns gar nicht mehr verstehen", Annette Basler beugt sich zum Kommissar herüber: „Wie soll es weiter gehen in unserem Fall?"

René Gronwald trägt wieder seine Sonnenbrille und ist unsichtbar. Nach einer kurzen Überlegung sagt er: „Ich höre mich mal um bei meinen Kollegen, die die beiden Vorgänge aufgenommen haben. Danach rufe ich Sie an."

„Wunderbar!" Annette Baslers Herz macht Sprünge. „Was mir gerade noch einfällt: Im Polizeiprotokoll stand, dass eine Zeugin in der Wohnung der verstorbenen Frau unmittelbar vor dem Sturz zwei Männer beobachtet hat, die später aber nicht mehr ermittelt werden konnten. Es dürfte Sie vielleicht vorab interessieren."

„Das wissen Sie genau?"

„Ja, wir lesen die Polizeiprotokolle stets sehr gründlich."

Dirk Neuhaus mischt sich ein. „Hat die Frau Doktor eigentlich schon die Proben von Hypophyse und Pankreas untersucht? Die Giftschiene ist ja wohl noch nicht ganz aus der Welt!"

„Wie sollte ich? Dazu brauche ich einen Auftrag der Staatsanwaltschaft."

„Den bekommen Sie von mir – im Moment."

„Dürfen Sie das überhaupt? Ich meine, ist das nicht Sache Ihres Chefs?"

„Einfache Entscheidungen darf auch der kleine Staatsanwalt treffen", antwortet Dirk Neuhaus mit guter Miene zum bösen Spiel.

Am frühen Abend brechen sie auf. Das Revolverstübchen ist noch gut besetzt und die Stimmung auf dem Höhepunkt. Die ersten Gläser gehen kaputt und die siegreichen Kripobeamten skandieren frauenfeindliche Trinksprüche. Annette Basler hat schon lange aufgehört, sich daran zu stoßen. Alkohol und Emotionen bilden schließlich das Milieu, das auch ihren Arbeitsplatz sichert. Blutproben und Gutachten zur Schuldfähigkeit, davon lebt das Institut.

Auf dem Parkplatz trennen sie sich. Die Dämmerung ist angebrochen und nur noch über dem Taunus liegt ein weißer Streifen vom Licht des vergangenen Tages.

„Eine Frage noch", sagt René Gronwald, als er der Schützenkönigin die Hand reicht. „Wie hieß der Chef der beiden Selbstmörder?"

„Sie meinen den Leiter der Abteilung Rückstandsforschung bei der Toledo-Wellness?"

„Ja, genau den. Sie haben heute Nachmittag einmal seinen Namen erwähnt."

„Engel, Professor Engel, Professor Herbert Engel."

„Und Sie sind sich da ganz sicher?"

„Jeder Zweifel ausgeschlossen. Ich habe noch einmal nachgefragt. Engel wie Teufel, hat die Sekretärin mir gesagt – kennen Sie ihn?"

„Weiß nicht genau", grummelt der Kommissar, „irgendwo habe ich den Namen schon einmal gehört. Ich bringe ihn aber nicht unter."

„Vielleicht gab es einen Pressebericht über ihn als erfolgreichen Wissenschaftler."

„Nein", sagt der Kommissar nachdenklich, „da war etwas ganz Unangenehmes im Spiel."

Für René Gronwald ist es Klinkenputzen und gehört zu den Schattenseiten seines Berufes. Recherchen im Tatortbereich. Von Tür zu Tür gehen, klingeln und fragen, ob irgendwelche für die Aufklärung des Sachverhaltes wichtigen und bedeutsamen Beobachtungen gemacht wurden. Es liegt nicht an der Unwilligkeit der Menschen, ihre Kenntnisse mitzuteilen. Im Gegenteil. Die allermeisten fühlen sich sofort als Teil des Kriminalfalles und geben bereitwillig Auskunft. Oft mehr, als der Sache dienlich ist. Was dem Kommissar Probleme bereitet, ist die oft geringe Ausbeute dieser Ermittlungen. Unter hundert

Antworten bringt ihn vielleicht eine ein Stück weiter, wenn überhaupt. Knochenarbeit mit hohem Frustrationspotential.

Vor einigen Jahren hatte René Gronwald einmal in einer Sonderkommission an der Aufklärung eines Mordes mitgearbeitet. Ein zehnjähriger Junge war im Westen Frankfurts erstochen worden und nicht nur der alleinerziehende Vater forderte die Aufklärung des Falles. Mehr als dreitausend Spuren arbeitete die 30-köpfige SOKO ab – ohne Erfolg. Nach sechs Monaten stellten sie ihre Arbeit ein. Ein jeder der Beamten urlaubsreif – mindestens.

Diesmal sind es nur eine handvoll Adressen, die er sich vorgenommen hat. Die Beamten der Funkstreife hatten sie jeweils am Tatort in der Wittelsbacher Straße und am Merianplatz aufgenommen. Sie betreffen Personen, die die mutmaßlichen Selbstmorde beobachtet hatten.

Nein, sagt die 56-jährige Kosmetikverkäuferin, ihre Nachbarin von schräg gegenüber ist ohne Fremdverschulden vom Balkon gestürzt. Sie selbst habe auf ihrem eigenen Balkon gerade die Blumen gegossen. Es sei gegen 20 Uhr gewesen, die Sonne habe noch geschienen, da habe sie die Nachbarin, die sie persönlich nicht kenne, durch die geöffnete Glastür auf den Balkon gehen sehen. An der Brüstung aus Plexiglas sei sie kurz stehen geblieben, dann sei sie irgendwie hochgeklettert und auf der anderen Seite heruntergefallen. Erst habe sie gedacht, das sei alles nur ein Traum gewesen, aber dann habe sie die Frau auf der Straße in einer großen Blutlache liegen sehen. Als sie noch einmal zum gegenüberliegenden Balkon geschaut habe, hätten dort zwei Männer an der Brüstung gestanden, die seien dann aber ganz schnell verschwunden gewesen.

Ob sie sie beschreiben könne?

Eigentlich nur den einen: Mittelalter, leicht untersetzt, Stirnglatze und Kinnbart. Der andere etwa gleichaltrig, aber mehr wisse sie nicht dazu.

„So alt wie mein Vater, mit Bauch, nein, nicht riesig dick, aber schon ein Bauch, ein richtiger Bierbauch, und eine Glatze, wenn auch keine richtige, und einen Bart, schwarz und weiß und ziemlich kurz. Der andere dünn, vor allem dünn, kurze blonde Haare, kein Bart, keine Erinnerung an andere Merkmale."

Der zehnjährige Schüler ist der einzige, der zum Vorgang am U-Bahnhof Merianplatz sachdienliche Angaben machen kann. Er hat zwischen den wartenden Fahrgästen gestanden, als Ende März das schlimme Unglück geschah. So hat auch er das Gefühl gehabt, dass das Opfer vor die Bahn gesprungen ist. Dass man den Mann geschubst hat, kann er allerdings nicht ausschließen. Was ihm ganz bestimmt in Erinnerung geblieben ist, sind die beiden Männer, die unmittelbar nach dem Vorfall eiligen Schrittes den Bahnsteig Richtung Rolltreppe verlassen hatten. Und die kann er dem Kommissar erfreulich genau beschreiben – auf dem Hof der Ernst Reuter-Schule am Vormittag des 17. Mai. Ein erstes Mal hat René Gronwald das Gefühl, dass sich Klinkenputzen gelohnt hat.

Giftalarm

Sitzungstage, hatte ihm sein Chef einmal verraten, seien für den Staatsanwalt Feiertage. Die Höhepunkte der Woche, die willkommene Abwechslung zur eher langweiligen Schreibtischarbeit. Im besten Zwirn, mit makellos weißer Krawatte und samtbesetzter schwarzer Robe stehe man dann im Gerichtssaal wie ein Fels in der Brandung und verteidige die Rechtsordnung. Eine staunende Öffentlichkeit bedanke sich dafür mit dem Gefühl, in diesem Lande gut aufgehoben zu sein.

Dirk Neuhaus hatte sich mit der Berufsauffassung seines Chefs nie anfreunden können und die so vorgezeichnete Rolle auch nie gespielt. Zwar mochte er den Sitzungsdienst und hielt vor allem gerne Plädoyers, wenn auch die vielen Formalien seine Geduld oft arg auf die Probe stellten. Aber schon mit der Kleiderordnung hatte er erhebliche Probleme. Die vorgeschriebene weiße Krawatte besaß er nicht und auch ein Anzug gehörte nicht zu seinem Besitzsstand. Seine beiden Sakkos irgendeiner Altkleidersammlung zuzuordnen, wäre zwar etwas überzogen gewesen, aber zeitgemäß waren sie auch nicht. Und schließlich schien ihm auch die Robe nicht geheuer. Denn das teure Stück war ganz offensichtlich nicht, wie die Justiz gerne glauben machen wollte, Beleg für die Objektivität ihrer Akteure, sondern diente erkennbar der Einschüchterung des Angeklagten.

Das ganze feierliche Gehabe, zu einem allerdings kleinen Teil vom Gesetzgeber vorgeschrieben, und zum anderen weitaus größeren Teil von der Justiz selbst erfunden und kultiviert, erschien ihm suspekt. Zur Vereidigung war er krawattenlos und in Lederjacke erschienen. Das hatte ihm sein Boss schwer verübelt. Dafür war Dirk Neuhaus seinem Boss wiederum böse. Hatten nicht gerade deutsche Staatsanwälte und deutsche Richter schon auf alles geschworen und alle Schwüre dann auch wieder gebrochen?

Showdown im Gerichtssaal – Rechtsfindung musste in seinen Augen anders funktionieren, in der Regel jedenfalls. Und der Beifall von den Rängen konnte schon deshalb keine Orientierung für ihn sein, weil dort normalerweise entweder gähnende Leere herrschte oder sich gelangweilte Schulklassen lümmelten.

Manchmal hat Dirk Neuhaus das Gefühl, in der Justiz fehl am Platze zu sein. Aber nur manchmal.

Heute jedenfalls nicht. Obwohl ihm heute alles schief gegangen ist. Wirklich alles. Stocksauer betritt er gegen Mittag sein Büro, wirft seine Akten auf den Schreibtisch und hängt seine Robe lieblos in den altersschwachen Kleiderschrank neben der Tür. Wenige Minuten später sitzt er in der Kantine vor einer großen Tasse Kaffee und versucht Abstand zu gewinnen von den Geschehnissen des Vormittags. Ein Staatsanwalt, der einen Verfahrensausgang persönlich nimmt, hat seinen Beruf verfehlt. Dieser Satz stammt ebenfalls von seinem Chef und mit diesem Satz hat er keine großen Probleme. Staatsanwälte dürfen sich nicht zu sehr mit ihren Fällen identifizieren, müssen Abstand halten, müssen loslassen können. Sonst leidet ihre Arbeit und sie verschleißen in kürzester Zeit. Da geht es ihnen nicht anders als den Ärzten, die das Schicksal ihrer Patienten auf Distanz halten müssen. Aber es gibt Fälle mit Ausnahmecharakter. Da geht es ums Eingemachte. Um Grundsätzliches. Da darf ein Staatsanwalt persönlich betroffen sein, weil die Entscheidung des Gerichts eine Katastrophe darstellt, vielleicht sogar ein Verbrechen, das schwerer wiegt als das, was dem Angeklagten vorgeworfen wird.

Schwerer als ein Rosendiebstahl beispielsweise. Um den ging es in der Hauptverhandlung am heutigen Morgen, in der Dirk Neuhaus die Anklage vertrat. Der Angeklagte hatte auf seinem nächtlichen Heimweg aus dem Hinterhof eines Blumengeschäfts für 50 Euro Rosen entwendet. Insoweit nichts Besonderes. Was den Fall aber so problematisch machte: Der 38-jährige Angeklagte, der die Tat ohne Abstriche zugab, war ein gut zwei Dutzend Mal vorbestrafter Drogenabhängiger. Schon vor vielen Jahren hatte er sich über schmutzige Spritzen mit Aids infiziert. Seine Ehefrau war ebenfalls drogenabhängig und aidskrank. Auch die beiden Kinder – längst bei Pflegeeltern untergebracht – trugen das tödliche Virus in sich.

Der Junkie und seine Frau wohnten in einem provisorischen Zelt- und Barackenlager, das sich Drogenabhängige und Obdachlose in einer Grünanlage des Frankfurter Ostens gebaut hatten. Die Rosen hatte der Angeklagte seiner Frau schenken wollen. Viel gemeinsame Zeit würde ihnen nicht bleiben, denn wie Dirk Neuhaus unschwer erkennen konnte, war die Krankheit bei dem Angeklagten bereits ausgebrochen.

Wie verhält man sich einem drogenabhängigen und aidskranken Rosendieb gegenüber, der mit einer aidskranken und drogenabhängigen Frau verheiratet ist, zwei aidskranke Kinder hat und in der Gosse lebt?

Dirk Neuhaus hatte sich viel Mühe gegeben, dem Gericht klar zu machen, dass das Strafrecht mit diesem Fall überfordert war. Dass es kapitulieren musste angesichts eines Maßes an menschlichem Elend, das die Vorstellungskraft fast schon überstieg. Auch wenn ein Blumenhändler im Gerichtssaal saß, der mehr als sauer war, weil nicht zum ersten Mal nächtliche Besucher seinen Blumenvorrat dezimiert hatten. Dirk Neuhaus hatte sich auch deswegen so sehr ins Zeug gelegt, weil er wusste, dass das Gericht eine andere Auffassung von den Dingen vertrat. Das Gericht, das war die Richterin Stefanie Probst, Anfang dreißig, eine Richterin der neuen Generation. Ausgebildet an einer x-beliebigen Universität, aber handverlesen von einer Justizbürokratie, der es – dem Zeitgeist folgend – entscheidend darauf ankam, dass Richter wieder „zur Sache kamen" und sich nicht im ewigen Geplänkel um Schuld und Sühne verloren. In den Gerichtssälen sollte nicht mehr diskutiert, sondern Recht gesprochen werden. Wer klaut, wird bestraft, basta.

Dirk Neuhaus ist mit seinem Vorhaben gescheitert. Seinem Antrag, das Verfahren einzustellen, wird nicht entsprochen. Stattdessen: acht Monate Haft ohne Bewährung. Noch schlimmer: Richterin Probst macht dem Angeklagten Vorhaltungen, wie man sie nur Gesunden machen kann, Menschen mit normaler Sozialisation; wie man sie Kranken und Verzweifelten nicht machen darf. Richterin Probst sagt: Ich habe Ihnen schon mehrfach Bewährung gegeben, aber Sie haben sich diese Verurteilungen nicht zur Warnung dienen lassen. Sie sind undankbar. Und sie sagt: Auch drogenabhängige und aidskranke Menschen müssen sich an die Gesetze halten. Sie haben jetzt ein dreiviertel Jahr Zeit, das zu lernen.

Wirklich? Hat der Angeklagte überhaupt noch so lange Zeit? – Dirk Neuhaus kommt auf böse Gedanken. Für ein solches Urteil braucht es keine Richter. Ein Stammtisch hätte ausgereicht.

Er wird das Urteil anfechten. Es wird von der Berufungsinstanz aufgehoben werden, so viel Vertrauen hat er noch in die Justiz. Die schlimme Hauptverhandlung, die furchtbare Urteilsbegründung aber kann niemand mehr aus der Welt schaffen. Als er eine halbe Stunde später wieder an seinem Schreibtisch sitzt, geht es ihm schon ein gutes Stück besser. Dann klingelt das Telefon. Der Kommissar ist am Apparat.

„Die Kleine hatte Recht, vorgestern Abend."

„Welche Kleine?" Dirk Neuhaus ist mit seinen Gedanken noch ganz woanders.

„Die Ärztin natürlich."

„Ach so – mit was hatte sie Recht?"

„Als sie sagte, dass da noch was im Polizeiprotokoll gestanden habe von zwei unbekannten Personen, die sich in der Wohnung der Selbstmörderin aufhielten."

Spätestens jetzt ist Dirk Neuhaus klar, dass der Kommissar den Fall übernommen hat.

„Sie haben die Angaben überprüft?"

„Und ein paar interessante Dinge dabei erfahren. Es gibt offenbar zwei Männer, die sich in unmittelbarer Nähe der Opfer befanden, als diese zu Tode kamen. In beiden Fällen haben sie sich schnell entfernt. Von einer Person haben wir sogar eine ganz passable Beschreibung."

„Jetzt bin ich einigermaßen überrascht."

„Es geht noch weiter. Ich war heute bei den Angehörigen der Toten. Da gab es zwei fast identische Geschichten. In beiden Fällen handelt es sich offenbar um ehemals seelisch stabile und ausgeglichene Personen – bis Ende vergangenen Jahres. Da seien sie plötzlich merkwürdig depressiv geworden. Die Eltern der Frau sprechen von Anfang Dezember und der Lebensgefährtin des Mannes ist das alles so richtig an Weihnachten aufgefallen."

„Vielleicht nur eine Winterdepression?"

„Das habe ich auch ins Spiel gebracht. Übereinstimmend hieß es dazu: nein. Die Sache sei richtig schlimm gewesen. Alle hätten sich ernsthaft Sorgen gemacht."

„Haben die Angehörigen nach den Ursachen geforscht?"

„Mit aller Macht, aber es sei überhaupt nichts in Erfahrung zu bringen gewesen."

„Eine seltsame Geschichte, finden Sie nicht auch?"

„Seltsam sind Geschichten nur, so lange man sie nicht versteht."

„Verstehen Sie sie?"

„Nein, ich denke aber, wir sollten dran bleiben."

„Also hat die Kleine doch – einen Riecher?"

„Kommen Sie mir bloß nicht mit der Geschichte vom siebten Sinn. Ich glaube immer noch, dass das Mädel ein Problem hat. Wir reden morgen weiter, einverstanden?"

Nur eine Sekunde nach diesem Gespräch klingelt das Telefon des Staatsanwaltes erneut.

„Staatsanwalt Neuhaus."

„Dr. Basler, hallo."

„Frau Basler, gerade haben wir von Ihnen gesprochen, der Kommissar und ich."

„Doch hoffentlich im positiven Sinne!" Annette Basler klingt heiter und gelöst.

„Wie denn anders! Der Kommissar hat Ihnen ein großes Kompliment gemacht."

„Das glaube ich nicht."

„Doch, er ist der Meinung, dass Sie den siebten Sinn hatten im Zusammenhang mit den beiden Todesfällen."

„Jetzt bin ich platt. Wie kommt er denn dazu?"

„Er hat bei den Angehörigen recherchiert, aber das ist eine etwas längere Geschichte, die sich für das Telefon nicht eignet."

„Dann mache ich Ihnen einen Vorschlag: Sie kommen einfach im Institut vorbei. Ich habe nämlich auch etwas für Sie und das müssten Sie sich hier vor Ort ansehen – sagen wir in einer Stunde?"

„Sagen wir morgen früh um zehn Uhr?"
„Morgen kommen Sie zu spät."
„In Ordnung, in einer Stunde."

Eine Stunde später betritt Dirk Neuhaus die schicke Villa in der Jefferson-Allee im Süden der Stadt. Das Haus aus der Gründerzeit, von bunten Rabatten und mächtigen Bäumen umstanden, befand sich einmal in bester Lage. Heute haben die Ausfallstraße vor der Haustür und die Flugschneise über dem Dach für andere Verhältnisse gesorgt. Ein Schmuckstück ist das Anwesen dennoch geblieben mit seinen zahlreichen Erkern an den Giebelseiten und den aus Sandstein gehauenen Säulen im Eingangsbereich. Ein Rechtsanwaltsbüro würde man darin vermuten oder die Geschäftsstelle eines Berufsverbandes, nie aber das Institut der Rechtsmedizin. Die Mitarbeiter erzählen gerne die Geschichte von den beiden Zigeunern, die mit Teppichen unterwegs waren und auch an der Haustür der unverdächtigen Villa klingelten, wo sie viel Interesse an ihren Schnäppchen vermuteten. Als nicht geöffnet wurde, schlichen die Händler ums Haus. Durch ein ebenerdiges Fenster blickten sie schließlich auf nackte, aufgeschlitzte Menschenkörper. Schreiend seien sie davon gelaufen und nie wieder gesehen worden.

„Wir gehen mal hoch in den Technik-Raum", sagt Annette Basler. „Da steht unser wichtigstes Gerät."
Im ersten Stock des Gebäudes befindet sich in einem größeren Raum eine Vielzahl von Apparaten und Messeinrichtungen. Zielgerichtet steuert sie einen voluminösen, aluverkleideten und mit zahlreichen Monitoren versehenen Kasten an, dessen zentraler Standort schon seine bedeutende Rolle verrät.
„Unser Gaschromatograph, kombiniert mit einem Massenspektrometer", sagt Annette Basler mit einem Anflug von Stolz in der Stimme, „das Allerneuste auf dem Markt. Vor vier Wochen erst angeschafft."
„Aus Amerika?"
„Aus Jena – schauen Sie jetzt genau hin". Annette Basler macht es spannend. „Ich drücke auf den Startknopf."
Augenblicklich setzt ein dezentes Summen ein, kurzfristig

immer wieder unterbrochen durch hochfrequente Piepstöne. Auf den Armaturen erscheinen Zahlen und Kurven.

„Jetzt läuft die Hypophyse durch."

„Bitte?"

„Der Apparat untersucht jetzt die Hirnanhangdrüse der Selbstmörderin auf Fremdstoffe – Sie haben mir doch am Schießplatz den Auftrag dafür erteilt!"

„Richtig, was aber nicht heißt, dass ich die Einzelheiten der Angelegenheit verstehe – das muss ich ja auch nicht!"

„Dass sollten Sie aber, als Staatsanwalt mit der Sonderzuständigkeit für Verfahren mit – wie sagten Sie? – toxischem Hintergrund."

In Annette Baslers Stimme schwingt ein Vorwurf mit. Sekunden später tut ihr das aber schon wieder Leid. Sie hat überzogen. Umweltstaatsanwälte sind keine Toxikologen und Rechtsmediziner im übrigen auch keine Rechtsgelehrten. Bis heute kennt sie den Unterschied zwischen Berufung und Revision ja auch nicht. Betont verbindlich sagt sie: „Das dauert ein paar Minuten. So lange kann ich Ihnen einmal die Zusammenhänge erklären."

Annette Basler setzt sich auf einen Hocker am Kopfende des Gaschromatographen und schlägt die Beine übereinander. Sie trägt einen weißen Kittel und olivfarbene Strümpfe, zu denen ihre karminroten Halbschuhe einen gefälligen Gegensatz bilden. Das Blau der Klammer, die ihren blonden Pferdeschwanz zusammenhält, findet sich noch einmal in den silbergefassten Opalen ihrer Ohrringe. Dirk Neuhaus' Aufmerksamkeit pendelt zwischen der Apparatur und deren Bedienerin hin und her. Dass Letztere trotz der sommerlichen Temperaturen ihre Arbeitskleidung hoch geschlossen trägt, findet er weniger schön.

„Nach meinem Anruf heute Mittag habe ich die Hypophyse der Verstorbenen aus dem Gefrierschrank genommen. Einen Teil davon habe ich anschließend in einem Mörser zerstampft und mit einem speziellen Lösemittelgemisch versetzt. Die Lösemittel entziehen dem Körpergewebe sämtliche Fremdstoffe, also auch alle Gifte. Den Extrakt habe ich dann gefiltert und vor wenigen Minuten hier in das Analysegerät gespritzt."

„Sagen Sie nur noch, wie das funktioniert."

„Eigentlich ganz einfach." Annette Basler lächelt nachsichtig. „Im Gaschromatographen wandert das Gemisch durch eine Säule mit einem Durchmesser von nur einem tausendstel Millimeter ...“

„Was hat ein Haar?“

„Ein Menschenhaar ist zehnmal so dick! – Als Transportmittel dient ein Gas, das die Fremdstoffe unterschiedlich schnell befördert, je nachdem, wie groß und wie schwer diese sind. Am Ende der immerhin 30 Meter langen Säule ist das Feld, wie nach einem Marathonlauf, weit auseinander gezogen – das bedeutet, die Fremdstoffe sind getrennt.“

„Ein geniales Prinzip, oder?“

„Das kann man wohl sagen! Aber es kommt noch besser. Wir müssen die Fremdstoffe ja noch identifizieren. Dazu werden sie im nachgeschalteten Massenspektrometer“ – Annette Basler legt die Hand auf die Alu-ummantelte Box an der Stirnseite des Chromatographen -, „mit Elektronen beschossen. Das Zerfallsprodukt wird dann auf dem Monitor dargestellt und auf Wunsch auch ausgedruckt.“

„Wenn ich jetzt raten darf: Jeder Fremdstoff hat ein charakteristisches Zerfallsmuster, über das er identifiziert werden kann.“

Annette Basler strahlt. Sie hat wieder etwas „rübergebracht“ – diesmal die Funktionsweise eines ihrer kompliziertesten High-Tech-Geräte – und das alles in nur zwei Minuten.

Die Medizinerin schaut jetzt auf den großen Monitor, an dessen oberem Ende Zahlen rückwärts laufen. Im Augenblick zeigt er Null an.

„Passen Sie auf, jetzt kommen die Ergebnisse. Wenn nichts Unvorhergesehenes geschieht, haben Sie sogleich einen Grund zum Wundern.“

Hinter einem schmalen Plexiglasfenster in der Mitte der Apparatur beginnt ein filigraner Zeiger auszuschlagen und ungleiche Amplituden auf einen Papierstreifen zu zeichnen, der sich gleichzeitig in Bewegung gesetzt hat.

„Man könnte meinen, Sie zeichnen ein Erdbeben auf.“ Dirk Neuhaus versucht sein Unwissen zu überspielen.

„Da liegen Sie gar nicht so falsch“, sagt Annette Basler in einem freundlichen Ton, „aber es handelt sich mehr um ein toxikologisches Beben.“

Nach zwei Minuten stoppt die Apparatur. An ihrem rechten Kopfende hat sie einen knappen Meter des Papierstreifens in eine kleine Drahtwanne befördert. Annette Basler nimmt den Streifen und legt ihn auf einen Tisch mit einer beleuchteten Glasplatte.

„Sehen Sie hier." Mit einem Kugelschreiber zeigt sie auf die etwa einen Zentimeter hohen Ausschläge auf der linken Seite des Streifens. „Das sind die Schwermetalle, Kupfer, Eisen, Zink. Und hier, schon in höherem Bereich, Quecksilber."

Die vierte Spitze überragt die anderen deutlich.

„Quecksilber, wo kommt das denn her?"

„Das sagt der Apparat nicht. Schätzungsweise aber aus dem Amalgam in ihren Zähnen. Die Verstorbene hatte ein gutes Dutzend Plomben im Mund."

„Gesund kann das aber auch nicht sein."

„Die Wissenschaft streitet noch darüber", sagt Annette Basler mit einem verschmitzten Lächeln. „Die Pille hätte sie sich jedenfalls sparen können."

„Quecksilber macht unfruchtbar?"

„Wenn es in einer solch hohen Konzentration vorliegt wie hier, dann schon."

„Finden Sie solche Fälle öfters?"

„Massenhaft, jede 20. Analyse zeigt solche Werte."

„Dann könnte ich mir vorstellen, dass zahlreiche Fälle von unerfülltem Kinderwunsch mit einer Quecksilberbelastung zu tun haben."

„Es gibt sogar schon Studien, die das bestätigen."

„Aber man hört gar nichts davon."

„Aus gutem Grund. Die Schulmedizin hält die Information zurück. Sie befürchtet eine Prozessflut. Amalgam ist viel gefährlicher, als allgemein zugegeben wird."

„Ist es im vorliegenden Fall auch wichtig?"

„Hier ist etwas ganz anderes von Bedeutung. Passen Sie gut auf! Denn jetzt fangen die chlorierten Kohlenwasserstoffe an."

In der Mitte des Diagrams halten sich die mit feiner Tusche gezeichneten Spitzen noch in Grenzen.

„Dieldrin, Chlorpyrophos, Lindan", erläutert Annette Basler, „ und immer noch DDT, aber deutlich mehr DDD und DDE."

„DDT ist bekannt, aber ..."

„Dichlordiphenyldichlorethan und Dichlordiphenyldichlorethen sind Abbauprodukte des DDT, das ja seit über 30 Jahren in den Industrieländern verboten ist. DDE und DDD werden jetzt erst richtig akut und sind zu allem Überfluss giftiger als das Ausgangsprodukt." Annette Basler lächelt süß-sauer in Richtung des Staatsanwaltes. „Chemie kann eben zaubern."

Jetzt erst vermag Dirk Neuhaus mit den Analyseergebnissen etwas anzufangen, die ihm die chemischen Untersuchungsanstalten nach jedem Fischsterben in diversen Gewässern seines Zuständigkeitsbereiches geliefert hatten. Neben wenig DDT stets eine Menge DDD und DDE, Verbindungen, deren Bedeutung er nicht kannte und die auch nicht erläutert wurde. Für die Chemiker kein Problem, denn sie fanden die Todesursache meist woanders: in einer akuten Gülleeinleitung oder im wetterbedingten Sauerstoffmangel des Wassers.

„Spannend wird es ab hier." Annette Baslers Sprache verrät höchste Konzentration.

Auf der rechten Seite des Streifens scheint der Zeiger außer Kontrolle geraten zu sein. Mit wuchtigen Ausschlägen hat er das Papier auf seiner ganzen Breite bemalt. Dazu herrscht auf den letzten Zentimetern drangvolle Enge, wo die Peaks dicht an dicht beieinanderliegen.

„Können Sie sich denken, um was es hier geht?", fragt Annette Basler.

Dirk Neuhaus muss passen.

„Das sind die Dioxine."

„Dioxine?" Dirk Neuhaus ist überrascht. „Wie kommen denn Dioxine ins Gehirn?"

„Sie wollen wissen, woher die Gifte stammen? Darüber weiß die Wissenschaft heute gut Bescheid. Aus Müllverbrennungsanlagen zum Beispiel, aus Holzschutzmitteln, aus den Auspuffanlagen unserer Autos und neuerdings auch aus unserer Nahrung. Aber hier haben wir es mit ganz anderen Fragen zu tun. Zunächst einmal: Wie kommen diese großen Dioxinmengen in die Hypophyse der Verstorbenen? Die Menschen in den Industrieländern haben heute allesamt Dioxin in ihrem Körper eingelagert, vor allem natürlich in den Speicherorganen wie der Hirnanhangdrüse. Aber die Mengen, die uns das Massenspektrometer hier anzeigt, sind völlig ungewöhnlich. Sie erkennen das an den extremen Ausschlägen der Nadel. So etwas habe ich noch nie gesehen."

„Es gibt offenbar *noch* eine Ungereimtheit."

„Allerdings, und die irritiert mich ehrlich gesagt viel mehr. Wir schauen uns das am besten mal durch die Lupe an."

Annette Basler bringt das große in Gold gefasste Schmuckstück in Position, ein Geschenk der Firma Leitz zum 50. Geburtstags des Instituts. Beide senken die Köpfe, bis sich ihre Schläfen berühren.

„Sehen Sie, was da los ist? Was auf den ersten Blick aussieht wie ein großer Tintenklecks, sind in der Vergrößerung zahlreiche dicht beieinander liegende Ausschläge. Die ersten fünf gehören zu den Tetradioxinen, das nächste Bündel zu den Heptas ..."

„... und wenn Sie das jetzt noch mal einem Menschen erklären können, der zwar den naturwissenschaftlichen Zweig eines Gymnasiums besucht hat, aber ..."

„... aber danach doch nur Jura studiert hat. Schon in Ordnung."

Annette Basler erinnert sich ihrer pädagogischen Fähigkeiten. „Schauen Sie, Dioxin ist nicht gleich Dioxin. Alles, was aus zwei über eine Sauerstoffbrücke verbundenen Benzolringen besteht und noch ein paar Chloratome angelagert hat, heißt zwar mit Familiennamen Dioxin. Aber je nachdem, wie viel Chloratome im Spiel sind und wo die sitzen, hat die Verbindung einen anderen Vornamen und auch andere Eigenschaften. Sehen Sie hier."

Annette Basler deutet auf die dicht beieinanderliegenden Ausschläge auf der linken Seite des Dioxinkomplexes. „Die Apparatur misst zunächst die Dioxin-Varianten mit dem geringeren Chlorierungsgrad. Das wichtigste ist das Tetradioxin, es enthält vier Chloratome. Weiter nach rechts dann die jeweils höher chlorierten Dioxine, das fünffach, das sechsfach, das siebenfach und schließlich das achtfach chlorierte Dioxin. Hier ist Ende der Fahnenstange. Mehr Chloratome haben am Benzolgerüst keinen Platz. Die einzelnen Dioxin-Varianten unterscheiden sich vor allem in ihrer Giftigkeit. Die nimmt mit abnehmendem Chlorierungsgrad zu. Danach ist das Tetradioxin hier links am giftigsten und das Oktadioxin ganz rechts am wenigsten giftig."

„Wie sehr unterscheiden sich die beiden Extremisten?"

„Um den Faktor 10.000."

„Tetra ist also 10.000 mal giftiger als das Okta!"

„Aber was mich jetzt so stutzig macht, ist die Tatsache, dass das Tetradioxin etwa 100 mal stärker konzentriert ist als das Oktadioxin. Schauen Sie, die Tetraspitze hätte fast nicht mehr auf den Streifen gepasst."

„Und warum wundert Sie das?"

„Wo immer Dioxin entsteht, bei der Müllverbrennung oder bei der Herstellung von PCP, entsteht ein Dioxin*gemisch*, ein Cocktail aus nahezu sämtlichen Dioxin-Varianten – ca. 75 sind möglich. Und jetzt gibt es einen Zufall, den Sie auch göttliche Fügung nennen können: Je giftiger eine Dioxin-Variante ist, umso weniger finden wir davon."

„Wenig Tetra, viel Okta?"

„Ja, Gott sei Dank. Das obergiftigste Tetra, wir nennen es das 2, 3, 7, 8-TCDD, und Sie kennen es unter dem Namen *Seveso-Dioxin*, kann meist gar nicht nachgewiesen werden."

„Gilt das auch für Humanproben?"

„Ausnahmslos. Wenn wir Menschen untersuchen, die Dioxinen intensiv ausgesetzt waren, Holzschutzmittelopfer zum Beispiel oder Feuerwehrmänner, dann finden wir ausnahmslos kein oder nur ganz wenig Tetra-, etwas mehr Penta-, noch mehr Hepta-, eine beachtliche Menge Hexa- und ganz viel Oktadioxin."

„Und im Fall der verstorbenen Frau aus der Wittelsbacher Allee ist das komplett anders?"

„Völlig anders. Sie hat hundertmal mehr Tetra als Okta in der Hypophyse. So etwas kann es eigentlich nicht geben."

„Da könnte man ja ganz mutig auf einen Messfehler tippen."

„Eine gute Idee", lobt Annette Basler, um sofort zu kontern: „Leider der falsche Ansatz. Heute Morgen habe ich die Proben aus der Bauspeicheldrüse der Verstorbenen untersucht: Das gleiche Ergebnis. Tetradioxin ohne Ende, haushoch über dem Okta."

„Haben Sie eine Erklärung dafür?"

„Um noch einmal ehrlich zu sein: Nein. Nur so viel vielleicht: Hier liegt keine normale Dioxinbelastung vor. Aber ich kann mir keinen Reim darauf machen."

„Was mich jetzt allerdings noch interessiert, ist die Toxikologie der Dioxine. Wenn Sie mir dazu noch etwas sagen könnten – bei einem Kaffee vielleicht."

Dirk Neuhaus signalisiert das Ende seiner Aufnahmefähigkeit und den Wunsch nach einer persönlicheren Atmosphäre. Annette Basler hat schnell verstanden. „Aber selbstverständlich – gehen wir doch in mein Büro."

Auf dem Weg nach unten sagt sie: „Was ich fast vergessen hätte – gestern habe ich auch die Proben aus dem ersten Selbstmord untersucht. Raten Sie mal, was dabei herausgekommen ist."

„Wenn Sie so fragen, muss ich nicht raten."

„Dann haben Sie gewonnen. Alles voller Dioxin. Und Tetra zu Okta wie hundert zu eins. Wie gehabt."

Im Büro der Ärztin nehmen sie an einem kleinen Tisch Platz. Während der Kaffee durch die Maschine läuft, knabbern sie Erdnüsse. Dann sagt Dirk Neuhaus unvermittelt:

„Chlor ist ein problematisches Element, nicht wahr?"

„Das kann man so sagen". Annette Basler zitiert jetzt den Satz, den ihre Kommilitonen in Hamburg auf die Tür des Gaslabors geschrieben hatten: „Gott schuf 99 Elemente, der Teufel nur eins: Chlor!"

Dann erzählt Dirk Neuhaus seiner Gastgeberin von dem Gespräch mit Kommissar Gronwald und dessen Ermittlungen bei den Angehörigen der Toten. Irgendwann ist der Kaffee fertig. Annette Basler füllt die Tassen und danach sitzen sie eine ganze Weile schweigend am Tisch und schauen hinaus in den Garten, dessen Grün noch üppiger geworden ist.

„Gifte sind Ihr Hobby", sagt Dirk Neuhaus schließlich.

„Und mein Dissertationsthema", ergänzt Annette Basler nach einer Weile.

„Interessant! Sie haben Ihre Doktorarbeit einem Giftthema gewidmet. Um was ging es dabei?"

„Um nichts Modernes", Annette Basler lacht, „nur um Curare. Sagt Ihnen dieser Begriff etwas?"

„Und ob", Dirk Neuhaus gibt sich empört, „das Pfeilgift der Amazonasindianer. Alexander von Humboldt hat viel darüber geschrieben."

„Und in Kreuzworträtseln wird oft danach gefragt", weiß Annette Basler.

„Ein interessantes Thema, ohne Frage". Dirk Neuhaus nickt anerkennend mit dem Kopf. „Aber wie kommt man hier in Deutschland an Informationen über Curare? Das Internet dürfte da nicht ausreichen."

„Auf keinen Fall. Dazu muss man auf Spurensuche gehen – vor Ort."

„Das haben Sie gemacht?"

„Beinahe ein Jahr war ich am Amazonas." Annette Baslers Augen verraten ein klein wenig von der Faszination, die sie angesichts der Erinnerung an ihre tropischen Ausflüge verspürt. „Ich habe in Puta del Oro, 100 Kilometer hinter Manaus gewohnt, bei einer deutschen Aussiedlerfamilie, und bin von dort aus in den Dschungel gezogen."

„Mann Gottes, das hört sich ja gefährlich an. Pumas, Giftschlangen, Krokodile."

„Vergessen Sie die Moskitos nicht", feixt die junge Forscherin, „die waren das eigentliche Problem. Von dem Rest gibt es nicht mehr viel."

„Und die Indios haben Ihnen alles von ihrer Wunderwaffe erzählt?"

„Ohne Vorbehalte. Ich weiß jetzt, wie man es herstellt, wie man es anwendet, wie es wirkt und was man macht, wenn man sich irrtümlich einen vergifteten Pfeil in den Fuß geschossen hat."

„Was macht man dann?"

„Lesen Sie es in meiner Doktorarbeit nach."

„Titel?"

„Curare – Jagdwerkzeug und Mordwaffe. Zur Geschichte eines alten Giftes."

„Ah so, man hat auch Menschen damit umgebracht?"

„Massenhaft!"

„Also nichts mit der rührseligen Geschichte von den guten Indios?"

„Da liegen Sie falsch. Curare wurde zur Mordwaffe der weißen Eroberer. Kein Indianer wäre jemals auf die Idee gekommen damit einen Artgenossen umzubringen, noch nicht mal einen weißen."

„Eine letzte Frage zum Dioxin", sagt Dirk Neuhaus schließlich. „Was ich vorhin angesprochen habe, die Toxikologie der

Verbindung. Was machen denn Dioxine, wenn sie den menschlichen Körper besetzt haben?"

„Fragen Sie nach Symptomen oder nach dem biochemischen Wirkmechanismus?"

„Sagen wir" – Dirk Neuhaus stottert –, „sagen wir: Beides interessiert mich."

„Was das Dioxin im Körper macht, wissen wir nicht verbindlich. Es gibt eine Reihe von Theorien. Die einen sagen, es geht in die Zelle und manipuliert dort die Chromosomen. Die anderen gehen von einer Enzyminduktion aus. Und so fort."

„Welcher Theorie folgen Sie?"

„Ich hasse Theorien. Ich brauche sie auch nicht. Jedenfalls im vorliegenden Fall nicht. Denn man weiß ja sehr gut, wie giftig die Dioxine sind."

„Es gibt LD-50-Werte, nicht wahr?"

„Gut abgesichert zudem. Ein Mikrogramm des Seveso-Dioxins, also ein millionstel Gramm, tötet ein Meerschweinchen. Es gibt Berechnungen, wonach man mit einem Teelöffel voll Dioxin ganz New York ausrotten könnte."

„Eine Chemikalie mit apokalyptischen Dimensionen."

„Daneben nehmen sich Atombomben ganz bescheiden aus. Die Bombe, die in Hiroshima 140.000 Menschen getötet hat, war vier Tonnen schwer."

Nach einer Pause sagt Dirk Neuhaus: „Sie sagen, dass Ihnen solche Dioxinbelastungen wie in unserem Fall noch nie untergekommen sind."

„Ich habe auch noch nie von solchen Belastungen gelesen."

„Wo liegen denn die Ihnen bekannten Höchstwerte?"

„Etwa um den Faktor 100 darunter."

„Und woraus resultieren diese Werte?"

„Stets aus gewerblichen Belastungen, und zwar ausnahmslos aus Unfällen. Akutereignisse, explodierte Kessel, wie 1953 bei der BASF in Ludwigshafen. Chronische Langzeitbelastungen durch Holzschutzmittel oder Abgase aus Müllverbrennungsanlagen führen in keinem Fall zu solchen Belastungen."

„Also in allen Fällen ist Dioxin unbeabsichtigt entstanden, als Verunreinigung sozusagen. Dioxin war nie das Zielprodukt?"

„Nie - es war immer nur ein unerwünschtes Nebenprodukt."

Minutenlang sitzen sie schweigend zusammen. Dann verabschiedet sich Dirk Neuhaus. Annette Basler begleitet ihn zur
schmiedeeisernen Tür im Vorgarten. „Ich danke für Ihren Besuch", sagt sie und reicht ihm die Hand.

„Ich war gerne bei Ihnen", entgegnet Dirk Neuhaus und dann
sagt er noch: „Ich bin mir fast sicher, wir müssen in die Firma."

Beruf: Schnüffler

„Sie denken an den Termin heute Nachmittag?" Der Erste Kriminalhauptkommissar war schnell zur offenstehenden Tür geeilt, als er sein Sorgenkind dort Richtung Ausgang vorbeihuschen sah.

„Aber selbstverständlich", antwortete René Gronwald, ohne sich umzudrehen, und dachte: ohne mich.

„Die Leute aus Wiesbaden hätten die Abteilung gerne vollzählig", rief der Boss noch, aber da war der Kommissar schon im weiten Treppenflur des Polizeipräsidiums verschwunden.

Der Staatssekretär aus dem Innenministerium hatte seinen Besuch angekündigt. Das Umweltkommissariat war ins Gerede gekommen. Ein bekanntes Magazin hatte geschrieben, dass dort aufbewahrte Gelder verschwunden seien und Beamte des Kommissariats Giftmüllspediteure rund um die Uhr observierten, obwohl keinerlei Anhaltspunkte für ein vorschriftswidriges, geschweige denn strafbares Verhalten vorlägen. René Gronwald wusste sehr genau, dass diese Vorwürfe nicht stimmten, und er wusste auch einiges über den Journalisten, der sie erhoben hatte. Jörg Albus war wegen unsauberer Recherchen von einem renommierten Hamburger Blatt entlassen worden und verdingte sich nach einem halben Jahr Arbeitslosigkeit allem und jedem. Schreiben konnte er leidlich und die Wahrheit war ihm egal. Das hatte sich schnell herum gesprochen und so klopften jetzt interessierte Kreise bei ihm vermehrt an. Für René Gronwald war klar, dass hinter dem schlimmen Bericht über die Zustände im Umwelt-Kommissariat die Mafia der Giftmüll-Transporteure steckte. Denen waren die Umweltermittler ein Dorn im Auge. Denn sie störten ihre Geschäfte. Ihre Geschäfte, das waren zum Beispiel Transporte von Sondermüll. Aber nicht zur Sondermülldeponie. Das hätte ja Geld gekostet, viel Geld sogar. Nein, die Ladung geht, nachdem vom Entsorger hohe Gebühren kassiert worden sind, auf die ganz normale Hausmüll- oder Bauschutt-Deponie. Zuvor müssen halt nur noch die Papiere gefälscht werden, und, falls die Deponie auf Nummer sicher gehen will und die ankommenden Abfälle noch einmal überprüft, deren Mitarbeiter bestochen werden. Kein Auftrag, wie man branchenintern formuliert. Die Spitzenfirmen bringen es sogar fertig, ihren Sondermüll als Wirtschaftsgut zu deklarieren, etwa als Unterfütterungsmaterial für den Straßenbau oder als Brennstoff für Kraft- oder Zementwerke. Dann gibt es noch Geld dafür - zum zweiten Mal. Mit einem einzigen LKW verdient der Transporteur dann pro Fahrt 15.000 Euro - netto. Im technisierten und chemisierten Deutschland, wo jährlich hunderttausende Tonnen belasteter Böden, Hölzer, Werkstoffe entsorgt werden müssen, bedeutet das für die findigen Unternehmer ein Milliardengeschäft. Genau so lukrativ wie der Rauschgifthandel - nur viel risikoärmer.

Bei der Fahrzeug-Ausgabe holt sich René Gronwald den Schlüssel für einen Opel-Vectra. Nur im Fernsehen fahren Kommissare Mercedes. Anschließend verlässt er das Polizeipräsidium Richtung Innenstadt. Er muss zur Hanauer Landstraße und da wählt er den direkten Weg. Die kürzeste Verbindung zwischen zwei Punkten ist die Gerade. Er hätte dem Porsche-Werbespruch folgen sollen, nach dem die schönste Verbindung zwischen zwei Punkten die Kurve ist. Aber zu spät. Die Innenstadt ist dicht. Kein besonderer Grund, aber überall Baustellen. Verdammte Stadt. Frankfurt ist eine Baustelle und wird immer eine bleiben. Das hatte ihm ein Taxifahrer vor Jahren einmal gesagt. Der war schon lange im Geschäft und musste es wissen. Auf der Seilerstraße geht es nur noch im Schritttempo. Der noch ältere Wagen vor ihm hat einen Aufkleber auf der Heckscheibe. *Sie stehen nicht im Stau, Sie sind der Stau.* Grüner Spinner, denkt René Gronwald, der seinen Vordermann für einen radikalen Öko-Fundi hält, mit denen selbst Umweltpolizisten ihre Probleme haben. Aber der Kommissar hat ja Zeit. Er wird an dem Treffen mit dem Staatssekretär nicht teilnehmen. Wenn er den Verdacht äußert, dass der Urheber des fraglichen Artikels von der Müll-Mafia gekauft wurde, werden ihn die Herren aus dem Ministerium höflich, aber bestimmt mäßigen und sich schon einmal den Begriff *Müll-Mafia* verbitten. Im Laufe des Gesprächs wird der Ton schärfer werden, und die aus dem Ministerium werden ihre Muskeln spielen lassen und zeigen, wer am längeren Hebel sitzt. Das ist dem Kommissar nicht neu: Dass die Beamten aus dem Ministerium nicht hinter ihren Umweltermittlern stehen, sondern mehr offen als verdeckt den Konzernherren zu Diensten sind.

Im Ergebnis wird man eine lückenlose Aufklärung der Vorwürfe fordern, wird dafür eine Frist setzen und den Oberen in der Polizeihierarchie klarmachen, dass es über ihnen noch welche gibt, die befugt sind, Karrieren notfalls auch zu beenden. Die Giftmüllschieber jedenfalls werden aufatmen können. Von ihnen wird man die Finger lassen. Sie müssen in nächster Zeit keine überraschenden Kontrollen fürchten. Dafür wird der Kommissariatsleiter sorgen, der die Botschaft seiner Besucher aus der Landeshauptstadt verstanden hat.

Davon einmal abgesehen. Ministerialbeamte sind Kotzbrocken in den Augen von René Gronwald. Bei allem, was sie tun, orientieren sie sich am nächsten Vorgesetzen, an politischen Vorgaben oder an hirnrissigen Vorschriften. Auf die Form kommt es ihnen an. Der Inhalt ist zweitrangig. Schein vor Sein. Nur keine Risiken eingehen, immer auf der sicheren Seite stehen. Alles ist Taktik. Opportunisten durch die Bank. Meinungslos in einem Land mit Meinungsfreiheit. Wenn der Kommissar von ihnen erzählt, zitiert er gerne Max Liebermann: Man kann gar nicht so viel fressen, wie man kotzen möchte.

Irgendwann hat sich der Stau aufgelöst. Der Kommissar fährt durch das Rotlicht-Viertel an der Konstabler Wache und biegt danach in die Hanauer Landstraße ein. Am Neckermann-Haus geht er auf die rechte Spur und drosselt das Tempo. Dann sieht er schon die großen Firmenschilder: Toledo-Wellness. Er fährt durch das breite Eingangstor auf den Besucherparkplatz. Dann steigt er aus, um sich zu orientieren. Vor einigen Jahren war er schon einmal hier. Es gab damals ein Ermittlungsverfahren gegen die Firma wegen der unerlaubten Lagerung von Abfällen. Soweit er sich erinnern kann, hatte er Leitz-Ordner abgeholt, die die Firma freiwillig zur Verfügung gestellt hatte. In der Zwischenzeit hat sich viel verändert. Neue Gebäude sind entstanden. Nach Süden hin Schachtelpavillons, seitlich davon moderne, dreistöckige Gebäude mit viel Glas und Aluminium. Alles ist durchsichtig und einsehbar und vermittelt den Eindruck eines offenen Unternehmens. Dirk Neuhaus mit seinem Öko-Tick würde seine Freude daran haben. Er selbst hegt aber gewisse Zweifel, ob das Outfit der Firma auch zu ihrem Output passt. Mit schnellen Schritten verlässt der Kommissar den Parkplatz.

Schräg gegenüber, auf der anderen Seite der Hanauer Landstraße, hat er mit geschultem Blick das Toledo-Stübchen ausgemacht. Hier ist am späten Vormittag schon ganz schön was los. Drei bis vier Dutzend Gäste, überwiegend Männer, sitzen an den Tischen und würfeln oder spielen Karten. Am Tresen ist jeder Hocker besetzt. Rauch wabert unter der niedrigen Decke. Es ist laut im Stübchen, denn es wird viel getrunken.

Im hinteren Eck, halb verdeckt von einem Spielautomaten, sitzt ein älterer Mann allein an einem Tisch, vor sich ein schaumloses, halbleeres Bierglas und einen vollen Aschenbecher. René Gronwald steuert zielgerichtet auf diesen Tisch zu.

„Noch ein Platz für mich?"

„Bitte", sagt der Mann verlegen und unsicher.

Was der Kommissar jetzt macht, fällt unter den Begriff der operativen Maßnahmen. Wenn er ehrlich sein will - es ist sein Lieblingsgebiet. Operative Maßnahmen werden im Vorfeld der eigentlichen Ermittlungen getätigt. Sie bereiten Durchsuchungen und Festnahmen vor. Und man braucht, um auf diesem Gebiet erfolgreich zu sein, sehr viel Phantasie, Fingerspitzengefühl, Menschenkenntnis, Schauspielkunst und Ausdauer. Operative Maßnahmen, das heißt Ideen haben, sich etwas Geniales ausdenken, heißt flunkern, täuschen, bluffen, sich anschleichen und einschleichen, heißt warten können, wenn es sein muss, Tage und Nächte lang. René Gronwald hat im Wirtschafts- und Umweltkommissariat viel mit diesen Dingen zu tun gehabt. Regelmäßig stehen Unternehmen im Mittelpunkt der Ermittlungen. Deren Innenleben war stets von Interesse. Was er als Schnüffler dazu in Erfahrung bringen konnte, war oft mehr als das, was spätere Durchsuchungen und Abhöraktionen ergaben. Es war sein Lieblingsgebiet.

Oft beginnt alles mit der Suche nach einer ersten Kontaktperson. Sie heißen polizeiintern *Tipper*. Man findet sie in den firmennahen Kneipen der wenig vornehmen Art, dort, wo die Loser verkehren. Loser heißt: gekündigt, rausgeschmissen, über Nacht abgestürzt ins Bodenlose. Solche Erlebnisse machen gesprächig.

Die Bedienung ist schnell zur Stelle.

„Ein Schöppchen" - und mit einem Blick zur Seite -, „trinken Sie eins mit?"

„Oh, gerne", sagt der Mann und nickt dankbar in Richtung des Kommissars.

„Ein Riesenladen", sagt René Gronwald und schaut durch das ungeputzte Fenster hinüber zu den Betriebsgebäuden von Toledo-Wellness. „Arbeiten Sie auch dort?"

„Habe", sagt der Alte mit einem verlegenen Lächeln. René Gronwald stutzt einen Augenblick: „Ach so, Sie sind Rentner!"

Sein Gegenüber lacht gequält: „So kann man es auch sagen. Zwangsrentner. Sie haben mir gekündigt."

Der Kommissar gibt sich überrascht.

„Ja, ja, ich sehe älter aus, als ich bin. Aber so sieht man aus, wenn man 30 Jahre lang in der Reinigungsabteilung gearbeitet hat. Ich bin erst 56 und hätte nach Tarifvertrag noch fünf Jahre arbeiten müssen - und dürfen. Wir haben nichts zurücklegen können, meine Frau und ich - aber das ist eine lange Geschichte."

„Und warum hat man Ihnen gekündigt?"

„Die Abteilung ist aufgelöst worden, die Reinigungsarbeiten sind an eine externe Firma abgegeben worden. Türken, Russlanddeutsche und so fort. Alles Leute, die mit Putzlappen und Besen nicht umgehen können. Aber billig!"

Der Putzmann zittert an den Händen und im Gesicht. „Sie werden noch sehen, wo das endet."

Das sind die Leute, die René Gronwald sucht. Ehemalige mit ganz viel Wut im Bauch. Sie sind schnell bereit zu erzählen. Manchmal treibt der Zorn allerdings Blüten. Die zu erkennen und wegzustreichen, ist ebenfalls René Gronwalds Sache.

„Warum interessiert Sie das eigentlich?", will sein Gesprächspartner jetzt wissen.

René Gronwald zögert mit einer Antwort. Schließlich sagt er mit gedämpfter Stimme: „Ich bin Journalist, Bergmann ist mein Name, Jan Bergmann. Ich arbeite für den Hessischen Rundfunk und verschiedene Zeitungen."

Dabei fingert er einen abgewetzten Presseausweis aus der Innentasche seiner Jacke und hält ihn seinem Gesprächspartner vors Gesicht.

„In der letzten Woche habe ich einen anonymen Brief bekommen. Er betrifft die Toledo, der Absender gibt sich als Mitarbeiter aus. In dem Brief stehen haarsträubende Dinge, allerdings nichts Konkretes. Es soll in einer Abteilung einen Zwischenfall gegeben haben, bei dem auch Personen zu Schaden gekommen sind. Die Sache sei aber auf Anordnung von oben vertuscht worden, weil es dabei um illegale Machenschaften gegangen sei. Von Steuerhinterziehung war auch die Rede. Aber immer wieder, zum Teil sehr nebulös, von Menschenopfern, ja, genau dieses Wort hat der Verfasser benutzt. Und von problematischen Stoffen war die Rede, ja sogar von Gift."

Der Ehemalige ist hellwach. Seine Niedergeschlagenheit hat Neugierde Platz gemacht.

„Ich hätte ja den Brief einfach in den Müll geworfen. Anonyme Schreiben mit irgendwelchen Anschuldigungen bekommen wir Journalisten häufig. Aber in dem Brief stehen Dinge, die nur ein Insider kennen kann und zwar einer, der ganz nah am Fall arbeitet und zudem in der Firmenhierarchie recht weit oben steht. Ich habe das Gefühl, dass er es ernst meint. Journalisten haben da manchmal einen siebten Sinn."

Die zweite Gewalt spielt vierte Gewalt und erzählt etwas vom siebten Sinn. René Gronwald ist ein Lügenmeister.

„Gift - um Gift soll es gegangen sein?" Der mögliche Hinweisgeber, so sieht ihn der Kommissar jetzt schon, gibt sich auffällig interessiert.

„Ja, so steht es jedenfalls in dem Brief, auf dem sich kein Absender, aber immerhin ein Fingerabdruck befindet."

„Ein Fingerabdruck?"

„Der Schreiber hat sich Tinte auf den Daumen gekleckst und dann damit seinen ganz persönlichen Abdruck auf dem Schreiben hinterlassen. Die Spur ist, wie die Polizei sagen würde, in jedem Fall verwertbar."

Bei seinen Operativen Maßnahmen entwickelt René Gronwald eine Menge Phantasie. In Gerichtsverhandlungen und bei polizeilichen Lehrgängen hat er gelernt, dass blumige Geschichten eher geglaubt werden als sterile, abgespeckte Sachinformationen. Die Menschen denken, dass detaillierte Schilderungen stets auch erlebt worden sind und damit der Wahrheit entsprechen - und laufen so in das offene Messer der Märchenonkels. Karl May war einer davon. Er hat sämtliche Länder der Welt in allen Einzelheiten beschrieben und ist doch aus Sachsen nie herausgekommen. Aber er hatte Phantasie - und den Mut, die Geschichten auch aufzuschreiben.

„Ist Ihnen da vielleicht irgendetwas zu Ohren gekommen? Ich behandele Ihre Angaben selbstverständlich vertraulich."

Die Bedienung serviert auf Bestellung des Kommissars zwei neue Bier und der Ehemalige schaut nachdenklich aus dem Fenster hinaus auf die Gebäude jenseits der Landstraße.

„Wissen Sie", sagt er schließlich, „ich könnte mir schon vorstellen, dass mir zu Ihrer Frage etwas einfällt. Aber das Leben ist ein System von Geben und Nehmen. Machen wir Nägel mit Köpfen." Mit einem Mal blickt er dem falschen Journalisten fest in die Augen. „Ein Riese und ich erzähle Ihnen eine Geschichte, die für Sie interessant sein könnte."

René Gronwald ist auf diese Situation nicht vorbereitet. Normalerweise sind seine Informanten ganz scharf darauf, ihr Wissen loszuwerden, für zwei Bier allemal. Jetzt sitzt er einem Fuchs gegenüber, der vor zehn Minuten noch wie das Opfer des entfesselten Spätkapitalismus aussah.

„1000 Euro, nicht gerade wenig, da will ich doch vorher noch etwas von Ihnen wissen. Sie haben in der Abteilung Gebäudereinigung gearbeitet ..."

„... Ich war der Chef!"

„Sie waren der Chef, okay. Aber kann jemand aus dieser Abteilung überhaupt etwas von den Dingen wissen, die in dem Brief angesprochen wurden?"

„Wenn er der Chef ist, sicher."

René Gronwald denkt einen Augenblick nach. „1000 Euro, in Ordnung, aber das Geld habe ich heute natürlich nicht dabei."

„Macht nichts", beschwichtigt der Dealer mit einem ironischen Unterton, „ich bin übermorgen wieder hier."

Zwei Tage später betritt René Gronwald erneut das Toledo-Stübchen und es ist fünf Minuten vor zwölf. Man hat sich für Highnoon verabredet. Der kleine Tisch im Eck ist besetzt. René Gronwald nimmt am Tresen Platz. Er hat das Geld in hundert-Euro-Scheinen in der Tasche. Der Erste Kriminalhauptkommissar hat sie ihm gegeben, obwohl er noch ziemlich sauer war, dass sein Schützling ihn beim Besuch des Staatssekretärs hängen gelassen hat. Die 1000 Euro stammen aus der Vorzeige-Geld-Kasse der Polizei. Mit diesem Geld werden beispielsweise Rauschgifthändler geködert, um sie zu noch größeren Geschäften zu veranlassen, die ihnen dann zum Verhängnis werden. Das Geld ist zumeist verloren. Vor einiger Zeit hatten René Gronwalds Leute tschechische Anbieter von Nashorn-Horn zwecks Abwicklung eines Probe-Geschäfts über die Grenze gelockt. Für ein Kilo Horn zahlten sie aus der besagten Kasse 50.000 Dollar. Die Händler kamen ein zweites Mal mit 30 Kilogramm Horn im Gepäck. Da klickten die Handschellen. Die 50.000 Dollar aber waren verloren.

René Gronwald wartet eine dreiviertel Stunde, aber sein Informant lässt sich nicht sehen. Dann fragt er die Bedienung, ob sie nicht wisse, wo der Herr geblieben sei, der mit ihm vor zwei Tagen ...

Die Bedienung kann sich noch erinnern. Der sei am Morgen vor Schichtbeginn schon mal dagewesen, habe eine Runde geschmissen und sei dann zur Arbeit gegangen.

Zur Arbeit gegangen? Sei der nicht vor einiger Zeit entlassen worden?

Ja schon, man habe ihn aber gestern wieder eingestellt, völlig überraschend.

Anglerglück

Die Firma hat einen guten Ruf. Kein Jahr, an dessen Ende sie nicht eine Bilderbuchbilanz vorlegt mit zweistelligen Umsatzzuwächsen und neuen Rekordgewinnen. Trotz intensiver Rationalisierung wächst die Belegschaft fortlaufend. Sichere und vor allem attraktive Arbeitsplätze schwören die Mitarbeiter auf ihren Arbeitgeber ein. Da ist einmal die übertarifliche Bezahlung. Sie hat ihren Namen wirklich verdient. Wo der Tarifvertrag 20 Euro sagt, löhnt die Firma 30. Und zu Weihnachten gibt es nicht ein, sonder zwei Monatsgehälter extra. Und dann ist da noch eine Kombination von Schmankerln und Schnäppchen, die für viele aus der Belegschaft genauso wichtig sind wie das hohe Gehalt. Die Abteilungen tragen englische Namen und jeder Mitarbeiter führt einen entsprechenden Titel. Der ist an seiner Tür zu lesen und den trägt er auch an seinem Revers. Man ist *Chief Operator* oder *Managing Director*, *Supervisor* oder *Coordination Officer*, und damit unverwechselbar und wichtig.

Feste Arbeitszeiten sind, wo immer das möglich war, abgeschafft worden. Die Mitarbeiter liefern Leistung ab. Das hat nichts mehr zu tun mit Zeit absitzen. Wenn der Schreibdienst sich ranhält, ist er mittags schon beim Einkaufen oder beim Kaffee, während ein rotierender Bereitschaftsdienst die Eilsachen erledigt.

Besondere Leistungen werden zusätzlich belohnt. Mit der Raffinesse eines Dealers führt die Firma ihre Leute an die Droge. Die heißt: Neuer Luxus. Früh hatte das Unternehmen erkannt, dass der Zeitgeist satt war vom wilden Getöse der Grölparties und dem ultimativen Kick unter der Bungee-Brücke, stattdessen nach Anspruchsvollerem verlangte. Während die Konkurrenz noch mit Saufgelagen und Bordellbesuchen in Prag und Pattaya ihre Mitarbeiter bei Laune und Leistung zu halten versuchte, servierte Toledo den Erfolgreichen etwas ganz anderes:

Das verlängerte Wochenende in der Schweiz, in besten Häusern in Davos und St. Moritz mit Referenten der Spitzenklasse und Vorträgen vom Feinsten. Der Bergsteiger Reinhold Messerschmidt über die sozio-ökologische Bedeutung von Wildnis; der Nobelpreisträger Gerd Binding über Molekulare Abenteuerreisen. Da ist der Firma nichts zu teuer. Eine Wildbiologische Woche in den Karpaten, in einer ökologisch bewirtschafteten Fünf-Sterne-Lodge auf 2.000 Metern Höhe in zwei Meter Schnee inmitten von zwei Dutzend Wölfen, begleitet von Gerold Zienert, dem Weltspitzenmann unter den Erforschern der Vorfahren unserer Hunde. Oder zwei Wochen auf der „Polarstern" zwischen Grönland und Spitzbergen, hautnah an Eisbergen und Klimaforschern.

Auf Seriosität und Anspruch setzte die Firma und die Mitarbeiter hatten die Botschaft schnell begriffen. Wirklicher Erfolg muss nicht prahlen, muss nicht laut sein, kann sich Understatement leisten, genau wie der wirkliche Luxus. Auch er wandelt auf leisen Sohlen.

Souveräne und selbstbewusste Mitarbeiter sowie eine kaum erwähnenswerte Kündigungsrate und ein niedriger Krankenstand sind das Ergebnis einer solchen Strategie. Allerdings, wie viele der von der Firma hergestellten Produkte hat sie auch gesellschaftspolitisch gesehen unerwünschte Nebenwirkungen: einen handzahmen Betriebsrat und nur wenige gewerkschaftlich organisierte Arbeitnehmer. Aber was soll´s? Die Mitarbeiter begreifen sich als Elite, als etwas Besonderes. Betriebsinterne Umfragen bestätigen das eindrucksvoll: Die Belegschaft ist stolz auf ihre Firma, viel stolzer noch als etwa die Autobauer aus Zuffenhausen auf ihren Weltkonzern.

Die Firma – das ist vor allem Phil Matthews. Er ist Geschäftsführer und er ist der Arrangeur des Erfolges. In seinem Kopf sind all die Ideen entstanden und sein Kopf hat sie auch durchgesetzt. Phil Matthews aus den Staaten, aus Nashville/Tennessee, seine Karriere ist eine amerikanische Karriere. Wegen mangelhafter Leistung von der Highschool geflogen, heuerte er mit 18 Jahren bei der Armee an. Drei Jahre diente er im Elite-Regiment der Green Berets. Überlebenstraining in den Sümpfen von Alabama, im Kampf Mann gegen Mann war er einer der Besten. Das Militär organisierte seinen nachträglichen Schulabschluss und finanzierte schließlich auch sein Studium an der privaten Economy School in Boston. Man wollte ihn unter allen Umständen behalten. Vor allem nach seinem erfolgreichen Abschluss. Aber Toledo-Pharma, der Riesenkonzern aus Tennessee, wurde auf den Hochqualifizierten mit Rangerdiplom aufmerksam und kaufte ihn der Armee ab. Fünf Jahre arbeitete er erfolgreich im Stammhaus in Nashville, dann schickte man ihn auf die große Reise nach Deutschland. Dort, in Frankfurt am Main, hatte Toledo ein Familienunternehmen übernommen, das sich bei seinem Engagement auf dem Gebiet der Biotechnologie verhoben hatte und kurz vor dem Konkurs stand. Phil Matthews schien der Unternehmensspitze als der geeignete Mann für die Leitung des Betriebes, denn als Sohn eines amerikanischen Vaters und einer deutschen Mutter war er zweisprachig aufgewachsen. Und vor allem: Er brannte auf den großen Durchbruch, wollte ganz nach oben. Deutschland war seine Chance. Wenn er den Laden sanieren und in die schwarzen Zahlen führen konnte, hatte er es geschafft.

Im Mai 1993, nur zwei Jahre nach seinem Dienstantritt, erwirtschaftete die Firma, der er den optimistisch klingenden Namen Toledo-Wellness gegeben hatte, erstmals wieder einen Gewinn. Danach ging es immer nur bergauf. Der Firmenname stand schließlich für eine breite Palette innovativer Produkte, vom nicht abhängig machenden Antidepressivum über Plaquefressende Dragees gegen Arterienverkalkung und intelligenzfördernde Glutamin-Cocktails bis zur Pille gegen das Altern.

Dass Phil Matthews im Zentrum der Sympathie und der Bewunderung seiner Mitarbeiter stand, hatte nicht nur mit seinem wirtschaftlichen Erfolg und seinem fortschrittlichen Unternehmenskonzept zu tun. Es war auch der Mensch Phil Matthews, der seine Belegschaft überzeugte, der sympathische Amerikaner, der Boss zum Anfassen. Eher klein, mit einem dezenten Bauchansatz, viel unterwegs, immer in Motion, die Augen ohne Unterbrechung hellwach, pflegte er seine Mitarbeiter mit Vornamen anzureden, dabei aber auch zu siezen. Dieser Mix aus Sympathiebekundung und Respektbezeugung schuf den notwendigen Abstand und die erforderliche Nähe und ließ die deutsche Belegschaft ins Schwärmen geraten. Vor allem die Frauen. Aber die wussten auch: seine amerikanische Ehefrau kochte deutsch. Was die Mitarbeiter noch mochten waren seine feinen Anzüge, die allerdings kein Dogma waren. Wenn es spannend wurde oder warm, hing die Jacke am Haken, stand der Kragen offen und waren die Ärmel hochgekrempelt.

Was die Mitarbeiter nicht wussten: Das war Teil seiner Rolle, die er gelernt hatte. Den Gegner ausschalten, wie auch immer, das war die Botschaft, die man ihm in den Camps der Armee beigebracht hatte. Und genau das predigten sie ihm danach in der Economy School von Massachusetts. Die Konkurrenz eliminieren oder zumindest auf die Plätze verweisen. Alle Mittel waren recht, Dumping-Preise, Werbefeldzüge, Schmutzkampagnen, Massenentlassungen. In Südamerika durfte im Extremfall auch schon einmal geschossen werden. Das empfahl sich zu Hause und auch in Westeuropa allerdings nicht. Dort war ein gutes Betriebsklima eher der Schlüssel zum Erfolg, zumeist jedenfalls.

Seine Rolle lernen und daran festhalten. Amerikanische Manager tragen nur Schuhe, die mindestens fünfhundert Dollar kosten und drei Nummern zu groß sind. Das hat er in Tennessee gelernt und auch in Deutschland so gehandhabt. Der kleine Laden in der Goethestraße ist der Tipp eines Geschäftsfreundes. Dort kennt man die Nöte der amerikanischen Großverdiener und versucht sie nicht von der kleineren Größe zu überzeugen.

Phil Matthews drückte die Sprechtaste auf seinem Schreibtisch, die ihn mit seiner Sekretärin im Nebenzimmer verband.

„Geben Sie mir bitte den Generalstaatsanwalt, Frau Dirschoweit." Nur mit geübten Ohren konnte man noch den amerikanischen Akzent aus der Stimme des Managers heraushören.

„Sofort."

30 Sekunden später stand die Verbindung.

„Kahlo. Guten Tag, Herr Matthews."

„Einen wunderschönen Tag, Herr Dr. Kahlo. Ich freue mich, dass das jetzt so schnell geklappt hat. Sie haben meinen Brief erhalten?"

„Ja, und ehrlich gesagt mit Freude gelesen."

„Danke! Ich sage es einfach mal gerade heraus: Mir imponiert es, wenn Repräsentanten unserer Justiz Klartext reden und sich nicht so winden und nicht vor jeder Entscheidung immer erst die Windrichtung prüfen. Ich glaube, meine Sympathie rührt im wesentlichen daher, dass wir in der Wirtschaft genau so denken, genauso denken müssen. Erfolg setzt Gradlinigkeit, setzt kompromissloses Handeln voraus. Das entspricht offensichtlich auch Ihrer Überzeugung."

Eine solch offene, direkte Sympathieerklärung verschlägt dem Generalstaatsanwalt für einen Augenblick die Sprache. Seine Mitarbeiter loben ihn zwar ebenfalls und ausnahmslos, aber deren Sprechblasen sind ihm mittlerweile doch sehr verdächtig geworden.

„Ja, ja", beeilt er sich, „wir verkaufen zwar keine Medizinprodukte, aber unser Laden stellt auch etwas her: Recht nämlich. Und er ist nicht gerade klein."

„Wie viel Mitarbeiter haben Sie? Leitende meine ich."

„Im Bundesland gibt es insgesamt 370 Staatsanwälte, in Frankfurt allein über 100."

„Das ist beachtlich! In den Staaten arbeiten in einer Stadt wie Frankfurt vielleicht zehn Staatsanwälte."

„Ich weiß", der Generalstaatsanwalt lacht, „aber rund ums Gericht wimmelt es vor Geldverleihern."

„Das ist wohl war. Doch sagen Sie: Ich könnte mir vorstellen, dass Sie mit Ihren Thesen bei einigen Ihrer Mitarbeiter auf Widerstand stoßen. Ich denke da gerade an diejenigen Juristen, die Ende der sechziger und Anfang der siebziger an der Universität waren. Die haben doch ihre ganz eigene Vorstellung von Recht und Gerechtigkeit. Verweigern die Ihnen nicht manchmal den Gehorsam?"

„Da darf ich Ihnen leider nichts Konkretes sagen, aber soviel schon: Das Problem gibt es."

„Aber wie ich Sie kenne, jedenfalls aus Ihrem 3sat-Beitrag in der vorletzten Woche, setzen Sie sich durch."

Typisch amerikanische Kapitalistenlogik, denkt der ranghöchste hessische Staatsanwalt, aber ein ganz klein wenig geschmeichelt fühlt er sich in diesem Augenblick schon.

„Ist ja auch kein so großes Problem. Das Weisungsrecht der Vorgesetzten hat jedenfalls bisher das Schlimmste verhindern können."

Phil Matthews macht eine Pause von drei Sekunden.

„Herr Dr. Kahlo, warum ich vor allem anrufe: Das Unternehmen will in der nächsten Woche ein kleine Feier veranstalten. Es gibt nämlich zwei Geburtstage zu feiern, meinen 45. und den 15. der Firma, und da habe ich gedacht, wenn ein wichtiger Mann unserer Stadt, der etwas zu sagen hat und der etwas sagen kann zu Fragen und Problemen, die auch unser Unternehmen tangieren, einen Vortrag halten könnte, eben zu diesen Fragen, dann würden meine Mitarbeiter und ich uns mehr als glücklich schätzen."

„Ja ...", Dr. Kahlo macht aus seiner Unschlüssigkeit keinen Hehl, „da brauche ich etwas Zeit. Aus grundsätzlichen Erwägungen und weil ich zuerst meinen Terminkalender fragen muss."

„Verstehen Sie mich nicht falsch", beschwichtigt Phil Matthews, „wir wären Ihnen sicher nicht böse, wenn Sie unsere Bitte abschlägig bescheiden würden, aber Sie können sich wahrscheinlich vorstellen, dass wir uns über eine Zusage mehr freuen würden."

Der Generalstaatsanwalt lacht: „Ja, ja, warten Sie ..."

„Es muss auch kein Riesenvortrag sein", legt Phil Matthews nach, „eine knappe halbe Stunde vielleicht. Das Thema der besagten Sendung. Und wenn Sie Ihre Meinung mit der gleichen Deutlichkeit vertreten könnten", Phil Matthews senkt die Stimme ins Resignative, „wissen Sie, einige unserer Mitarbeiter reagieren auf die zunehmende Kritik, die an der Pharmaindustrie geübt wird, allmählich mit Unverständnis oder vielleicht, richtiger gesagt, mit Verbitterung. In der Tat fühlt man sich ja manchmal schon wie jemand, der Krankmacher herstellt und keine Heilmittel. – Und wenn Sie vielleicht noch die Honorarfrage interessiert ..."

„Nein, nein", wehrt der Staatsanwalt entschieden ab, „darum geht es sicher nicht. Aber wann genau brauchen Sie mich?"

Phil Matthews weiß, dass er gewonnen hat.

„Am Donnerstag oder Freitag, völlig egal, auch die Uhrzeit bleibt Ihnen überlassen. Allerdings bietet sich aus betrieblichen Gründen der frühe Nachmittag an."

„Sagen wir Dienstag um 15 Uhr?"

„Gerne, und vielen Dank! Ich werde Sie persönlich abholen."

Der Boss drückt, kaum dass er den Hörer aufgelegt hat, die Taste zum Nebenzimmer.

„Zweimal Kaffee und die Akte Kahlo. Und holen Sie mir bitte Herrn Tiberius."

Thomas Tiberius ist der Mann für besondere Aufgaben. Noch vor Kaffee und Akte ist er zur Stelle.

„Er hat angebissen!" Phil Matthews blickt ihn triumphierend an. „Am Dienstag um 15 Uhr ist er hier. Der Countdown läuft. Wie sieht es aus mit den Plakaten?"

„Fix und fertig im PC – bis auf Datum und Uhrzeit."

„Und informieren Sie die Betriebs- und Abteilungsleiter mündlich. Erklären Sie ihnen vor allem, warum die Feier so kurzfristig angesetzt worden ist. Was hatten wir gesagt?"

„Weil das Okay aus den Staaten so spät gekommen ist."

„Richtig, und Buffet und Getränke bestellen Sie diesmal bei Blöcker, sagen Sie denen, dass wir ein alter Käfer-Kunde sind und an einen Wechsel denken. In erster Linie sind wir an Qualität interessiert, der Kostenfaktor ist allerdings auch von Bedeutung. Na ja, Sie wissen schon."

„Presse?"

Der Boss zögert einen Augenblick: „Besser nicht! Zu viel Öffentlichkeit könnte ihn unsicher machen. Wir brauchen *ihn* und nicht den PR-Rummel."

Frau Dirschoweit bringt Kaffee und die Akte.

„Kennen Sie seinen Auftritt in 3sat?"

„Nein, Sie haben ihn nur einmal kurz erwähnt."

„Ein Streitgespräch zwischen Juristen aus verschiedenen europäischen Ländern und den USA. Thema: Manager hinter Gittern? Es ging um die sogenannte moderne Kriminalität. Alle haben geglaubt, Kahlo schlägt jetzt mit der großen Keule zu. Von wegen!" Phil Matthews blättert in der Akte. „Ich habe mir den Text der Sendung besorgt. Was der General sagt, ist ein Segen für uns. Die Staatsanwälte sollten sich auf die klassischen Delikte beschränken. Darunter versteht er Mord und Totschlag, Diebstahl und Raub. Das moderne Strafrecht lehnt er entschieden ab. Umwelt, Wirtschaft, Artenschutz, Geldwäsche und so fort. Und er hat auch eine tolle Begründung dafür: Das sind alles Dinge, die die Politik entscheiden muss, oder Dinge, die wie die Umweltproblematik in einen kollektiven Lernprozess eingebunden sind, der von der Justiz nicht beeinträchtigt werden darf. Wissen Sie, was das für uns bedeutet?"

„Gute Karten, würde ich sagen."

„Narrenfreiheit, Tiberius! Wir haben Narrenfreiheit, denn *er* hat das Sagen! Nichts brauchen wir im Moment mehr als Narrenfreiheit."

„Hoffentlich bleibt er dabei."

„Das liegt an uns – vor allem an Ihnen. Der Dienstag muss ein voller Erfolg werden. Ich setze auf Sie." Phil Matthews' Blick signalisiert seiner rechten Hand volles Vertrauen. Die weiß das zu schätzen. Nach einem abgebrochenen Jurastudium ist man erst einmal ganz unten. Wenn man dann wieder ganz oben steht, auch ohne Examen, ist man demjenigen, der das möglich gemacht hat, mehr als dankbar. Für den bringt man täglich Höchstleistungen und für den geht man durchs Feuer.

Jetzt trinken sie erst einmal Kaffee und rauchen eine Zigarette.

„Aus der Anmoderation geht hervor, dass der General Mitglied einer amerikanischen Juristenorganisation ist. *Jurists for justice* heißt sie und sitzt in New York. Ich habe mal im Internet nachgesehen. Vor allem Universitätsprofessoren und Rechtsanwälte gehören dazu, aber auch Richter und Staatsanwälte. Sie haben sich offenbar dem Ziel verschrieben, das Strafrecht auf Vordermann zu bringen. Momentan geht es ihnen vor allem darum, die Prozesse gegen die Lebensmittelbranche wegen des Verkaufs gesundheitsschädlicher Produkte zu kippen. Kahlo hat da drüben auch eine Petition gegen die Inhaftierung der Tabak-Manager unterschrieben."

„Irgendwie blicke ich das nicht." Thomas Tiberius schüttelt den Kopf. „Zu meiner Zeit an der Uni war die Wirtschaft der große Buhmann und jetzt gibt es da einen Verein von Professoren und sogar Staatsanwälten ..."

„... die endlich bereit sind, auch die guten Seiten des Kapitalismus zu sehen. Oder die guten Seiten unserer Produkte und nicht immer nur die Nebenwirkungen. Das wäre doch eine Erklärung?"

„Sollen wir dann nicht *Jurists for justice* in unser Sponsorprogramm aufnehmen?"

„Aber sicher!" Phil Matthews' Augen leuchten. „Bereiten Sie die Überweisungen vor. Auch an den Generalstaatsanwalt. Es ist wichtig, dass er sein Honorar am Mittwoch schon auf dem Konto hat."

„Wie viel?"

„Deutsche Bank mal zwei, was denn sonst, das gleiche geht an die Organisation in New York."

„Okay, Chef." Thomas Tiberius bewundert die Gründlichkeit und Kompromisslosigkeit seines Chefs. Wenn jemand für das Überleben des Unternehmens von entscheidender Bedeutung ist, wird er gekauft, koste es, was es wolle. Wer an dieser Stelle spart, ist ein Dummkopf.

„Haben Sie die Geschichte mit seiner Frau schon klären können?"

„Noch nicht. Sally wollte mir aber bis spätestens morgen Mittag Bescheid sagen. Sie ist extra nach Bad Oeynhausen gefahren und spricht mit dem Professor. Sie sagt, das Ding muss wasserdicht sein."

„Natürlich, und sorgen Sie auch dafür, dass die Sache nicht an der Geldfrage scheitert. Sally ist eine Pfennigfuchserin. Die lässt das Geschäft platzen, nur weil die Klinik unsere Absichten durchschaut und hoch pokert. Aber das wäre Unfug. Wir zahlen jeden Preis."

„Ich habe mir dazu noch etwas einfallen lassen, Chef", bemerkt Thomas Tiberius. „Neben der Summe an die Klinik sollten wir den Mitarbeitern im OP ein Extrahonorar anbieten für den Fall einer erfolgreichen Arbeit. Das könnte sie zusätzlich motivieren."

„Nicht schlecht." Phil Matthews strahlt. Er hat offenbar den richtigen Mann in den Sattel gehoben. Nicht nur loyal, auch kreativ.

„Haben Sie schon eine Vorstellung, wie wir die Bezahlung regeln?"

„Das ist kein Problem, die Hauptforderung begleichen wir vom Black Beauty-Konto und das OP-Personal erhält von uns eine Spende. Die führen dort ein Sonderkonto *Schwestern in Not.*"

„Dann denken Sie auch an die Spendenquittung!"

✳✳✳

Heute hat der Fahrer frei. Phil Matthews steuert den großen Mercedes selbst. Glücklicherweise hat er sich am Vortag noch einmal per Telefon kundig gemacht, wo er den Generalstaatsanwalt in Empfang nehmen darf. In der Leuschnerstraße, bescheidet ihn die Dame in der Telefonzentrale, denn das langjährige Domizil der Oberbehörde an der Frankfurter Zeil ist von den Strafverfolgern geräumt worden - wegen einer Asbestbelastung. Zum zweiten Mal schon. Vor Jahren gab es dort bereits eine große Sanierung, nachdem in der Büroluft eine erhöhte Konzentration von Asbestfasern festgestellt worden war. Aber dabei ist wohl einiges schief gelaufen. Nachmessungen haben jedenfalls ergeben, dass die Luft immer noch satt mit den gefährlichen Krebsauslösern belastet war. Offenbar hatte man die Belüftungsschächte nicht gründlich genug gereinigt. Daher alles noch einmal von vorne. Und während der neuerlichen Sanierung residiert der Generalstaatsanwalt nebst Mannschaft in gemieteten Büros am Rande des Bahnhofsviertels, dort, wo auch ein Teil seines Klientels zu Hause ist.

„Asbest, das ist nicht schön", sagt Phil Matthews zu seinem hohen Gast auf dem Beifahrersitz. „Gut, dass Sie so konsequent waren und das Gebäude geräumt haben. Asbest ist ein Teufelszeug!"

„Ich weiß", antwortet der Generalstaatsanwalt traurig, „man hat uns Statistiken vorgelegt. Asbestbedingter Lungenkrebs macht schon die Hälfte aller berufsbedingten Sterbefälle aus."

„Ein Umstand, den man natürlich ideologisch ausschlachten kann." Phil Matthews schaut immer wieder zu seinem Gast auf dem Beifahrersitz. „Vor einiger Zeit gab es einen Aufsatz in der Frankfurter Allgemeinen. Ja, Sie glauben es nicht, in der FAZ! Da wurde das Asbestproblem zum Kronzeugen gemacht für die verbrecherische Dimension des technischen Fortschritts. Dabei wusste damals kein Mensch etwas von der Gefährlichkeit dieses Stoffes."

„Ich kann mich noch erinnern", sinniert der Staatsanwalt, „als meine Eltern für die Hausverkleidung Asbest zurecht geschnitten haben. Mit der alten Flex, ohne irgendwelche Schutzmaßnahmen. Man konnte kaum die Hand vor Augen sehen."

„Dazu kommt ja auch, dass wir im heutigen Deutschland mit ungeheurem Einsatz die Sanierung der belasteten Gebäude betreiben. Da sind wir konsequent."

„Die Geschichte im Justizgebäude kostet uns 20 Millionen." Der Staatsanwalt schaut, als müsste er die Summe selbst bezahlen.

„Aber es geht noch weiter!" Der Chauffeur macht auf euphorisch. „In unserem Unternehmen arbeiten wir mit Nachdruck an einem Verfahren, das die Asbestopfer vor der gefürchteten Asbestose bewahrt. Wir haben im Tierversuch einen Stoff gefunden, der das Lungengewebe so disponiert, dass die Asbestfasern aus dem Gewebe ausgeschieden werden. Zugegeben, die Sache befindet sich erst im Experimentierstadium. Aber wir sind guter Dinge."

„Tatsächlich?" Die Überraschung des Staatsanwaltes ist nicht gespielt. „Das höre ich selbstverständlich gerne. Und das freut mich vor allem für meine Mitarbeiter. Wir haben ja Kollegen, die über zwanzig Jahre lang in diesem Staub gesessen haben."

Der Konferenzraum war das Schmuckstück der Firma. Phil Matthews hatte ihn ganz persönlich erdacht und den Architekten nur noch einen bescheidenen Spielraum gelassen. Wuchtigelegante Balken bildeten die wellenförmige Decke und die Wände waren mit feingemaserten Hölzern verkleidet. Der Parkettboden setzte sich aus unterschiedlich großen Stirnholz-Teilen der 20 häufigsten einheimischen Baumarten zusammen. Um die internationalen Geschäftsbeziehungen der Firma zu dokumentieren, waren am Rande des Fußbodens Hölzer aus den restlichen Kontinenten verarbeitet: asiatische Fichte, afrikanischer Affenbrotbaum, australischer Eukalyptus und ganz viel amerikanisches Material: Mammutbaum, Balsam-Tanne, Red Pine und Hickory. Im nach Süden hin integrierten Wintergarten wuchsen meterhohe Zierkirschen aus Japan. Die kleinstrukturierten Fenster waren in mattglänzendes Aluminium gefasst und mit einer intelligenten Beschichtung versehen, die sommers die Wärme reflektierte und winters einfing.

Die Baubiologie war zwar für den Chef keine Herzensangelegenheit. Aber er wusste, dass giftfreie Innenräume und ein
sympathisches Arbeitsumfeld die Leistungen der Mitarbeiter
steigern. Und nur darauf kam es ihm an.

Als Phil Matthews mit seinem Gast das Com-Center, wie der
Raum für besondere Anlässe firmenintern genannt wurde,
betrat, war dieses bis auf den letzten Platz besetzt. Dreihundert
Mitarbeiter, fast die halbe Belegschaft, mochten anwesend sein
und klatschten jetzt Beifall. Gut gemacht, Thomas Tiberius,
knurrte der Boss in Gedanken. Für solche Dinge ist der gescheiterte Jurist die ideale Besetzung.

Der Generalstaatsanwalt war beeindruckt von dem angenehmen Ambiente des Saales und dem freundlichen Beifall der
Mitarbeiter. So etwas hatte die Justiz nicht zu bieten. Aber er
hielt seine Vorträge ja zumeist an auswärtigen Orten. Die großen Banken luden ihn öfters ein, Berufsverbände und Stiftun-
gen erbaten seinen Besuch. Dort sah es ausnahmslos ganz
passabel aus und man spürte die Faszination von Macht und
Geld. Dr. Kahlo war ein begnadeter Redner, aber keine besonders eindrucksvolle Erscheinung. Mit 1,65 genauso klein wie
sein Gastgeber, ebenfalls untersetzt, rundes Gesicht und ein
schmaler Oberlippenbart. Allerdings, der akkurate Scheitel und
die schwarzen, glatt nach hinten gekämmten Haare verliehen
ihm auch etwas Aristokratisches. Die aus seinen therapieresis-
tenten Stirnfalten resultierende Ernsthaftigkeit wurde durch ein
Dauerlächeln und einen fast schon zu hellen Maßanzug mehr
als wett gemacht.

Hilmar Kahlo stammte aus einer wohlhabenden Hamburger
Kaufmannsfamilie. Seine vier Geschwister hatten mittlerweile
alle ihre eigene Firma und auch er war schon früh vom kleinen
Staatsanwalt über den Posten eines Abteilungsleiters im
Rauschgiftdezernat zum Chef der Hamburger Behörde aufge-
stiegen. Parteifreunde hatten ihn schließlich an den Main geholt. Hier führte er die hessischen Strafverfolger mit straffer
Hand und aus dem Verborgenen heraus. Denn erfolgreich sein
hieß für ihn vor allem: nicht auffallen. Keine Skandale, außer
den unvermeidbaren. Aber auch keine Zeichen setzen, im Sinne des Rechtsstaats beispielsweise oder der Toleranz. Da stand
er ganz in der Tradition seiner Vorgänger – mit einer Ausnah-

me: Fritz Bauer, dem ersten hessischen Generalstaatsanwalt. Als Jude mit schlimmen Erfahrungen hatte er dem Rechtsstaat das Wort geredet, kompromisslos und laut. Das war lange her.

Das Vortragsthema des Generals war identisch mit dem Thema der Fernsehsendung, die ihm so viel Lob von seinem Gastgeber eingebracht hatte: die Rolle des Strafrechts in der modernen Gesellschaft. Um auch den Nichtjuristen im Saal die Problematik zu erläutern, benutzte er Beispielsfälle aus dem täglichen Leben, auf die er in der fraglichen Sendung des hohen Anspruchs wegen verzichtet hatte.

„Wir sind eine Risikogesellschaft", sagt der Staatsanwalt, „keine Frage. Ihnen muss ich das ja kaum sagen. Wenn Sie nicht genau aufpassen, 24 Stunden am Tag, dann ist eine Blutkonserve verunreinigt oder ein Medikament falsch zusammengesetzt. Und dann haben viele Menschen ein Problem – auch Sie.

Die Frage ist aber doch, ob Ihr Problem ein strafrechtliches sein soll. Oder ob es nicht ausreicht, solche Fälle ausschließlich über versicherungsrechtliche Schadensersatzregelungen abzudecken. Da scheiden sich die Geister. Ich will Ihnen hier ungeschönt meine Meinung sagen. Wenn es um moderne Kriminalität geht, das ist nicht nur das Problem unerwünschter Nebenwirkungen von Arzneimitteln, sondern auch und vor allem der weite Bereich der Wirtschaftskriminalität, da sollte der Staatsanwalt äußerste Zurückhaltung üben. Und er sollte auch darauf verzichten, Dinge hoch zu spielen, die in Wirklichkeit zwar Regelverstöße beinhalten, aber schlichte Bagatelldelikte darstellen."

Der Staatsanwalt rastert prüfend die ersten Reihen ab und spürt spontane Zustimmung. „Nehmen wir einmal den Fall des Subventionsbetruges. Da gibt es Menschen - auch in meiner Behörde! –, die halten das für ein Kapitalverbrechen. Aber ich bitte Sie! Die Bundesrepublik verteilt jährlich Abermilliarden an Subventionen. Das Geld liegt auf der Straße. Man muss es nur aufheben. Ich darf einmal, zugegebenermaßen überspitzt, fragen: Ist eine erschlichene Subvention vom strafrechtlichen Gehalt her nicht eher als Fundunterschlagung zu bewerten und mithin als Kavaliersdelikt?" Das Publikum ist hell begeistert und applaudiert. Phil Matthews, der in der ersten Reihe sitzt, dreht sich zu den Zuhörern um und klatscht mit allem Nachdruck. Dr. Hilmar Kahlo kann eine kleine Pause machen und nimmt den zur Stressbewältigung üblichen Schluck aus seinem Mineralwasserglas.

„Es gibt da noch eine Tendenz, die mir ebenfalls Sorgen macht. Dass man einen Autofahrer bestraft, der alkoholisiert am öffentlichen Straßenverkehr teilnimmt, ist geradezu selbstverständlich. Von unseren 8.000 Verkehrstoten im Jahr gehen 2.000 auf das Konto betrunkener Fahrer. Aber jetzt gibt es Leute, die wollen die strafrechtliche Haftung auch noch auf den Autohersteller ausdehnen. Für die Fälle jedenfalls, wo, wie sie sagen, das regelwidrige Verhalten des Fahrers seine Ursache im Verhalten des Herstellers hat. Gemeint ist: Wenn der Hersteller sein Produkt als sportlich, stark, eventuell auch aggressiv anpreist, dann soll er im Falle eines Unfalls durch überhöhte Geschwindigkeit oder rücksichtslose Fahrweise mit auf die Anklagebank. Und alle beide – Fahrer wie Hersteller – sollen nach dieser modernen Auffassung auch gerade stehen für die ökologischen Schäden des Autos: Luftverschmutzung, Lärm und Klimabeeinträchtigung.“

Das Publikum lacht.

„Lachen Sie nicht. Da könnte bald etwas auf Sie zu kommen. Die Umweltmedizin hat schon ein gutes Stück Vorarbeit geleistet, indem sie sagt, dass in Deutschland pro Jahr eintausend tödliche Herzinfarkte auf Straßenlärm zurückzuführen sind.

Nein, meine Damen und Herren, ich denke, hier hat das Strafrecht das ihm zugewiesene Terrain verlassen. Wir sind ein Volk von Autofahrern, aber kein Volk von Kriminellen!“

Fast eine Stunde lang redet der Staatsanwalt, immer wieder durch freundlichen und ernst gemeinten Beifall unterbrochen. Anschließend umschwärmen ihn die Mitarbeiter, wie man üblicherweise nur einen Popstar umschwärmt, und stellen ihm interessante Fragen. Das ist eine neue Erfahrung für ihn und er genießt sie. So etwas erlebt er nicht anlässlich der Veranstaltungen der Industrie- und Handelskammer oder des Börsenvereins, wo er trockene Juristenkost zum Besten geben muss und dafür den immer gleichen höflichen Beifall erhält. Als Phil

Matthews ihn am frühen Abend zurück in sein Büro bringt, wo er von seinen beiden Bodyguards in Empfang genommen wird, fühlt er sich so gut wie lange nicht mehr. Mit seiner Geliebten wird er heute Nacht noch eine Flasche Champagner trinken.

Passion: Jäger

„Keine Frage", sagte René Gronwald unvermittelt. „Wir müssen rein in den Laden." Gerade hat Dirk Neuhaus dem Kommissar von den Neuigkeiten aus der Rechtsmedizin berichtet. Von den extrem hohen Dioxin-Werten in Bauchspeicheldrüse und Hirnanhangdrüse der beiden Selbstmörder. Und von der ungewöhnlichen Kombination der Dioxin-Varianten: Zehnmal mehr hochgiftiges Seveso-Dioxin als mindergiftiges Okta-Dioxin.

„Toledo-Wellness – was muß man sich eigentlich darunter vorstellen?", will der Staatsanwalt jetzt wissen.

„Sie machen alles, was Pharma-Unternehmen heute so machen. In der Neuen Medizinischen Wochenschrift hieß es vor einiger Zeit, es sei auffällig, dass Toledo-Wellness bei Neuentwicklungen stets die Nase vorn habe."

„Ein siebter Sinn für das, was morgen nachgefragt wird?"

„Ein Gespür für Kommendes in Form einer Sonderabteilung, in der sich zahllose hochqualifizierte Wissenschaftler allein mit der Frage befassen, wohin die Reise geht. Das war jedenfalls die Antwort der Neuen Medizinischen Wochenschrift."

„Eine tolle Sache: zu wissen, woran die Menschen in Zukunft leiden. Dann kann man rechtzeitig mit der Entwicklung der entsprechenden Medikamente beginnen und ist schließlich als erster zur Stelle."

„Und jetzt packen Sie mal den Wellness-Sektor dazu! Toledo hat diese Ambitionen ja im Namen. Die Wellness-Wünsche sind in der Regel viel verbreiteter als irgendwelche Krankheiten. Stellen Sie sich einmal vor, die Amerikanerinnen kommen auf die Idee, dass zu ihren dicken ..... Hintern besonders gut lange Ohren passen. Und Sie haben das passende Medikament im Programm. 130 Millionen Kunden bedeuten einen Milliardenmarkt."

„Wie kommen Sie auf diese Kundenzahl?", fragt der Staatsanwalt mit hochgezogenen Augenbrauen.

„Ganz einfach, Einwohnerzahl geteilt durch zwei. Die Hälfte der Amerikaner ist weiblich."

„In der Hanauer Landstraße liegt ein Schatz, den wir heben müssen", sagt René Gronwald nach einer Weile. Jäger und Schatzsucher haben viel gemeinsam. „Zwei Menschen, vollgepumpt mit dem Gift der Gifte, arbeiten in derselben Abteilung einer Pharmafirma und bringen sich im Abstand von sechs Wochen um. Angeblich bringen sie sich um. Eigenartigerweise sind aber in beiden Fällen Beobachter dabei. Angeblich sind es nur Beobachter, die allerdings unmittelbar nach dem Big Bang verschwunden sind."

„Teile eines Puzzles, sagt Dr. Basler."

„Da hat die Kleine wohl recht", resümiert der Kommissar, „ein Puzzle."

„Aber ohne irgendwelche Konturen", resigniert der Staatsanwalt.

„Vielleicht ist es zu früh dafür", spöttelt der Kommissar, um gleich darauf wieder ganz ernst zu sein: „Keine Frage, wir haben noch kein Bild. Aber wir wissen eins schon jetzt: Irgendwann werden wir ein Bild haben, irgendwann ist das Puzzle komplett."

Da ist er wieder, der Jäger, der, wenn er einmal eine Fährte aufgenommen hat, nicht aufgibt, bevor er die Beute gepackt hat. Der das Wort *aufgeben* nicht kennt und für den Zeit keine Rolle spielt. Als er noch bei der Rauschgiftfahndung gearbeitet hat, ist er oft mit Dave Voss auf die Pirsch gegangen. Von ihm, dem Marathon-Mann, hat er viel gelernt. Dave Voss hat seine Gegner totgelaufen. Wenn die Dealer Reißaus nahmen, weil sie die beiden Kaufinteressenten als Bullen erkannt hatten, dann lief René Gronwalds Kumpel einfach hinterher. Wenn es sein musste, durch die halbe Stadt. Am Ende brauchte er nicht einmal mehr die Waffe zu ziehen, so entkräftet war die Beute, die vor ihm auf dem Asphalt lag. Dave Voss hat allerdings für seine Leidenschaft teuer bezahlt. Nicht alle Dealer laufen weg. Die erste Kugel hat ihm den Kiefer zerfetzt, die zweite – ein Jahr später – ist in seinem Schädel stecken geblieben. Er hat sie überlebt, aber er ist jetzt Invalide. Das traurige Schicksal seines Freundes hat René Gronwald nie als Warnung begriffen, sondern als Verpflichtung, seinen Job ebenso konsequent zu machen – nur nicht mehr im Rauschgiftkommissariat.

„Aber mit dem Durchsuchungsbeschluss wird das nichts." Dirk Neuhaus sitzt hinter seinem Schreibtisch und gestikuliert. „Rechtlich gesehen ginge die Sache ohne weiteres in Ordnung. Wir behaupten beispielsweise eine fahrlässige Tötung durch Dioxin-Einfluss. Dann bekämen wir zweifellos die Genehmigung, in der Firma nachzusehen. Aber sofort wüsste Toledo Bescheid. Und wenn wir dann nichts finden, finden wir nie mehr etwas. Sie werden alles beiseite geschafft haben. Eine Durchsuchung ist ein zweischneidiges Schwert. Man kann schlafende Hunde wecken."

„Oder schlafende Wölfe", sagt René Gronwald. „Andererseits, mein Informant aus dem *Stübchen* hat ja wohl der Firma schon ein paar wertvolle Tipps gegeben: dass da jemand dran ist an der Geschichte, sonst hätten die den doch nicht wieder eingestellt."

„Das muss es nicht heißen. Sie sind doch als Journalist aufgetreten. Mit Ausweis und völlig glaubwürdig. Und Sie sind aus dem Feld geschlagen worden, weil Ihr Informant abgesprungen ist. Bösgläubig *uns* gegenüber sind die sicher noch nicht."

René Gronwald geht nachdenklich im Büro auf und ab, während Dirk Neuhaus demonstrativ die Beine auf seinen Schreibtisch legt.

„Wie wäre es denn, wenn wir einen Deal mit den Jungs machen?", sagt der Kommissar nach einer Weile unvermittelt.

Die Jungs, damit sind die Ermittlungsrichter gemeint. Vier Männer und eine Frau. Der Staatsanwalt und der Kommissar kennen sie gut. Ermittlungsrichter erlassen Haftbefehle, Durchsuchungsbeschlüsse oder ordnen eine Telefonüberwachung an. Ausgewählte Entscheidungen im Rahmen des Ermittlungsverfahrens, das aber im wesentlichen der Staatsanwaltschaft gehört. Ermittlungsrichter haben keine Fälle, die ihnen von Anfang bis Ende ganz alleine gehören. Sie ordnen die Durchsuchung einer Wohnung an und hören von dieser Sache nie mehr etwas. Aus den Augen, aus dem Sinn. Sie sind Reisende in Sachen Gerechtigkeit. Sie sind rastlos und wohl auch heimatlos und von daher immer Sonderlinge.

„Sie erzählen ihnen die Geschichte ohne irgendwelche Abstriche. Sie verschweigen nichts, noch nicht einmal, dass wir am Anfang selbst sehr skeptisch waren und die Kleine für eine abgedrehte Märchentante gehalten haben. Dafür stellen sie uns einen völlig unverfänglichen Beschluss aus. Er kann sich auf den Selbstmord in der Wittelsbacher Allee beziehen. Sagt aber kein Wort vom zweiten Selbstmord und vor allem kein Wort von Dioxin. Nur das Nötigste und die Firma merkt nichts."

Dirk Neuhaus schüttelt schweigend den Kopf, aber René Gronwald fährt unbeirrt fort:

„Wer ist eigentlich diesen Monat für den Fall zuständig?"

„Becker", antwortet Dirk Neuhaus tonlos und dann ganz gedehnt: „Jürgen Becker."

Der Kommissar verzieht das Gesicht. Jürgen Becker ist ein Sonderling erster Güte. Er ist bekannt wie ein bunter Hund. Vor allem südlich des Mains, in Dribdebach, wo er wohnt, schätzen die Wirte der einschlägigen Kneipen seinen Besuch oder auch nicht. Wenn er Damen den Hof macht, bleibt kein Auge trocken und kein Glas stehen. Einer Kurzgeliebten hat er schon einmal ein teures Steinway-Klavier geschenkt und diverse andere mit seinem uralten Chevrolet-Straßenkreuzer durch die Stadt chauffiert.

Aber Jürgen Becker nimmt seinen Job ernst. Mit ihm sind keine Deals möglich, schon gar nicht solche, die René Gronwald im Auge hat.

„Schminken Sie sich das ab", sagt der Staatsanwalt, „mit Becker ist das nicht zu machen – und ganz nebenbei: mit mir auch nicht."

„Aber was gibt es daran auszusetzen?", will René Gronwald mit vorwurfsvoller Stimme wissen. „In der Sache ist das doch in Ordnung. Der Richter weiß Bescheid. Wenn er den Durchsuchungsbeschluss erlässt, hat alles seine Richtigkeit, oder?"

„Eben nicht!" Der Staatsanwalt wird noch ein bisschen lauter. „Der Beschuldigte muss wissen, warum bei ihm durchsucht wird. Damit er sich einrichten kann. Das gehört zum fairen Verfahren!"

In diesem Augenblick schlägt die sowieso schon gereizte Stimmung endgültig um. Und die alten Gräben zwischen Polizei und Justiz brechen wieder auf.

„Faires Verfahren, haben Sie gesagt. Das Strafverfahren ist ein faires Verfahren, so wie es dasteht. Das meinen Sie doch?"

„So wie es die Strafprozessordnung vorschreibt, ist es ein faires Verfahren, sicher, im Großen und Ganzen jedenfalls."

„Sagen Sie das bitte noch einmal!" René Gronwald ist aufgestanden und hat sich vor dem Schreibtisch des Staatsanwaltes aufgebaut. „Oder besser: Erzählen Sie das meinen ehemaligen Kollegen von der Rauschgiftfahndung. Die lachen Sie aus. Das ganze Dealergesocks, das sie am Abend festnehmen und dem Haftstaatsanwalt vorführen, steht am nächsten Morgen wieder auf dem alten Platz. Das ist das faire Verfahren!"

„Weil regelmäßig keine Haftgründe vorliegen, was die Damen und Herren Polizisten gerne übersehen", giftet der Staatsanwalt zurück. „Aber Gesetze lesen ist ja nicht überall beliebt."

„Eigenartig, wenn man sich damit Arbeit ersparen kann und Straftäter laufen lassen kann, steht das alles im Gesetz. Kann man Gesetze nicht auch auslegen?"

„Sollen wir vielleicht einen zusätzlichen Haftgrund erfinden? Neben Flucht- und Verdunklungsgefahr? Menschen können in Haft genommen werden, wenn es der Polizei gefällt?"

Die Auseinandersetzung eskaliert zusehends.

„Wenn es der Polizei gefällt – in Ordnung! Aber sagen Sie noch etwas zu dieser Polizei. Wer ist damit gemeint? – Es sind diejenigen, die den Verdächtigen tagelang observiert haben – die Nächte inklusive; die sich bei seiner Festnahme mit ihm geprügelt haben, immer in der Angst, ein Messer zwischen die Rippen zu bekommen oder mit dem Staatsanwalt Probleme zu kriegen; die ihm 48 Stunden lang auf dem Klo Gesellschaft geleistet haben, um schließlich mit einem Stöckchen oder mit bloßen Händen die Kokainbömbchen, die er vor seiner Festnahme schnell noch verschluckt hat, aus seiner Kacke zu pulen."

„Das gehört halt zu dem Job, Herr Gott noch mal!" Jetzt empört sich der Staatsanwalt. „Wer sich für den Polizeiberuf entscheidet, weiß, was auf ihn zukommt."

„Der muss also damit rechnen, dass er bei einer banalen Durchsuchung eines Verdächtigen in eine Spritze greift und sich die Krätze holt? Ich sage Ihnen: Allein während meiner Zeit im Rauschgiftkommissariat haben vier Kollegen in die

Pumpe gepackt und zwei davon haben sich eine Hepatitis geholt. Und einer hatte das Vergnügen, sechs Monate in der Ungewissheit zu leben, ob er sich mit Aids infiziert hat oder nicht."

Die Diskussion ist jetzt völlig aus dem Ruder gelaufen, doch glücklicherweise haben es die Kontrahenten gemerkt. René Gronwald setzt sich schließlich wieder. Eigentlich will auch er ein faires Verfahren. Er, der Jäger, mag keine Verbrecher, die keine Chance haben. Sonst macht die Jagd keinen Spaß mehr. Zustände wie in den masurischen Wäldern, wo die polnischen Förster den deutschen Jägern die Sechzehnender im Gatter vor die Flinte treiben, will auch er nicht.

Aber das geltende Recht ist ihm zu liberal, zu täterfreundlich. Dass ein Urteil aufgehoben wird, nur weil vergessen wurde, den Beschuldigten vor seiner Vernehmung über seine Rechte zu belehren, will er nicht einsehen. Gerade nach der vorläufigen Festnahme neigen Täter zum Plaudern. Sollte man sie da wirklich hindern müssen? Wenn man es tut, mittels Belehrung über ihr Aussageverweigerungsrecht, erhält man prompt die Quittung: kein Wort mehr, und statt dessen später, in Anwesenheit des Anwalts, das wohl überlegte Lügenmärchen. Dass das richtig ist, sieht er nicht ein. Und auch die Kritik an seiner Uneinsichtigkeit, die er mehr als einmal gehört hat, nimmt er nicht an: dass am Ende seiner Logik die Folter steht.

„Tut mir leid", sagt der Kommissar nach einigen Sekunden ungewohnter Ruhe im Dienstzimmer des Staatsanwaltes.

„Mir nicht", antwortet dieser grinsend. „Ich finde, diese Diskussionen müssen sein. Zwecks Standortbestimmung und Abgrenzung der Reviere. – Wir haben allerdings unser Thema aus den Augen verloren: Die Firma. Und da müssen wir rein."

„Wenn wir allerdings den Weg über einen Durchsuchungsbeschluss nicht gehen wollen, haben wir schlechte Karten."

„Wie sieht es denn aus mit dem Einsatz eines verdeckten Ermittlers? Der bewirbt sich in der Firma, vielleicht sogar in der Abteilung von Professor Engel, und liefert uns alles nach Wunsch!"

„Da muss ich passen. Bei solchen vagen Geschichten setzt die Polizei keine verdeckten Ermittler ein. Wir können ja noch nicht einmal einen konkreten Tatverdacht formulieren."

„Es gibt einen verdeckten Ermittler", sinniert Dirk Neuhaus nach einer Weile, „den wir ohne polizeiliche Zustimmung einsetzen könnten."

René Gronwald überlegt einen Augenblick: „Die Kleine, Sie meinen die Kleine. Aber sicher. Die würde mit maximalem Einsatz den Laden ausschnüffeln. Es ist ja ihr Fall. Und die würde auch vom beruflichen Design her passen."

„Aber die müsste dafür den Job in der Rechtsmedizin schmeißen. Und das ist ihr die Sache sicherlich nicht wert. Träume sind Schäume."

Die Stimmung ist jetzt wieder gelöst und schließlich bringt die Dame von der Geschäftsstelle auch noch eine Kanne Kaffee.

„Ich will mal sehen", sagt René Gronwald zum Schluß, „ob in Sachen verdeckter Ermittler nicht doch irgend etwas zu schaukeln ist. Ich hau gleich mal meinen Chef an."

✳✳✳

Wenige Minuten später verlässt René Gronwald mit seinem Dienstwagen das Parkhaus am Gericht. Über die Eschersheimer Landstraße fährt er nach Norden und biegt schließlich nach zwei Kilometern in die Frauenlobstraße ein. Das ist nicht der Weg zum Polizeipräsidium. Kurz darauf hält er in der Broßstraße vor einem alten Backsteingebäude. Der verdeckte Ermittler ist nicht mehr sein Thema. An der Mauer seitlich des Eingangs gibt ein einfaches Schild aus Edelstahl Auskunft über die Adresse. *Animal-home – Heimat der Tiere.* René Gronwald klingelt und fragt nach Herrn Seiffarth.

„Noch nicht da", wird er über den Lautsprecher beschieden. „Wir erwarten ihn aber in etwa zehn Minuten."

René Gronwald bleibt in seinem Wagen sitzen. Zehn Minuten später parkt ein altersschwacher Opel gegenüber dem Eingang. Ein etwa 70-jähriger Mann steigt aus, überquert die Straße und wird von René Gronwald in Empfang genommen.

„Herr Seiffarth!"

Der Angesprochene stutzt einen Augenblick. „Herr Gronwald!"

„Haben Sie einen Augenblick Zeit für mich?"
„Für Sie immer!"

Heinrich Seiffarth ist ehrenamtlicher Mitarbeiter von *Animal-home*, eines vor wenigen Jahren von militanten Tierschützern gegründeten Vereins. Seit vielen Jahren Frührentner und seit seiner Geburt Tierfreund, hat er hier den Job seiner Wahl. Es gibt kein Geld dafür, aber Geld spielt in diesem Zusammenhang keine Rolle. Seine Arbeit ist ihm eine Herzensangelegenheit: Informationen über Misshandlungen von Tieren zu sammeln, zu überprüfen und – falls zuverlässig – über den Verein an die Staatsanwaltschaft oder an das zuständige Veterinäramt weiterzugeben. Ein kleiner Polizist – so sieht er sich selbst. Und liegt damit gar nicht so falsch. Denn weil er sorgfältig arbeitet, werden seine Informationen, etwa bei der Staatsanwaltschaft, ernst genommen. Mitteilungen durchgeknallter Tierfreunde, die aus einer überfahrenen Katze eine durch die Halterin misshandelte machen, entlarvt er sehr schnell und sortiert sie aus.

Seiner ehemaligen Militanz hat Heinrich Seiffarth mittlerweile weitgehend abgeschworen. Denn er hat seine Lektion gelernt. Die war ihm schon früh erteilt worden, gleich nach Gründung des Vereins, dessen Vorstandsmitglied er seinerzeit war. Damals hatte sich eine südafrikanische Tierschutz-Organisation im Internet zu Wort gemeldet. Sie suchte Sponsoren für die Ausrüstung einer Söldnertruppe, die im Grenzgebiet zu Botswana Jagd auf Wilderer machen sollte. Die waren nämlich gerade dabei, nach Jahren trügerischer Ruhe, die kaum erholten Nashorn-Bestände erneut und diesmal entscheidend zu dezimieren.

15.000 DM hatte Heinrich Seiffarth in wilder Euphorie schon am nächsten Tag auf das Konto in Durban überwiesen und einen Monat später noch einmal 10.000 DM. Gut angelegtes Geld, dachte er und erhielt kurze Zeit später über das Internet auch die Bestätigung: Siebzehn Hyänen, hieß es da verschlüsselt, seien tot und die Panzertiere wieder ein Stück weit sicher.

Mit einer dritten Überweisung waren die anderen Vorstandsmitglieder allerdings nicht einverstanden. Artenschutz und Söldnertum, das war ihnen nicht geheuer. Doch Heinrich

Seiffarth ließ sich nicht beirren. Auf eigene Faust schaffte er noch einmal viel Geld über den Äquator. Dann die schlechte Nachricht – in der Zeitung und nicht mehr im Internet: Unbekannte hatten englische Zoologen unter Feuer genommen, die einer Elefantenherde gefolgt waren, um deren Wanderwege zu erforschen. Zwei Tote und zahlreiche Verletzte blieben zurück. Die näheren Umstände der Attacke ließen keinen Zweifel. Es war die Söldnertruppe gewesen, die die Wissenschaftler irrtümlich für Wilderer gehalten hatte. Seitdem gehen die Gelder von *Animal-home* nur noch an seriöse Organisationen

Rechtstreu im herkömmlichen Sinn war Heinrich Seiffarth allerdings nicht geworden. Auf der juristischen Bühne machte er weiterhin gerne Experimente, allerdings gänzlich unblutige. Dabei hatten der Kommissar und er sich auch kennen gelernt. Ein paar Jahre war das jetzt her, anlässlich einer Tierbefreiungsaktion auf dem Gelände des Biologischen Instituts der Universität. Tierversuchsgegner hatten mobil gemacht, um Frösche vor dem Tod durch studentische Seziermesser zu bewahren. Der verantwortliche Professor, ein leidenschaftlicher Befürworter des klassischen Tierversuchs, hatte die Polizei gerufen. René Gronwald hatte damals in einem der Wagen gesessen, die zum Institut entsandt worden waren. Nicht ganz freundschaftlich war der erste Kontakt verlaufen. Im Polizeiprotokoll stand seinerzeit, dass die Demonstranten mit einfacher körperlicher Gewalt aus dem Gebäude gedrängt worden waren und dass das Institut nach der Räumung den Verlust zahlreicher Frösche beklagt hatte.

Jetzt sitzen sie sich wieder gegenüber, freundschaftlich allerdings, nachdem sie in der Zwischenzeit viel Gelegenheit hatten, einander verstehen zu lernen. Obwohl es draußen hochsommerlich warm ist, herrscht im alten Backsteinhaus der Tierschützer angenehme Kühle. Der Kommissar und der Tierfreund trinken Kaffee und reden angeregt miteinander. Fast zwei Stunden lang.

Eine linke Tour?

Angefangen hatte alles mit Gangunsicherheiten und morgendlichen Sehstörungen. Nach ein paar Monaten waren Gedächtnisprobleme dazu gekommen. Erst vergaß sie Termine und dann Namen. Schließlich geriet ihr Kopf völlig durcheinander. Sie habe das Gefühl, vertraute sie einem Freund an, gar nicht mehr sie selbst zu sein. Vor zwei Wochen war sie ins Koma gefallen und drei Tage später gestorben.

Ein Jahr nur hatte Oberstaatsanwältin Christel Gast in ihrem schönen Haus in Mainz ihren Ruhestand genießen können. Und sofort waren Gerüchte entstanden um den Tod der eleganten Dame mit Vorliebe für englisches Rindfleisch. Creutzfeld-Jacob, hieß es und so lautete auch das Ergebnis der Autopsie. Creutzfeld-Jacob, allerdings in der neuen Form: BSE.

Mittwoch, 6. Juni, 11.30 Uhr. Autobahn A 66. Dirk Neuhaus ist auf der Rückfahrt von der Beerdigung und steht irgendwo im Stau. In der pfälzischen Landeshauptstadt wird schon ab neun Uhr vormittags und dann gegebenenfalls im Stundentakt beerdigt. Christel Gast war in der Frankfurter Behörde nicht unbedingt beliebt, aber sie war geachtet. Sie gehörte zu den ersten Frauen, denen es gelungen war, in die Männerdomäne Staatsanwaltschaft einzubrechen. Das schaffte nur, wer der bessere Mann war. Noch durchsetzungsfähiger, noch härter, noch skrupelloser. Heute ist das anders. Vom Schwund männlicher Bastionen ist auch die Justiz nicht verschont geblieben. Ein frauenfreundlicher Zeitgeist kombiniert mit dem Zauberzusatz in den Stellenanzeigen, wonach bei gleicher Qualifikation weibliche Bewerber bevorzugt eingestellt werden, hat dazu geführt, dass Richterinnen und Staatsanwältinnen keine Paradiesvögel mehr sind. Selbstbewusst machen sie ihren Job. Und sie machen ihn auf ihre Art. Obwohl auch Dirk Neuhaus nicht übersehen kann, dass es der einen oder anderen immer noch gefällt, Macho-Männer zu imitieren. Aber das beschränkt sich meist auf die Abschlussfeiern der Betriebsausflüge.

Der Tod der Oberstaatsanwältin ist für ihn einmal mehr Grund, darüber nachzudenken, ob solche Fälle nicht auch seine – rechtliche – Angelegenheit sind. Noch schütteln die Staatsanwälte wo auch immer den Kopf. BSE ist für sie eine Todesursache wie Herzinfarkt oder Lungenkrebs. Kein Handlungsbedarf. Aber BSE fällt nicht vom Himmel. Die Krankheit ist menschgemacht und hat ein Motiv, das die Justiz in anderem Zusammenhang hellwach werden lässt: Gewinnsucht.

Dirk Neuhaus hat noch ein weiteres Problem. Die beiden Selbstmörder beginnen ihn zu interessieren. Er ist sich selbst nicht ganz im Klaren darüber, wie dieser Sinneswandel zustande gekommen ist. Sicher, der Fall ist interessant, mindestens für einen Strafverfolger, der seinen Job mit Leidenschaft macht. Zwei Selbstmörder ohne Motiv, bis zur Halskrause voll mit Dioxin, dazu ein Giftmuster, das es eigentlich nicht gibt Und beide Suizide unter der Beobachtung zweier unbekannter Personen. Im Hintergrund ein Pharmaunternehmen und eine Abteilung, die sich mit Rückstandsforschung befasst. Das ist eine Blackbox, deren Inhalt man zwar noch nicht kennt, von der man aber mit Sicherheit sagen kann, dass sie nicht leer ist.

Aber es gibt möglicherweise noch einen anderen Grund für sein Interesse am Fall der toten Laboranten: Er heißt Annette Basler. Immer öfter erwischt sich Dirk Neuhaus dabei, wie er sich in Gedanken mit ihr beschäftigt. Sie hatte ihm zwar schon in der Rechtsmedizin ganz spontan gefallen, aber nach dem gemeinsamen Essen im thailändischen Restaurant hatte er sie abgehakt. Zu frech, zu forsch, zu emanzipiert und – mal ehrlich: Welche Frau schneidet schon Menschen in Stücke? Aber jetzt schieben sich wieder andere Eindrücke in den Vordergrund: Ihr weiches Lachen, ihre rauchige Sprache mit dem norddeutschen Akzent und ihre betont weibliche Figur, gewichtsmäßig gerade noch im Normalbereich, aber mit Proportionen im Idealbereich. Wenn er unverfänglich an ihr dran bleiben will, muss er auch am Fall bleiben. Aber er ist gar nicht zuständig für den Fall, wie auch René Gronwald keinen wirklichen Ermittlungsauftrag hat. Was die beiden bisher gemacht haben, ist inoffiziell gelaufen. Wenn es weiter gehen soll, brauchen sie ein offizielles Mandat.

In der Behörde ist es Oberstaatsanwalt Stefan Mühlberg, der die Hand auf dem Verfahren hat. Sämtliche Fälle mit ungeklärter Todesursache gehen zuerst an ihn. Er ist die Eingangskontrolle. Er entscheidet, ob eine Obduktion durchgeführt wird und was danach geschieht. Das ist ein schwieriger Job, ein Job mit viel Verantwortung. Denn wo er abwinkt, bleiben die Akten zu, wird die Leiche freigegeben.

„Sie wollen die Sache übernehmen, weil sie möglicherweise einen toxikologischen Hintergrund hat, verstehe ich Sie da richtig?"

Stefan Mühlberg schaut seinem Gegenüber fest in die Augen. Dirk Neuhaus hat ihm reinen Wein eingeschenkt, denn er weiß, dass man mit ihm reden kann. Aber er weiß auch, dass der Oberstaatsanwalt das Geschäft des Apparats betreibt. Das bedeutet nicht viel, denn die meisten Leichen sind wertneutral. Wo sie es nicht sind, ist Mühlberg auch schon einmal skrupellos. Vergangenen Winter war im Taunus ein 20-jähriger Zivildienstleistender bei Waldarbeiten zu Tode gekommen. Bei Temperaturen unter null Grad hatte eine Gruppe von Forstarbeitern, denen auch der Zivi zugeteilt war, Bäume aufgearbeitet, die bei einem Sturm umgefallen waren. Als der unerfahrene junge Mann mit der Motorsäge einen unter Spannung stehenden Buchenstamm durchsägen wollte, riss der auseinander und traf den Zivi an den Kopf. Tod durch Schädelbruch, hieß die Diagnose und juristisch war zu entscheiden, ob sich der Revierförster, der die Arbeiten beaufsichtigte, wegen fahrlässiger Tötung strafbar gemacht haben könnte. Bäume sind Bomben, heißt es unter Waldarbeitern, vor allem, wenn sie unter Spannung stehen und wenn Minustemperaturen herrschen. Das hatte man dem jungen Mann, der noch nie eine Motorsäge in den Händen gehalten hatte, nicht gesagt.

Keine Obduktion, kein Verfahren, hatte Mühlberg, der knuffige Badenser, seinerzeit entschieden. Der Mann im grünen Loden blieb sauber. Oberförster und Oberstaatsanwälte, die Geschichte von den Krähen halt. Der junge Protokollbeamte, der die Entscheidung tippen musste, hatte seinerzeit die Akte Dirk Neuhaus gezeigt. Nur so, rein interessehalber, einfach, um zu hören, ob der Staatsanwalt im Zimmer gegenüber die

Entscheidung auch so getroffen hätte.

Mühlberg hat die beiden Selbstmorde der Toledo-Mitarbeiter schon eingestellt und ins Archiv abverfügt, wie es im Fachjargon heißt. Aber das ist ohne Belang. Diese Verfahren kann man zu jeder Zeit ins Leben zurückholen. Mühlberg will jetzt wissen, was Dirk Neuhaus machen möchte, um den Sachverhalt weiter aufzuklären.

Nein, das weiß er noch nicht. Der Staatsanwalt ist auch hier wieder ehrlich. Aber er wird sich etwas einfallen lassen. Immerhin gibt es handfeste Verdachtsmomente. Dass das meiste doch recht diffus ist, lässt er allerdings unerwähnt. Vom siebten Sinn, der nach Meinung der Rechtsmedizinerin nötig sein wird, um der Wahrheit näher zu kommen, sagt er auch nichts. Das wäre nichts für den gestandenen Ermittler Mühlberg. Das wäre vielmehr etwas für den Film oder für Staatsanwälte, die zuviel ferngesehen haben. Für Dirk Neuhaus' Kollegen Horst Veaudier zum Beispiel, der einen alten Spruch ernstgenommen hatte, wonach der Täter immer an den Tatort zurückkommt, und sich deswegen am ersten Jahrestag des Tötungsverbrechens an einem jungen Mädchen nahe den U-Bahntreppen in der Frankfurter Nordweststadt, wo der Mord geschehen war, auf die Lauer gelegt hatte. Selbstverständlich kam der Täter nicht dorthin. Warum sollte er auch? So dumm sind Mörder nicht.

„Bitte schön, wenn Sie wollen, ich trage beide Verfahren auf Sie ein." Oberstaatsanwalt Mühlberg gibt der Sache offenbar keine Chance. Trotzdem geht er auf Nummer sicher. „Aber tun Sie mir einen Gefallen. Kochen Sie die Angelegenheit auf kleiner Flamme. Die Behörde hat genug Probleme."

„Gibt es was Neues?", fragt Dirk Neuhaus.

„Haben Sie denn noch nicht *Bild* gelesen?"

„Ich habe seit zehn Jahren keine Bild-Zeitung mehr gelesen."

„Dann tun Sie es einmal! Kollegin Braunsdorf schreibt auf Seite sechs über ihre Beziehung zu einem Ferrari-Piloten. Ganzseitig! Sechs Fortsetzungen sind angekündigt."

Dirk Neuhaus ist sichtlich überrascht. „In der *Bild-Zeitung*?"

„Genau dort. Zwölf Millionen Leser jeden Tag. Allerdings nicht die Elite."

Jetzt liegt er nicht ganz richtig, denkt Dirk Neuhaus und geht zurück in sein Büro.

***

Auf seinem Schreibtisch stapelt sich diverse Post, alle Sendungen bereits geöffnet, das gehört zum Service der behördlichen Briefannahmestelle. Dirk Neuhaus schaut kurz darüber. Eine Strafanzeige ist dabei gegen *Unbekannt* wegen des rätselhaften Taubensterbens am Rathaus in der vergangenen Woche. Tote Tauben sind immer gut für einen mittleren Aufruhr. Dann noch ein Schreiben mit dem Briefkopf von *Animal-home*. Jetzt ist der Staatsanwalt neugierig, denn was aus der Broßstraße kommt, ist regelmäßig interessant und nicht selten brisant. Es geht um ungenehmigte Tierversuche. Tatort ist die Tierversuchs-Station der Firma Toledo-Wellness in der Hanauer Landstraße.

Toledo-Wellness? Dirk Neuhaus hält inne. Gerade wollte er die Anzeige zur Seite legen, aber jetzt setzt er sich erst einmal und liest sie Zeile für Zeile. Tatsächlich – Toledo-Wellness wird beschuldigt, Hunde für nicht genehmigte Experimente zu missbrauchen. Euphorisch greift er zum Telefon. Die Nummer des Kommissars hat er im Kopf. Aber genau so schnell, wie er sie eingetippt hat, legt er den Hörer zurück auf die Gabel.

„Scheiß-Typ!"

Dirk Neuhaus hievt die Beine auf den Schreibtisch und ist sauer. Deswegen war der Hauptkommissar nach ihrem streckenweise turbulenten Gespräch in der vergangenen Woche so schnell verschwunden. Hatte sich gar nicht mehr ausgelassen darüber, wie nun im Falle der Selbstmörder weiter verfahren werden sollte. Weil er die linke Tour längst im Kopf hatte.

Der Staatsanwalt liest die Anzeige noch einmal. Sie schildert detailgenau einen Vorgang, der eine Straftat darstellt. Zwei aus Tschechien importierten erwachsenen Beagle-Hunden sind zwecks Umgehung der Blut-Hirn-Schranke Metallsonden ins Gehirn gepflanzt worden, durch die unterschiedliche Medikamente verabreicht werden. Eine Genehmigung dieses Versuchs durch die zuständige Behörde, wie sie das Gesetz fordert, liegt nicht vor und ist auch zu keinem Zeitpunkt beantragt worden.

So viel Konkretes macht den Staatsanwalt stutzig und noch ein Umstand lässt ihn etwas Abstand nehmen von seinem ursprünglichen bösen Verdacht: Unterschrieben ist die Anzeige von der Geschäftsführerin des Tierschutzvereins und von Heinrich Seiffarth. Sie eine wilde Aktivistin, der man alles zutraut, aber er ein Mann mit Prinzipien. Andererseits: René Gronwald ein Jäger. Ein Jäger mit eigener Meinung zu den Regeln der Jagd. Dirk Neuhaus überlegt lange. Entweder die Anzeige ist echt und sie ist nur zufällig zu einem Zeitpunkt erstattet worden, wo man händeringend nach einem Grund sucht, in die Firma zu kommen. Oder René Gronwald hat sie initiiert, mit irgendwelchen unerlaubten Mitteln. Egal, er wird mitspielen.

Noch einmal wählt er die Nummer des Kommissars.

„Waren Sie nicht der Meinung, dass wir in die Toledo müssen?"

„Der Meinung bin ich immer noch!"

„Dem steht nichts mehr im Weg." Dirk Neuhaus spielt den Gutgläubigen.

„Sagen Sie bloß, Sie haben Ihre Ermittlungsrichter bequatscht?"

Alter Bluffer, denkt Dirk Neuhaus und dann liest er dem Kommissar die Anzeige des Tierschutzvereins vor. „Ist das nichts?"

„Wie bestellt", antwortet René Gronwald bewundernd und Dirk Neuhaus ist sich wiederum nicht sicher, wie der Kommissar das gemeint hat.

„Ich gehe jetzt sofort rüber und hole mir den Durchsuchungsbeschluss."

„Dann sehen Sie bitte zu, dass Sie einen Beschluss für den ganzen Laden bekommen!"

„Für den ganzen Laden?"

„Natürlich, denn nur dann kommen wir auch in die Rückstandsabteilung von Professor Engel. Darum geht es doch, oder?"

„Verdammt!" Dirk Neuhaus kapiert das Problem erst jetzt. „Nach der Strafanzeige bekommen wir nur einen Beschluss für die Tierversuchs-Abteilung", sagt er resigniert, „und das bringt uns in der Dioxin-Geschichte nicht weiter."

„Abwarten." Der Jäger gibt so schnell nicht auf. „Wir sollten zuerst einmal in die Pläne schauen."

Vor allem, wenn es um die Durchsuchung größerer Objekte geht, sind Organigramme für die Polizei von entscheidender Bedeutung. Sie muss wissen, wo sie nachzusehen hat. Sonst ist es die Suche nach der Nadel im Heuhaufen und die hat bekanntlich keinen Erfolg. Wenn es um die Lagepläne der Firmen geht, entwickelt die Polizei viel Phantasie. Sie bedient sich bei den Bauämtern oder bei der Feuerwehr und vielleicht beim Katastrophenschutz. Manchmal wissen Bürgerinitiativen Bescheid, die das Werk schon einmal zwecks Überprüfung der „unbedenklichen" Produktionsanlagen inspizieren durften. Wenn all das nicht hilft, hat René Gronwald noch ein As im Ärmel. Den Betriebsrat. Ein Kommunist ist dort immer mit von der Partie, mindestens aber ein Grüner. Beide sind in aller Regel äußerst hilfsbereit.

„Wo kriegen wir die Pläne her?"

„Wenn ich mich recht erinnere, haben wir hier welche aus dem Umweltverfahren vor drei Jahren – das Wasserwirtschaftsamt hatte sie uns zur Verfügung gestellt."

„Sind die noch aktuell?"

„Die Neubaumaßnahmen jedenfalls sind vorher erfolgt."

Eine Stunde später liegen die Pläne ausgebreitet auf dem Schreibtisch des Staatsanwaltes.

„Ein Riesenladen", sagt Dirk Neuhaus.

„Und schauen Sie einmal, wie groß der Forschungs- und Entwicklungsbereich ist. Über die Hälfte des Neubaubereichs sind Labors. Die grün umrandeten Bereiche" – René Gronwald fährt mit einem Kugelschreiber die Begrenzungslinien ab – „gehören der Tierversuchsabteilung."

„Mein Gott, die geht ja über fünf Stockwerke." Dirk Neuhaus rechnet rasch die Fläche aus. „1500 Quadratmeter für Ratten, Mäuse und Hunde."

„Und für Affen."

„Affen?"

„Selbstverständlich, ich hab sie damals selbst gesehen. Es gibt keine besseren Testobjekte für Pharmaka als Primaten. Sie sind uns sehr ähnlich. Sie wissen doch: Genetisch stimmen wir mit ihnen zu über 99 Prozent überein."

„Die Fliege liegt aber nicht viel darunter, habe ich gelesen."

„Aber ihr Gesichtsausdruck sagt uns nicht so viel wie der eines Schimpansen."

„Und jetzt müssen wir nur noch wissen, wo Professor Engel sitzt."

„Hier", sagt René Gronwald nach einigen Augenblicken. „Rückstandsforschung, da steht es."

Er zeigt auf ein eher kleines Areal auf der Übersichtskarte der 3. Etage. „Ich glaube, wir haben Glück gehabt. Es grenzt genau an den Tierversuchs-Bereich."

„Glück gehabt aus polizeilicher Sicht, meinen Sie wohl", wirft Dirk Neuhaus ein und einen Augenblick sieht es so aus, als finde der Streit der Vorwoche seine ungebremste Fortsetzung. Allerdings, die Kontrahenten haben gelernt.

„Aber Herr Staatsanwalt!" René Gronwald bemüht sich um eine scherzhafte Note. „Wenn wir über den fraglichen Flur hier schlendern" – der Kommissar hackt mit seinem Kugelschreiber auf die Demarkationslinie zwischen Tierversuch und Rückstandsforschung – , „dann schauen wir selbstverständlich auch nach, was auf der anderen Seite der Mäusekäfige los ist. Wenn wir merken, dass wir dort falsch sind, weil bei Professor Engel gelandet, sagen wir Pardon und kehren sofort um."

„Dann können wir ja gleich dort wegbleiben."

„Keinesfalls, denn wir haben ja einen ersten Einblick genommen, in möglicherweise verbotenes, aber immerhin interessantes Terrain."

Dirk Neuhaus kennt das Problem. Vor Jahren hatte er es hautnah mitbekommen. Im Westen der Stadt gab es eine alte Mühle, und dort wohnte alternatives Volk. Das verdiente sich seinen Lebensunterhalt unter anderem mit der Restaurierung alter Möbel. In einem Bad aus scharfer Natronlauge wurden Schränke und Kommoden vom farblichen Muff vergangener Jahrzehnte befreit und mit Leinöl und Bienenwachs für eine ökologische Zukunft fit gemacht. Leider, so der Gewässerwart, gelangte immer wieder konzentrierte Lauge in den nahen Bach. Als der Durchsuchungsbeschluss, den Dirk Neuhaus erwirkt hatte, vollstreckt werden sollte, hatten sich überraschend zwei Beamte des Staatsschutzes unter die Umweltpolizisten gemischt. Die hatten ganz anderes im Sinn als umwelt-

schädliche Laugeneinleitung. Um die Herstellung verfassungs-
feindlicher Flugblätter ging es denen. Einen entsprechenden
Verdacht hegte man schon lange gegen die Mühlenbetreiber,
aber für einen Durchsuchungsbeschluss war er nicht gut genug.
Jetzt wollte man – als Trittbrettfahrer sozusagen – zu Potte
kommen und hatte die Rechnung ohne den Staatsanwalt gemacht. Der schickte die Staatsschützer umgehend nach Hause.

„Lassen Sie uns erst sehen, was der Ermittlungsrichter sagt.
Gehen Sie mit rüber? Sie könnten ihm die Pläne der Firma
erläutern."
   „Nur, wenn Sie Vabanque spielen und Ihren Antrag auf die
gesamte Firma beziehen. Dann wären wir nämlich problemfrei.
Wir sollten es jedenfalls probieren."
   „Einverstanden, hin und wieder riskieren wir ja auch mal
was. Alles haben wollen und mit der Hälfte zufrieden sein."
   Dirk Neuhaus muss mit der Hälfte zufrieden sein. Ermittlungsrichter Jürgen Becker sagt: „Aber, meine Herren, schauen
Sie mal. Sie suchen zwei Hunde, mit denen angeblich unerlaubte Versuche gemacht wurden. Und dazu wollen Sie von
mir die Erlaubnis haben, 5.000 Quadratmeter Privatsphäre zu
verletzen! Obwohl völlig klar ist, dass sich die Tiere nur in der
Tierversuchs-Station befinden können. – Herr Neuhaus, wann
lässt die Staatsanwaltschaft diese Spielchen sein? Sie wissen
doch, wie sie ausgehen."
   Dirk Neuhaus fühlt sich wie ein blutiger Anfänger. Okay,
denkt er, das war das letzte Mal. Der Jäger kennt diese Skrupel
nicht. Er würde genau so weiter machen. Wenn nur einer von
zehn Anträgen dieser Art durchginge, hätte sich die Sache
gelohnt.
   „Die Durchsuchung wird auf die Räumlichkeiten beschränkt,
in denen Tierversuche durchgeführt werden und in denen sie
buchhalterisch abgewickelt werden."
   „Wir beugen uns Ihrer Entscheidung", sagt Dirk Neuhaus
pathetisch und verlässt mit dem Kommissar das Büro des
Richters.

„So schlecht sieht das gar nicht aus", sagt Dirk Neuhaus, als
sie in das Gebäude der Staatsanwaltschaft zurückkommen.
„Der Beschluss gibt uns immerhin die Möglichkeit, nachzuse-

hen, wo überall Tierversuche unternommen werden und wo sie verwaltungsmäßig bearbeitet werden. Da sollte es uns doch möglich sein, auch einen kurzen Blick in die Rückstandsabteilung zu werfen."

René Gronwald traut seinen Ohren nicht. „Haben Sie da nicht eben Ihre rechtsstaatliche Überzeugung verraten, oder sagen wir so: einen Teil davon?"

„Machen Sie sich keine Hoffnungen", sagt Dirk Neuhaus kühl. „Wenn uns der Richter nur begrenzt Einblick in ein Unternehmen gibt, dann haben wir das Recht, uns über diese Grenzen zu vergewissern. Das ist die ausgleichende Gerechtigkeit. Sie ist vom richterlichen Beschluss voll gedeckt."

Am Aufzug verabschieden sie sich. Der Durchsuchungsbeschluss wird morgen Nachmittag geschrieben sein. Also kann die Aktion tags darauf starten. Eile ist in jedem Fall angesagt. Denn die Versuche mit den beiden Beagles dauern nicht ewig. *Animal-home* hat darauf hingewiesen, dass die Tiere unmittelbar nach Abschluss der Tests getötet und entsorgt werden. Zudem: es soll endlich Licht in die Dioxin-Geschichte kommen. Wenn die Fahnder ehrlich sein wollten, dann müssten sie zugeben, dass sie in erster Linie an dieser Sache interessiert sind.

„Bekommen Sie Ihre Mannschaft so schnell zusammen?"

„Haben Sie Bedenken?", kann René Gronwald gerade noch fragen, dann schließt die Tür des Fahrstuhls.

Schon als Dirk Neuhaus seine Bürotür öffnet, hört er das Telefon. Es ist Dr. Schutzbach vom Zentrum der Rechtsmedizin, ein Kollege von Annette Basler und nebenbei zuständig für exotische Probleme.

„Sie hatten gestern nachgefragt, wie viel angebliche Selbstmorde sich im Nachhinein als Tötungsdelikte herausstellen. Dazu gibt es seltsamerweise nicht viel an wissenschaftlicher Literatur. Aber die Arbeit eines Pathologen aus der Charité ist sehr aussagekräftig. Sie bezieht sich auf Gesamtdeutschland und sagt, dass etwa 0,5 Prozent der Selbstmorde in Wirklichkeit Morde sind."

„Nicht viel – oder?"

„Ich bitte Sie, Herr Staatsanwalt! Das macht immerhin fast 100 Fälle im Jahr!"

Dann kommt sein Kollege mit einer Kanne Kaffee. Dirk Neuhaus erzählt ihm von der Durchsuchungsaktion, die voraussichtlich übermorgen stattfinden wird.

„Du nimmst dir clevererweise einen erfahrenen Veterinär mit. Am besten Dr. Jost. Er ist zuständig für die Genehmigung der Tierversuche in unserem Bereich. Jost kenne ich schon lange. Er ist ein guter Mann."

Dirk Neuhaus wird Dr. Jost nicht mitnehmen. Denn Dr. Jost ist kein guter Mann. Jost hat mit Tierschutz nichts im Sinn. Er ist eine Marionette der Politik. Und die will Tierversuche etwa der Pharmaindustrie oder auch der Biotechnologie nicht behindern, geht es doch ausschließlich um Umsatz und Arbeitsplätze. Standortsicherheit steht für ihn an erster Stelle und nicht der Tierschutz.

Dirk Neuhaus wird Dr. Stefan mitnehmen. Der arbeitet im städtischen Veterinäramt und dort ganz unten. Er ist nach eigenen Worten bekennender Tierschützer und damit ist alles zu seinen Karrierechancen gesagt. Denn auch in den ganz normalen Veterinärämtern mag man den Tierschutz nur, wenn er die Geschäfte von Industrie und Wirtschaft nicht stört, jedenfalls nicht allzu sehr. Dr. Stefan hat einmal in einem Aufsatz geschrieben, es sei beschämend, dass man für die Beurteilung der Käfighaltung von Legehennen Sachverständige benötige, wo doch der gesunde Menschenverstand und die alten Instinkte völlig ausreichend seien, diese Dinge als artwidrig zu erkennen. Und genau deshalb nimmt Dirk Neuhaus ihn mit. Das ist er den beiden Beagles schuldig und gegebenenfalls noch den anderen Tieren, die bei Toledo-Wellness ungenehmigt leiden. Für die Dioxin-Geschichte hat er ja den Kommissar.

Firmenbesuch

Dirk Neuhaus ist sauer. Drei Rechtschreibefehler sind in diesem Fall genau drei zuviel. Der Durchsuchungsbeschluss für die renommierte Firma muss tip-top sein. Der Staatsanwalt ist ein gebranntes Kind. Seit er sich im Rahmen seines Umweltdezernats auch mit großen Namen befasst, hat er den Reichtum kennengelernt, der zuvor, als Penner und Fixer noch seine Zielgruppe waren, für ihn keine Rolle gespielt hatte. Immer, wenn er Besuch bekommt von den millionenschweren Geschäftsführern der in Verdacht geratenen Unternehmen nebst ihren ebenso reichen Anwälten, glaubt er in den Gesichtern seiner Gäste ein süffisantes Lächeln zu erkennen. Und er weiß auch, womit dieses Lächeln zu tun hat. Mit den ärmlichen Verhältnissen nämlich, in denen er arbeitet. Schränke und Schreibtische aus dem Knast, kostengünstig hergestellt von Gefangenen, sicher keine schlechte Arbeit, aber jedes Stück atmet die Perspektivlosigkeit seiner Macher. Die Kaffeemaschine auf dem wackeligen Beistelltisch, ein Billigmodell aus irgendeinem Kaufhaus. Die grauen Wände erkennbar renovierungsbedürftig und in irgendeiner Ecke der obligatorische Gummibaum mit seinen staubschweren Blättern.

Wie es bei seinen Gästen aussieht, weiß er auch. Die Bosse lassen bei der Hautevolee der Innenarchitekten arbeiten. Sein Studienfreund Wolf Rilke, der als Rechtsanwalt in der Goethestraße residiert, hat sich gerade einen neuen 30.000 Euro teuren Schreibtisch zugelegt. Rotes Teak und Handarbeit. Bezahlt hat er ihn vom Erfolgshonorar eines prominenten Mandanten, den er vor einem zweimonatigen Fahrverbot bewahren konnte.

Dirk Neuhaus hat den Durchsuchungsbeschluss zur Korrektur an den Schreibdienst zurückgegeben. Wenn er schon als Underdog kommt, soll wenigstens sein Mitbringsel stimmen. Leider war der Staatsanwalt zu spät dran, denn um 15.30 Uhr sind die Computer schon allesamt vom Netz genommen und die meisten Mitarbeiter nach Hause gegangen. Erst am nächsten Morgen erfolgt die Korrektur, und weil die Sachbearbeiterin aus irgendwelchen Gründen zu spät zur Arbeit erscheint, heißt das für Dirk Neuhaus zunächst: warten.

René Gronwald leistet ihm Gesellschaft. Sein Team sitzt derweilen in den Dienstwagen, die vor dem Gerichtsgebäude parken, und hofft inständig auf die baldige Abfahrt in Richtung Hanauer Landstraße. Es sind allesamt erfahrene Kriminalbeamte, die sich bei zahllosen Durchsuchungen das Gespür für die richtige Schublade angeeignet haben. Echte Schnüffelbullen halt.

„Eigentlich ganz gut, dass wir noch einen Moment zum Plaudern haben," sagte René Gronwald. „Ich war gestern bei der Feuerwehr."

„Bei der Feuerwehr?"

„... in der Bolongarostraße, im Hauptquartier."

„Wegen der Firmenpläne?"

„Nein, nein." – René Gronwald trommelt bedächtig mit den Fingerkuppen auf die Plastiklehne seines Stuhles und macht es spannend. „Ende letzten Jahres ist dort ein Alarm aufgelaufen – von Toledo-Wellness."

„Was heißt Alarm? Feuer?"

„Feuer oder Explosion."

„Das ist dort aufgezeichnet worden?"

„Alles auf Band ..."

„Und was war los?"

„Genaues weiß man leider nicht. Als die Löschzüge ans Werkstor kamen, hat man sie dort sogleich abgewimmelt. Es habe sich um einen Fehlalarm gehandelt, ausgelöst durch einen implodierten PC-Bildschirm."

„Spielt das für uns eine Rolle?"

Frau Wagner kommt und bringt den neu geschriebenen Beschluss.

„Der Einsatzleiter meinte, dass die ganze Sache ziemlich merkwürdig gewesen sei. Derjenige, der am Haupttor Entwarnung gegeben habe, sei ihm seltsam vorgekommen, ungewöhnlich aufgeregt, als habe er etwas zu verbergen gehabt."

„Der Alarm kam aus der Abteilung von Professor Engel."

Dirk Neuhaus legt den Durchsuchungsbeschluss zur Seite und versucht aus dem Gesicht seines Gegenüber zu lesen. Der Jäger zieht die Augenbrauen hoch.

„Am 3. Dezember ist das geschehen, in der Woche zwischen dem 1. und 2. Advent."

„Muss mir das etwas sagen?"

„Erinnern Sie sich noch, was ich seinerzeit von den Angehörigen der beiden Selbstmörder erfahren habe?"

„Im Einzelnen nicht mehr."

„Es ging ihnen schlecht vor ihrem Tod. Und das hatte Mitte Dezember beziehungsweise kurz vor Weihnachten angefangen."

„Was schließen Sie daraus?"

René Gronwald ist aufgestanden. Er lacht und sein Lachen ist zumindest zur Hälfte echt. „Wir haben ein Zeitproblem."

Im Treppenhaus – der Aufzug funktioniert wieder einmal nicht – sagt René Gronwald beiläufig: „Ich habe die Kleine mitgebracht."

Dirk Neuhaus bleibt erschrocken stehen. „Frau Dr. Basler? Was soll das denn? Die können wir doch nicht einfach mitnehmen!"

„Aber ja."

„Herr Gronwald, wir setzen die Strafprozessordnung um und veranstalten keinen Abenteuerurlaub." Dirk Neuhaus ist verärgert.

„Wir nehmen jeden mit, der uns nützt." René Gronwald gibt sich unbeeindruckt. Er hat Fakten geschaffen.

„Als was soll sie denn im Protokoll stehen?"

„Als Sachverständige natürlich!"

„Für ungeklärte Todesfälle?"

„Für schwierige Medizinfragen!"

Als der Staatsanwalt wenig später im Heck eines großen Omega neben der Ärztin Platz nimmt, ist seine Welt schon wieder soweit in Ordnung. Annette Basler trägt Jeans, eine karminrote Bluse und schwarze Wildledermokassins.

„Ich habe Herrn Gronwalds Angebot natürlich gerne angenommen", sagt sie. „Nur, ehrlich gesagt, was mein offizieller Auftrag sein soll, weiß ich nicht."

„Ich bitte Sie." Dirk Neuhaus hilft ihr spielend aus der Patsche. „Wir haben ein medizinisches Problem und Sie sind Ärztin."

„Aber ..."

„Kein Aber, so einfach ist das."

Eine halbe Stunde später stehen vier Einsatzwagen der Frankfurter Polizei auf dem Besucherparkplatz vor Toledo-Wellness in der Hanauer Landstraße. Der kleine Mercedes-Transporter gehört den Männern vom Videotrupp. Sie werden heute alles aufnehmen. Ein Band vergisst nichts.

René Gronwald und der Staatsanwalt gehen zum Pförtnerhäuschen am Haupteingang. Jetzt darf nichts schief laufen. Die Kontrolle muss außer Kraft gesetzt werden, bevor sie telefonieren oder auch nur einen Knopf drücken kann. Viele Firmen haben für den Fall der Fälle vorgesorgt. Der Kommissar kann ein Lied davon singen. Vor gut einem Jahr hatten sie die schläfrige Gestalt neben der Eingangstür der Brokerfirma unterschätzt und ihr gestattet, den Boss anzupiepsen um dessen Aufenthaltsort zu erfahren. Danach wurden sie in einen vornehmen Konferenzraum gebeten, wo sie der Chef begrüßen wollte. Als ihnen nach zehn Minuten die Sache spanisch vorkam, war der Boss schon über alle Berge und zu allem Überfluss mussten sie später auch noch erfahren, dass ihr Warteraum allein zu diesem Zweck eingerichtet worden war. Seitdem ist der Kommissar unfreundlich zu den Herrschaften am Eingang.

Die Tür des Pförtnerbüros ist nicht abgeschlossen und damit hat der Kommissar heute gewonnen. Während er dem rüstigen Frührentner mit der rechten Hand seinen Dienstausweis vor die Nase hält, bringt die Linke das Telefon unter Kontrolle.

„Bitte jetzt nicht mehr telefonieren und auch keinen anderen Kontakt mit Firmenmitarbeitern aufnehmen."

Der Pförtner scheint zu kapieren und schiebt seinem Stuhl vom Schreibtisch zurück.

„Machen Sie bitte die Schranke auf."

Pförtner können auch gehorchen. Dirk Neuhaus winkt zum Besucherparkplatz hinüber und dann fahren die Fahrzeuge mit den austauschbaren Kennzeichen auf das Betriebsgelände.

„Sagen Sie uns noch, wo wir den Geschäftsführer finden?"

„Im dritten Stock, Raum 302, Anmeldung 301. Soll ich Sie ...?"

„Nein, danke." Es ist jetzt 9.40 Uhr.

Phil Matthews befindet sich nicht in seinem Büro. Aber man erwartet ihn jeden Augenblick. Seine Sekretärin erreicht ihn per Handy. Sie darf nur fragen, wann er kommt. Bald, er ist in der Hanauer Landstraße in einem Stau stecken geblieben.

„Wir warten zehn Minuten", sagt der Staatsanwalt.

Eine Viertelstunde später ist der Geschäftsführer vor Ort.

„Oh, welch hoher Besuch!" Freundlich lächelnd verbirgt er seine Überraschung. „Was führt Sie zu Toledo?"

René Gronwald reicht ihm den fehlerfrei geschriebenen Durchsuchungsbeschluss.

„Ein richterlicher Beschluss. Ich denke, Sie lesen ihn in aller Ruhe einmal durch."

Der Boss nimmt das rote Papier und setzt sich hinter seinen Schreibtisch. Er ist unaufgeregt und kontrolliert, lässt keinen Zweifel daran, dass er die Situation im Griff hat. Betont lässig fingert er seine Lesebrille aus der Innentasche seines Sakkos und platziert sie mit der Routine eines Designers an die richtige Stelle. Während er liest, rastern René Gronwalds Augen im Stil einer Hochgeschwindigkeitskamera das Gesicht des Geschäftsführers, begierig, alles festzuhalten, was Aufschluss geben könnte über seine Gedanken und Gefühle angesichts der interessanten Lektüre. Für Jäger wie ihn sind Fassaden kein Hindernis. Wo andere in eine Maske blicken, sieht er mehr. Aber alles nur Erfahrung, keine Intuition.

„In Ordnung, meine Herren." Mit einer raschen Bewegung zieht der Boss die Brille vom Kopf. „Frau Dirschoweit hat schon unseren beiden Justiziaren Bescheid gesagt. Sie werden verstehen, dass ich zunächst deren Rat einholen will. Ich habe doch sicherlich die Möglichkeit, gegen Ihre Durchsuchung vorzugehen?"

„Leider nicht", bedauert der Staatsanwalt, „was jetzt kommt, können Sie nicht verhindern. Das Gesetz gibt Ihnen lediglich die Möglichkeit, nachträglich die Rechtswidrigkeit der Maßnahme festzustellen."

„Und was nützt mir das?"

„Nun ja, Sie hätten die Genugtuung, im Namen des Volkes zu erfahren, dass Ihnen Unrecht geschehen ist."

„Kaufleute interessieren sich für Geld und nicht für Gerechtigkeit." Phil Matthews scherzt und sagt dabei die Wahrheit.

„Geld gibt es in diesem Fall eventuell auch", kommt ihm Dirk Neuhaus entgegen. „Dann müssen Sie allerdings ein behördliches Verschulden und einen finanziellen Schaden nachweisen."

Jetzt stehen die Syndikusanwälte im Büro. Beide etwa Ende dreißig, groß und gertenschlank, dunkelblaue Anzüge, zum Verwechseln ähnlich. Sie beraten sich im Nachbarraum kurz mit ihrem Boss, dann sagt der:

„Okay, meine Herren, wenn wir den Beschluss richtig lesen, geht es um zwei Beagle-Hunde, die unsere Veterinäre einem unerlaubten Versuch unterzogen haben sollen. Wir zeigen Ihnen die Hunde, Ihre Leute können sie untersuchen. Nach Möglichkeit aber: nicht mitnehmen." Phil Matthews lacht und die Anwälte lächeln. „Doch wenn es unbedingt sein muss: bitteschön! Unter diesen Umständen dürfte die Durchsuchung der Abteilung 5 wohl obsolet sein."

„Leider nicht", antwortet Dirk Neuhaus betont höflich. „Wir würden es natürlich sehr begrüßen, wenn Sie uns die Hunde zur Verfügung stellen, aber auf den Besuch der Tierversuchsabteilung wollen wir nicht verzichten."

„Meine Anwälte sagen mir, dass sich staatliche Eingriffe auf das unbedingt erforderliche und notwendige Maß beschränken müssen. Es geht um die beiden Beagles, um sonst nichts."

Er fängt an zu taktieren, denkt René Gronwald. Dafür hat er einen Grund.

„Die beiden Beagles sind der Anlass für unseren Besuch", entgegnet Dirk Neuhaus, „sonst nichts."

„Dann wollen Sie tatsächlich ..."

„Tut mir leid, der Ermittlungsrichter hat so entschieden."

Eine Sekunde nur benötigt Phil Matthews und dann ist er wieder jovial und großzügig. Bosse sind auch deswegen Bosse, weil sie einstecken können.

„Wir werden uns deswegen nicht böse." Er steht auf und macht eine einladende Handbewegung. „Sie sind unsere Gäste, sagen Sie mir, was Sie sehen wollen. Ich habe Schlüssel zu allen Türen." Dabei lacht er verschmitzt und rasselt mit einem riesigen Schlüsselbund.

Wenn Bosse freundlich sind, hat das mit Taktik zu tun. Die Ermittler wissen Bescheid. Sobald es ums Geld geht, hat alles Methode. Unternehmer mögen grundsätzlich keine Schnüffler. Wenn sie sie dennoch akzeptieren, ihnen gegenüber sogar noch großzügig sind, ist ihre juristische Karte meist schon ausgereizt, wollen sie aus dem Unabwendbaren noch das Beste machen. Gut gelaunte Fahnder übersehen schon mal was. Gastfreundschaft als Teil eines unternehmerischen Konzepts.

„Ich schlage vor, wir benutzen den sogenannten zentralen Gang. Der führt uns in alle Bereiche der Abteilung 5, zur Futterbereitung, zur Tierhaltung und zu den Labors. Wir beginnen im Keller und arbeiten uns bis zum 5. Stock hoch."

Der Konvoi setzt sich in Bewegung. Im Aufzug fragt Phil Matthews den Kommissar: „Sagen Sie mir vielleicht noch, wer meine Gäste heute im einzelnen sind?" Es handelt sich um sechs Polizeibeamte, einen Staatsanwalt und die Sachverständigen Dr. Stefan und Dr. Basler. Keine Nachfrage, nur „vielen Dank" und: „Mich werden Dr. Fritz, der Leiter dieser Abteilung, und Herr Simmering begleiten. Herr Simmering koordiniert die Tests und ist für die Versorgung unserer Versuchstiere zuständig. Ja, und noch unser Justiziar, Herr Dr. Mai."

Im Keller, wenige Meter hinter dem Aufzug, befindet sich eine schwere Stahltür. Phil Matthews schließt sie auf.

„Bitte sehr, hier sind wir in der Futterabteilung. Überzeugen Sie sich davon, dass für das leibliche Wohl unserer Tiere bestens gesorgt wird."

Hinter weit heruntergezogenen Glasfassaden und in nur provisorisch unterteilten Räumlichkeiten wuseln Mitarbeiter in weißen Kitteln zwischen allerlei Grünzeugs herum. Salatköpfe, Möhren, Sellerie, Gurken, Bananen und Orangen erwecken den Eindruck einer Diätküche.

„Wo kaufen Sie Ihr Obst und Gemüse?"

„Herr Simmering – bitte schön."

„Überwiegend Abfälle aus der Großmarkthalle. Wenn es

davon nicht genug gibt, kaufen wir ganz normal am Stand",
sagt der für die Versorgung zuständige Mitarbeiter, ein hagerer, großer Mann, der zum kalorienarmen Ambiente des Kel-
lers passt.

„Teuer?"

„Am Stand, ja."

„Ein Schimpanse ist in der Unterhaltung teurer als ein Klein-
kind", erläutert der Boss.

Dann kommen Heuschrecken und Grillen. In aufeinander
gestapelten Terrarien sitzen sie auf grünen Blättern und fressen
sich ihrem Bestimmungszweck entgegen.

„Wer verspeist die?"

„Schlangen und Echsen."

„Sie halten Schlangen und Echsen?"

„Ihr Gift interessiert uns."

Längst ist die Videokamera in Aktion getreten. Ein aufgesetzter Scheinwerfer schickt ein gleißendes Licht in Käfige und
Glaskästen. Der Justiziar hat Bedenken.

„Herr Staatsanwalt, dass in dieser Abteilung Aufnahmen
gemacht werden, mögen wir allerdings nicht so gerne. Verstehen Sie das jetzt bitte nicht falsch, aber hier unten gibt es eine
Menge Geschäftsgeheimnisse, an denen unsere Konkurrenz
sehr interessiert ist."

„Da muss ich Sie leider enttäuschen", bedauert der Staatsanwalt, „wir arbeiten gerne gründlich. Was wir gesehen haben,
wollen wir manchmal noch mal sehen, ohne Sie ein erneutes
Mal belästigen zu müssen."

„Aber unsere Geschäftsgeheimnisse ..."

„... sind bei uns bestens aufgehoben, glauben Sie mir."

Am Ende des Futter-Raumes zerteilen zwei Mitarbeiter rohe
Fleischstücke in handliche Portionen. Während er die nächste
große Stahltür aufsperrt, sagt Phil Matthews mit gedämpfter
Stimme:

„Wir kommen jetzt in die Tierstation. Wenn ich Sie bitten
darf, möglichst leise zu sein. Ja und vielleicht noch eins: den
Scheinwerfer der Kamera ausstellen. Einige Versuchstiere sind
sehr empfindlich gegen Störungen von außen. Wenn sie gerade
in einem Versuch stecken, kann das die Ergebnisse beeinflussen."

Kaum ist die Tür geöffnet, schallt den Ermittlern ein Gebell aus Dutzenden von Hundekehlen entgegen. Links und rechts des Ganges befinden sich zahllose, vielleicht zwei Quadratmeter große, durch Stellwände voneinander getrennte Zellen mit jeweils einem Beagle-Hund. Der Raum ist fensterlos, Neonröhren an der Decke liefern ein fahles Licht.

„An diesem Krawall sind wir aber jetzt nicht schuld", sagt Dirk Neuhaus.

„Nein." Phil Matthews winkt ab. „Sie freuen sich über den unerwarteten Besuch."

„Wieviele Hunde halten Sie hier in der Abteilung?"

„Etwa 60, mal mehr, mal weniger."

„Und wie viele davon .... verbrauchen Sie im Jahr – *verbrauchen*, so heißt das doch?"

„200 oder 300, auch diese Zahl schwankt."

Der Geschäftsführer redet von Betriebsmitteln. Dirk Neuhaus kennt Hunde als Haustiere.

„Woher beziehen Sie die Tiere?"

„Ausnahmslos aus Tschechien. Dort werden sie zu Versuchszwecken gezüchtet."

„Sie kosten nicht viel?"

„Unter uns gesagt, sie sind spottbillig. Ihre Vorgänger, die wir in den Vereinigten Staaten und in Frankreich gekauft haben, waren viel teurer. Der Osten ist für uns ein Glücksfall."

„Sehen die Tiere eigentlich auch einmal in ihrem Leben die Sonne?"

„Bei uns nicht und wohl in Tschechien auch nicht. Aber die Neonröhren in unseren Zwingern strahlen fast natürliches Licht ab. Darauf haben wir Wert gelegt."

Dirk Neuhaus schaut missbilligend in die gefliesten, kotverschmierten Käfige. Phil Matthews kennt diese Reaktion.

„Ich weiß, aber wir können sagen, was wir wollen, wir sind immer die Schuldigen. Sehen Sie, diese Hunde werden nur für medizinische Experimente gezüchtet. Diesem Zweck verdanken sie ihr Leben. Das ist nichts anderes als bei den spanischen Kampfstieren. Über deren Tod in der Arena regt sich so gut wie niemand auf, jedenfalls in Spanien nicht."

„Dafür regen sich die Menschen anderswo darüber auf. In jedem Fall haben diese Tiere aber noch eine Chance!"

„Herr Staatsanwalt, was heißt denn da *Chance*? In den spanischen Arenen sterben jährlich 12.000 Stiere und maximal zwei Toreros. Und dass die Sieger anschließend die Freiheit erhalten, ist wohl auch nur ein Gerücht."

„Jedenfalls leben sie vor ihrem Kampf in freier Natur unter idealen Bedingungen, anders als Ihre Hunde."

„Dann nehmen Sie bitte das stinknormale Schlachtschwein. Es wird als Kotelettlieferant gezüchtet und lebt 270 Tage auf Lattenrosten in überfüllten Ställen. Wenn es aufgegessen wird, hat es nicht einmal Geburtstag gefeiert."

„Das macht wenigstens noch Sinn."

„Macht unsere Arbeit hier keinen Sinn?"

„Ihre Tiere sterben doch überwiegend für Luxusexperimente."

„Bedeutet unser aller Fleischkonsum etwa keinen Luxus? Und zudem, ich zeige Ihnen gleich, für welchen Zweck die Hunde bei uns genutzt werden."

Aber zunächst kommen Ratten, Mäuse, Kaninchen und immer wieder Ratten. Offenbar wohl gelaunt spielen sie in ihren sauberen Käfigen, die sich bis fast an die Decke stapeln.

„Wozu benötigen Sie die vielen Ratten?"

„Da sehen Sie. Wir testen gerade eine Neuentwicklung aus unserem Hirnlabor. Ein Medikament gegen Demenz und vielleicht sogar gegen Alzheimer."

Phil Matthews führt seine Besucher zu einem runden Wasserbottich. In dessen Mitte befindet sich eine 20 auf 20 Zentimeter messende Insel und am Rand rundum ein trockener Streifen.

„Das ist unsere Versuchsanordnung. Sie halten sie vielleicht für wenig kreativ, aber die Tests sind sehr aussagekräftig. Die Ratten sitzen am Ufer und haben Hunger. Auf der Metallscheibe im Zentrum liegt ihr Futter. Das wittern sie und schwimmen hin. Die Scheibe, die sie jetzt besteigen, haben wir aber erhitzt. Sie ist gerade so heiß, dass die Tiere Schmerzen empfinden, aber sich nicht verletzen. Sie schwimmen sofort zurück zum Ufer. Nach einer gewissen Zeit, die wir natürlich messen, haben sie ihre schlechte Erfahrung mit der heißen Futterstelle vergessen und schwimmen wieder los."

„Ich kann mir denken, wie es weitergeht", sagt Dirk Neuhaus. „Danach verabreichen Sie den Tieren das neue Medikament und die Sache geht von vorne los."

„Phantastisch", lobt der Boss, „Sie liegen richtig. Wenn die Pausen am Ufer länger werden, ist unsere Neuentwicklung erfolgreich, denn die längeren Pausen bedeuten, dass sich die Ratte ihre schlechte Erfahrung über eine längere Zeit behalten hat. Die Hirnleistung ist verbessert worden."

Beim Weitergehen schiebt sich Dr. Stefan an die Seite des Staatsanwaltes. „Von wegen Alzheimer. Alles Unfug. Was hier verfüttert wird, sind Fettsäuren, die man als hirnstoffwechselbedeutsam kennt. Man hofft auf irgendwelche belegbaren Wirkungen, dann geht der Stoff als erfolgreich getestet in den Verkauf. Kennen Sie die Zielgruppe?" Dirk Neuhaus schüttelt den Kopf.

„Studenten vor der Prüfung und Midlife-Crisler, die unter dem Schock ihrer ersten Vergesslichkeit stehen. Ein Millionenmarkt."

Der große Raum, der sich jetzt anschließt, hat einen backsteingemauerten Boden und auch seine Wände sind halbhoch rot geklinkert. In der Mitte steht auf einem steinernen Sockel ein Messingtisch, darauf liegt in Seitenlage ein erwachsener Beagle-Hund. Sein Brustkorb ist offen, sein langsam schlagendes Herz freigelegt. Auf seinem Kopf trägt er einen kleinen Metall-Aufbau, in Form und Ausmaß eines türkischen Hutes. Von dort wie auch aus dem offenen Brustkorb führen zahlreiche Kabel und Schläuche in diverse Messinstrumente am Ende des Raumes.

„Deswegen sind Sie hier, nicht wahr?" Phil Matthews steht immer noch über den Dingen. „Ich sage Ihnen zunächst, was wir hier machen. Wir testen ein Medikament gegen Herzinfarkt, die Todesursache Nr. 1. Wir haben bei diesem Beagle einen Herzinfarkt künstlich ausgelöst." Der Geschäftsführer deutet mit seinem Kugelschreiber auf eine Stelle am schlagenden Herzen, wo eine kleine Metallklammer zu sehen ist. „Hier haben wir die Arterie mechanisch verengt. Und jetzt geben wir unseren neuen Wirkstoff über den kleinen Zylinder auf dem Kopf des Tieres in dessen Hirn und sind gespannt, ob sich zum Beispiel die Arterien weiten und die Klammerwirkung eliminiert wird."

„Warum muss der Stoff direkt ins Hirn gebracht werden?"

„Das ist das Problem." Der Geschäftsführer zeigt ganz offen, dass er mit dieser Situation nicht glücklich ist. „Unser neuer Wirkstoff schafft noch nicht die Blut-Hirn-Schranke, kann also als Tablette eingenommen oder gespritzt nicht zu seinem Wirkort im Großhirn vordringen – daher der offene Schädel, der im übrigen auch der Grund dafür ist, dass der Hund das Experiment nicht überleben wird."

„Wie muss man das verstehen?"

„Den Bauch könnten wir ihm problemlos wieder zunähen. Aber die Reparatur der Schädeldecke wäre zu teuer. Ein neuer Beagle ist billiger."

Dirk Neuhaus verzieht das Gesicht und sagt erst einmal nichts.

„Das kommt nicht gut an, ich weiß", sagt Phil Matthews mit entwaffnender Offenheit. „Aber eine Firma ist nur erfolgreich, wenn sie wirtschaftlich arbeitet." Und nach einer kurzen Pause: „Wenn ich jetzt auf Ihren Durchsuchungsbeschluss zurückkommen darf: Ja, Sie haben recht, für dieses Experiment gibt es keine verbindliche Genehmigung. Und ein zweiter Hund wurde ebenfalls entsprechend präpariert. Über unseren Antrag ist noch nicht entschieden worden, obwohl er seit einem halben Jahr in Darmstadt liegt. Dr. Jost hat uns aber telefonisch grünes Licht gegeben."

Irgendwann tritt Dr. Stefan erneut an die Seite des Staatsanwaltes. „Wieder nicht ganz richtig", murmelt er gedämpft. „Das Experiment ist schon im Ansatz faul. Hunde bekommen unter natürlichen Bedingungen keinen Herzinfarkt. Entsprechende Medikamente kann man daher an ihnen gar nicht testen."

„Und wieso ...?"

„Weiß ich auch nicht. Untaugliche Infarktmedikamente würden sofort in der Praxis auffallen. Möglicherweise geht es ihnen in Wirklichkeit gar nicht um den Herzinfarkt, sondern nur um die Überwindung der Blut-Hirn-Schranke. – Haben Sie gemerkt, dass sich in diesem Laden alles um das Hirn dreht?"

Nach einer Stunde ist die 3. Etage erreicht.

„Jetzt sind wir da, wo wir hinwollen", flüstert René Gronwald seiner Sachverständigen ins Ohr. „Das hintere rechte Viertel dieser Etage ist die Rückstandsabteilung von Professor Engel."

Grunzlaute, Trommeln, hohes Gekreische. „Unsere Primaten", sagt Phil Matthews mit echtem oder gespieltem Stolz. "Sie ersparen sich gerade einen Zoo-Besuch."

„Sie halten auch Affen hier?"

„Eine ganze Menge! Und denen geht es alles andere als schlecht. Um es klar zu sagen: besser als im Urwald. Keine Löwen, keine Wilderer, keine Holzfäller."

Da liegt der Geschäftsführer nicht falsch. Die Primatenstation ähnelt mehr dem Freigehege des Berliner Zoos als der Tierversuchsabteilung eines pharmazeutischen Unternehmens. Auf circa 500 Quadratmetern Fläche hat man einen Urwald fast naturgetreu nachgebaut. Echte, in großen Erdkübeln wachsende Bäume simulieren bis in den vierten Stock hinauf das wilde Geäst eines westafrikanischen Regenwaldes. Der Boden dezimeterdick bedeckt mit einer schwarzen, moderigen Humusschicht. Auf einer Lichtung eine flache Wasserstelle. Kletterseile und wippende Holzbalken sind da nicht mehr erforderlich.

Fasziniert stehen die Besucher vor dem großen Drahtverhau und bestaunen die neugierig näher kommenden Tiere.

„Schimpansen?"

„Alles Schimpansen, drei Dutzend Tiere. Leider kann ich Ihnen nicht allzu viel dazu sagen. Sämtliche Tiere gehören zur Rückstandsabteilung von Professor Engel. Und der ist heute nicht im Hause. Ist in Moskau auf einem Symposium der dortigen Akademie der Wissenschaften und hat seine halbe Abteilung mitgenommen. Der Rest macht frei. Der Betrieb liegt momentan brach."

„Rückstandsforschung mit Primaten?"

„Warum nicht? Sie sind ideal geeignet für diese Untersuchungen. Genetisch fast identisch mit uns. Ich will nichts Falsches sagen, aber die Verstoffwechselung der Medikamente erfolgt praktisch wie beim Menschen. Das heißt, wir verabreichen den Tieren die Medikamente und untersuchen danach ihre Ausscheidungen: Kot, Urin, Schweiß und Atemluft, darin werden die Abbauprodukte der Medikamente bestimmt. So kann man unter anderem feststellen, ob eventuell Wirkstoffe im Körper verbleiben – also gespeichert werden. Das wäre möglicherweise nicht gut."

„Um das verbindlich abzuklären, müssen Sie die Tiere töten

und sezieren?"

„Für den Fall, dass ein entsprechender Verdacht besteht – klar. Alles im übrigen genehmigt. Wir suchen dann in den Speicherorganen nach den Stoffen oder ihren Metaboliten. Wir verbrauchen – Herr Neuhaus, das war Ihre Wortwahl – gut hundert Primaten im Jahr. Im Augenblick haben wir einen Minusbestand von fünfzehn Tieren – es gibt irgendwelche Lieferschwierigkeiten."

Das hätte er nicht sagen sollen. Aber auch Bosse machen Fehler.

„Jetzt alles aufnehmen", raunt René Gronwald seinem Videomann ins Ohr. „Jeden Winkel und alles auch in groß."

Ein älterer Mann hat sich ihnen inzwischen angeschlossen. Er geht gebeugt, sein hageres Gesicht wirkt unrasiert und um seinen Mund spielt ein wehmütiges Lächeln.

„Das ist übrigens unser Tierpfleger", erklärt Phil Matthews.

„Kann ich mich mit Ihnen ein wenig unterhalten?", fragt Annette Basler den schüchternen Mann.

„Natürlich, Willi Urban ist mein Name."

„Annette Basler – Sie sind für die Schimpansen zuständig?" Kopfnicken.

„Schon lange?"

„Von Anfang an. Vorher war ich im Zoo. Auch bei den Affen. Vierzig Jahre insgesamt."

„Dann kennen Sie die Art in- und auswendig?"

„Sicher, ich kann mich mit ihnen sogar unterhalten."

Annette Basler lacht.

„Ja, kommen Sie mal mit."

Ein schmaler Seitengang führt beide in den hinteren Bereich des Geheges. Der Tierpfleger öffnet eine kleine, in das Gitter eingelassene Tür.

„Kommen Sie herein; wenn ich dabei bin, tun sie Ihnen nichts."

„Sonst wäre es gefährlich?"

„Könnte sein."

Der Tierpfleger holt einen Apfel aus seiner Kitteltasche: „Julia!"

Eine noch junge Schimpansenfrau kommt aus dem Wald und nähert sich freundlich-furchtlos den beiden Eindringlingen.

„Sie weiß, dass ich ihr etwas mitgebracht habe, aber sie kommt aus einem anderen Grund."

Willi Urban entnimmt seiner Tasche einen großen Kamm. „Sie will gekämmt werden. Wie unsere Frauen. Die sitzen doch auch gerne beim Friseur."

Jetzt fährt der Tierpfleger der Affenfrau mit dem Kamm durch das schwarze Fell auf ihrem Rücken.

„Das machen wir jeden Tag und dabei erzählen wir uns Geschichten." Willi Urban kann auch richtig lachen. „Jeder versteht den anderen."

„Für Sie sind Affen wie Menschen!"

„Oh nein, da dürfen wir nichts verwechseln." Willi Urban ist auf einmal ganz ernst. „Menschen sind Menschen und Affen sind Affen. Aber Affen haben mit uns viel gemein. Sie können sich freuen, können sich wohlfühlen, können sogar richtig glücklich sein – und sie können leiden, grausam leiden."

Willi Urbans Stimme hat sich verändert und René Gronwald hätte in diesem Augenblick in seinem Gesicht mehr lesen können als die Ärztin.

Nach zwei Minuten hat Julia genug und will den Apfel. Der Kamm ist voll von schwarzem Haar.

„Schenken Sie mir eine Schimpansen-Locke? Ich sammele alles, von der Briefmarke bis zum Lore-Roman. Aber Schimpansenhaare habe ich noch keine." Annette Basler kann unwiderstehlich sein.

„Mit Vergnügen", sagt Willi Urban, nimmt ein fingerstarkes Haarbündel aus dem Kamm und wickelt es der Sammlerin um den Daumen.

„Danke", sagt Annette Basler und ist glücklich.

Langsam schleichen die Besucher durch das Reich der Affen. „Schauen Sie mal", sagt Annette Basler auf der Hälfte der Strecke zum Staatsanwalt, „überall Kameras. Ist Ihnen schon aufgefallen, dass etwa die Hälfte der Schimpansen erkennbar übergewichtig ist?"

„Die Menschen im Knast nehmen auch ständig zu."

„Und ist Ihnen sonst noch etwas aufgefallen?" Dann steht Phil Matthews neben ihnen.

„Wenn Sie wollen, zeige ich Ihnen im 4. Stock die Schlangen und Echsen." Jetzt ist auch René Gronwald zur Stelle.

„Ich möchte einen Blick in die Räume hier an der rechten Seite werfen."

„Tut mir leid", sagt Phil Matthews, „die haben nichts mehr mit unseren Tierversuchen zu tun. Es sind die Büros und Labors von Professor Engel."

„Das glauben wir Ihnen aufs Wort. Aber trotzdem, dürfen wir kurz reinschauen? Sie kennen doch die Polizei. Vertrauen ist gut und Kontrolle ist besser – ihr Glaubensbekenntnis."

„Natürlich." Ein erstes Mal schwingt Resignation in der Stimme des Bosses mit. „Das Büro Engel."

Phil Matthews schließt eine schwere Holztür auf und bleibt im Türrahmen stehen. *Betreten verboten* heißt das, aber der Kommissar bleibt hart: „Nach Ihnen." Die Kamera schwenkt im Halbkreis und das 800 mm-Zoom konzentriert sich auf die Bücherwand am Kopfende des Schreibtisches.

„Beschäftigt sich Professor Engel ausschließlich mit der Rückstandsproblematik?"

„Er macht nichts anderes. Aber damit ist er wohl ausgelastet. Unsere sechs Laboranten auch."

„Sechs Laboranten – eine ganze Menge!"

„Bis vor kurzem waren es noch acht."

„Es wird also auch hier rationalisiert!"

„Das ist nicht der Grund. Im Frühjahr hatten wir zwei überraschende Abgänge. Aber die werden wir so schnell wie möglich ausgleichen."

„Sie zeigen uns auch deren Büros?"

„Gleich nebenan. Sie sitzen alle zusammen."

Der Videomann legt eine neue Kassette ein.

„Bei den Laborräumen sehe ich ein Problem", sagt Phil Matthews schließlich. „Das Schild *Betreten verboten – Lebensgefahr* hängt sicher nicht zum Spaß an der Tür. Nur Professor Engel könnte uns sagen, ob der Raum gefahrlos betreten werden kann."

„Schließen Sie einfach auf. Risiko ist unser Job."

Sekunden später steht der Regisseur mitten in einer Hexenküche: ein knapp zehn Meter breiter und gut doppelt so langer, bis an die Decke elfenbeinweiß gefliester, fensterloser, mit Neonröhren satt bestückter Raum. Quer gestellt ein halbes Dutzend aus rotem Klinker gemauerte Tische mit ebenfalls bis an die Decke gezogenen Metallgerüsten. Darin zahllose Kabel und Schläuche in unterschiedlichen Farben, über Stecker und Verteiler miteinander verbunden. Dazwischen verzinkte Regale mit Bunsenbrennern, Pipetten, Erlenmeierkolben und Reagenzgläser. Reagenzgläser ohne Ende auch in den Schränken, die an den langen Wandseiten aufgestellt sind. Kopfseitig Hightech in Hülle und Fülle: Gaschromatographen, Massenspektrometer, Rasterelektronenmikroskope und schließlich sowohl runde als auch kubische, von dicken Schrauben zusammengehaltene Metallbehältnisse, in die jeweils tellergroße gläserne Bullaugen Einblick gewähren. Es riecht nicht gerade schlecht, aber es riecht nach Chemie. Hier fehlen nur noch Mr. Jekyll und Dr. Hyde.

„Sie sehen, meine Herren, keine Tiere, keine Tierversuche, aber möglicherweise auch kein allzu gesundes Klima."

Ungerührt tastet die Kamera Wände, Decken und Einrichtungsgegenstände ab. Dass da noch eine kleine Apparatur leise summend mitläuft, verborgen in einer zigarettenschachtelgroßen, mit Luftschlitzen versehenden Alubox, die provisorisch am Kameraboden befestigt ist, merkt Phil Matthews nicht. Der Kameramann hat sie beim Betreten des Labors über einen kleinen Relaisschalter in Gang gesetzt und ist jetzt bemüht, in allen Ecken und Winkeln einmal Position zu beziehen.

„Ich will nicht unhöflich sein", sagt der Geschäftsführer, der wiederum an der Tür stehen geblieben ist und ein wenig die Fassung zu verlieren droht, „aber was Sie hier im Rahmen einer Tierschutzmaßnahme veranstalten, kommt mir doch etwas überzogen vor. Oder besser gesagt: Es scheint nicht mehr vom Durchsuchungszweck gedeckt."

Jetzt schrillen beim Kommissar die Alarmglocken. Was das Labor anbelangt, so hat er hoch gepokert – vielleicht zu hoch. Phil Matthews ist misstrauisch geworden. René Gronwald hält es für möglich, dass der erfolgreiche Manager schon einen ganz konkreten Verdacht geschöpft hat. Sein Hochleistungshirn wäre gut dafür. René Gronwald muss sofort gegensteuern.

„Lassen Sie es gut sein", sagt er zu seinem Kameramann, der daraufhin zwei kleine Schalter umlegt. „Ich glaube, Herr Matthews hat recht. Wir sind immer eine Spur zu gründlich."

Draußen steht der Rest der Mannschaft noch fasziniert vor

dem Drahtverhau, hinter dem die Schimpansen offenbar unbeeinträchtigt ihr uraltes Verhalten praktizieren.

„Noch eine Frage, Herr Matthews", meldet sich Dirk Neuhaus zu Wort. „Die Kameras an den Gittern und an der Decke – welchem Zweck dienen die?"

Der Boss lacht. „Erinnern Sie sich doch einmal an Ihren letzten Zoobesuch. An das Affenhaus. Man muss nicht lange warten, bis in der Schimpansenherde aus irgendeinem Grund Streit ausbricht. Dann geht es kräftig zur Sache. Über die Kameras beobachten wir die Tiere während der gesamten Hellphase, um gegebenenfalls intervenieren zu können, wenn die Konflikte eskalieren. An toten oder verletzten Schimpansen haben wir kein Interesse."

„Und nachts?"

„Nachts schlafen die Tiere."

Gegen 15 Uhr verlässt der ungebetene Besuch die Firma.

„Die vielen dicken Affen sind Ihnen nicht aufgefallen?", feixt Annette Basler, als sie sich von Dirk Neuhaus verabschiedet.

„Nach Ihrem freundlichen Hinweis ..."

„Haben Sie dann wenigstens die zweite physiologische Besonderheit innerhalb der Affenherde bemerkt?"

„Spielen wir jetzt Schule?"

„Nein, Ermittlungsverfahren – also: Was war noch auffällig?"

„Bei den Schimpansen?"

„Bei den Schimpansen!"

„Ich weiß es nicht."

„Dann sage ich es Ihnen. Die nicht übergewichtigen Tiere hatten ein äußerst dünnes Fell. Richtig schütteres Haar. Man kann genau so gut sagen: Haarausfall. Wie das manchmal auch bei Menschen vorkommt, die im Extremfall zu Nacktmullen werden und in der Rechtsmedizin enden."

Überlebenslogik

Der Piepser. Gut zehnmal hat er sich heute schon gemeldet und dabei ist es erst kurz vor elf Uhr. Anja Meulen zuckt auch diesmal wieder zusammen. Das wird sich nicht mehr ändern. Zu oft bedeutet der leise, aber hochfrequente Ton Alarm. Dann wird es spannend, manchmal auch hochdramatisch: Puls außer Kontrolle, Herzflimmern, Herzstillstand. Sekunden entscheiden über ein Leben und daran hängt noch viel mehr. Diesmal ist es ihr Chef, der sie auffallend freundlich in sein Büro bittet. Das muss allerdings keine Entwarnung bedeuten.

„Frau Meulen, bitte nehmen Sie Platz. Kaffee?"
Ohne die schwarze Droge geht hier nichts. An ihrer früheren Arbeitsstelle war es ähnlich, aber manche setzten dort noch einen drauf, in Gestalt von Cointreau und Napoleon. Im Memory-Hospital achtet man streng darauf, dass so etwas nicht vorkommt. Schon 0,1 Promille reichen für die fristlose Kündigung.

„Es gibt ein Problem." Professor Werner Huby schenkt der Oberschwester die Tasse voll. „Zucker und Milch?"

„Milch bitte."

„Sie sagen stopp?"

„Stopp!"

Professor Huby hat es sich in seinem Sessel bequem gemacht.

„Frau Alvarez auf der Station 8. Ich hatte Sie heute morgen gebeten, ihr eine erfreuliche Mitteilung zu machen."

„Das ist auch geschehen und wir haben anschließend gleich die präoperative Therapie eingeleitet."

Mimik und Gestik von Professor Huby lassen nichts Gutes erahnen.

„Sagen Sie ihr, dass sie noch etwas warten muss."

„Bitte?" Die Oberschwester nimmt die Tasse erschrocken vom Mund. „Taugt das Organ nichts?"

„Schon, aber ...“

„Sie ist ein Eilfall! Dr. Wacket hat sie gestern noch einmal untersucht. Pumpleistung nur noch 40 Prozent.“

„Dann erhält sie halt eine mechanische Unterstützung.“

„Das Ding verträgt sie doch nicht. Wir hatten das schon einmal versucht. Sie wäre uns um ein Haar gestorben.“

„Er soll ihr Atrophin geben. Irgendwie schaffen wir die Wartezeit schon.“

„Herr Huby!“ Anja Meulen ist aufgestanden. „Frau Alvarez ist 35 Jahre alt und hat zwei kleine Kinder. Ihr Ehemann ist zu Tode gekommen, als er seinen behinderten Nachbarn aus dem brennenden Haus retten wollte. 50.000 Fernsehzuschauer haben gespendet – eine Million Euro!“

„Richtig.“ Professor Huby ist die Ruhe in Person. „Und für Frau Kahlo hat nur einer in die Tasche gegriffen – da waren allerdings sieben Millionen drin!“

„Frau Kahlo?“

„Sie steht auf unserer externen Liste und wird in einer Stunde hier sein. Ich hatte sie leider vergessen. Daher mein Versehen mit Frau Alvarez. Das Organ passt auch ihr wie angegossen.“

„Aber wenn die neue Patientin noch nicht in der Klinik liegt, dann eilt das alles auch nicht. Dann können wir doch Frau Alvarez vorziehen.“

„Frau Meulen!“ Werner Hubys Oberkörper kommt ihr jetzt auf dem Schreibtisch drohend entgegen. „Sieben Millionen gibt es nicht für irgendwann. Und noch eins: Überlegen Sie einmal genau, wieso Sie in unserem Haus 100.000 Euro im Jahr abschleppen. Als Schwester. Mehr als „normale“ Chefärzte! Das ginge nicht, wenn wir es nur mit den Versicherungen zu tun hätten!“

Anja Meulen will gerade etwas entgegnen, da legt der Chef nach: „Und wenn ich mich richtig erinnere, hat der Finanzier auch eine Sondervergütung für die Pfleger und Schwestern vorgesehen.“

Anja Meulen schaut ratlos zur Tür und schweigt.

Über hundert Jahre ist das Haus im Kurpark des renommierten Heilbades alt. Weißer und schwarzer Marmor lassen keinen Zweifel daran, dass hier immer noch gute Arbeit geleistet und immer noch gutes Geld verdient wird. Werner Huby war lange Jahre Oberarzt an einer Klinik in Hamburg. Fünfzig Herzen hat er dort verpflanzt, erfolgreich, versteht sich, denn er hat sein Handwerk am Groote-Schur-Krankenhaus in Kapstadt erlernt, wo Christian Barnard 1963 die erste Operation dieser Art gelang. Als seine Karriere in der Hansestadt aufgrund des üblichen Klüngels nicht so recht in die Gänge kommen wollte, tat er sich kurz entschlossen mit zwei Kollegen zusammen, der eine ein Gefäßchirurg, der andere ein Anästhesist, und kaufte die Memory-Klinik, die trotz besten Renommees vor dem Aus stand, weil die nahegelegene Universitätsklinik in Hannover ihr die Patienten abzog. Von Anfang an waren die drei Neuen erfolgreich. Zuerst operierten sie Halsschlagadern, dann setzten sie Bypässe und schließlich verpflanzten sie Herzen. Sie leisteten sich keinen einzigen Fehler. Und wer heilt, hat nicht nur Recht, sondern auch Erfolg. Jetzt sind sie oben. Ganz oben.

Werner Huby holt die neue Patientin am Hubschrauber ab. „Ich kann es noch gar nicht fassen, dass das alles so schnell gegangen ist. Von einem halben oder einem Jahr war zunächst die Rede."

Renate Kahlo strahlt über ihr ganzes blasses Gesicht.

„Der Zufall spielt halt auch eine große Rolle!"

Der Zufall hieß Waczlaw Guttowski und war Postbeamter in Stettin in Polen. Vergangene Nacht hatte er Eilbriefe ausgefahren. In der Nähe der Oderbrücke war sein alter Lada mit einem entgegenkommenden Mercedes, der auf der falschen Straßenseite fuhr, zusammengestoßen. In der Unfallklinik wurde Waczlaw Guttowski noch einmal reanimiert, dann aber signalisierte das EEG den Hirntod. Weil ihn sein Amulett, das er um den Hals trug, als Organspender auswies, gingen seine Daten sekundenschnell über das medizinische Infonetz Eurotrans. In der niedersächsischen Kurstadt meldeten die Computer erst einen, wenig später einen zweiten Treffer. Eine halbe Stunde später schon war das Herz des Postbeamten tiefgekühlt auf dem Weg nach Deutschland. Von diesem Zufall erzählt Professor Huby der Patientin allerdings nichts.

Kein Empfänger eines fremden Herzens erfährt den Namen des Spenders oder die Umstände des Spender-Todes. Denn die entsprechenden Informationen stellen erfahrungsgemäß eine enorme Belastung des Empfängers dar: Stress und Schuldgefühle sind der Akzeptanz des neuen Organs nicht förderlich. Anonymität ist ein Teil des Therapieerfolges. Auch den anderen Zufall, der hier eine Rolle spielt und der der Oberschwester gerade erhebliche Probleme macht, verschweigt der Arzt.

„Wir führen jetzt noch ein paar kleine Untersuchungen durch, um die Ursprungsdiagnose abzusichern, und dann fangen wir mit der OP an. Sagen wir: In drei Stunden ist es soweit; wenn Sie wach werden, hat Ihr zweites Leben begonnen."

Die Patientin lächelt glücklich. Eine erste Dosis Valium, schon in der Luft verabreicht, hat ihr alle Angst genommen.

Zehn Stunden lang, bis weit nach Mitternacht, operieren Professor Huby und sein 15-köpfiges Team. Anschluss der Patientin an die Herz-Lungen-Maschine, Stilllegung und Entfernung des alten, verbrauchten Organs, Implantation des Spenderherzens. Alles geht präzise und routiniert vonstatten. Die hier arbeiten, haben ihr Handwerk gelernt und zur Kunst fortentwickelt. Hinter ihrem Können und ihrem Erfolg steht das Geld. Einhunderttausend gibt es extra für jeden der Ärzte im Team, wenn die Operation gelingt. Um 2.15 Uhr bringt ein kurzer Stromstoß das Herz des polnischen Postbeamten ein zweites Mal zum Schlagen.

Kurz nach sieben Uhr. Professor Huby sitzt hellwach und gut gelaunt hinter seinem Schreibtisch. Die Visite hat er schon hinter sich. Der neuen Patientin geht es gut. Sie wird den Eingriff überstehen und das neue Herz wird sie noch 25 Jahre lang am Leben erhalten – mindestens.

Kurz darauf kommt Anja Meulen in das Büro ihres Chefs. Sie hat am vergangenen Abend Maria Alvarez vom Aufschub ihrer Operation unterrichtet. Seitdem geht es der jungen Patientin zunehmend schlecht. Dr. Wacket bereitet den Einsatz einer mechanischen Pumpe vor, einer fingerhutgroßen Maschine, die in die linke Herzkammer eingebracht wird und das schwerkranke Herz unterstützen soll.

„Frau Kahlo ist über den Berg", sagt Professor Huby und reicht der Oberschwester einen Zettel aus seinem Notizblock. „Rufen Sie bitte diese Nummern an und sagen Sie Bescheid. Das Übliche. Und unbedingt: die Firma zuerst."

Am Mittag sitzt der Generalstaatsanwalt aus Frankfurt am Bett seiner Frau. Ein leichenblasses Gesicht und massenhaft Hightech im Zimmer machen ihm gleichzeitig Angst und Hoffnung. Professor Huby wendet das Blatt zum Positiven: „Morgen sieht Ihre Frau schon wieder ganz anders aus. Dann geht es nur noch aufwärts."

Hilmar Kahlo verliert mit einem Mal seine Skepsis. Der Professor strahlt eine ungeheuere Ruhe und Kompetenz aus. Ihm meint man bedingungslos vertrauen zu dürfen. Hilmar Kahlo mag diese Menschen. Autoritäten im wahrsten Sinne des Wortes. Führungspersonen. Auch er zählt sich dazu, aber ganz sicher ist er nicht.

„Zehn Minuten lasse ich Sie noch hier", sagt Professor Huby und legt seine Hand auf den Arm des Staatsanwaltes, „dann erwarte ich Sie in meinem Büro. Frau Meulen bringt Sie zu mir."

Es gibt Getränke nach Wunsch. Dr. Kahlo nimmt Apollinaris, Professor Huby und die Oberschwester entscheiden sich wie gewohnt für Kaffee.

„Es ist alles gut gegangen", sagt Professor Huby zufrieden und ein bisschen selbstgefällig, um dann ernster anzufügen: „Aber wir hatten auch Glück."

Sein Gegenüber zögert. „Glück gehört halt überall dazu, oder wie meinen Sie das?"

„Bei Ihrer Frau war es ein bisschen anders. Es gab ein Problem bei der Narkose."

Dr. Kahlo ist blass geworden. „Darf ich erfahren ...?"

„Ich will es nicht so spannend machen, die Sache hat sich ja in Wohlgefallen aufgelöst. Ihre Frau ist kurz nach Einleitung der Narkose ins Koma gefallen. Das sind schwer beherrschbare Ereignisse, die in einem von einhunderttausend Fällen auftreten und deren konkrete Ursachen wir noch gar nicht kennen."

„Und das endet normalerweise tödlich?"

„Normalerweise, ja. Aber wir hatten wie gesagt Glück. Ech-

140

tes Glück, das noch seltener vorkommt als das besagte Koma."

„Jetzt bin ich gespannt." Dr. Kahlo hat wieder ein bisschen Farbe bekommen.

„Nun ja, es gibt da einen Spezialisten, nur den einen allerdings, der·dieses Problem im Griff hat, oder sagen wir besser, in den Griff bekommen kann – wenn auch er Glück hat. Dr. Rea aus Denver. Und dieser Mann weilt gerade in Europa, in Amsterdam, auf einem Kongress."

„Sie haben ihn – geholt?"

„Ja, mit unserer Cessna, die in Hannover steht. Zwei Stunden später war Dr. Rea hier."

„Und hatte offenbar Erfolg?"

„Ja, er hat ein Medikament eingesetzt, das er selbst entwickelt hat. Die Synthese ist ungeheuer aufwendig und kompliziert. Ein Gramm kostet rund eine Million. Aber es hat sofort angeschlagen. Vor einer halben Stunde haben wir ihn übrigens wieder zurück geflogen."

Dr. Kahlo schaut Professor Huby betroffen an. „Aber das zahlt doch unsere Versicherung gar nicht."

„Muss sie ja auch nicht." Professor Huby lächelt gönnerhaft.

„Was heißt das?"

„Lassen Sie sich das einfach egal sein. Und seien Sie froh über die gelungene Operation."

„Da möchte ich aber doch gerne wissen, wo ich dran bin. Das werden Sie verstehen."

„Wir verstehen hier alles. Und jetzt sage ich Ihnen noch, wann Sie Ihre Frau wiedersehen dürfen. Erst morgen Abend. Heute nacht und morgen früh wird es ihr aller Erfahrung nach nicht besonders gut gehen, aber morgen Abend ist dann – wie sagen die Politiker? – die Talsohle endgültig durchschritten."

Prof. Huby steht auf und geht zur Tür. „Wie kommen Sie zurück?"

„Mit dem Dienstwagen. Mein Fahrer wartet in der Cafeteria."

Kaum ist die Tür hinter dem Staatsanwalt ins Schloss gefallen, sagt Anja Meulen:

„Warum haben Sie ihm diese Geschichte erzählt?"

„Warum sollte ich nicht?"

„Weil nichts an ihr stimmt."

„Aber sie ist Teil unseres Paketes."

„Wie soll ich das verstehen?"

„Sie gehört zu unserer Leistung, die wir für sieben Millionen verkauft haben, verstehen Sie jetzt?"

„Sie verkaufen alles, nicht wahr?"

„Wenn es einen guten Preis hat."

Als Anja Meulen zurück auf ihre Station geht, begegnet ihr Dr. Wacket. Er ist blass und müde. „Tun Sie mir einen Gefallen", sagt er tonlos, „und bringen Frau Alvarez nach unten. Sie ist gerade gestorben. Es muss niemand von den Patienten erfahren."

✳✳✳

„Herr Dr. Kahlo, ich möchte nicht, dass Sie mich falsch verstehen. Nachdem wir Sie kürzlich als Gast begrüßen durften, als einen Gast übrigens, der bei unseren Mitarbeitern einen tiefen Eindruck hinterlassen hat, in einem ganz, ganz positiven Sinne. Aber der Besuch Ihrer Leute in der vergangenen Woche hat in unserem Hause doch zu einiger Irritation geführt."

„Herr Matthews, jetzt darf auch ich zunächst um Verständnis bitten. Der Generalstaatsanwalt kennt natürlich nicht alle Verfahren seiner Mitarbeiter und weiß auch nicht, welche Ermittlungsmaßnahmen im einzelnen getätigt werden. Wenn Sie von Besuch sprechen, meinen Sie ..."

„...eine Durchsuchungsmaßnahme, im Sinne der Strafprozessordnung."

„Davon ist mir nichts bekannt. Auch das zugrunde liegende Verfahren kenne ich nicht."

„Jetzt bin ich ein klein wenig überrascht. Entschuldigen Sie." Phil Matthews' Stimme klingt belegt. „Ich dachte, wenn in einem Unternehmen durchsucht wird, das zu den führenden vor Ort zählt und nicht nur vor Ort und nicht in einen Topf geworfen werden sollte mit versifften Freizeitlabors oder irgendwelchen Warenterminklitschen, dann ist die Behördenleitung darüber informiert."

„In aller Regel schon", beschwichtigt der Staatsanwalt, „aber vielleicht ist es eine Sache von – minderer Bedeutung. Um was geht es denn?"

„Offiziell um einen Tierversuch, dessen Genehmigung von der Staatsanwaltschaft angezweifelt wird ...“

„Sehen Sie, doch eher ein Peanut.“ Hilmar Kahlo ist froh, Entwarnung geben zu dürfen. „Keine Steuerhinterziehung, kein Verstoß gegen das Außenwirtschaftsgesetz.“

„Wobei wir uns keinerlei Schuld bewusst sind. Der Regierungspräsident hatte grünes Licht gegeben – wenn auch nur mündlich.“

„Ist für die Genehmigung denn Schriftform vorgesehen?“

„Unsere Justiziare sagen, nein.“

„Sehen Sie!“

„Ja, das ist aber leider nicht das einzige Problem. Der ermittelnde Staatsanwalt, Herr Dr. Neuhaus, hat unsere Firma, besser gesagt, die Tierversuchsstation, zwar nicht ganz auf den Kopf gestellt, aber doch – wie heißt es umgangssprachlich? – gefilzt. Ja, so kann man das nennen.“

„War Dr. Neuhaus bei der Durchsuchung anwesend?“

„Selbstverständlich, dazu noch zwei Sachverständige und fünf Kripobeamte. Einer der Herren hat unseren gesamten Versuchsbereich mit einer Videokamera aufgenommen.“

„Das gehört heute leider dazu.“

„Aber wir haben Ihren Leuten doch die beiden Hunde, um die es ging, zur Verfügung gestellt. Sie hätten sich alles weitere sparen können!“

„Es gab einen richterlichen Beschluss?“

„In der Tat. Da war auch die Durchsuchung der gesamten Station angeordnet. Aber nachdem wir ja die Hunde ... verstehen Sie, unsere Justiziare sagen, der Verhältnismäßigkeitsgrundsatz wurde verletzt.“

„Darüber müsste ich einmal nachdenken.“

„Können Sie sich vorstellen, welche Gerüchte jetzt in der Firma, unter den Mitarbeitern, kursieren? Und können Sie auch nur ansatzweise erahnen, wie sich die Konkurrenz die Hände reibt? Am Morgen danach war die Sache schon rund.“

„Ich habe volles Verständnis für Ihre Position. Aber bedenken Sie auch, dass meine Leute einen gewissen Spielraum haben bei dem, was sie tun. Und dass wir an die richterlichen Vorgaben gebunden sind, in die eine wie in die andere Richtung.“

„Ich will ja auch gar nicht sagen, dass die Maßnahme

rechtswidrig war", Phil Matthews nimmt sich geschickt ein Stück zurück, um sogleich wieder anzugreifen, „obwohl das unsere Justiziare ganz anders sehen. Aber es gibt ja auch jenseits des Rechts noch Dinge, die für Staatsanwälte von Bedeutung sein könnten – sehen Sie, als Professor Engel – das ist der Leiter der Abteilung Rückstandsforschung und dem gehört ein großer Teil der Tierversuchs-Station – tags darauf aus Moskau zurückkam und von der Geschichte erfahren hat, da ist für diesen engagierten Wissenschaftler die halbe Welt zusammengebrochen. Staatsanwaltschaft und Polizei in seinem Reich! Professor Engel hat mit seiner Arbeit viel für die Arzneimittelsicherheit getan. Aber das fällt ja niemandem auf. Die Gesellschaft ignoriert ihre stillen Helden."

„Da kann ich Ihnen nur noch einmal ...""

„Beenden wir das – aus unserer Sicht jedenfalls traurige – Thema", Phil Matthews unterbricht den Staatsanwalt. „Es gibt sicherlich erfreulichere Dinge und da darf ich einmal ganz forsch sein und fragen, wie es Ihrer Frau geht? Gut, hoffentlich."

„Exzellent! – Sie wissen von ihrer ... ?""

„Aber Herr Dr. Kahlo! Das ist der Preis für die Prominenz, den wir alle zahlen müssen. Das Privatleben ist keines mehr!"

„Da haben Sie schon recht."

„Gab es irgendwelche Probleme?"

„Das kann man wohl sagen. Der Professor, der sie operiert hat ...""

„... Professor Huby ...""

„Ja, richtig", Hilmar Kahlo stoppt eine Sekunde, „Professor Huby hat mir bei der Nachbesprechung einen Riesenschrecken eingejagt. Es gab nämlich einen der ganz seltenen Narkosezwischenfälle. Koma – und danach kommt normalerweise der Tod."

„Aber sie haben das Problem in den Griff bekommen." Phil Matthews versteht das nicht als Frage.

„Ein anerkannter Spezialist war zufällig in der Nähe, in Amsterdam. Professor Huby hat ihn geholt und er war erfolgreich. Meine Frau hat Riesenglück gehabt."

„Glück gehört dazu und Glück ist, Gott sei Dank, steuerbar."

„Wie meinen Sie das, steuerbar?"

„Steuerbar, ganz einfach. Dass Dr. Rea in Amsterdam war,

klar, reiner Zufall. Aber dass da ein Flugzeug bereit stand und dass Dr. Rea den Auftrag angenommen hat, das hat doch mit ganz anderen Dingen zu tun. Mit Dingen, die *wir* in der Hand haben."

„Wenn Sie das so sehen, haben Sie schon recht ..."

Staatsanwälte, die es bis ganz oben geschafft haben, beherrschen nicht nur die Intrige und den Einsatz ihrer Ellenbogen, sie besitzen in aller Regel auch einen messerscharfen analytischen Verstand. Sie erfassen eine Situation schneller als andere, bewerten sie detailgenau und zielgerichtet und ziehen zudem die richtigen Schlüsse. Hochleistungshirne - und Hilmar Kahlos Hirn läuft jetzt auf Hochtouren. Woher kennt Phil Matthews die Namen des Chefarztes und des amerikanischen Spezialisten? Woher weiß er, dass Dr. Rea eingeflogen wurde? Warum spielt der Geschäftsführer auf den Kostenfaktor an, ohne Klartext zu reden? Nach fünf Sekunden haben drei Milliarden Zellen einen ersten Verdacht konkretisiert. Im selben Augenblick steht für Hilmar Kahlo auch schon fest, dass er nicht nachfragen wird. Noch nicht - oder nie.

„... Glück hin, Glück her, es ist bis jetzt alles gut gegangen und Professor Huby gibt eine optimistische Prognose."

„Dann grüßen Sie Ihre Frau auch von mir und wünschen ihr viel Glück – von der einen wie von der anderen Sorte."

„Ich danke Ihnen – und was die Durchsuchungsgeschichte anbelangt: Ich lasse mir den Vorgang in den nächsten Tagen vorlegen. Und dann melde ich mich bei Ihnen."

„Da bin ich aber wirklich beruhigt."

Neuigkeiten

Das einzige Videogerät, das die Behörde besitzt, hat Staatsanwältin Görlich unter ihrer Fuchtel. Sie benutzt es fast täglich und immer in dienstlicher Absicht. Die Kassetten, mit denen sie es bestückt, sind heiße Ware: Pornofilme. Viele stammen von polizeilichen Razzien, aber die meisten hat die Staatsanwältin selbst sichergestellt. Denn Heike Görlich ist eine engagierte Fahnderin. Rastlos durchstöbert sie vor allem an den Wochenenden Videotheken und Bars auf der Suche nach indiziertem Bildmaterial. In ihrem Büro studiert sie die Filme anschließend mit der gebotenen Gründlichkeit, um die Spreu vom Weizen zu trennen. Kunst gibt sie zurück, Pornos bleiben bei ihr und sind das Hauptbeweismittel des nun folgenden Strafverfahrens. Die Unterscheidung ist oft nicht leicht. Dann greift sie auf ihre Referendare zurück, die regelmäßig begeistert Hilfe leisten. Wenn sie sich weigern, weil ihnen die Filme zuwider sind – bei weiblichen Azubis kommt das hin und wieder vor –, bringt sie die noch zu erteilende Note ins Spiel. Es geht das Gerücht, dass Staatsanwältin Görlich ein Teil des Problems ist. Aber es gibt viele Gerüchte in der großen Behörde.

Heute hat Staatsanwältin Görlich videofrei. Das Gerät steht im Büro von Dirk Neuhaus. Dirk Neuhaus hat Gäste, den Kameramann von vorvorgestern, den Kommissar und die beiden Sachverständigen.

„Die Firma blufft", sagt Dr. Stefan, während Polizeiobermeister Gundlach das Filmmaterial vorbereitet. „Ich kann es nicht genau sagen, aber da ist irgendetwas faul."
Dirk Neuhaus schaut den Kommissar vielsagend an. Dr. Stefan weiß nichts von der Dioxin-Geschichte.
„Können Sie Ihre Einschätzung nicht wenigstens ansatzweise

an objektiven Kriterien festmachen?"

„Das ganze Ding ist zu groß – ich meine die Tierversuchsstation. Der Tierversuch ist auf dem Rückzug und hier findet eine Ausweitung statt."

„Sie sagen *Rückzug*?"

„Auf breiter Front. Man experimentiert heute vermehrt mit Zellkulturen im Reagenzglas. Das geht schneller und ist billiger."

„Damit kann man Tierversuche vollständig ersetzen?"

„Nicht immer und auch nicht ganz. Vor dem Test am Menschen kommt regelmäßig noch das Tier. Trotzdem, die Höchster zum Beispiel haben ihren Tierverbrauch in den letzten 20 Jahren um über 80 Prozent zurück gefahren."

„Toledo hat die Station ausgebaut", sagt René Gronwald nachdenklich. „Vor allem die Primaten-Station, und das sicher nicht ohne Grund."

„Die Primaten-Station! So etwas Großartiges habe ich noch nie gesehen. Dabei passt sie gar nicht zum Versuchszweck."

„Rückstandsforschung!"

„So hat das uns der Geschäftsführer jedenfalls erzählt. Die Tiere gehören zur Rückstandsabteilung von Professor Engel. Aber zur Ermittlung von Arzneimittelrückständen muss ich doch keinen Urwald nachbauen. Da genügen einfachste Haltebedingungen."

„Sie meinen enge Käfige?"

„Schauen Sie, wenn Sie herausfinden wollen, was von einem Schmerzmittel übrig bleibt, nachdem es durch den Körper eines Affen gegangen ist, dann kommt es entscheidend darauf an, alle Auslassstellen zu erfassen und zu überwachen. Im Klartext: Sie müssen insbesondere Kot, Urin, Schweiß und Atemluft messen. Ob das Versuchstier bei der Verstoffwechselung im Wald sitzt oder in einem Käfig auf einem Gitterrost, ist völlig egal. Zudem wären Kot und Urin im Wald schwerer zu finden."

„Könnte es aber nicht sein, dass der Käfig-Stress die Metabolisierung beeinflusst? Dass die Versuchsergebnisse also verfälscht würden?"

„Alle Psycho-Faktoren beeinflussen in irgendeiner Form die Biologie. Aber das sind nur minimale Abweichungen, die nicht ins Gewicht fallen. Und zudem muss man ja immer berücksichtigen, dass das Affenergebnis nicht im Verhältnis 1 : 1 auf den Menschen übertragen werden kann. Affe ist nicht gleich Mensch. Da spielt eine zusätzliche kleine Unwägbarkeit keine Rolle – vor allem, wenn ihr Ausschluss mit erheblichen Kosten verbunden ist. Und diejenigen, die darüber zu befinden haben, sind Kaufleute, verstehen Sie? Geldgeile Kaufleute!"

„Was wird sie der Urwald gekostet haben?" Manchmal denken auch Frauen ans Geld.

„Da reichen zehn Millionen vielleicht gerade aus", antwortet Dr. Stefan, „aber verbindlich weiß ich das natürlich nicht."

„Zu welchem Zweck investiert man so viel Geld?"

„Sagen wir es einmal anders. Das Ambiente der Tierhaltung passt eher zur Verhaltensforschung."

„Was meinen Sie damit?"

„Wenn ich zum Beispiel das Verhalten einer Tierart ermitteln will, gehe ich entweder zu den Tieren in ihr natürliches Biotop oder ich baue das Biotop im Labor nach. Im Labor kann ich aber auch gezielt und kontrolliert einzelne Bedingungen ändern, um dann die Folgen zu beobachten."

„Vielleicht testet Toledo ja die mit ihren Medikamenten verbundenen körperlichen Auffälligkeiten im Affenwald?"

„Physische Nebenwirkungen sozusagen? Ausgeschlossen! So etwas gibt es bei vielen Medikamenten. Dazu dienen Standardtests und man braucht keinen Urwald nachzubauen!"

„Dann geht es vielleicht vorrangig ums Seelische, um Medikamente, die das Verhalten beeinflussen sollen. Eine neue Glückspille vielleicht."

„Da kommen wir einer einleuchtenden Erklärung schon näher. Aber das hätte uns Phil Matthews doch gesagt, als wir uns so auffällig nach dem Zweck des Kunsturwaldes erkundigt haben."

„Richtig, er hat nur von der Rückstandsproblematik gesprochen. So heißt die Abteilung ja auch."

„Herr Dr. Stefan", unterbricht Annette Basler jetzt die Spekulationen, „ist Ihnen an den Affen selbst auch etwas aufgefallen? Der Staatsanwalt hat verneint."

„Da haben Sie bei mir mehr Glück", antwortet Dr. Stefan mit einem freundlichen Lächeln. „Ein Teil der Schimpansen zeigte Übergewicht und ein anderer Teil ein stark ausgedünntes Fell."

„Sehr gut, ein Veterinär hat das sofort im Blick, oder?"

„Vor allem, wenn er das Phänomen kennt."

„Dicke Affen, dünnes Fell – das gibt es noch anderswo?"

„Übergewichtige Primaten eigentlich nicht. Mit Ausnahme der Gorillas fressen sie sich kein Fett an, weder in Freiheit, noch im Zoo. Das würde sie bei ihren Kletterpartien viel zu sehr behindern. Aber diese Fellanomalie habe ich schon einmal erlebt. Im Zoo von Hellabrunn nämlich. Vor 15 Jahren, als ich dort mein Praktikum absolvierte. Wir hatten für die Zebu-Rinder und die Wisente ein neues Gatter gebaut und das Holz gegen Fäulnis imprägniert. Die Tiere haben dann mit großer Begeisterung an den frischen Balken geleckt und geknabbert. Ein paar Tage später waren die Zebus kahl und die Wisente sahen so aus wie die besagten Schimpansen von Professor Engel."

„Und was ergab die Ursachenforschung?"

„Es war wohl die Imprägnierung. Als wir das Holz gegen unbehandeltes ausgetauscht haben, wuchs den Tieren das Fell nach."

Der Kameramann wartet schon ungeduldig auf seinen Einsatz. Er hat gute Arbeit geleistet. In alle Ecken und Winkel hat sein Hightechzoom geschaut. Übersichtsaufnahmen – Großaufnahmen, gestochen scharf. Der Hund mit dem offenen Brustkorb, das flimmernde Herz fünffach vergrößert.

„Keine Frage", wirft Dr. Stefan ein, „eine strafbare Handlung nach dem Tierschutzgesetz, wenn sie keine Genehmigung vorweisen können."

„Der Regierungspräsident hat aber grünes Licht gegeben", sagt René Gronwald. „Gilt das als Genehmigung, dann sind sie aus dem Schneider."

„Sie sind nicht aus dem Schneider." Dirk Neuhaus beendet die Diskussion.

Dann die Schimpansenstation. „Sagen Sie uns auch noch was dazu," bittet der Staatsanwalt den Tierarzt. „Sie haben ja sicher schon gemerkt, dass wir unabhängig vom offiziellen Durchsuchungszweck ein – na, sagen wir, gewisses Interesse an der Abteilung von Professor Engel haben."

„Einiges haben Sie ja schon gehört. Aber es gab da noch etwas."

Der Film läuft weiter. Boden, Drahtverhau, Decke.

„Bitte anhalten – können Sie das Objekt an der Decke groß stellen?"

Die Aufnahme zeigt eine der im Primatengehege angebrachten Kameras.

„Schauen Sie sich das Ding einmal an. Die Videoüberwachung ist der nächste Knackpunkt im Engel-Dschungel."

„Das glaube ich nicht", kontert Dirk Neuhaus, „der Boss hat diese Einrichtung doch recht überzeugend erklärt. Man beobachtet die Affen, um im Falle einer ernsthaften Auseinandersetzung eingreifen zu können. Immerhin sind zwei Alphamännchen im Gehege. Und Affen sind nicht billig."

„Geht es noch ein bisschen größer? – Danke! Fällt Ihnen etwas auf?"

„Eine Hasselblad – laut Typenschild."

„Eine Hasselblad TR 22. Erst vor zwei Jahren auf den Markt gekommen. Stückpreis – raten Sie mal?"

„Wenn Sie so fragen – 10.000!"

„100.000! – Und zehn Kameras sind montiert. Also eine Million für den Affenfreak. Abgesehen davon, dass ich mir für dieses Geld eine Menge neuer Schimpansen leisten könnte – die Kameras stehen nicht im Verhältnis zum vorgegebenen Zweck. Sie sind überqualifiziert."

„Was hätten Sie genommen?"

„Billig-Geräte von Toshiba. Oder Schnäppchen aus irgendeiner Konkursmasse."

„Und was macht man mit den Hasselblads, üblicherweise?"

„Das kann ich auch nicht sagen, aber ich habe die Kameras schon einmal im Einsatz gesehen. In der Universität in Tübingen, Fachbereich Psychologie – Sonderdisziplin Mentiologie."

„Bitte?"

„Lügenforschung, eine ganz moderne Sache. Probanden erzählen wahre Geschichten und Räuberpistolen. Dabei werden sie mit der TR 22 gefilmt. Es ist eine Präzisionshochgeschwindigkeitskamera. Wenn der Film später in Superzeitlupe auf den Bildschirm kommt, kann man die Lüge erkennen. Feinste Muskelbewegungen im Gesicht, Minigesten, Zucken der Mundwinkel zum Beispiel, Augenaufschläge, Blocker von nur einer tausendstel Sekunde. Mit bloßem Auge alles nicht zu sehen. Dafür ist die TR 22 gut."

„Dass bei Toledo Lügentests gemacht werden, können wir wohl ausschließen." René Gronwald versucht sich mit einem Späßchen. „Affen können doch wohl nicht lügen."

„Da liegen Sie aber daneben", muss Dr. Stefan den Kommissar enttäuschen. „Affen lügen wie Menschen. Geben Sie einem Schimpansen einen Arm voll Honigbrot. Das ist sein Lieblingsessen. Da er die Brote nicht auf einmal vertilgen kann, versteckt er sie. Um sie nun in aller Ruhe verspeisen zu können, macht er mit Geschrei und Gesten den anderen in der Herde klar, dass es am entfernten Ende des Käfigs, also ganz weit weg, Tolles zu Naschen gibt. Sobald die Luft rein ist, vertilgt er seelenruhig den Rest seiner Leibspeise."

„Bitte aufpassen", sagt René Gronwald, „jetzt kommt das Labor. Wir waren nur kurz drin, aber selbst das war Phil Matthews sichtlich unangenehm."

Sie lassen die Labor-Sequenz zweimal laufen. Bei der Wiederholung, als die Kamera auf die taucherglockenähnlichen Reaktionskessel zufährt, lässt Annette Basler den Film anhalten.

„Wurde im Labor gearbeitet?", fragt sie den Kommissar.

„Es war nicht besetzt. Und Phil Matthews hat uns erzählt, dass Professor Engel mit der Hälfte der Belegschaft nach Moskau gefahren ist und der Rest seiner Abteilung frei bekommen hat."

„Waren irgendwelche Geräte in Betrieb?"

„Nicht, dass ich wüsste."

„Und die Reaktionskessel?"

„Dito."

Annette Basler geht zum Bildschirm und zeigt mit einem Kugelschreiber auf ein Rundthermometer am Fuße eines Kessels. Es zeigt 400 Grad Celsius an.

„400 Grad Celsius – das Ding war in Betrieb."

„Nie und nimmer, dann wäre doch Wärme abgestrahlt worden."

„Selbstverständlich!"

„Aber der Kessel war eiskalt."

Es sind noch zehn Minuten Film auf der Kassette.

„Ich glaube, den Rest können wir uns schenken." Nach zwei

Stunden hat Dirk Neuhaus die Nase voll. „Es geht nur noch um eine Rumpelkammer."

„Um Himmels Willen, Herr Staatsanwalt!" René Gronwald ist richtig aufgeregt. „Für Schnüffler sind Rumpelkammern Schatzkammern!"

Der Staatsanwalt ist überzeugt und der Film läuft wieder an. In dem autogaragengroßen Raum stehen zahlreiche Reinigungsgeräte: Besen, Schaufeln, Saugmaschinen, Hochdruckreiniger. Daneben Undefinierbares.

„Okay", sagt René Gronwald nach einer Weile. „Dann eben nicht. Keine Schatzkammer."

„Können wir abbrechen?" Dirk Neuhaus ist rehabilitiert.

„Nein!" Jetzt meldet sich Annette Basler. „Was ist das da in der hinteren Ecke?"

„Putzlumpen, wie es aussieht", sagt René Gronwald.

„Sicher?"

„Ziemlich."

„Ziemlich gibt es nicht," zitiert Annette Basler ihren Kontrahenten.

„Dann eben sicher."

„Herr Gundlach, gibt es eine Vergrößerung des Putzlappens?"

„Warten Sie 30 Sekunden, dann habe ich ihn noch mal ganz deutlich im Bild."

Nach einer halben Minute stoppt der Film erneut.

„Bleiben Sie beim Putzlappen?", stichelt die Ärztin.

„Das kann doch nicht wahr sein!" Der Kommissar ist für einige Augenblicke mit sich selbst nicht im Reinen.

„Hausarbeit ist kaum Ihre Sache!", legt die Ärztin nach.

„Die lehnt er ab", klärt Dirk Neuhaus auf und versucht dabei die gute Stimmung zu erhalten. „Ich habe das auch für einen Putzlappen gehalten und jetzt erkennt man zweifelsfrei – eine Raubtierattrappe."

„Es soll wohl ein männlicher Leopard sein", sagt Dr. Stefan. „Schmale Augen, elegante Nase und ein langer, kräftiger Schwanz."

„Bringt uns das weiter?", hakt der Staatsanwalt nach.

„Ja und nein", sagt René Gronwald.

„Wann nein?"

„Wenn es das Karnevalskostüm des Tierpflegers ist ...."

„Und wann ja?"

„Darüber denke ich weiter nach."

Dr. Stefan und der Videomann haben noch etwas anderes vor und verlassen das Büro des Staatsanwaltes gegen 15.30 Uhr.

„Interessant, nicht wahr", sagt Dirk Neuhaus und lauert in Richtung seiner beiden letzten Gäste. „Immer neue Indizien und kein Bild. Oder doch?"

Annette Basler kommt in Fahrt: „Sie haben Recht, es gibt praktisch jeden Tag neue Indizien. Da müssen wir doch kombinieren dürfen! Nicht wahr, Herr Gronwald. Oder ist es immer noch nicht soweit?"

„Viele unserer Indizien sind eher Ungereimtheiten." Der Kommissar hat die Ruhe weg und darauf reagiert die Ärztin zunehmend gereizt. Obwohl sie weiß, dass ihr Engagement viel zu sehr aus dem Bauch kommt und sie so stets Gefahr läuft, bei der Erfolgskontrolle durchzufallen.

„Natürlich kombiniere ich auch schon mal", glättet René Gronwald die Wogen, „aber es ist halt immer noch sehr früh."

„Und wieso?"

„Sehen Sie doch nur einmal den Schimpansenkomplex. Wir stellen dicke und haarlose Tiere fest, registrieren Hochleistungskameras und eine Leopardenattrappe. Alles sehr merkwürdig – keine Frage. Aber um diese Dinge auf die Reihe zu bringen, müssen wir mehr wissen, vor allem über die Schimpansen selbst. Wenn herauskommen sollte, dass sich die Tiere gerne verkleiden, insbesondere in der Rolle ihrer Erzfeinde wohlfühlen, dann macht die Leopardenattrappe einen ganz bestimmten Sinn. Wenn uns die Affenforscher aber sagen, dass Schimpansen beim Anblick von Leoparden unfruchtbar werden, dann können wir in eine ganz andere Richtung spekulieren. Und was wissen wir über das Dioxin? Eigentlich doch auch nichts."

René Gronwald bringt Annette Basler ins Institut. Sie hat heute Spätschicht. Schon kurz hinter der Tür von Dirk Neuhaus hakt sich der Kommissar bei ihr unter. Alles wie selbstverständlich, wie schon hundertmal gemacht. Erst viel später wird Annette Basler darüber nachdenken und es wird ihr merkwürdig vorkommen.

Pfälzer Spezialitäten

Es ist der 15. Juli. In den engen Straßen staut sich die Hitze. Die Menschen sind aggressiv und unfreundlich – noch mehr als sonst. Bankfurt, Krankfurt, Gestankfurt – auf jeden Fall: Scheißstadt. René Gronwald hat in der City ein paar Kleinigkeiten gekauft und kehrt zurück zum Polizeipräsidium. Heute wird er keinen einzigen Leitzordner mehr aufschlagen und auch sein PC wird kalt bleiben. Für 2.300 netto legt er sich nicht mit 30 Grad Celsius und 90 Prozent Luftfeuchtigkeit an. Aber der Medizinerin wird er noch ein paar interessante Dinge erzählen. Er erreicht sie über ihr Handy. Sie ist gerade in einer Obduktion. „Nein, bleiben Sie dran. Ich lege nur das Messer zur Seite."

„Ich habe ein paar Neuigkeiten für Sie."

„Ich auch für Sie."

„Dann dürfen Sie anfangen."

„Am Telefon aber nicht."

„Wo sonst?"

„Machen Sie einen Vorschlag."

„Im Eiscafé am Rebstock!"

„17 Uhr?"

„Einverstanden, aber bitte pünktlich."

Süßigkeiten waren für Annette Basler schon immer die großen Verführer. Als Kind stellte sie unentwegt dem Zuckerstreuer nach, um sich später den veredelten Formen dieses Stoffes zu widmen: Schokolade, Plätzchen, Pralinen, Torten – und Eis. Letzteres aber nur im Sommer, oder genauer gesagt, wenn es wärmer als 25 Grad Celsius war. Dann allerdings hatte keine Waage oder kein noch so ernster Vorsatz irgendeine Chance. Heute ist der Exzess vorprogrammiert. Um sechs sitzen sie beim Italiener auf der Terrasse.

„Ich lade Sie ein", sagt René Gronwald. „Schlagen Sie zu."

„Oh danke, aber ich fürchte, Sie werden es gleich bereuen", antwortet Annette Basler und denkt: Nicht in Ordnung, ich habe 1.000 netto mehr.

Sie bestellt einen Becher nach Art des Hauses und René Gronwald belässt es bei einem Cappuccino.

„Wer fängt an?"

„Sie", bestimmt Annette Basler. „Ich kann auf absehbare Zeit gar nicht reden."

„Einverstanden – Stichwort Toledo. Als wir letzten Donnerstag den Film gesehen haben, ist Ihnen im Labor doch die defekte Temperaturanzeige aufgefallen."

„Ja, richtig."

„Ich muss Ihnen jetzt etwas sagen, was der Staatsanwalt nicht erfahren darf. Während wir mit der Kamera durchs Labor gelaufen sind, hatten wir ein Luftmessgerät dabei. Es war unten am Gehäuse der Kamera befestigt und so ist es nicht weiter aufgefallen."

Annette Basler unterbricht die Nahrungsaufnahme. „Sie haben also Luftproben im Labor genommen?"

„Allerdings ohne richterliche Erlaubnis. Ich will die Proben auch offiziell gar nicht verwerten. Aber was die Chemiker bei der Analyse gefunden haben, ist für uns sicher von Interesse."

„Darf ich raten? – Dioxin!"

„Tetra-Dioxin und zwar hochkonzentriert. Das Gerät, das wir eingesetzt haben, lässt zwar keine exakte Aussage zu. Aber so viel können unsere Leute schon sagen: Das Labor ist völlig vergiftet und kann nicht mehr benutzt werden."

„Dazu passt die festgestellte Temperaturanzeige."

„400 Grad Celsius?"

„400 Grad Celsius ist in etwa die Temperatur, die beim Zusammentreffen von Kohlenwasserstoffen und Chlor Dioxin entstehen lässt. Ich könnte mir jetzt gut vorstellen, dass sie im Labor tatsächlich Dioxin hergestellt haben und dabei ist irgendetwas schief gegangen. Im Kessel hat sich eine Art Explosion ereignet und dabei ist das Thermometer stehen geblieben."

„Und das ist im vergangenen Dezember passiert?"

„Als die Feuerwehr da war, Sie haben das doch ermittelt und der Staatsanwalt hat es mir auch erzählt. Und danach sind die beiden Laboranten krank geworden."

„Dann ist das Labor, das wir gefilmt haben, gar nicht mehr in
Betrieb. Professor Engel kann doch die fragliche Verseuchung
richtig einschätzen. Er lässt niemanden mehr dort arbeiten.
Auch Phil Matthews ist nicht in das Labor gegangen. Er ist an
der Tür stehen geblieben!"

„Dann gibt es ein Ersatzlabor!" Annette Basler schiebt den
halbvollen Eisbecher zur Seite.

„Wie kommen Sie darauf?"

„Weil die weiter Dioxin herstellen."

„Woraus folgern Sie das?"

„Sie wenden es immer noch bei den Affen an."

René Gronwald hat die Bedienung gerufen und einen kleinen
Fruchtbecher bestellt.

„Wer sagt Ihnen das?"

„Unser Gaschromatograph." Annette Basler fingert einen
Analyseschein aus ihrer Jackentasche. „Ich habe nämlich eine
Haarprobe von einem der Dünnfell-Schimpansen mitgenommen – auch irgendwie unerlaubt." Die Ärztin lacht wie jemand, der die Strafprozessordnung nicht kennt. „Der Tierpfleger, Herr Urban, hat sie mir gegeben. Wir haben sie sofort
untersucht. Sie zeigte eine durchgehende Tetra-Dioxin-Belastung ab etwa Juli vergangenen Jahres. Und genau da ist der
Schimpanse gekauft worden."

„Kein Irrtum möglich?"

„Gift-Screening anhand von Haarproben ist eine todsichere
Sache. Fragen Sie aber nicht den Fußballtrainer Daum."

Der Fruchtbecher wird serviert und sie essen beide eine Weile
schweigend vom süßen Gift.

„Das Puzzle füllt sich, nicht wahr?", sagt Annette Basler,
nachdem sie ihre Portion geschafft hat.

„Aber wir haben immer noch kein Bild!"

„Erste Umrisse immerhin. Sie stellen Tetra-Dioxin her und
geben es ihren Affen. Im Dezember hat es bei der Produktion
einen Störfall gegeben und die beiden Laboranten wurden
vergiftet."

„Das sind Vermutungen."

„Zweifellos. Wir können sie ja ganz unverfänglich Arbeits-
hypothese nennen."

„Damit kann ich nun wieder leben. Einverstanden."
„Was brauchen wir als nächstes?"
„Das Ersatzlabor. Wir müssen das Ersatzlabor finden. Den Platz, wo sie das Zeug herstellen. Dann müssen wir mehr über die Affen wissen und vor allem mehr über das Dioxin. Was um Himmels willen haben sie mit dem Teufelszeug vor? Überall ist es nur Abfall, hochgefährlicher Sonderabfall, und jetzt wird es offenbar zum Wirtschaftsgut gemacht!"

Sie gehen noch eine halbe Stunde im Park spazieren. Irgendwie passen sie zusammen, denkt der Kommissar, jedenfalls körperlich. Den gefühlsmäßigen Bereich kann er nicht genau beurteilen, aber da hat er ganz im Hinterkopf ein paar Bedenken. Und intellektuell meidet er jeden Vergleich. Denn das lernen Polizisten in ihrer Ausbildung schon am ersten Tag: Geistig können sie mit dem akademischen Volk nicht mithalten. Hierarchien brauchen eben Underdogs.

Die Nacht wird lang für den Kommissar. Er surft im Internet, Suchbegriff: Dioxin. Namen über Namen, die halbe Welt hat sich mit dem Thema beschäftigt. Zahllose Aufsätze sind geschrieben worden über den giftigsten Stoff, den Menschen je hergestellt haben. Und es gibt eine Menge an Berichten über die Folgen einer Dioxinvergiftung. Aber überall dieselben wenig sagenden Symptome: Chlorakne, Leberschäden, Diabetes, Polyneuropathien, Blutbildveränderung, Immundefekte, Koma und bei entsprechender Dosis: Tod. Das ist nicht das Geheimnis, nach dem er sucht. Stunden vergehen und vor den Augen des Kommissars tanzen Sterne. Um Mitternacht dann eine Eintragung, die ihm mit einem Mal wieder einen klaren Kopf beschert. Von einem Dioxin-Forschungsverbot ist dort die Rede, nach einem Synthesezwischenfall, und von einem deutschen Wissenschaftler, der zudem ganz in der Nähe wohnt: Professor Karl Bovermann aus Neustadt an der Weinstraße. Diese Spur ist heiß, sagt ihm sein siebter Sinn oder auch bloß seine Erfahrung. Er wird ihn besuchen, schon am kommenden Wochenende oder am Wochenende danach. Jedenfalls an einem Wochenende. Denn er will nicht alleine fahren.

✳✳✳

„Mein Mann erwartet Sie auf der Terrasse. Bei diesem schönen Wetter sollten Sie es sich im Grünen gemütlich machen." Frau Bovermann holt ihre Gäste an der Gartentüre ab. Der kleine Bungalow am Fuße des Pfälzer Waldes ist von zahlreichen Bäumen und Sträuchern umstanden. Ein schmaler Pfad aus Natursteinen führt zur Hausrückseite, wo eine dicht bewachsene Pergola südlichen Flair verbreitet. Inmitten der bunt blühenden Kletterpflanzen sitzt an einem kleinen Holztisch Professor Karl Bovermann. Er sitzt in einem Rollstuhl, zusammengesunken und blass, aber seine Stimme klingt fröhlich und ungebrochen: „Seien Sie willkommen an der Weinstraße! Und erschrecken Sie nicht, so sehen halt Menschen aus, die am Dioxin geforscht haben."

Annette Basler und der Kommissar schütteln ihrem Gastgeber die Hand und nehmen Platz.

„Das ist das Paradies", sagt René Gronwald, um sich gleich darauf auf die Lippen zu beißen.

„Wir haben alles hier", entgegnet Karl Bovermann. „Igel, Eidechsen, Schlangen; zwölf Singvogelarten einschließlich des Pirol brüten im Garten, und vorne in unserem Teich war im Frühjahr die Geburtshelferkröte zu Gast. Unberührte Natur, wenn Sie so wollen, aber alles nur halb so schön, wenn man nicht mehr laufen kann."

„Ich sage meinem Mann immer, nichts mehr sehen können, ist viel schlimmer als nicht mehr laufen können."

„Hat Ihre Behinderung tatsächlich etwas mit Ihrer Dioxinforschung zu tun?", fragt Annette Basler.

„Mein Mann meint Ja und sein ehemaliger Arbeitgeber sagt Nein." Auch diese Frage scheint in der Familie schon häufiger diskutiert worden zu sein. Karl Bovermann lacht. Er mag 70 oder 75 Jahre alt sein und spricht rheinländischen Dialekt. „Ich schlage Ihnen vor, Sie stellen mir Ihre Fragen, und dann können wir ja vielleicht noch einmal auf meine Rollstuhl-Geschichte zurückkommen."

Jetzt serviert Frau Bovermann Kaffee und Pfälzer Rahmkuchen. Annette Basler ist begeistert. Dann ist René Gronwald endlich an der Reihe.

„Ich hatte Ihnen ja schon am Telefon gesagt, dass wir es mit einem sehr komplizierten Fall zu tun haben, von dem ich Ihnen leider nicht im Einzelnen erzählen darf, aber bei dem es um die Wirkungen von Dioxin auf den Menschen geht, von Tetra-Dioxin vor allem."

„Und Sie meinen, ich kann Ihnen da weiterhelfen?"

„Das Internet sagt jedenfalls, dass Sie es können. Und Sie haben es ja eben auch angedeutet."

Dann erzählt Karl Bovermann seine Geschichte. Es ist die Geschichte eines engagierten Naturwissenschaftlers und eines schlimmen Zufalls. In den 50er Jahren war der Chemiker bei einer landwirtschaftlichen Bundesanstalt mit der Neuentwicklung von Schädlingsbekämpfungsmitteln befasst. Insbesondere das zur Pilzbekämpfung eingesetzte Pentachlorphenol erschien den Verantwortlichen im Ministerium inzwischen zu gefährlich und man wünschte sich ein anderes, unbedenkliches Mittel.

„Wir haben halt zunächst versucht, das PCP-Molekül zu verändern, weniger fettlöslich und besser abbaubar zu machen. Irgendwann haben die Wissenschaftler dann Tetrachlorbenzol und Natronlauge zur Reaktion gebracht. Mit dem Syntheseprodukt ging man recht sorglos um. Es blieb zunächst offen im Labor stehen. Aber schon am nächsten Tag waren unsere drei Laboranten krank." Karl Bovermann holt die Vergangenheit ein. „Sie sind nie mehr wieder zur Arbeit erschienen und ich Kamel, wissen Sie, was ich gemacht habe? – Ich habe das Produkt in eine Porzellanschale gegeben und diese auf meinen Schreibtisch gestellt."

„Das war nicht gut?"

„So kann man es sagen. Nach ein paar Tagen konnte ich nicht mehr schlafen, dann nicht mehr essen, mir fielen die Haare aus ..."

„... Alle?"

„Alle! Ich habe ausgesehen wie ein großes Baby. Und ich wurde vergesslich. So vergesslich, dass ich keine Vorlesungen mehr halten konnte. Wissen Sie, was das für mich bedeutete? Die freie Rede war meine große Stärke gewesen und jetzt war das wie weggeblasen!"

„Kann man sagen, dass das die Symptome waren, die im Vordergrund standen, die gewissermaßen Leitsymptome darstellten?"

„Richtig, aber ein Symptom fehlt noch. Das Stärkste, würde ich im nachhinein sagen: Initiativverlust, Antriebsschwäche. Ich war zu nichts mehr zu gebrauchen. Sämtliche Ämter und Funktionen habe ich aufgegeben. Im Elternbeirat, im Kirchenvorstand, im Verein der Deutschen Chemiker .... und was noch alles. Irgendwann habe ich sogar die Gartenarbeit aufgegeben – und ich war immer ein begeisterter Gärtner!" Karl Bovermann steht in Gedanken mit der Hacke im Erdbeerfeld. „Und schließlich war ich auch nicht mehr in der Lage, mich zu waschen und zu rasieren."

„Aber das ist doch wieder weggegangen?"

„Ja, nachdem ich die Schale in den Müll geworfen hatte. Einen Rest haben wir später analysiert. Sie kennen das Ergebnis: 2, 3, 7, 8–TCDD – das Seveso-Dioxin. Wir hatten es, ohne es zu wissen, hergestellt."

Am frühen Abend ist der Rahmkuchen alle und die zweite Kanne Kaffee leer. Karl Bovermann hat viel zu erzählen. Auch davon, dass das Ministerium schließlich wegen der extremen Gefährlichkeit der durch Zufall synthetisierten Substanz die Arbeiten damit verbot, was im Bundesverteidigungsministerium voller Unmut zur Kenntnis genommen worden sei. Er erzählt vor allem von den zahlreichen weiteren Beschwerden, die der Dioxinkontakt auslöste: Herzschwäche, chronische Durchfälle und Gelenkschmerzen mit Bewegungsstörungen. Letztere haben sich nie gebessert, sondern sind im Gegenteil immer schlimmer geworden: Gangunsicherheit, Wackelgang, Lähmungen. Schließlich, vor drei Jahren, der Rollstuhl.

„Sagen Sie mir doch noch eins: Wenn Sie jetzt Unternehmer wären, der Inhaber einer Pharmafirma beispielsweise, und Sie hätten die Möglichkeit, mit Dioxin nach Gutdünken zu verfahren, also auch Geld damit zu verdienen. Was würden Sie tun?"
„Geld verdienen mit Dioxin?" Dioxin kennt Karl Bovermann nur als unerwünschtes Abfallprodukt und entsprechend fällt sein erster Vorschlag aus. „Das kann ich mir nur auf der Ent-

sorgungs- oder Entgiftungsebene vorstellen. Verfahren, die Dioxin unschädlich machen, in der Umwelt oder im Körper, das wären die Renner. Vielleicht auch: als zuverlässige Problemlöser an frustrierte Ehemänner verkaufen!" Der Professor hat seinen Humor nicht verloren. „Aber sonst fällt mir nichts ein – wirklich keine Idee."

Gegen 19 Uhr verabschieden sich die Gäste aus Frankfurt. Im Garten hat René Gronwald eine letzte Frage: „Sagen Sie, was ist eigentlich aus Ihren Laboranten geworden?"

„Mein Gott, ja." Karl Bovermann tippt sich an die Stirn. „Die hatte ich ganz vergessen. Tot. Sie sind alle drei tot."

„Und wieso das?"

„Einmal Krebs und zweimal Suizid, ein halbes Jahr später."

„Suizid? Warum denn?"

„Das kann ich Ihnen ganz genau sagen. Auch das lag an der Dioxin-Vergiftung. Mir ging es nämlich nicht anders. Können Sie sich vorstellen, Sie wachen morgens auf und wollen nicht mehr? Haben eine sprichwörtliche Todessehnsucht, obwohl Sie immer ein sehr lebensfroher Mensch waren? Warum ich es geschafft habe und die anderen nicht? Ich weiß es nicht. Wahrscheinlich waren sie stärker belastet."

„Man könnte ja meinen, dass man bei so vielen Beschwerden ganz automatisch auf die Idee kommt, Schluss zu machen."

„Aber so war es nicht. Wenn ich Medikamente nahm gegen meine Vergesslichkeit, meine Schlaflosigkeit und so weiter und die Symptome sich auch besserten - der Selbstmordwunsch blieb. Er blieb auch noch lange Zeit, nachdem ich wieder beschwerdefrei war – von den Beinen einmal abgesehen." Der Chemiker streicht missmutig mit der Hand über seine Oberschenkel. „Ich hatte das Gefühl, dass das Dioxin ein Suizidgen aktiviert hatte." Karl Bovermann blickt nachdenklich. „Aber so was lässt sich ja nicht belegen."

Sie fahren durch Weinberge und Obstplantagen, ab und zu unterbrochen von kleinen Bruchwäldchen und schilfbestandenen Tümpeln. Die Abendsonne bringt das Grün der Blätter zum Leuchten. René Gronwald fährt langsam über die kurvige alte Landstraße. Bei offenem Schiebedach und heruntergekurbelten Fenstern atmen sie den süßen Duft der blühenden Linden, die ab und zu den Straßenrand säumen, und des wilden Knöterichs, der die Zäune und Gatter zerstreut liegender Höfe in Besitz genommen hat. Die Hitze des Tages ist einer wohligen Wärme gewichen, die Lust macht auf den Abend und die Nacht. Kilometer lang genießen sie schweigend den Sommerabend.

„Haben die hier unten noch etwas anderes zu essen als Rahmkuchen?" Annette Basler beendet unvermittelt die Ruhe der gemächlichen Fahrt.

Der Kommissar lacht kurz auf. „Sagen Sie es ganz unverblümt. Sie haben Hunger – ich übrigens auch."

„Und was schlagen Sie vor?"

„Lassen Sie sich überraschen."

Die Beamten der Kriminalpolizei kommen viel herum. Vernehmungen, Durchsuchungen, Fahndungen, Festnahmen, Observationen: Sie gehören zum fahrenden Volk. Die Anspannung ihrer Arbeit pflegen sie hinterher bei gutem Essen und Trinken zu neutralisieren. Wie Brummifahrer kennen sie die besten Adressen auswendig, ein flächendeckendes Netz aus Tankstellen für Kehle und Seele.

Kurz hinter Bad Dürkheim biegt René Gronwald links ab. Er fährt jetzt schneller. Eine noch schmalere Straße führt durch gepflegte Weinberge und vorbei an Koppeln mit glänzenden Pferden. Der Gutshof liegt in einer kleinen Mulde. Hufeisenförmig angeordnete Gebäude, Fachwerk auf rotem Sandstein und nach Süden hin ein weitläufiger Garten mit Tischen und Bänken zwischen Bäumen und Sträuchern.

„Ein Geheimtipp, vermute ich."

„In Polizeikreisen kennt jeder die Adresse."

Sie parken den Wagen im gepflasterten Innenhof und gehen durch ein rundes, offenes Tor in den Garten, der an diesem

Samstagabend erwartungsgemäß gut besucht ist. Die zahlreichen Gäste sitzen vor großen Tellern und noch größeren Weinbembeln und reden und lachen. Am hinteren Ende des Gartens steht ein freier Tisch.

„Was empfiehlt denn der Kommissar?", fragt Annette Basler, nachdem sie auf den schaumstoffgepolsterten Sesseln Platz genommen haben.

„Zwiebelschnitzel", antwortet René Gronwald ohne langes Nachdenken.

„Zwiebelschnitzel?"

„Um Himmels willen, Entschuldigung!" René Gronwald gibt sich ganz erschrocken. „Pathologen und Fleisch. Jetzt habe ich sicher ins Fettnäpfchen getreten."

„Da machen Sie sich keine Sorgen", giftet Annette Basler zurück, „diese Frage pflegen Pathologen früh zu klären. Wir haben keine Vegetarier in unseren Reihen."

Sie bestellen Zwiebelfleisch. Der Koch bereitet es über einem mitten im Garten stehenden Buchenholzgrill. Ein feiner Knoblauchgeruch konkurriert mit dem Duft der Klematis, die die südliche Fassade des Hofes bis zum Dachüberstand bewachsen hat. Der Bembel Wein kommt zuerst.

„Wie kann man eigentlich von diesem Zeug größere Mengen trinken?", fragt Annette Basler nach dem ersten Schluck und verzieht das Gesicht.

„Man muss", entgegnet René Gronwald. „Erst nach dem zweiten oder dritten Glas haben die Geschmacksnerven auf sauer umgeschaltet. Dann aber schmeckt das Zeug."

Annette Basler glaubt es zwar nicht, aber hält es wenigstens für möglich.

„Bovermann war ein voller Erfolg." Die Ärztin schaut den Kommissar prüfend an. „Oder was meinen Sie?"

„Irgendwie schon." René Gronwald gibt sich wie immer zurückhaltend.

„Totaler Haarverlust! Ich sehe meine beiden Selbstmörder wieder vor mir."

„Das ist in der Tat beeindruckend", räumt René Gronwald ein.

„Und die Suizidgeschichte! Wie hat er gesagt: ... *als ob das Dioxin ein Selbstmordgen aktiviert hätte!* Mir ist jetzt einigermaßen klar, warum die beiden Laboranten ihrem Leben ein Ende gesetzt haben."

„Sie vergessen die beiden fremden Personen, die jeweils dabei waren."

„Ach so", Annette Basler resigniert für einen Augenblick. „Aber das muss ja nichts heißen!", ergänzt sie wieder optimistisch.

„Muss es nicht. Allerdings: Auch die übrigen Dioxin-Symptome helfen uns nicht unbedingt weiter: Antriebslosigkeit, Konzentrationsschwäche, Platzangst. Alles Negativ-Posten, Krankheiten. Damit kann ein Pharmaunternehmen nichts anfangen. Einen Stoff mit diesen Eigenschaften kann ein Unternehmen doch nicht zu Geld machen."

„Es sei denn, es geht der Firma gerade darum."

„Um was?"

„Um die Krankheiten!"

Jetzt wird das Essen serviert. Zum Zwiebelfleisch gibt es Kroketten und grünen Salat mit Wildkräutern. Die Kroketten gehören eigentlich auf den Kompost, aber das Zwiebelfleisch und der Salat wären selbst für professionelle Feinschmecker ein Hochgenuss.

„Fassen wir zusammen", sagt Annette Basler, nachdem sie Messer und Gabel kurz aus der Hand gelegt hat. „Wir haben zwei echte oder unechte Selbstmörder, beide hoch belastet mit Tetra-Dioxin und mit identischen organischen Anomalien. Ihre gemeinsame Arbeitsstelle ist mit Tetra-Dioxin kontaminiert. Offenbar wird die Chemikalie dort gezielt hergestellt ..."

„... Eventuell!"

„Auch gut. Aber in der Abteilung von Professor Engel hat das Dioxin nichts zu suchen, denn dort werden ja nur die Rückstände von Arzneimitteln analysiert – heißt es. Die Affen des Professors sind ebenfalls mit Tetra-Dioxin belastet, das ihnen ausweislich der Haaranalyse fortlaufend zugeführt wurde. Die Schimpansen – wie auch die beiden Selbstmörder – leiden unter Haarausfall. An ihren Käfigen, hinter denen ein Original-urwald nachgebaut ist, hängen Hochleistungskameras, die für den behaupteten Zweck, nämlich die Überwachung der zeitweisen aggressiven Tiere viel zu teuer sind."

„Dann liegt in der Tierversuchsstation noch eine Leoparden-attrappe rum."

„Ja, und Sie haben von einem Störfall bei Toledo berichtet, der zeitlich in etwa mit der Erkrankung der beiden Suizidpatienten zusammen fiel und von der Firma verheimlicht wurde. Die letzte Erkenntnis stammt von Professor Bovermann: Tetra-Dioxin macht antriebslos, mutlos, kraftlos und – aktiviert das Selbstmordgen. Ein Haufen Zeugs, nicht wahr?"

René Gronwald nickt zustimmend. „Ein großes Puzzle hat halt viele Einzelteile."

Annette Basler will gerade sauer werden, da steuert der Kommissar auch schon gegen: „Das habe ich ernst gemeint, wirklich!"

Heute Abend verzichten sie auf den sonst üblichen Verdauungsespresso und ordern statt seiner einen neuen Bembel. Die Dämmerung ist angebrochen und Dutzende kleiner Glühbirnen tauchen den Garten in ein zauberhaftes Licht.

„Wie lange sind Sie eigentlich schon bei der Polizei?" Die Ärztin mag jetzt quasseln. Alkohol wirkt besonders in der Anflutungsphase, wie die Rechtsmediziner sagen, enthemmend.

„24 Jahre." Der Kommissar rechnet noch einmal nach. „Genau 24 Jahre. Zwei Jahre Bereitschaftspolizei, fünf Jahre Schutzmann, dann Kripo Frankfurt, erst Rauschgift, dann Raub und jetzt seit sechs Jahren Umweltkommissariat."

„Sind Sie glücklich in Ihrem Job?"

Der Kommissar kennt diese Fragen. „Aber Frau Basler! Sie wissen doch: Glück ist eine Sekundensache."

„Sie haben Recht – reden wir halt von Zufriedenheit. Sind Sie zufrieden mit Ihrem Job?"

„Entschuldigen Sie, aber die Frage ist ähnlich blöd wie ihre Vorgängerin."

Annette Basler steckt auch diesen Tiefschlag anstandslos weg.

„Dann frage ich ganz anders: Würden Sie heute nochmals den Beruf des Polizeibeamten wählen?"

„Auch wieder keine ausgesprochen originelle Frage. Im Fernsehen wird sie öfters altersschwachen Prominenten gestellt, wenn alle zuschauen, und dann heißt es: Würden Sie

Ihren Mann oder würden Sie Ihre Frau heute noch einmal heiraten?"

„Und was gibt es daran auszusetzen?"

„Alle antworten: ja, und der Saal applaudiert."

„Na, und?"

„Obwohl jeder weiß, dass es gelogen ist – in 90 Prozent der Fälle jedenfalls. Die Wissenschaft sagt, dass die Liebe ein Verfallsdatum hat ..."

„... Sieben Jahre ..."

„Schön wär's, Frau Basler: vier Jahre."

„Und was ist mit dem verflixten siebten Jahr?"

„Da werden die Ehen geschieden. Erledigt sind sie schon mindestens drei Jahre vorher."

„Liebe währt kein Leben lang?", fragt Annette Basler spitzbübisch.

„Vier Jahre höchstens. Das hat die Evolution vorgegeben. Danach können die kleinen Primaten auch ohne ihre Eltern auskommen."

„Sind Sie verheiratet?"

„Könnte ich sonst so reden?"

„Das Verfallsdatum überschritten?"

René Gronwald verzieht keine Miene. „Schon lange."

„Entschuldigung", sagt Annette Basler jetzt mit einem Anflug von Bedauern, „so etwas fragt man nicht! Aber immer, wenn ich was getrunken habe, sage ich Sachen, die ich sonst nicht sage." Dann nippt sie wieder an ihrem Glas.

Mein Gott, denkt René Gronwald, diese Gelegenheitstrinker! Hätten wir uns doch an einer Würstchenbude Pommes und Cola bestellt. Insgeheim hofft er allerdings, zu einer späteren Stunde aus der Situation noch Kapital schlagen zu können.

„Kinder haben Sie keine?"

René Gronwald schüttelt den Kopf.

„Ihre Frau arbeitet?"

„Bibliotheksangestellte – an der Universität in Mainz."

„Dann läuft es bei Ihnen, wie es überall läuft: Getrennte Wege, getrennte Schlafzimmer, keine gemeinsamen Unternehmungen mehr. Wann haben Sie das letzte Mal mit Ihrer Frau – Urlaub gemacht?"

Vernehmung mit vertauschten Rollen und überraschenden Fragen.

„Vor genau vier Jahren." Der Kommissar lächelt vielsagend. „Tauchurlaub an der Algarve."

Da hatte es René Gronwald in der Hand. Für einen Augenblick spiegelt sich die Erinnerung in seinem Gesicht. In 50 Meter Tiefe war an der Pressluftflasche seiner Frau ein Ventil abgerissen und die Druckluft in den Taucheranzug geströmt. Im Handumdrehen hatte sich zwischen Körper und PVC-Folie ein zentimeterdickes Luftpolster gebildet, das die Taucherin mit unwiderstehlicher Gewalt nach oben zog. Das wäre ihr sicherer Tod gewesen, hätte René Gronwald nicht geistesgegenwärtig mit seinem Messer den Anzug seiner Frau aufgeschlitzt. Der gute Instinkt war eine Sekunde schneller gewesen als der böse Verstand. Eine solche Chance, durch Nichtstun sein Problem zu lösen, hatte sich ihm nie wieder geboten.

„Und dann stürzen Sie sich in die Arbeit. Um sich abzulenken, um sich zu beweisen."

„Das sagen Sie."

„Neuhaus hat mir erzählt, dass Sie ein Klassemann sind. Unheimlich engagiert und erfolgreich. Sind Sie deswegen im Job ein Klassemann, weil Sie zu Hause kein Klassemann sind?"

„Können Sie sich vorstellen, dass man einen Job gut macht, ohne zu Hause Probleme zu haben?"

„Aber selbstverständlich. Nur weiß ich gleichzeitig, dass die große Zahl der Workaholics auch die große Zahl der kaputten Beziehungen ist."

„Es gibt Parallelen, die nichts miteinander zu tun haben."

Nach einer Weile: „Sie jagen alles, nicht wahr?"

„So ziemlich alles, richtig."

„Hasen und Hirsche?"

„Hasen und Hirsche!"

„Und Füchse?"

„Und Füchse!"

„Und Auerhähne?"

„Auch die, wenn es denn erlaubt ist."

„Ach so, es muss also erlaubt sein!"

„Jede Jagd hat Regeln."

„Wenn es erlaubt ist, dann tun Sie es?"

„Dann tue ich es."

„Um noch mal auf die Auerhähne zurückzukommen. Wenn Ihnen rumänische Behörden zum Beispiel die Erlaubnis geben würden, in den Karpaten Auerhähne zu schießen, würden Sie es tun?"

„Davon können Sie ausgehen."

„Auch wenn Sie wüssten, dass Auerwild weltweit als bestandsgefährdet gilt und die Bejagung der restlichen Vögel höchst problematisch ist?"

„Das interessiert mich nicht."

Annette Basler läuft auf 110 Prozent. Die Winzerschoppen haben ihre Wirkung nicht verfehlt. Obwohl sie hartnäckiger bohrt als René Gronwalds hartnäckigste Kollegin im Kommissariat, wird sie dem Kommissar immer sympathischer.

„Wenn Sie darüber nachdenken würden, dann wäre die Jagd gar nicht mehr schön, nicht wahr?"

„Kann schon sein."

„Sie verlöre ihre Faszination. Hätte nicht mehr diese betäubende Wirkung. Würde nicht mehr so total ablenken von dem Chaos zu Hause!"

„Ich sagte Ihnen doch schon, versuchen Sie sich ganz einfach vorzustellen, dass jemand allein deswegen seinen Job macht und ihn gut macht, weil ihn dieser Job interessiert!"

„Der Job interessiert Sie, das haben Sie ja schon einmal gesagt. Warum sind Sie eigentlich Polizist geworden?"

„Vielleicht weil ich ein Faible habe für das Recht!"

Annette Basler lacht schallend. „So einfach ist das. Ärzte werden Ärzte, weil sie Kranken helfen wollen, Polizisten werden Polizisten, weil sie das Recht durchsetzen wollen, und Staatsanwälte werden Staatsanwälte ...... wissen Sie, was mir Neuhaus auf meine Frage geantwortet hat?"

„Wahrscheinlich dasselbe wie ich!"

„Genau! Aber er hat nicht nur von Recht gesprochen, sondern auch von Gerechtigkeit. Interessant, nicht wahr? Allerdings sagen die Psychologen etwas ganz anderes dazu."

„Wie ich diesen Berufsstand kenne, stellt er auf die Möglichkeit ab, eine Pistole zu tragen."

„Völlig richtig. Nur hört sich das wissenschaftlich etwas anders an: Macht! Es geht Polizisten wie Staatsanwälten und auch Richtern um Autorität und Macht. Rumzulaufen und jeder weiß, der kann Menschen einsperren. Ein tolles Gefühl und die alte Masche. Ich habe einen vorsitzenden Richter in meiner Verwandtschaft, der schaut wie der Chef eines afrikanischen Löwenrudels."

„Herr Neuhaus schaut aber doch ganz lieb!"

„Allerdings."

„Und ich? Wie schaue ich?"

„Sie sind unnahbar und abweisend. Ganz furchtbar abweisend", antwortet Annette Basler so spontan und betroffen, dass René Gronwald für einen Augenblick irritiert ist. Das kam jetzt alles aus dem Bauch, denkt er und grinst zufrieden und sagt schließlich:

„Immer noch besser, als wie ein Löwenboss aus der Wäsche zu schauen."

Die wenigen Schönwetterwolken sind längst verschwunden und die Sterne gehen auf. Bald wird der Mond über dem Horizont im Osten erscheinen. Vor 200 Jahren war das die Nacht der Wölfe, die dann stundenlang gegen das kalte Licht des Erdtrabanten anheulten. Heute Nacht bildet das Lachen der immer noch zahlreichen Besucher den akustischen Rahmen, aber auch Massen von Grillen und ab und an ein Käuzchen verschaffen sich Gehör.

„Glauben Sie eigentlich an das Selbstmordgen des Professor Bovermann?" Annette Basler scheint unter dem Einfluss der romantischen Sommernacht ein Stück ihrer wissenschaftlichen Rationalität gegen einen Hauch Esoterik ausgetauscht zu haben. Sie hat den Kopf zurückgelegt und studiert die Milchstraße.

René Gronwald sympathisiert nicht nur mit der Fragestellerin, sondern auch mit der Frage. Es ist ein bisschen sein Thema, hobbymäßig.

„Egal, wie Bovermann das gemeint hat, aber abwegig finde ich die These nicht."

„Und warum nicht?"

„Weil die Menschen halt oftmals Dinge tun, die einfach nicht gut gehen können."

„Sie meinen die Atom-Geschichte?"

„Zum Beispiel, aber auch viel Banaleres. Nehmen Sie nur das Auto. Wir verlieren aufgrund von Unfällen in der Gesamtbilanz mehr Zeit, als wir durch das Auto als Fortbewegungsmittel gewinnen. Mit anderen Worten: Während wir 1.000 Stunden Auto fahren, nimmt uns der Unfall 2.000 Stunden unseres Lebens."

„Und was meinen Sie mit *nicht gut gehen*?"

„Da gibt es eine bekloppte Schar von Wissenschaftlern in Heidelberg, ganz hier in der Nähe also, die haben festgestellt, dass alle Lebewesen, die sich zu einem solchen Mobilitätsverhalten entschlossen haben, kurz darauf ausgestorben sind. Und das blüht uns vielleicht auch."

„Ist es aber nicht eher ein Beleg, dass wir ein Dummheitsgen besitzen?"

„Weniger. Wir wissen doch genau Bescheid, kennen die Folgen unserer ständigen Spritztouren. Aber wir verteidigen sie laut und aggressiv und wir erklären sie sogar zu unserem Recht. Die junge Generation, hat Enzensberger geschrieben, lebt im Hier und Heute. Was heißt das anders als: betreibt ihren Selbstmord, vorsätzlich!"

„Vielleicht hat ja der Herrgott sein mutigstes Experiment mit einem Selbstzerstörungsmechanismus ausgerüstet – glauben Sie eigentlich an Gott?"

„Als Polizist weiß ich etwas oder ich weiß es nicht. Geglaubt wird woanders."

Dioxin und das Selbstmordgen. Beides Black-Boxes. Geheimnisvoll wie dieser Sternenhimmel. Annette Basler verwahrt sich immer noch gegen einen Espresso und beharrt auf einem neuen Bembel, dem dritten. Der Kommissar setzt als Beilage Salzbrezeln durch, die im Verdacht stehen, Alkohol zu binden.

„Darf ich Ihnen jetzt auch einmal eine Frage stellen?"

„Aber bitte."

„Warum haben Sie Medizin studiert?"

„Ganz einfach! Weil mein Cousin Arzt war, ich ein Einser-Abi gemacht hatte und mein Vater mit seinem Bruder gleichziehen wollte."

„Also nicht, um zu helfen?"

„Quatsch, kein Gedanke daran. Zunächst jedenfalls nicht. Aber sagen Sie ehrlich: Sie wollten doch etwas ganz anderes wissen: Warum ich in die Pathologie gegangen bin nach meinem Studium, stimmt´s?"

170

„Das interessiert mich jedenfalls auch."

„Sehen Sie! Aber ich kann es Ihnen nicht sagen. Nur soviel: Helfen wollte ich irgendwann schon. Meine Praktika an der Uniklinik und im Unfallkrankenhaus haben mich aufgeschlossen für das, was Menschen alles zustoßen kann. Warum ich dann in der Jefferson-Allee gelandet bin, im Totenreich, wie manche sagen, ist eine schwierige Sache, zu schwierig jedenfalls für heute Nacht."

Gerade kommt der neue Bembel. Es ist Mitternacht. Am Nachbartisch singen sie *Happy Birthday*. „Irgendwie bin ich müde", sagt Annette Basler.

René Gronwald rückt seinen Stuhl ein Stück zu ihr hin und legt seinen Arm um sie. Unmittelbar danach sinkt ihr Kopf auf seine Schulter.

„Wollen wir fahren?", fragt sie mit schläfriger Stimme.

„Mit soviel Alkohol im Blut? Ich habe die andere Hälfte getrunken."

„Aber der Laden macht doch sicher gleich zu."

„Allerdings hat der Laden auch Zimmer."

„Wirklich?"

„Ein Doppelzimmer jedenfalls ist noch frei."

Annette Basler legt die Arme um den Hals des Kommissars: „Sagen Sie ja nichts dem Staatsanwalt."

„Neuhaus? Was hat der denn damit zu tun?"

„Wir waren vorgestern zusammen essen und gestern hat er mir einen Strauß Blumen geschenkt – zu meinem Namenstag."

„Die Annettes haben aber erst nächste Woche Namenstag!"

„Ich heiße Annette Theresa."

„Woher weiß er das?"

„Ich habe es ihm gesagt, als er das Durchsuchungsprotokoll ausgestellt hat – und woher wissen Sie, wann die Annettes Namenstag haben?"

„Aus dem Internet."

Annette Basler klammert sich fester an ihren Begleiter. Und dann dauert es nur noch wenige Augenblicke, bis ihre Lippen die des Kommissars gefunden haben.

Affentheater

Johann Nagels Familie lebte in Ostpreußen; nördlich von Insterburg, an der russischen Grenze, bewirtschafteten seine Eltern einen 1000 Hektar-Hof. Seit Generationen schon wurden dort Pferde gezüchtet, Hannoveraner, Oldenburger und Trakehner, vor allem Trakehner. Von weit her, auch schon einmal aus Australien, reisten die Käufer an und überboten sich mit harter Goldmark. Als bei Kriegsende die Russen kamen, floh die Familie in den Westen. Nach einer zweijährigen Odyssee durch die Auffanglager in Bayern und Westfalen wagten die Nagels den großen Sprung nach Afrika. In Namibia lebte ein Cousin des Vaters und der hatte das verlockende Angebot in das zerbombte Deutschland telegrafiert. Die neue Bleibe war eine heruntergewirtschaftete Farm in der Nähe von Windhuk, die für wenig Geld zum Verkauf stand. Hundertmal so groß wie ihr Anwesen in fernen Ostpreußen, bot das Land die Chance auf einen erfolgreichen Neubeginn. Wieder war Pferdezucht angesagt. Diesmal englisches Vollblut, das die britischen Kolonialherren in Rhodesien so sehr schätzten, zum Kricketspielen und zum Sonntagmorgenritt. Schon 1950 hatte die Familie ihre Farm schuldenfrei und da war Johann Nagel gerade fünf Jahre alt.

Es folgte eine unbeschwerte Kinder- und Jugendzeit im Wohlstand des weißen Afrika. Am Vormittag besorgte eine Hauslehrerin aus der 50 Kilometer entfernten Hauptstadt die schulische Ausbildung von Johann Nagel und seinen beiden Brüdern, und den Rest des Tages waren die Jungs auf ihren Pferden unterwegs. Sie kontrollierten die kilometerlangen Zäune der Farm, überprüften den Rinder- und Pferdebestand, und von Zeit zu Zeit wagten sie sich in das dornige Buschland der Kalaharisenke im Osten ihrer Weidegründe, wo auch Löwen und Leoparden zu Hause waren und an den Wasserstellen

172

Krokodile lauerten. Adolf, mit 13 der älteste der drei Brüder, war für den Fall der Fälle gerüstet. In seiner Satteltasche steckte eine doppelläufige Flinte.

Mit 25 lernte Johann Nagel anlässlich eines großen Farmertreffens die Tochter ihres Nachbarn kennen, der eine Tagesreise entfernt Rinder und Strauße züchtete. Am Lagerfeuer, bei kühlem Fassbier und würzigem Gazellensteak, entbrannte eine heiße Liebe. Auf der Hochzeitsreise, zwei Jahre später, wollte das junge Paar seinen Kontinent näher kennenlernen. Johann Nagel, den Mann aus der Savanne, interessierte vor allem der Urwald in Zentral- und Westafrika. Mit der Eisenbahn und im Flugzeug gelangten sie über Nairobi, Khartum und Libreville schließlich nach Abidjan, der Hauptstadt der Elfenbeinküste. Während einer Wohlfahrtsveranstaltung der örtlichen Regierungspartei erfuhren die Jungvermählten von einem englischen Wissenschaftlerteam, das sich in einem Camp nahe der Grenze zu Liberia der Schimpansenforschung widmete.

Kurz darauf stand die Einladung und schon nach den ersten Erlebnissen im Dschungel war für Johann Nagel klar, dass dies nicht sein letzter Tag im schweißtreibenden Zauberwald gewesen sein sollte. Seine Frau war einverstanden, obwohl sich ihre Begeisterung für das moskitoschwangere Biotop und ihre scheuen Vorfahren in Grenzen hielt. Während der folgenden zwei Wochen saß Johann Nagel täglich zehn Stunden in den gut getarnten Beobachtungshäusern 50 Meter hoch in den Wipfeln der Urwaldriesen und notierte eifrig den Tagesablauf der dort lebenden Schimpansenkolonie. Dass an den Rändern des Schutzgebietes bereits die 1000-jährigen Khaya-Bäume unter den Sägen japanischer Konzerne zu Boden fielen, nahm er gar nicht wahr, so sehr interessierten ihn die langhaarigen Urwaldgeister, wie sie die Eingeborenen nannten.

Die drei Dutzend Affen im Tai-Reservat wurden sein Lebensmittelpunkt. Die Flitterwochen dauerten ein ganzes Jahr. Danach kehrte er noch einmal kurz nach Namibia zurück und regelte die Übernahme der Farm durch seine Brüder, um anschließend wieder im Affencamp zu arbeiten, unentgeltlich zwar, aber die wenigen Dollars, die das Leben in Westafrika kostete, überwiesen die Eltern anstandslos.

1975 schließlich bekam er Post vom Goetheinstitut im Nachbarland Ghana. Der Frankfurter Zoologische Garten benötigte dringend einen Affenkenner als Chef der Primatenstation. Ein verlockendes Angebot. Als sich tags darauf überraschenderweise das große Heimweh hinzu gesellte, stand der Entschluss fest: Deutschland. Wieder nach Deutschland. Zwar nicht Ostpreußen, aber Hessen, immerhin. Seitdem ist Johann Nagel hier. Im Frankfurter Zoo managt er mit großem Erfolg den Affenladen und steht für wissenschaftliche Fragen zur Verfügung.

„Wie kommen Sie eigentlich auf mich?", fragt Johann Nagel, nachdem er seine beiden Gäste am Haupteingang abgeholt hat. „Ein Geheimtipp vom Senckenberg-Museum", antwortet René Gronwald.

Wenig später sitzen sie auf provisorischen Stühlen an einem provisorischen Tisch inmitten eines provisorischen Bürocontainers.

„Tut mir leid", sagt Johann Nagel, „wir haben abgerissen und bauen neu, das geht jetzt nicht anders."

Die Gäste haben viele Fragen.

„Eigentlich beschäftigt uns nur ein Thema", beginnt René Gronwald, „Schimpansen!"

Johann Nagel nickt zufrieden. „Das kommt mir gelegen. Schimpansen sind nämlich mein Spezialgebiet." Dann erzählt er von seiner Zeit in Afrika.

„Wenn Sie die Tiere in ihrer natürlichen Umgebung studiert haben, dann können Sie uns sicher etwas zu ihrer Lebensweise sagen beziehungsweise zu ihrem Sozialverhalten."

„Insgesamt 1000 Stunden habe ich der Horde zugeschaut", sagt der Wissenschaftler nicht ohne Stolz. „Von einem Beobachtungsstand in der Krone eines turmhohen Baumes. Fotografieren, aufschreiben, zählen, vergleichen, schwitzen. Zwar immer nur 27 Grad Celsius, aber 98 Prozent Luftfeuchtigkeit!"

„Und was haben Sie herausgefunden?"

Johann Nagel streicht sich über das Kinn. „Eigentlich sind sie wie Menschen. Kein Wunder, sie sind ja auch unsere Vorfahren. Vor zwei Millionen Jahren waren wir noch eins."

„Was heißt *wie Menschen*?"

„Es heißt zum Beispiel: In ihrer Gruppe gibt es eine deutlich ausgeprägte Hierarchie. Oben steht das Alphamännchen, der größte und stärkste Affe, der sagt, wo es lang geht. Alle anderen haben sich unterzuordnen. Wenn das Alphatier nicht mehr kann, kommt ein jüngerer zum Zug, aber davor steht ein großer letzter Kampf."

„... Showdown ..."

„... wie in *Highnoon*, genauso ist es! Die Weibchen sind da etwas geschickter. Sie scheuen den Kampf und pflegen den Bluff und die Intrige. Wobei die Sorge um ihren Nachwuchs im Vordergrund steht."

„Intrige und Bluff?"

„Weibchen lügen, wenn es um die Verteilung von Futter geht. Weibchen betrügen das Alphatier mit jüngeren. Weibchen machen sich beliebt beim Boss, indem sie Konkurrentinnen anschwärzen – und wenn es eng wird, bieten sie Sex an, auch dem eigenen Geschlecht."

„Und Sie meinen, das ist wie bei den Menschen?" Annette Basler lacht und zwinkert dem Spezialisten zu.

„Die Unterschiede sind jedenfalls minimal."

„Mich interessiert etwas zum Aggressionsverhalten der Schimpansen. Sind die Tiere eigentlich aggressiv oder eher friedlich?" Der Kommissar kommt zum Thema.

„Da muss ich nicht lange überlegen." Der Mann aus Namibia hält trotzdem einen Augenblick inne. „Warum interessiert Sie das alles? Am Telefon haben Sie es mir nicht verraten, jetzt bin ich, ehrlich gesagt, neugierig."

René Gronwald wirft seiner Begleiterin einen prüfenden Blick zu. Dann lächelt er ganz entspannt. „Sie werden es erfahren. In einer halben Stunde wissen Sie schon Bescheid. Aber ich bitte Sie inständig: Beantworten Sie uns die Fragen zunächst ohne Kenntnis ihrer Bedeutung, sonst sind Sie befangen, würden die Juristen sagen, und das ist nicht gut für die Wahrheit. – Aggressiv oder nicht?"

„Ganz schön aggressiv! Das Alphamännchen verteidigt seine Position zwar in der Regel mit Drohgebärden. Aber wenn das nicht reicht, geht es zur Sache. Schimpansen können kräftig zubeißen. Ihre Reißzähne sind fünf cm lang, das sagt schon viel. Und in der Horde gibt es regelmäßig Zoff. Mehrmals am Tag prügelt man sich, jagt man sich, schüchtert man sich ein, die Gründe sind nur schwer zu erkennen. Ja, und dann noch etwas. Es trübt ein wenig das Bild von unseren liebenswürdigen Vorfahren: Schimpansen sind nicht nur Pflanzen- , sondern auch Fleischfresser. Wie wir, Steak und Salat. Bei ihnen sind es Meerkatzen und grüne Blätter.“

„Meerkatzen?“

„Sie jagen andere Baumbewohner. Bei uns waren das überwiegend Meerkatzen. Wenn sie eine gefangen haben, reißen sie sie bei lebendigem Leibe in Stücke und fressen sie innerhalb von wenigen Minuten auf. Das ist eine sehr brutale Angelegenheit. Wie im Krieg der Menschen.“

„Wenn ich Sie jetzt richtig verstanden habe, könnte man die Mechanismen menschlicher Aggression über die Schimpansen-Beobachtung erklären.“

„Seien Sie vorsichtig! Affen und Menschen sind nicht identisch. Aber eines stimmt: Vor allem mit den Schimpansen haben wir eine Menge gemeinsam. Vieles läuft sehr ähnlich ab. Wenn beispielsweise ein Leopard im Dschungel auftaucht, zu dessen Leibspeise die Schimpansen gehören, dann ergreifen die Tiere nicht etwa sogleich die Flucht. Sie bilden vielmehr eine Schlachtordnung und attackieren den Gegner mit Stöcken und wildem Gekreische. Jeder hat seine Aufgabe, selbst die kleinsten sind dabei. Ähnlich wie im Fußballstadion, wenn sich die Fans gegen den Schiri verschworen haben. Das ist eher rührend anzusehen. Wenn sie sich allerdings gegenseitig auffressen ...“

„Es gibt Kannibalismus unter den Schimpansen?“

Johann Nagel nickt: „Und gar nicht selten. Ich habe das mehrfach beobachtet. Junge werden ihren Müttern entrissen und verspeist. Das erscheint uns dann wieder ... überflüssig.“

„Allerdings stehen wir ihnen auch da in nichts nach“, sagt Annette Basler. „Die Gotteskrieger im Maghreb und in Pakistan schneiden Kindern sogar im Namen Allahs die Kehle durch.“

„Wir brauchen gar nicht nach Algerien zu gehen", entgegnet Johann Nagel. „Das gibt es auch bei uns, allerdings viel subtiler. Wir fahren unsere Kinder tot. – Jane Goodall, die berühmte Primatenforscherin aus dem Gombe-Reservat in Tansania, hat einmal gesagt, es sei schade, dass die Menschen offenbar eine Kopie der Schimpansen seien und nicht ihrer kleinen Vettern."

„Ihrer kleinen Vettern?"

„Der Bonobos, der Zwergschimpansen. Bonobos sind die Verkörperung der Friedfertigkeit. Da gibt es keinen Zoff. Wir haben sie auch hier im Zoo. Unser Bonobo-Pfleger hat ihr Gehege *Woodstock* getauft."

Menschen mit Bonobo-Genen. Verlockend! Annette Basler träumt von einer friedlichen Welt. Johann Nagel auch: „Die Panzer könnten wir sicher verschrotten."

Der Kommissar hat genug erfahren. Jetzt verrät er noch seine Mission, versprochen ist versprochen. Er erzählt von einer eigenartigen Tierversuchsstation und dem Verdacht, dass dort Besorgnis erregende Versuche gemacht werden.

„Wir geben Ihnen Bescheid, wenn wir den Fall gelöst haben", sagt René Gronwald, als sie den Container verlassen.

„Und vielen Dank für Ihre Auskünfte", fügt Annette Basler hinzu.

Professor Bovermann ist am Apparat. „Herr Kommissar!" Dass die Stimme im Rollstuhl sitzt, mag man immer noch nicht glauben. „Da habe ich etwas ganz Wichtiges vergessen, Ihnen mitzuteilen." Rheinländer neigen dazu, auch normale Botschaften in Sätze zu kleiden, die man als solche kaum noch erkennen kann. „Die Dioxin-Geschichte. Sie haben sich für die gesundheitlichen Folgen einer Dioxin-Belastung interessiert. Meine persönliche Geschichte kennen Sie ja nun. Aber da ist mir, gerade als Sie weg waren, etwas eingefallen, das eventuell noch wichtig für Sie ist. In Frankfurt fand doch das Verfahren wegen der giftigen Lasuren statt. Die enthielten seinerzeit PCP, und das wiederum war mit Dioxinen verunreinigt. Eine ganze Reihe von Toxikologen meinte damals und meint es auch heute noch, dass die Beschwerden der Verwender entscheidend durch das Dioxin verursacht worden seien. Und nicht so sehr vom PCP. Schauen Sie doch mal in die Akten, wenn es überhaupt noch möglich ist. So weit ich weiß, wurde da sehr genau ermittelt."

„Vielen Dank, Herr Professor Bovermann, das ist sehr freundlich von Ihnen."

„Sie sind wohlbehalten nach Hause gekommen?"

„Mit einiger Verspätung zwar, aber – wie Sie sagen – wohlbehalten und mit besten Erinnerungen an den Pfälzischen Rahmkuchen."

✲✲✲

„Engel, guten Tag."

„Guten Tag, Herr Professor Engel. Mein Name ist Stockhausen. Peter Stockhausen von der Firma *Animal Trading* in Ravensburg. Wir hatten noch nichts miteinander zu tun, Herr Professor Engel. Aber das liegt möglicherweise daran, dass wir neu im Geschäft sind. So neu allerdings auch wieder nicht, denn wir sind die neugegründete Tochter von *Animal International.*"

„*Animal International* – natürlich!"

„*Animal Trading* hat sich auf eine spezielle Form der Vermittlung von Versuchstieren konzentriert. Da gibt es einen riesigen Markt, der allerdings noch nicht organisiert und bedient wurde. Irgendwo fallen bestimmte Spezies massenhaft an, werden aber vor Ort nicht gebraucht, und 10.000 Kilometer weiter sucht man händeringend nach genau dieser Art."

„Das Problem kennen auch wir."

„Und wir sind nun die Vermittler."

„Die Idee ist gut."

„Was Ihre Firma betrifft: Über das Internet wissen wir, dass Sie in Ihrer Tierversuchsstation mit Primaten arbeiten, im Wesentlichen wohl mit Schimpansen. Wir wissen auch, dass Sie einen recht hohen Verbrauch haben. Ich kann Ihnen heute ein attraktives Angebot machen, allerdings nicht auf der Schimpansenebene."

„Das ist aber schlecht."

„Wieso? Für Ihre Rückstandsstudien brauchen Sie doch nicht unbedingt Schimpansen! Zwergschimpansen tun es ebenso!"

„Nein, nein, Bonobos sind viel zu teuer!"

„Sehen Sie! Bei uns aber nicht! Im Moment jedenfalls nicht. Ich biete Ihnen 20 Bonobos für insgesamt 60.000 Dollar an. 15 Prozent unter dem Marktpreis."

„Nein, vergessen Sie das."

„Aber wieso denn? Ein einmalig günstiges Angebot! Die Qualität der Tiere ist völlig in Ordnung. Sie stammen aus einem Zoo in Ruanda. Sie sind kerngesund. Wegen des Bürgerkriegs wird der Park aufgelöst. Zum Heulen, aber nicht zu ändern. Die EU zahlt die Evakuierung. Da müssen Sie zugreifen – 50.000 Dollar!"

„Sie missverstehen mich, wir sind auf Schimpansen eingerichtet, die Umrüstung auf eine andere Art käme uns zu teuer."

„Aber sie vertragen sich doch mit ihren großen Geschwistern! Sie können Sie zusammen halten! – 10.000 Dollar!"

„Auch das geht nicht, selbst geschenkt sind sie uns zu teuer – leider. Nehmen Sie es einfach so hin. Wenn Sie wieder Schimpansen im Gepäck haben – liebend gerne."

Dirk Neuhaus mag das Gerichtsgebäude D nicht, vor allem dessen vierten Stock hat er hassen gelernt. Dort residiert der Boss. Und obwohl es hier heute, wenige Tage nach Abschluss der Sanierung, angenehm nach frischer Farbe riecht, schwant ihm nichts Gutes, als er den Knopf des Aufzugs drückt. Für 14 Uhr hat ihn der Generalstaatsanwalt zum Rapport geladen. Üblicherweise ist sein Abteilungsleiter mit von der Partie, wenn er dem höchsten hessischen Staatsanwalt Rede und Antwort stehen muss, aber der befindet sich im Urlaub. Übrigens seit sechs Wochen schon und man munkelt, dass der Urlaub in einer Klinik stattfindet und es sich in Wirklichkeit um einen

Entzug handelt. Jedenfalls ist Dirk Neuhaus allein und es geht ihm nicht gut.

Mit viertelstündiger Verspätung öffnet sich die Tür des Vorzimmers.

„Herr Dr. Neuhaus, bitte sehr." Die Sekretärin ist höflich wie immer. Noch einmal fünf Minuten warten und dann ist es soweit.

„Herr Neuhaus!" Ein fester Händedruck, aber ihre Blicke treffen sich nur für einen Augenblick. „Bitte nehmen Sie Platz – wie geht es Ihnen?"

Dann noch die eine oder andere Floskel und der Boss kommt zur Sache.

„Sie ermitteln gegen Toledo?"

„Ja."

„Um was geht es?"

„Verstoß gegen das Tierschutzgesetz – nicht genehmigte Tierversuche. Eine Strafanzeige vom Tierschutzverein."

„Broßstraße, meinen Sie wohl?" Der Chef verzieht abschätzig das Gesicht.

„Die Leute sind absolut zuverlässig."

„Sie haben durchsucht?"

„Vergangenen Donnerstag."

„War das nötig?"

„Der Ermittlungsrichter hat die Durchsuchung angeordnet."

„Der Antrag kam aber von Ihnen, nicht wahr?"

„Selbstverständlich."

„Sie waren zu siebt und haben in der Firma gefilmt?"

„Wir waren insgesamt acht und es wurde gefilmt, richtig."

„Sind Sie fündig geworden?"

„Allerdings ..."

„Die Hunde wurden Ihnen zuvor angeboten. Das stimmt doch?"

Dirk Neuhaus nickt.

„Warum sind Sie auf dieses Angebot nicht eingegangen? Die Durchsuchung wäre hinfällig gewesen."

„Das machen wir grundsätzlich nicht. Richterliche Beschlüsse nützen wir aus. Wo zwei Hunde missbraucht werden, liegt üblicherweise noch mehr im Argen."

„Natürlich – lag noch mehr im Argen?"

„Leider."

„Und wo?"

„In der Primaten-Station. Eine sehr verworrene Sache. Aber da gibt es möglicherweise ein Dioxin-Problem."

„Ein Dioxin-Problem?"

„Sie verübeln mir meine Zurückhaltung jetzt bitte nicht, aber wir wissen noch nichts Verbindliches."

„Und was wissen Sie überhaupt?"

„Dass in der Firma eventuell mit Dioxin gearbeitet wird, verbotenerweise."

Hilmar Kahlo ist aufgestanden und zum Fenster gegangen. Lange schaut er durch die frisch gewaschenen Vorhänge auf die schmutzige Stadt. Dann dreht er sich um und kehrt zu seinem Schreibtisch zurück.

„Wissen Sie eigentlich, wie viel Arbeitsplätze Toledo zur Verfügung stellt?"

„Verbindlich nicht, die Kripo hat was von 400 gesagt."

„... 600 mittlerweile. Toledo expandiert."

Dieses Argument kommt Dirk Neuhaus bekannt vor. Das ganze Zeremoniell erinnert ihn an seine ersten Wochen bei der Strafverfolgungsbehörde. Bernd Kollbach war der ältere Kollege, dem er alle seine Entscheidungen zu Endkontrolle vorlegen musste. Als er in einem Verfahren gegen einen bekannten Gynäkologen ein Gutachten in Auftrag geben wollte, empörte sich sein Gegenüber:

„Professor Kalb hat meinen Sohn zur Welt gebracht!"

Gynäkologe Kalb hatte allerdings nicht nur Gutes getan in seinem Leben, sondern auch anlässlich einer Sterilisation den Harnleiter der Patientin verletzt, was zum Verlust einer Niere geführt hatte. Dirk Neuhaus hatte sich seinerzeit durchgesetzt, aber schließlich doch erfahren, wo die Macht des kleinen Staatsanwaltes endet. Als er das Gutachten, mit dem er einen Berliner Facharzt betraut hatte, nach Fristablauf anmahnte, fragte dessen Sekretärin erstaunt, warum der Frankfurter Staatsanwalt denn so sehr an der Expertise interessiert sei. Ob er denn ernsthaft glaube, dass ihr Chef seinen Kollegen ans Bein pinkeln würde? Und so fiel das Gutachten schließlich auch aus.

„Wissen Sie, wie viel Gewerbesteuer Toledo an die Stadt

zahlt?"

„Keine Ahnung."

„Macht nichts. Kennen Sie denn wenigstens den Ruf der Firma beziehungsweise den von Professor Engel, dessen Abteilung Sie ja durchsucht haben?"

„Ehrlich gesagt, nein." Dirk Neuhaus' Magen fängt an zusammenzukrampfen. „Aber was soll das mit dem Verfahren zu tun haben?"

„Das fragen Sie ernsthaft?" Hilmar Kahlo ist wieder aufgestanden. „Toledo bestimmt weltweit den Standard in Sachen Neuronen-Medikamente. Professor Engel hat mit seinen Rückstandsforschungen internationale Standards gesetzt. Sein Name ist überall bekannt – und dann kommen Sie. Mit sieben Polizisten und einer Kamera. Wegen zweier Hunde, die für die Wissenschaft gestorben sind – vielleicht ohne Erlaubnis, zugegeben –, die aber nur deswegen geboren wurden, weil die Wissenschaft sie anforderte."

Jetzt hat der General wieder Platz genommen und fixiert seinen Untergebenen mit stechendem Blick. Seine Gesichtszüge verraten Anspannung, seine Lippen haben sich zu einem schmalen Strich verändert und um die Backenknochen spielen Muskeln.

„Es gibt Menschen, denen wir trotz ihrer Straftat noch etwas schuldig sind. Und das hat auch die Justiz zu beachten!"

„Ich will nicht bestreiten, dass ..."

„Ach was!" Hilmar Kahlo unterbricht seinen Gegenüber barsch. „Ich weiß, was Sie jetzt sagen wollen. Aber nehmen Sie bitte zur Kenntnis, was ich Ihnen hier sage: Die Justiz ist Teil des Systems – ein Teil! Sie muss auf die anderen Teile Rücksicht nehmen, muss sich gegebenenfalls auch anpassen. Verstehen Sie, was ich meine? Wir gefährden doch kein Unternehmen, das zahllosen Familien Auskommen garantiert und Arzneimittel sicherer macht, nur weil dort verbotenerweise mit Dioxin gearbeitet wird, wobei Sie ja offenbar noch gar nicht sicher wissen, ob und zu welchem Zweck das geschieht."

„Möglicherweise sind zwei Menschen dabei zu Tode gekommen."

Für eine hundertstel Sekunde zucken die Augen des Chefs.

„Andere überleben dafür, werden gesund durch die Produkte

des Unternehmens. Aber von diesen Menschen steht ja nichts in Ihren Akten. Die Nutznießer der Toledo-Arbeit sind anonym. Und wer anonym ist, bleibt außen vor. Wegen eines toten Laboranten werden Krokodilstränen vergossen, während tausend Gewinner keine Rolle spielen."

Die Sekretärin erscheint nach kurzem Klopfzeichen in der Tür und erinnert den Chef an den nächsten Termin.

„Ich erwarte, dass Sie diese Dinge bei Ihrer Arbeit berücksichtigen!"

Ein fester Händedruck verabschiedet Dirk Neuhaus auf den langen Flur. Auch ein Lächeln ist dabei, ganz warm und herzlich, doch nur für einen Augenblick. Zuckerbrot und Peitsche, denkt Dirk Neuhaus, das alte Erfolgsrezept. Es funktioniert so gut, weil Opfer für Wohltaten empfänglich und gegen Misshandlungen empfindlich sind. Er verspürt große Lust, dieser Logik die Gefolgschaft zu verweigern.

✳✳✳

Als der Staatsanwalt in sein Büro zurückkommt, es ist kurz nach elf Uhr, hört er aus dem Nachbarzimmer die Stimme des Kommissars. Seit einer Stunde vertreibt sich René Gronwald mit der alleinerziehenden Rechtspflegerin die Zeit. Dann steht er aber sekundenschnell auf der Matte.

„Sie sehen nicht gut aus!"

„Ich komme vom General." Dirk Neuhaus legt die Beine auf den Schreibtisch. „Wir sollen Toledo in Ruhe lassen."

„Oh Gott", entfährt es René Gronwald, „gerade wollte ich Ihnen den Plan für das große Finale vorstellen."

Dirk Neuhaus ist überrascht. „Das große Finale? Wie darf ich das verstehen?"

„Möglicherweise ist das Puzzle komplett."

„Dann interessiert mich der General nicht mehr!"

„Also werden Sie eins noch tun: Professor Engel vorladen. Ich will ihn hier in Ihrem Büro mit den Fakten konfrontieren."

„Warum das?"

„In einer solchen Situation geben die Beschuldigten mehr preis als später in den Schriftsätzen ihrer Rechtsanwälte."

„Und Sie glauben wirklich, dass Engel sich zur Verfügung stellt?"

„Wir sollten es versuchen!"

„Meinetwegen."

Seezunge als Belohnung

„Wir müssen nicht kommen und wir müssen nicht aussagen. Wir müssen noch nicht einmal absagen. Wir können die Bitte einfach ignorieren. Und selbst wenn wir uns zu den Fragen äußern, dürfen wir lügen. Lügen, dass sich die Balken biegen. Rechtlich wären wir damit immer auf der sicheren Seite."

Rechtsanwalt Boris Mai geht vor dem Schreibtisch seines Chefs auf und ab und referiert routiniert die Strafprozessordnung. Derweil sitzt Phil Matthews in einem kurzärmeligen Hawaiihemd in seinem ergodynamischen Wildledersessel und sondiert cool wie immer das Terrain.

„So machen wir das nicht", sagt er nach einer Weile. „Das machen wir ganz anders. Die Strafprozessordnung heben wir uns für später auf."

„Sie meinen, wir sollten ...?"

„Sie gehen hin, Sie sind pünktlich, Sie sind freundlich und sorgen im übrigen dafür, dass Engel etwas Vernünftiges anzieht. Und Sie antworten brav auf die Fragen des Staatsanwaltes. Das heißt, Engel antwortet. Das ist glaubhafter."

„Aber das ist auch gefährlich!"

„Nicht, wenn Sie dabei sind! Wir bestreiten alles, so lange das Sinn macht. Dazu präsentieren wir unsere Sicht der Dinge. Fakten, die die Staatsanwaltschaft kennt, räumen wir sofort ein."

„Was wissen die denn?"

„Zum Beispiel, dass wir mit Dioxin hantieren!"

Rechtsanwalt Boris Mai ist überrascht. „Auch die Einzelheiten?"

„Wahrscheinlich nicht."

„Und woher wissen die das?"

„Keine Ahnung. Aber Kahlo hat es mir heute morgen gesagt."

„Der Generalstaatsanwalt?"

„Ja. Er hat mich angerufen und gewarnt. Neuhaus sei ziemlich sicher, dass es in der Tierversuchsstation ein Dioxin-Problem gäbe. Da werden Fragen kommen – und Vorhalte."

„Sollen wir nicht lieber vor einer Aussage um Akteneinsicht nachsuchen? Das ist der normale Weg. Was wir jetzt vorhaben, ist ehrlich gesagt – außergewöhnlich, man kann auch sagen: riskant."

„Glauben Sie im Ernst, die geben uns zum gegenwärtigen Zeitpunkt Akteneinsicht? Aber wir müssen endlich wissen, was die wissen. Wenn ihre Fragen zu weit gehen, Sie verstehen, was ich meine, dann brechen Sie selbstverständlich ab. Aber mit irgendeinem überzeugenden Vorwand, nicht, dass sie denken, da ist jetzt was."

„Okay, Chef." Rechtsanwalt Boris Mai wird sich wieder beweisen können. Morgen wird er mit Professor Engel die Einzelheiten der Angelegenheit besprechen. Alle Fragen – und alle Antworten. Dann sollen sie nur kommen.

✳✳✳

„Nehmen Sie doch bitte Platz." René Gronwald zeigt auf die beiden Polsterstühle, die er vor dem Schreibtisch des Staatsanwaltes postiert hat und die aus dem Zimmer des Abteilungsleiters stammen. Der Kommissar ist höflich und gut gelaunt. Die Beute sitzt in der Falle. Allerdings: ganz gehört sie ihm noch nicht. Er muss sie noch zum Reden bringen. Einmal mehr wird ihm das heute gelingen. Erfolgreiche Jäger sind keine Zweifler.

Im hinteren Eck kauert Annette Basler. Der Kommissar hat den Staatsanwalt davon überzeugt, dass sie gebraucht wird. Sie ist Teil seines Plans.

Dirk Neuhaus kommt mit einer großen Kanne Kaffee und diversem Porzellan, auch das stammt aus den Beständen seines Abteilungsleiters. Professor Engel nimmt den Kaffee schwarz. Sein Gesicht ist blass und eingefallen und der dunkelblaue Anzug will nicht so recht zu ihm passen. Von Zeit zu Zeit spitzt er die Lippen, als wolle er etwas sagen. Dabei wandert sein Blick unruhig im Zimmer hin und her. Er zittert, als er die Tasse zum Mund führt. Dirk Neuhaus kennt das von der morgendlichen Kaffeerunde mit seinen Kollegen.

Rechtsanwalt Boris Mai ist die Ruhe selbst. Das glattrasierte, solariumgebräunte Gesicht verrät den Profi. Alles schon hundertmal gemacht, alles im Griff. Sein anthrazitfarbener Maßanzug und die rotgestreifte Seidenkrawatte stammen aus dem gleichen Laden, in dem Phil Matthews seine Garderobe kauft. Anwälte, die es so weit gebracht haben wie Boris Mai, sind über alles erhaben. Sie stehen über den Dingen. Selbst ein verlorener Prozess bedeutet keine Niederlage mehr. Man bleibt immer oben.

„Herr Mai, Sie geben mir noch eine Vollmacht ...?"

„Liegt schon auf Ihrem Schreibtisch."

„Entschuldigung."

Dirk Neuhaus überfliegt das kleine Formular und legt es zur Seite.

„Ja, vielen Dank, Herr Engel, dass Sie sich bereit gefunden haben, auszusagen, und es so kurzfristig einrichten konnten. Das ist ausgesprochen liebenswürdig von Ihnen und wir wissen es zu schätzen."

Höflichkeit soll Objektivität vorspiegeln. Professor Engels Gesicht verliert ein Stück seiner Anspannung. Boris Mai verzieht keine Miene. Er kennt das Spiel.

„Zunächst einmal muss ich Sie allerdings belehren. Als Beschuldigtem steht es Ihnen frei, zur Sache auszusagen ..."

Professor Engel ist erschrocken zusammengefahren und schaut hilfesuchend zu seinem Anwalt, der den Blick nicht erwidert, sondern kaum wahrnehmbar den Kopf schüttelt.

„Sie können also schweigen, brauchen kein Wort zu sagen. Sie können einfach aufstehen und nach Hause gehen. Das alles hätte keinerlei Nachteile für Sie."

„Entschuldigung." Erwartungsgemäß schaltet sich der Rechtsanwalt ein. „Sie belehren meinen Mandanten als Beschuldigten nach § 163 der Strafprozessordnung. Dann hat er auch das Recht, zu erfahren, was ihm vorgeworfen wird."

„Das wird im Laufe unseres Gesprächs der Fall sein."

„Sie missverstehen mich." Boris Mai lächelt nachsichtig, obwohl Rechtsanwälte an dieser Stelle regelmäßig sehr energisch widersprechen. „Oder Sie missverstehen die Strafprozessordnung. Vor der Vernehmung muss der Beschuldigte über die gegen ihn erhobenen Vorwürfe informiert werden – wie sollte er sonst entscheiden können, ob er aussagt oder nicht?" Jetzt schwingt eine Spur Hohn in der Stimme des Rechtsanwaltes mit.

„Natürlich, Sie haben Recht." Dirk Neuhaus lässt keinen Zweifel daran, dass die Rechtslage eindeutig ist. „Wissen aus dem ersten Semester, keine Frage."

Dann macht er eine kleine Pause. „Vielleicht können wir es heute aber einmal anders machen, anders, als es das Gesetz vorsieht. Ich schlage Ihnen einen Deal vor, ja einen echten, fairen Deal. Ich habe das mit Herrn Gronwald schon besprochen."

Der Kommissar nickt.

„Sie erfahren jetzt nach und nach von den Dingen, die wir Ihrem Mandanten zur Last legen, und dafür erfährt er von uns alles, was wir in diesem Zusammenhang wissen. Also auch die Umstände, die wir ihm nicht, jedenfalls jetzt noch nicht mitteilen müssen."

Anwälte dealen gerne. Vor allem, wenn die Initiative von *ihnen* ausgeht, wenn *sie* das erste Angebot machen können, denn dann sind die Weichen gestellt. Das ist jetzt anders.

Wenn er Nein sagt, denkt René Gronwald, wird es schwierig.

Boris Mai überlegt. Wir müssen wissen, was sie wissen, hat Phil Matthews ihm eingebläut. Das wäre jetzt die Gelegenheit. Staatsanwälte halten ihr Versprechen. Da hat der Rechtsanwalt keinen Zweifel. Auch auf der anderen Seite gibt es eine Ganovenehre. Einmal hat die Staatsanwaltschaft die Regel der Vertragstreue missachtet. In einem Terroristen-Prozess hatte man einem ebenfalls des Terrorismus Verdächtigen, aber in der sicheren Schweiz wohnhaften Zeugen freies Geleit zugesichert. Als er vertrauensvoll der Ladung Folge leistete, dann aber die Angeklagten entlastete, nahm man ihn kurzerhand wegen Falschaussage fest. Das war eine üble Sache, die dem Verhältnis zwischen Ganoven und Strafverfolgern schweren Schaden zugefügt hatte. Heute ist wieder Gras über die Sache gewachsen, denn es blieb bei diesem einmaligen Fauxpas.

„In Ordnung", sagt der Rechtsanwalt knapp, „fangen Sie an." Und zu seinem Mandanten gewandt: „Beantworten Sie einfach alle Fragen, die Ihnen der Staatsanwalt stellt."

„... und der Kommissar", ergänzt Dirk Neuhaus, „vor allem

der Kommissar. Herr Gronwald wird die Befragung leiten, wenn es Ihnen recht ist."

„Aber gerne – wir sind gespannt."

René Gronwald hatte an der Tür Platz genommen. Jetzt steht er auf und tritt neben den Staatsanwalt, der sich hinter seinem Schreibtisch zurücklehnt und die Beine übereinander schlägt.

„Wir haben anlässlich der Durchsuchung erfahren, dass Ihre Abteilung unterbesetzt ist. Stimmt das?"

„Jetzt nicht mehr, seit letzter Woche sind wir wieder komplett."

„Aber es stimmte damals? Sie waren in Unterzahl?"

„Allerdings. Zwei Laboranten fehlten."

„Was war mit ihnen?"

„Gestorben, kurz hintereinander gestorben. Frau Lück und Herr Gerdes."

„Gestorben heißt Selbstmord, nicht wahr?"

Rechtsanwalt Boris Mai unterbricht die Unterhaltung: „Sprechen wir doch einfach von Freitod."

„War denn ihr Tod so frei?"

„Zweifeln Sie daran?" Professor Engel ist von der Frage überrascht. „Einmal Sprung vor die Straßenbahn und ein andermal Sprung vom Balkon. Was soll da ... ?"

„Zwei Mitarbeiter Ihrer Abteilung begehen kurz hintereinander, pardon, bringen sich im Abstand von vier Wochen um. Ist Ihnen das nicht seltsam vorgekommen?"

„Schon, aber solche Zufälle kann es doch geben, oder?"

„Hatten die beiden denn ein Motiv?"

„Es war uns keins bekannt."

„Auch das hat Sie nicht stutzig gemacht?"

„Ich bitte Sie! Die Gründe für einen Suizid sind in der Regel ganz persönlicher Art. Selbst als Abteilungsleiter kenne ich das Privatleben der Betreffenden nicht!"

„Ist Ihnen an den beiden irgendetwas aufgefallen in der Zeit unmittelbar vor ihrem Tod? In ihrem Verhalten oder im Aussehen vielleicht?"

„Nein, nichts – gar nichts."

„Haben sie nicht plötzlich die Haare verloren?"

Professor Engel legt den Kopf auf die Seite und denkt nach.

„Ja – ja, jetzt erinnere ich mich – ganz schwach. Von Frau

Lück hieß es irgendwann einmal, sie trage eine Perücke, aber das hat mich natürlich nicht weiter interessiert. Und Herr Gerdes, der hatte eines Tages eine Glatze – aber auch das ist doch nichts Besonderes. In seinem Alter haben ungefähr 20 Prozent der Männer keine Haare mehr auf dem Kopf."

René Gronwald wechselt den Standort und postiert sich am Kopfende des Schreibtisches.

„Sie wissen, dass beide „Selbstmörder" obduziert wurden?"

„Das wurde erzählt."

„Frau Basler war für die Sektion verantwortlich. Sagen Sie bitte Herrn Engel, was Sie gefunden haben?"

„Gerne." Annette Basler macht sich bemerkbar. „Die unfallbedingten Verletzungen interessieren hier wohl nicht. Darüber hinaus hatten beide Personen nicht nur eine Glatze, sondern sie waren am ganzen Körper haarlos, hatten stark vergrößerte und veränderte Bauchspeicheldrüsen und Hypophysen. Ja, und diese beiden Drüsen enthielten, wie wir bei der toxikologischen Untersuchung festgestellt haben, eine große Menge Dioxin. Dioxin wurde natürlich auch im Blut festgestellt."

„Dioxin" – Professor Engel ist nicht sonderlich überrascht. „Dioxin haben wir doch alle im Körper. Als ganz normale Hintergrundbelastung. Dioxin ist mittlerweile allgegenwärtig in den Lebensmitteln, der Atemluft, im Trinkwasser ..."

„Wissen Sie, wie hoch die Hintergrundbelastung in Deutschland im Augenblick ist?"

„Vielleicht 30 Picogramm pro Gramm ..."

„15 Picogramm. Binnen zehn Jahren von 55 auf 15 zurückgegangen. Aber die Belastung von Frau Lück und Herrn Gerdes war viel höher." Annette Basler schlägt eine grüngebundene Akte auf. „Im Blut etwa das 50-fache an Dioxin-Equivalenten und in den beiden Drüsen das 1000-fache."

„Was sagt der Biochemiker zu diesem Befund?", fragt René Gronwald dazwischen.

„Hohe Werte, zweifellos. Aber Sie müssen immer bedenken, dass die Hintergrundbelastung, die Sie zum Vergleich heranziehen, auch nur ein gemittelter Wert ist. Haben Sie sich einmal klar gemacht, wie der zustande kommt?"

„Sicher ..."

„Schauen Sie in die einschlägigen Tabellen. Wenn die Hintergrundbelastung 50 beträgt, dann sind dafür eventuell 300

190

oder maximal 500 Personen untersucht worden. Einige haben gar nichts, und andere, die kein bisschen kränker sind als die unbelasteten, haben 1000. Weil sie vielleicht in der Stadt wohnen. 50 ist dann der Durchschnittswert und sagt eigentlich gar nichts aus."

„Was mir aber zusätzlich aufgefallen ist, Herr Engel", Annette Basler blättert in der dünnen Akte, „über 90 Prozent der Dioxin-Belastung Ihrer Laboranten bestand aus Tetra."

Herbert Engels Mundwinkel zucken kurz. „Tetra?"

„Merkwürdig, nicht wahr?" René Gronwald übernimmt wieder die Regie. „Das passt nicht in das Bild einer Hintergrundbelastung. Ganz viel Tetra, ganz wenig Okta."

„Erläutern Sie mir jetzt bitte noch einmal die toxikologische Bedeutung von Tetra und Okta, wenn ich bitten darf." Boris Mai ist freundlich wie eh und je. „Juristen sind halt keine Chemiker."

Annette Basler übernimmt die Rolle des Aufklärers. Rechtsanwalt Mai nickt von Zeit zu Zeit und stellt auch Fragen. Für René Gronwald eine Finte. In Wirklichkeit denkt er über den nächsten Schachzug nach. Aber da irrt der Kommissar. Phil Matthews will wissen, was die Gegenseite weiß, und darum geht es im Augenblick.

„Tetra", sagt Herbert Engel schließlich, „Tetra kann ja auch per Zufall in diesen Mengen entstehen."

„Es wäre dann aber wirklich ein Zufall, nicht wahr. Ein zufälliger Zufall."

„Die Möglichkeit von Zufällen", sagt Boris Mai, „geht zu Gunsten des Beschuldigten. Das wissen Sie, Herr Gronwald – auch als Polizist! Im übrigen darf ich jetzt einmal fragen, was die Dioxin-Geschichte mit meinem Mandanten zu tun hat?"

„Das sage ich Ihnen gerne. Wir haben Dioxin auch in Ihrem Labor gefunden."

„Das überrascht mich nicht! Bei den Rückstandsuntersuchungen können Dioxine entstehen. Viele Medikamente enthalten Chlor und in anderen sind Kohlenwasserstoffmoleküle vorhanden. Da kann ganz schnell das eine oder andere Molekül entstehen."

„Da mögen Sie recht haben, Herr Engel." René Gronwald grinst wie ein Sieger. „Das eine oder andere Molekül. In Ihrem Labor wurden allerdings große Dioxin-Konzentrationen gefunden und auch dort war das Tetra-Dioxin zu 90 Prozent beteiligt." Der Kommissar macht eine längere Pause. Dann holt er aus:

„Ich sage Ihnen jetzt zwei Dinge: Das Dioxin in Ihren Laboranten stammt aus Ihrem Labor und: Sie stellen es dort gezielt her! Noch etwas: Ihre beiden Laboranten sind Opfer eines Unfalls geworden. Bei der Synthese des Tetra ist der Stoff unkontrolliert frei geworden."

„Das ist doch Unfug!"

„Wirklich? Am 12. Dezember gab es in Ihrer Abteilung Alarm. Die Feuerwehr wurde aber wieder nach Hause geschickt. Das war der Störfall im Dioxin-Labor! Ihnen ist nämlich der Kessel, in dem Sie den Stoff hergestellt haben, explodiert. Die Temperatur-Anzeige ist bei 400 Grad stehen geblieben – genau der Reaktionsbereich des Giftes."

„Sie phantasieren!"

„Danach wurden die Laboranten krank und das Labor war so verseucht, dass Sie es nicht mehr benutzen konnten. Sie haben ein neues Labor eingerichtet!"

„Woher wollen Sie das wissen?"

„Phil Matthews hat uns anlässlich der Durchsuchung das alte Labor aufgeschlossen. Es war unbenutzt. Angeblich hatten die Mitarbeiter frei, während Sie in Moskau auf einer Tagung weilten. Sie waren in der Tat in Moskau, aber Ihre Mitarbeiter waren im Dienst. Im neuen Labor im 4. Stock."

„Sie verfügen wirklich über eine Menge Phantasie!"

„Und über ein paar interessante Messwerte. Frau Basler, können Sie Herrn Engel noch ein bisschen auf die Sprünge helfen?"

„Im alten Labor, Herr Engel, haben wir in der Luft 300 Picogramm Dioxin-Äquivalente gefunden. Unsere Toxikologen sagen: Solchermaßen verseuchte Räume sind nicht mehr benutzbar."

„Ein neues Labor im vierten Stock!" Professor Engel schüttelt ungläubig den Kopf.

„Das Sie im übrigen vorgestern der Feuerwehr gezeigt haben, als die Ihre Brandschutzeinrichtungen kontrolliert hat. Erinnern Sie sich noch?"

Professor Engel wirkt jetzt hilflos und verstört.

„Welchen Grund sollte mein Mandant haben, Dioxin herzustellen?" Boris Mai lenkt das Gespräch in eine andere Bahn. „Wir alle wissen, dass Dioxin kein Wirtschaftsgut ist, dessen Herstellung sich lohnt. Alle Welt müht sich um seine Vermeidung."

„Das haben wir uns auch gefragt", fährt René Gronwald fort, „aber einen Grund musste es geben. Das war uns klar, als wir uns seine Schimpansen etwas näher angesehen haben. Etwa die Hälfte davon litt unter Haarausfall – genau wie die beiden toten Laboranten."

„Gehen Sie in den Zoo oder sonstwohin!" Herbert Engel braust fast schon auf. „Überall werden Sie Affen mit dünnem Fell finden. Sie sind uns Menschen halt sehr ähnlich und der Druck der Gefangenschaft verstärkt diese Dinge noch."

„Unser Veterinär hat solche Erfahrungen aber noch nicht gemacht. Dafür hat Frau Dr. Basler etwas Überraschendes festgestellt. Sie hat sich nämlich eine Schimpansenlocke mitgenommen – ohne richterlichen Beschluss allerdings." René Gronwald ist völlig ernst.

„Ja, und diese Haarprobe haben wir einem Giftscreening unterzogen", fährt die Ärztin fort. „Das Ergebnis ist eindeutig: So lange das Tier bei Ihnen war, also seit fast einem Jahr, ist es laufend mit hohen Dosen Tetra-Dioxin versorgt worden."

„Wahrscheinlich sind vom Labor, das ja unmittelbar an die Tierhaltung angrenzt, Spuren der Verbindung ..."

„... keine Spuren", unterbricht Annette Basler, „hohe Dosen. Auch hier wieder hohe Dosen, wie sie laut unserer Toxikologie nur über gezielte Fütterung oder Begasung aufgenommen werden."

Jetzt ist der Kommissar wieder an der Reihe: „Warum also, haben wir uns gefragt, stellt Professor Engel Tetra-Dioxin her – im Grammbereich offenbar! Und verabreicht es seinen Schimpansen. Warum macht er das? Als Leiter der Rückstandsabteilung. Wo doch keine Medikamente auf dem Markt sind, die Dioxin enthalten oder deren Verstoffwechslung Dioxin erwarten lässt. Was ist der Grund? Wir haben in verschiedene Richtungen gedacht. Denkbar wäre ja, er hat ganz einfach mit Dioxin experimentiert. Wollte wissen, wie viel davon Warmblüter vertragen, wann welche Symptome einsetzen, ob es wieder ausgeschieden wird, ob es gespeichert wird, usw. So genau ist das ja alles noch nicht erforscht. Aber davon sind wir schnell wieder abgekommen. Für solche Späße baut man doch keinen Urwald nach im Verhältnis 1 : 1, haben wir uns gedacht. Viel zu teuer – sagen Sie, Herr Engel, was hat das Gehege gekostet?"

„Ich müsste nachsehen."

„Fünf Millionen – zehn Millionen?"

„Ich sagte doch, ich müsste nachsehen."

„Also keine Luxusexperimente. Die scheiden aus. Sondern die gezielte Suche nach einem Produkt, das die Kasse klingeln lässt. Unternehmer haben doch nur eins im Sinn: Profit!"

Boris Mai lächelt süffisant: „Seit wann beschäftigen sich Polizeibeamte mit Marxismus?"

„Aber was ist das für ein Produkt? Wir waren lange ratlos – und dann fielen uns die Kameras in Ihrem Gehege auf."

„Kameras, zum Überwachen der Tiere, nichts Besonderes", sagt Professor Engel abfällig.

„Haben wir zunächst auch gedacht. Ihr Chef hat uns das alles ja auch sehr anschaulich erklärt. Aber dann, als wir uns den Film von der Durchsuchung angesehen haben, sind wir stutzig geworden. Es handelte sich ausnahmslos um Hochleistungskameras. Das Beste, was der Markt bietet, und schweineteuer."

Erstmals schweigt Professor Engel.

„Hochleistungskameras, wie sie Verhaltensforscher verwenden, um kleinste Veränderungen in Mimik und Gestik von Versuchspersonen festzuhalten. Die Lügenforscher benutzen sie, hat uns Dr. Stefan erzählt, denn die Lüge verrät sich durch das kurze Augenblicksspiel eines einzigen Gesichtsmuskels."

Professor Engel hat den Blick gesenkt, während Boris Mai immer noch entspannt und unbeeindruckt mit paralleler Beinhaltung in seinem Sessel sitzt.

„Verhaltensforschung war das Stichwort. Sie wollten mit der Dioxin-Gabe das Verhalten der Schimpansen ändern. Aber welches Verhalten? Und auch da hat uns der Videofilm weitergeholfen. Was uns vorher gar nicht aufgefallen war: In der Abstellkammer lag eine Leopardenattrappe. Ich habe mich kundig gemacht. Leoparden sind die Todfeinde der Schimpansen. Wenn sie auftauchen, reagieren die Affen zunächst hochaggressiv. Sie drohen und schleudern Stöcke nach ihren Feinden. Verhaltensforschung heißt Aggressionsforschung. Oder haben Sie ganz spontan eine andere Erklärung für die Existenz der Leopardenattrappe?"

Jetzt unterbricht der Staatsanwalt. „Wollen Sie eine kleine Pause, Herr Engel? Um sich vielleicht auch mit Ihrem Verteidiger zu beraten?"

Dankbar schaut Herbert Engel zum Staatsanwalt und dann zu seinem Anwalt.

„Nein, danke", bescheidet der kühl das freundliche Angebot. „Wir brauchen keine Unterbrechung und hören weiter gerne dem Kommissar zu."

„Aggressionsforschung, dazu passen ja auch die Schimpansen. Tiere mit einer ganz passablen aggressiven Grundausstattung. Reizbar und von Fall zu Fall auch böse wie wir Menschen. Denn für die Menschen wird ja diese Forschung betrieben, nicht wahr, Herr Engel?"

„Jetzt übertreiben Sie aber wirklich, Herr Gronwald!" Professor Engel sieht einen Grund zum Einhaken. „90 Prozent der Primaten, die für Versuchszwecke benutzt werden, sind Schimpansen. Schauen Sie mal bei den einschlägigen Firmen in die jeweiligen Abteilungen. Schimpansen! Fast ausnahmslos Schimpansen! Harvesta hat 500 davon im Stall stehen und nie auch nur *eine* andere Art benutzt. Das ist in erster Linie eine Kostenfrage! Schimpansen sind vergleichsweise billig. Denn es gibt sie massenhaft und die Vertriebswege sind gut organisiert."

„Sie meinen den illegalen Fang und die illegale Einfuhr?"

„Das ist nicht unser Bier. Wir kaufen nur bei seriösen Anbietern."

René Gronwald weiß, dass die Schimpansen-Story des Chemikers gelogen ist. Rhesusaffen bevölkern, wenn überhaupt, die Tierversuchsabteilungen der Pharma-Unternehmen. Dennoch spielt er das Spiel weiter.

„Gut, eine Kostenfrage. Heißt das, wenn Sie irgendeine andere Primatenart billiger bekommen könnten, die würden Sie nehmen?"

„Aber selbstverständlich!"

„Sagen wir, Gorillas für 3000 Dollar das Stück, halb so teuer wie ein Schimpanse. Das ginge klar?"

„Ich würde *bar* bezahlen!"

„Orangs für 2000 Dollar?"

„Mit Kusshand!"

„Bonobos für 1000 Dollar? Oder als Sonderangebot: 20 Tiere für 10.000 Dollar?"

Professor Engel schaut den Kommissar mit starrem Blick an. Und wieder verschwindet alle Farbe aus seinem Gesicht.

„Sie?", sagt er nach einer Weile ungläubig und resigniert. „Sie waren das?"

„Ja, ich war das. Ich bin für ein paar Minuten in die Rolle des Tierhändlers geschlüpft und habe Ihnen ein verlockendes Angebot gemacht – das Sie nicht angenommen haben, erwartungsgemäß." Und zu Rechtsanwalt Mai hingewandt: „Strafprozessual nicht unumstritten, keine Frage, Herr Rechtsanwalt."

„Unser Spiel hat sowieso keine offiziell anerkannten Regeln," konstatiert der Anwalt. „Darin waren wir uns einig, oder?"

Der Kommissar nickt: „Wir spielen dieses Spiel wie abgemacht zu Ende." Um nach einer kleinen Pause fortzufahren:

„Jetzt war es uns klar: Es ging um Aggressionsforschung mit Dioxin. Dazu eignen sich die lammfrommen Bonobos nicht. Aber wir wussten immer noch nicht, was Dioxin mit Aggression zu tun haben sollte. Dann haben wir einen Tipp bekommen. Das Holzschutzmittelverfahren. Es war hier in Frankfurt anhängig – 13 Jahre lang. Der Informant wies uns darauf hin, dass das in den fraglichen Mitteln enthaltene Pilzgift PCP stark mit Dioxinen verunreinigt gewesen war und zahlreiche Wissenschaftler die Auffassung vertreten hätten, dieses Dioxin habe die vielen von den Anwendern genannten Beschwerden verursacht. Daraufhin sah ich mir die Akten dieses Verfahrens einmal an. Und jetzt kommen Sie ins Spiel, Herr Rechtsanwalt!"

„Na!"

„Mit einem Riesen-Fehler!"

„Fehler?" Rechtsanwalt Mai zieht erstaunt die Augenbrauen hoch.

„Das hätten Sie anders arrangieren müssen. Aber der Reihe nach. Ich bin nach Wiesbaden ins Landesarchiv gefahren. Zwei Tage habe ich in den Akten gelesen, planlos eigentlich und auch ohne großen Erfolg – zunächst jedenfalls. Ich habe mir vor allem die sogenannten Fallakten angesehen. Zu jeder geschädigten Familie gibt es eine solche Fallakte. Mich interessierte, was an Beschwerden vorgetragen wurde. Eigentlich alles, ein wildes Durcheinander von Symptomen."

„Und welche Rolle spiele ich dabei?", fragt Rechtsanwalt Mai ungeduldig.

„Einen Augenblick noch. Das Amt arbeitet mit deutscher Gründlichkeit, wie man sich gut vorstellen kann. Zu jeder Akte gibt es eine Entleiher-Karte, in die alle Personen eingetragen werden, welche die Akten eingesehen haben. Die Karte habe ich selbstverständlich auch einmal angeschaut und dabei bin ich auf Sie gestoßen, Herr Rechtsanwalt."

„Gibt es daran etwas auszusetzen?"

„Drei Tage lang waren Sie im August vergangenen Jahres im Archiv und haben in den Akten gelesen. *Im Auftrag des Geschädigten Prof. Engel* stand da, dessen Vollmacht Sie vorgelegt haben. Professor Engel ist aber doch gar nicht holzschutzmittelgeschädigt."

„Natürlich nicht."

„Aber weshalb haben Sie ihn dann vorgeschoben? Oder lassen Sie mich anders fragen: Wieso haben Sie die Akten eingesehen? Was hat Sie daran interessiert?"

„Das ist eine etwas komplizierte toxikologische Geschichte ..."

„Das ist sie gerade nicht! Ich will es Ihnen sagen, warum Sie so interessiert waren an den Holzschutzmittelakten. Es war nicht leicht herauszufinden. Aber glücklicherweise enthielt die Karteikarte noch eine weitere wichtige Eintragung: Welche Aktenteile der Entleiher kopiert hatte. Sie haben 212 Fallakten kopiert, scheinbar wahllos herausgesucht unter 1000. Ich habe lange gebraucht, bis ich den kleinsten gemeinsamen Nenner dieser Akten gefunden hatte oder jedenfalls eines großen Teils dieser Akten, also gemerkt hatte, auf was es Ihnen angekommen war: Bei fast 90 Prozent dieser Fälle stand das Symptom der Antriebsschwäche beziehungsweise des Initiativverlustes im Vordergrund. Und nebenbei gesagt, soweit in diesen Fällen Blut oder Materialproben untersucht worden waren, wurde unverhältnismäßig viel Tetra-Dioxin gefunden."

„Und Ihre Interpretation?"

„Diese Aktengeschichte verrät uns, dass Sie einen Stoff gesucht haben gegen aggressives Verhalten, einen Downer, würden die Pharmakologen sagen. Und das Tetra-Dioxin war Ihr

Ausgangsprodukt. Denn diejenigen, die es konzentriert über das Holzschutzmittel abbekommen hatten, waren besonders von Antriebsschwäche beziehungsweise Initiativverlust befallen."

„Eine gewagte Konstruktion." Boris Mai hat ein wenig seiner ursprünglichen Gelassenheit verloren. „Lebensgefährliche Dioxin-Experimente für ein Beruhigungsmittel, das es doch in Form von Valium oder Barbituraten in bester Qualität längst schon gibt!"

„Genau das habe ich auch gedacht. Warum setzt Professor Engel bei seinem Downer auf das streng verbotene und hoch gefährliche Dioxin? Warum macht er sich strafbar? Das kann doch nie ein Publikumsmedikament werden, habe ich mir gesagt. Das erhält nie eine Zulassung. Aber wenn man die Fallakten sorgfältig studiert, stellt man fest: Der Stoff, der die Verwender krank gemacht hat, ist so perfekt, so heimtückisch, so kompromisslos, schon nach der Aufnahme von geringsten Dosen, dass er allem anderen, was der Markt hergibt, haushoch überlegen ist. Die Holzschutzmittelkranken waren quasi willenlos. Wenn man sich vorstellt, dass man das fragliche Molekül noch verändert, seine Wirkung steigert, dann ist da letztendlich ein Produkt in der Welt, für das es mit Sicherheit eine Anwendung gibt, eine lukrative dazu."

„Welche?" Jetzt scheint es Rechtsanwalt Mai wissen zu wollen. Professor Engel schweigt seit geraumer Zeit und blickt stier auf den Schreibtisch des Staatsanwaltes.

„Ich sage es Ihnen. Als ich seinerzeit den Namen Ihres Mandanten erstmals im Zusammenhang mit den beiden toten Laboranten hörte, kam er mir bekannt vor. In irgendeinem dienstlichen Zusammenhang hatte ich ihn schon einmal gehört. Es fiel mir aber nicht ein und ich habe auch nicht nachgeforscht, denn Engel ist kein seltener Name. Vorige Woche habe ich dann das getan, was ich schon längst hätte tun sollen. Ich habe ihn in unser System eingegeben – mit Erfolg."

Rechtsanwalt Boris Mai nickt bedächtig mit dem Kopf, aber Aufgabe bedeutet das noch nicht. Professor Engel ist zu einer Säule erstarrt. Er ist leichenblass und seine Augen schimmern feucht und matt.

Die Informationen der letzten Viertelstunde sind für Annette Basler und Dirk Neuhaus völlig neu. Gespannt haben sie den

Worten des Kommissars gelauscht. Jetzt scheinen sie die Luft anzuhalten.

„Ja, Herr Neuhaus." – René Gronwald geht langsam zur Tür, von wo aus er alle Anwesende im Blick hat. „Herr Engel ist der Vater von Claudia Simon. Claudia Simon war Lehrerin an der Käthe-Kollwitz-Schule hier im Nordend. Sie kam bei der Geiselnahme vor einem Jahr zu Tode – als die Polizei auf die Geiselnehmer geschossen hat."

„Den Schluss, den Sie offenbar daraus ziehen, halte ich ebenfalls für sehr gewagt." Rechtsanwälte besitzen ein enormes Durchhaltevermögen.

„Er ist es nicht. Die Polizei hat zu ihren bedeutenden Fällen auch eine Pressemappe. Darin sammelt sie alles, was darüber geschrieben wird."

„Sie lesen 30 Zeitungen am Tag", sagt Annette Basler. „Das ist in der Rechtsmedizin nicht anders."

„Alles wird ausgeschnitten und abgeheftet – natürlich auch Leserbriefe. – Auch Leserbriefe, Herr Engel. Sie wissen noch, was Sie damals geschrieben haben?"

Herbert Engel hebt den Kopf und schaut dem Kommissar fest in die Augen: „Müssen immer noch unschuldige Menschen sterben, weil uns nichts Besseres einfällt als zu schießen? Warum spielt die Chemie so gar keine Rolle in diesem Zusammenhang? Wann endlich arbeiten wir an dem Stoff, der alle Geiselnahmen kurzfristig und risikolos beendet?"

Jetzt gibt Boris Mai auf. „Bekommen wir eine kurze Auszeit? Für die Cafeteria?"

***

Eine halbe Stunde später sitzen sie erneut zusammen. Professor Engel hat wieder Farbe im Gesicht.

„Sie haben meine Geschichte gehört – erzählen Sie mir jetzt Ihre?" René Gronwald ist ein Perfektionist.

„Da gibt es nichts mehr zu erzählen. Ihre Geschichte ist auch meine Geschichte."

„Vielleicht doch. Ehrlich gesagt, bleiben mir zwei oder drei Fragen. Erzählen Sie doch noch einmal die Geschichte aus

Ihrer Sicht."

Herbert Engel zögert nicht lang. Was er jetzt erzählt, das muss er erzählen, trotz anderslautender Behauptung.

„Als meine Tochter starb .... Polizisten wissen, wie es Eltern in dieser Situation ergeht, nicht wahr? Sie war unser einziges Kind. Ich habe ihren Tod als sinnlos empfunden und als vermeidbar. Von einer Gangsterkugel getroffen, nachdem die Polizei geschossen hatte! Mir ist schlagartig bewusst geworden, dass auf das Primitivdelikt Geiselnahme die polizeiliche Primitivreaktion Scharfschütze folgt. Es wird also geschossen. Zwar erst, wenn sonst nichts geht, und immer bedienen Spezialisten die Präzisionsgewehre. Aber was soll's? Schon Fehler im Nano-Bereich bedeuten Misserfolge. Ich habe mich gefragt, ob es da nicht eine gänzlich andere Strategie gibt als diese sicherlich sehr publikumswirksamen und von daher vielleicht auch politisch gewollten SEK-Einsätze. – Den Holzschutzmittelprozess hatte ich sorgfältig verfolgt, aus anderen Gründen. Ich wusste, dass viele Menschen erkrankt waren und dabei die Antriebsschwäche eine zentrale Rolle spielte. Nachdem ich in den Medien von diversen Einzelschicksalen erfahren hatte, war mir plötzlich klar: Das konnte es sein. Der Stoff, der den fürchterlichen Initiativverlust auslöst, könnte auch bei Geiselnahmen eingesetzt werden. Selbstverständlich in aufbereiteter Form, toxikologisch verbessert und so weiter. Die Polizei in aller Welt würde Schlange stehen. Auf jeden Fall: Dieses Patent wäre der reinste Goldesel."

„War da bereits Dioxin im Spiel?"

„Ehrlich gesagt, ja. In den Medien war zwar immer nur von PCP die Rede, aber ich dachte mir schon, dass das viel giftigere Dioxin für die Wirkungen verantwortlich war. Ich habe unseren Chef von der Idee überzeugen können. Er spekulierte verständlicherweise vor allem auf das große Geschäft, während es mir mehr um meine Tochter ging. Wir haben uns dann die Akten des Verfahrens besorgt und festgestellt, dass tatsächlich ein markanter Initiativverlust eingetreten war bei den Betroffenen und dass dieser Initiativverlust mit der Dioxin-Belastung zu tun hatte. Allerdings war es das Tetra-Dioxin. Das hat uns weniger gut gefallen, weil diese Verbindung so extrem giftig ist."

„Und dann haben Sie den Stoff trotzdem gezielt hergestellt?"

„Es war halt eine sehr verlockende Sache – und für mich ein Stück wirksamer Trauerarbeit. Wir haben Tetrachlorbenzol mit konzentrierter Natronlauge zur Reaktion gebracht, das Syntheseprodukt mehrfach chromatographisch behandelt und gewaschen, und dann hatten wir Tetra-Dioxin."

„Das Sie den Affen gegeben haben."

„Langsam. Sie wissen vielleicht, dass es eine große Zahl unterschiedlicher Tetra-Dioxine gibt – je nachdem, wo die Chloratome an den beiden Benzolringen sitzen. Die entsprechenden Fraktionen haben wir in einem Gaschromatographen voneinander getrennt und dann erst an die Schimpansen verfüttert, später gasförmig verabreicht."

„Gab es Wirkungen?"

„Oh ja." Engels Augen glänzen. „Einzelne Varianten nahmen den Tieren jegliche Initiative, jegliche Aggression, machten sie zahm wie Kuscheltiere. Es gab keinerlei Auseinandersetzung mehr unter den betreffenden Tieren, die Leopardenattrappe wurde schließlich als Spielzeug angenommen. Die Aufzeichnungen unserer Kameras haben wir von amerikanischen Spezialisten auswerten lassen. Sie konnten uns verbindlich sagen, welche Molekülstruktur die jeweils stärksten und – schnellsten Initiativverluste herbeiführte."

„Dann kam der Unfall im Dezember."

„Der Unfall, ja, der Unfall am 12. Dezember." Die Vergangenheit hat Professor Engel eingeholt. Er ist nachdenklich geworden. „Der Reaktorkessel explodierte, weil uns der Druck außer Kontrolle geraten war. Lück und Gerdes waren als einzige im Labor. Schon eine Stunde später ging es ihnen schlecht. Danach wurden sie immer kränker. Übelkeit, Erbrechen, Gelenkschmerzen, Kopfschmerzen, Haarausfall und halt Antriebsschwäche. Mir wurde einmal mehr bewusst, dass wir die Nebenwirkungen unter Kontrolle bringen mussten. Denn so viel war klar: Das Mittel, um das es uns ging, würde sicherlich gasförmig zum Einsatz kommen. Wenn es die Geiselnehmer einatmen, dann atmen es auch die Geiseln ein. Was nützen uns aber Geiseln, die zwar mit dem Leben davon kommen, danach aber todkrank sind?"

„Haben Sie da nicht ans Aufgeben gedacht?"

„Aber wo denken Sie hin!" Professor Engel ist plötzlich wieder voller Elan. „Das ist doch für einen Wissenschaftler kein Grund zum Aufgeben, sondern eine ungeheuer reizvolle neue Herausforderung. Wir haben das Molekül umgehend weiter verändert, Chlor substituiert, zunächst durch Brom, dann durch Jod. Wir haben kleine Mengen Okta-Dioxin zugesetzt, weil wir gehofft haben, dass dadurch die Sekundärwirkungen eingedämmt würden. Gleichzeitig haben wir versucht, die Fettlöslichkeit der Dioxine und ihre Stabilität zu verringern, damit sie besser wieder abgebaut werden konnten."

„Ihren beiden Laboranten ging es immer schlechter?"

„Sie wurden ganz schnell schwermütig. Ich hatte das befürchtet – die Suizidraten im Kollektiv von Dioxin-Opfern sind bekanntlich sehr hoch."

„Im Normalfall hätte das mein Mandant so nicht gesagt." Boris Mai macht noch einmal klar, dass diese Vernehmung unter besonderen Vorzeichen steht.

„Zudem hatten wir die erhöhte Suizidneigung auch beim Studium der Holzschutzmittelakten festgestellt", fährt Herbert Engel fort.

„Haben Sie darauf reagiert?"

„Zwei Mitarbeiter sind ihnen fast auf Schritt und Tritt gefolgt ..."

„... ein Mittvierziger, untersetzt, Halbglatze, Kinnbart, und ein junger Mann ..."

„Bremond und Maniak, zwei Mitarbeiter aus unserer Abteilung *Betreuung*. Sie haben versucht, therapeutisch auf die beiden einzuwirken. Haben ihnen ein Gegenmittel, das wir selbst entwickelt hatten, angeboten. Leider alles ohne Erfolg. Das Tragische an der Sache: Die Suizide geschahen jeweils in ihrem Beisein. Die zwei Betreuer sind seitdem krank." Professor Engel senkt betroffen den Blick. Nach einer kleinen Pause fragt der Staatsanwalt:

„Wie weit sind Sie mit Ihrer Arbeit?"

„Mittendrin, würde ich sagen."

„Schon Licht am Ende des Tunnels?"

„Ganz viel Licht!"

„Sie werden umkehren, Herr Engel. Ist Ihnen das klar?"

„Umkehren?" Ungläubiges Staunen liegt auf dem Gesicht des Chemikers.

„Aufhören, meine ich damit. Die Arbeit mit Dioxin ist strafbar."

„Mein Mandant wird diese Arbeiten sofort einstellen." Der Rechtsanwalt schafft Fakten. „Über die Erledigung des Verfahrens sollten wir noch einmal unter vier Augen reden."

„Morgen Nachmittag?"

„15 Uhr, das ginge."

„Einverstanden, sagen Sie mir noch, was auf dem Aktendeckel steht?"

„Zum Beispiel *fahrlässige Tötung*."

„Danke." Boris Mai fragt nicht weiter nach. Das wäre ein Fehler, den nur Anfänger machen.

Als Professor Engel und sein Anwalt das Büro im fünften Stock des Gerichtsgebäudes verlassen haben, sagt Annette Basler:

„Nach einem Geständnis sind die Menschen von einer großen Last befreit, sehe ich das richtig?"

„Ja, ja", antwortet Dirk Neuhaus, „gestehen ist wie beichten."

„Nicht immer", korrigiert René Gronwald, „sondern nur, wenn die Täter auch Schuld empfinden."

Im Parkhaus am Gericht hält Rechtsanwalt Mai seinem Mandanten die Tür der großen Limousine auf.

„Im Börsenkeller gibt es heute Seezunge."

„Wir haben sie uns verdient, nicht wahr?

Seltsame Namen

Schon am nächsten Morgen ist der General am Telefon. Wie immer lässt er sich von seiner Sekretärin verbinden, deren freundlich-resolute Stimme den Angerufenen auf das dem Boss genehme Maß zurecht stutzt. Der General fragt nach dem Stand des Toledo-Verfahrens. Dirk Neuhaus wundert sich, denn von der Engel-Vernehmung hat er im Hause nichts verlauten lassen. Der Staatsanwalt informiert seinen Chef über den Sachstand.

„Gut", sagt Hilmar Kahlo, „gut, dann lagen Sie ja gar nicht so verkehrt mit Ihrem Dioxin-Verdacht."

Arschloch, denkt Dirk Neuhaus, warum erkennt er nicht an, dass ich richtig lag?

„Sein Motiv ist ehrenwert, nicht wahr?"

„Wenn Sie auf das Motiv abstellen ..."

„Ach, hören Sie doch auf!", fährt der General dazwischen, als hätte er den Einwand erwartet. „Dieser Fall ist der Fall eines honorigen Mannes, dem der Staat – sprich: die Polizei – die einzige Tochter nimmt und der bei der Bewältigung seines Schmerzes etwas falsch macht, wobei das anvisierte Produkt wiederum einen Segen für die Menschheit bedeuten könnte. Darum geht es doch!"

„Aber das bestreite ich gar nicht. Nur sind da zwei Laboranten auf der Strecke geblieben ..."

„Das sehe ich auch! Eine Verfahrenseinstellung bedeutet ja nicht, dass wir diesen Aspekt vernachlässigen. Wenn Engel oder meinetwegen auch die Firma – sagen wir: 50.000 Euro zahlen, ist die Angelegenheit doch aus der Welt. Das Unternehmen hat vor drei Jahren einen Verein für notleidende Toledo-Mitarbeiter gegründet. Da wäre das Geld sicher gut aufgehoben."

Dirk Neuhaus überrascht nicht, was er da hört, aber es macht ihn wütend. Verfahrenseinstellung, meint der Chef und nicht etwa Anklage. Er hat das Sagen. Dann auch noch: Die Geldbuße an einen Toledo-Verein. Üblicherweise geht die Knete aus der Umweltabteilung an irgendwelche Umweltorganisationen. An Greenpeace zum Beispiel oder an einheimische Naturschützer.

„Darüber muss ich noch mal nachdenken", antwortet Dirk Neuhaus und tut so, als sei die Entscheidung noch nicht gefallen und vor allem: als sei sie seine Sache.

„Herr Neuhaus." Hilmar Kahlos Stimme ist plötzlich freundlich und unbefangen wie seinerzeit, als der General noch kein General war und mit seinen Kollegen Volleyball spielte. „Es müssen ja nicht bloß 50.000 sein. 100.000 wären doch auch in Odnung. Und der Toledo-Verein ist ebenfalls nicht die einzige Adresse. Nehmen Sie einfach Greenpeace oder den Verein, bei dem Sie Mitglied sind. Wie heißt er noch – Sie wissen schon!"

✳✳✳

Der Staatsanwalt hat den Kommissar zur Abschlussbesprechung bestellt. René Gronwald informiert Annette Basler anschließend darüber in der Hoffnung, dass sie ebenfalls dazu stoßen kann. Sie wird irgendwann kommen, denn sie muss an diesem Tag zum Gericht. Sie ist zickig am Telefon: „Es bleibt dabei: kein du!"

Als wäre nichts geschehen! Der Kommissar kommt sich vor wie ein Spinnenmännchen, das von dem Weibchen nach der Paarung gefressen wird. Das Nichterinnernkönnen scheint ihm hier sogar noch ein bisschen schlimmer.

Viertel nach elf, René Gronwald ist pünktlich zur Stelle. Auf den Fluren des Gerichts herrscht schon reger Verkehr und vor den Aufzügen gibt es erste Staus. Die Oberstaatsanwälte gehen zum Essen. Seit jeher machen die Abteilungsleiter genau um 11.15 Uhr Mittag. In der Kantine sitzen sie stets am selben langen Tisch, den ihnen der Rest der Hungrigen widerspruchslos überlässt. Während es im Wolfsrudel oder in der Straßengang immer wieder einmal Zoff gibt wegen der Rangordnung, Jungtiere den Aufstand proben und das Alphatier herausfordern, funktioniert die Justizhierarchie ohne Ausnahme reibungslos. An dieser Harmonie hatte selbst der Ausrutscher des Kommissars im vergangenen Herbst nichts ändern können. Als Zeuge am Gericht war René Gronwald in einer Sitzungspause auf einen Kaffee in die Kantine gegangen und hatte an einem langen Tisch Platz genommen, der als einziger noch frei war. Noch vor dem ersten Schluck hatte ihn eine junge Richterin darauf aufmerksam gemacht, dass dies der Tisch der Oberstaatsanwälte sei, die in wenigen Minuten genau diesen Platz beanspruchen würden. Anstandslos hatte René Gronwald damals seine Position geräumt und bei der braven Informantin Platz genommen, die sich mit einem Früchtetee für die Herausforderung des Tages wappnete. Später hatte ihn der Staatsanwalt über die Machtverhältnisse in der Kantine und in der Justiz überhaupt aufgeklärt. Der Polizist war ins Grübeln geraten und hatte sich vorzustellen versucht, was wohl geschehen wäre, wenn er seinen Platz nicht verlassen hätte.

Dirk Neuhaus erzählt dem Kommissar vom Anruf des Generals.

„Erledigung im schriftlichen Verfahren, ohne Hauptverhandlung und irgendwelches Aufsehen. Kein Schwein erfährt von der Geschichte. Darum geht es ihm?"

„Selbstverständlich!" Dirk Neuhaus wirft wütend einen leeren Kugelschreiber durch das offene Fenster. „Er spielt den Schutzheiligen von Toledo!"

„Und was soll der ganze Scheiß?" Polizisten, die viel Arbeit und Zeit in einen Fall gesteckt haben, sind auch an einem angemessenen Ausgang interessiert. „Wieso macht er das?"

„Unsere Obermacker fühlen sich den anderen Obermackern verpflichtet. Bosse halten zu Bossen!"

„Einfach so?"

„Solidarität aus Tradition!"

„Quatsch! Da ist doch gezahlt worden. Solidarität gibt es nicht zum Nulltarif, jedenfalls heute nicht mehr."

„Nein, nein, nein!" Dirk Neuhaus schüttelt energisch den Kopf. „Unsere Leute muss man für ihren Gehorsam nicht bezahlen. Ihnen genügt ein anerkennendes Schulterklopfen oder ein freundlicher Blick."

„Aber das heißt doch dann, dass sie sich den anderen Bossen

gar nicht ebenbürtig fühlen. Sie sind Bosse nur auf dem Papier! Leiden Ihre Chefs an einem Minderwertigkeitskomplex?"

Dirk Neuhaus hat ein Tempotaschentuch aus seiner Schublade gefingert und wischt sich den Schweiß aus dem Gesicht. „Nennen Sie es, wie Sie wollen. Von ihrer Mentalität her sind es Diener!"

„Kann man damit leben?"

„Wenn man die Dinge kompensiert."

„Kompensiert?"

„Innerhalb des eigenen Apparates, zum Beispiel gegenüber seinen Mitarbeitern – oder in der Kantine."

Es klopft kurz, und dann steht Oberstaatsanwalt Jo Hossenberger in der Tür.

„Störe ich?"

„Ganz im Gegenteil. Wir brauchen Ihren Rat."

Jo Hossenberger leitet in Vertretung die Umweltabteilung. Die eigentliche Chefin, Oberstaatsanwältin Petra Burkert, ist an den Internationalen Strafgerichtshof in Den Haag abgeordnet worden , wo sie seit vier Wochen gegen mutmaßliche Kriegsverbrecher aus dem Nahen Osten verhandelt. Hossenberger ist 51 Jahre alt und schon am Ende seiner Karriere. Dabei hatte alles so vielversprechend angefangen: Einserexamen und danach sofort Dezernent in der Wirtschaftsabteilung der Münchener Staatsanwaltschaft. Er bringt umfangreiche Verfahren zur Anklage und erzielt erstmals Freiheitsstrafen in einem Warenterminprozess. Drei Jahre später schon leitet er die Abteilung und es ist absehbar, dass er nach der Pflichtstation des Pressesprechers und des Vizechefs zum Behördenleiter ernannt werden wird. Aber dann kriselt die Ehe. Ihr stinkt sein überzogenes Selbstbewusstsein und er fühlt sich nicht ernst genommen. Man spricht von Scheidung und das setzt dem sensiblen Bayer schwer zu. Der Cognac, mit dem er zuerst die Erfolge begossen hatte, wird jetzt alltäglicher Seelentröster. Der Schreibtisch wandelt sich immer mehr zum Tresen; wo ehedem Akten lagen, stehen jetzt Flaschen und Gläser.

Dazu kommen erste Selbstzweifel. Jo Hossenberger fragt sich, ob er wirklich so erfolgreich war, wie das im Haus an der Isar erzählt wird. Ist es tatsächlich eine supertolle Leistung,

Warenterminbetrüger hinter Schloss und Riegel zu bringen, wo doch die geldgeilen Anleger möglicherweise einen solchen Schutz gar nicht verdienen? Und was sonst noch seinen guten Ruf begründete: das aufgeräumte Dezernat, die geringe Zahl unerledigter Verfahren in seiner Abteilung – mit Gerechtigkeit haben diese Dinge wenig zu tun. Eigentlich, das fällt ihm jetzt auf, hatte diese Maßeinheit für seine Wertschätzung keinerlei Bedeutung. Da stand er aber nicht allein. Der ganze Apparat hatte mit Gerechtigkeit kaum etwas am Hut.

Als nach der Scheidung die Kinder der Mutter zugesprochen werden und wenige Monate später sein ältester Sohn an Knochenkrebs erkrankt, geht es weiter bergab. Weil Nüchternsein Depressionen zur Folge hat, wird der Alkoholspiegel 24 Stunden oben gehalten. Akten und Vorgänge bleiben unbearbeitet. Plädoyers werden mit schwerer Zunge gehalten und erregen nicht nur bei den Verteidigern Heiterkeit. Viel Reden der Freunde und der Vorgesetzen hat schließlich Erfolg. Jo Hossenberger geht in Therapie. Eine Kurztherapie in einer Luxusklinik in Graubünden soll es bringen. Alles läuft nach Plan und ein sichtlich erholter Abteilungsleiter tritt sechs Wochen später seinen Dienst wieder an. Aber dann stirbt sein krebskranker Sohn und schon am Tag nach der Beerdigung ist er erneut bei Null.

Danach schieben sie ihn ab nach Frankfurt am Main, wo man ihn aber nicht will. Problemfälle gibt es hier genug. Er erhält keine eigene Abteilung und noch nicht einmal ein eigenes Dezernat. Stattdessen vagabundiert er durch die Behörde als Vertreter erkrankter, abgeordneter oder im Urlaub befindlicher Abteilungsleiter. Eine kleine Wohnung hat er in einem großen Appartementhaus in der Mailänderstraße gefunden, wo viele hübsche Mädels zuhause sind. Aber der Oberstaatsanwalt bleibt allein.

Jo Hossenberger setzt sich auf den abgewetzten Stuhl, der neben der Tür steht. Dirk Neuhaus hat ihm schon vor einiger Zeit vom Toledo-Verfahren berichtet, aber wie alle Trinker interessieren ihn solche Dinge nicht mehr. Seine Gedanken kreisen um die Flasche. Heute war es eine große Rotweinflasche, Troller Burggraf, seine Hausmarke, und die ist jetzt leer.

Sein Dezernent konfrontiert ihn mit der Vorstellung des Generals von der Verfahrenserledigung und mit seiner eigenen Meinung.

„Meines Erachtens gehört Professor Engel vor Gericht. Keine Verfahrenseinstellung, zunächst jedenfalls nicht. Wenn es das Gericht später will – meinetwegen. Ich würde mich nicht querstellen. Aber die Dioxin-Geschichte muss unbedingt in die Öffentlichkeit!"

Jo Hossenberger winkt ab. „Herr Neuhaus, was wollen Sie sich mit denen da oben streiten? Nehmen Sie die 100.000 meinetwegen für Ihren Umwelt-BUND und machen Sie die Akte zu."

Dieser Mann kann nicht mehr kämpfen. Und er will nicht mehr kämpfen. Er steht auf der Abschussliste, nach einer erfolglosen Therapie und diversen Auffälligkeiten. Aus seiner Abteilung dürfen jetzt keine Quertöne kommen.

Eigentlich eine tolle Konstellation für die beim General, denkt Dirk Neuhaus. Hossenberger ist ihre Marionette, sie haben ihn in der Hand und damit die gesamte Abteilung.

Als der Abteilungsleiter das Büro verlassen hat, um nachzutanken, sagt der Staatsanwalt eher beiläufig: „Die Kleine kommt vorbei."

„Schön", entgegnet René Gronwald mit kontrollierter Sympathie.

„Sie sitzt in einer Trunkenheitssache, die bald zu Ende sein dürfte."

Jetzt lassen sie den Fall noch einmal Revue passieren. „Sagen Sie, Herr Gronwald", will Dirk Neuhaus wissen, „die Sache mit der Strafanzeige gegen Toledo wegen der beiden Hunde: Zuerst habe ich befürchtet, sie sei eingefädelt worden, um uns in die Firma kommen zu lassen. Aber die Vorwürfe waren ja berechtigt. Sollte da vielleicht trotzdem die Hand des Kommissars im Spiel gewesen sein?"

„Ein kleines Handspiel vielleicht, das aber nicht gepfiffen werden musste. Ich war schon beim Tierschutzverein. Sie hatten von irgendwo her von dem nicht genehmigten Tierversuch erfahren, wollten aber keine Anzeige erstatten, sondern die Presse auf den Fall ansetzen. Das hätte mehr Öffentlichkeit bedeutet und nebenbei ein paar Mark in die Kasse geschafft.

Aber dann haben sie sich anders entschieden, um uns einen Gefallen zu tun."

„Ganz freiwillig natürlich."

„Sicher, aber in der festen Erwartung, dass demnächst wieder ein Bußgeld rüberkommt."

„Einen Betrag haben sie bestimmt auch schon genannt."

„Klar doch. Mit 15.000 Euro können sie den Laden einen Monat lang am Leben erhalten."

Annette Basler ist gekommen und will etwas vom Kommissar wissen: „Warum haben Sie Professor Engel ins System eingetippt? Seien Sie ehrlich!"

„Was sollte ich denn verschweigen?"

„Dass es Ihr siebter Sinn war, der Sie das hat tun lassen!"

„Wieder falsch", wehrt René Gronwald ab. „Es war einmal mehr meine Erfahrung, die mich auf diese Idee gebracht hat. Rätsel mit kriminellem Bezug kann man oft nur mit krimineller Software lösen. Und natürlich war da noch meine Erinnerung. Ich hatte den Namen ja im Zusammenhang mit der Geiselnahme schon einmal gehört. Die Erinnerung steckte allerdings eher im Unterbewusstsein."

„War es nicht *Ihr* siebter Sinn, der Sie nach der Obduktion der beiden Selbstmörder an mehr hat denken lassen?" Dirk Neuhaus nimmt die Ärztin ins Visier.

„Ich weiß es nicht." Annette Basler lächelt verlegen. „Der Kommissar hat den siebten Sinn ja so madig gemacht, dass man sich gar nicht mehr dazu bekennen mag."

„Aber Sie hatten eine tolle Idee, oder sagen wir, juristisch gesehen, einen tollen Anfangsverdacht. Ohne den hätten wird das Ding gar nicht erkannt, geschweige denn gelöst."

„War es denn wirklich ein *Ding*?"

„Sicher kein Kriminalfall, der in die Geschichte eingeht, aber ein ungeheuer interessanter Fall. Und ein schwieriger Fall. Und ein politischer Fall."

„Politisch? Wieso das?"

„Weil wiederum Dioxin die entscheidende Rolle spielt. Dioxin ist ein Dauerbrenner. BASF, Vietnam, Seveso, dann die Dioxin-Rückstände im Fleisch, Milch und Eiern. Sie erinnern sich an die Geschichte in Belgien. Nicht zu vergessen, der Nitrophen-Skandal, da ging es ja auch um Dioxin. Und dann

Dioxin aus den Flusssedimenten der Elbe nach der großen Flut – gleichmäßig verteilt auf ein paar tausend Quadratkilometer Land. Und jetzt – erstmals – Dioxin als gewünschtes Produkt. Dioxin heißt immer: Tanz auf dem Vulkan. Und wir spielen das Spiel offenbar weiter."

„Von daher muss der Fall unbedingt in die Öffentlichkeit!"

„Der General will es aber nicht und leider ist das für uns verbindlich."

„Und wenn es ganz zufällig die Medien erfahren?"

Dirk Neuhaus überhört diese Frage. „Jedenfalls sind 100.000 Euro drin für eine gemeinnützige Einrichtung!"

„Woran denken Sie?"

„Der General gibt uns ja freie Hand. Also Greenpeace."

„Wirklich? Die schwimmen doch im Geld."

„Sind Sie sicher?" Annette Basler mag das nicht glauben. „Ein so systemfeindlicher Verein hat doch kein Geld!"

René Gronwald lacht: „Systemfeindlich? Greenpeace hat für alle Übel der Welt einen Schuldigen. In Sachen Wale sind es die Japaner, für die Überfischung ist Korea verantwortlich und die chemische Vergiftung wird von BASF oder von Bayer verantwortet. Die Gesellschaft, die dieses Spiel mitspielt, behält eine reine Weste – und dafür spendet sie Millionen! Das ist Ablasshandel – allerdings einer von der guten Sorte!"

„Wir werden schon irgendjemanden finden, der das Geld gut gebrauchen kann. Jedenfalls geht es nicht an die Staatskasse."

Wenn Staatsanwälte oder Richter ein Verfahren, etwa wegen geringer Schuld des Täters, einstellen, können sie ihm ein Bußgeld auferlegen. Als Zahlungsempfänger bestimmt die Justiz üblicherweise eine gemeinnützige Einrichtung, einen Naturschutzverband etwa, oder die Bergwacht oder das Rote Kreuz. Für viele dieser Organisationen sind die Bußgeldüberweisungen lebensnotwendig; allein mit Spenden und Mitgliedsbeiträgen können sie ihre Arbeit nicht finanzieren. Ein erheblicher Teil der zur Verfügung stehenden Gelder wird allerdings von der Justiz in die Staatskasse dirigiert. Nichts Schlimmes an sich, denn auch der Staat ist gemeinnützig. Im Vergleich zum Naturschutzbund ist der Staat aber steinreich. Und was ihm zugeteilt wird, fehlt zwangsläufig den ehrenamtlich Tätigen.

Dirk Neuhaus hat sich schon oft darüber Gedanken gemacht, was seine Kollegen zu dieser Verteilungspolitik veranlasst haben könnte. Und vor allem auch, warum die Berücksichtigung der Staatskasse von den Vorgesetzten gewünscht und honoriert wird. Vielleicht deswegen, hat er sich einmal gedacht, weil die Justiz den Wert der eigenen Arbeit nicht zu schätzen weiß. Gerechtigkeit herstellen durch Bestrafung der Täter und durch Rehabilitation der Opfer. Das sind alles Dinge, die keinen anerkannten Geldwert haben und daher sind sie auch das Geld nicht wert, das der Staat seinen Richtern und Staatsanwälten zahlt. Also gibt man ihm das zu Unrecht Erlangte in Form von Bußgeldern wieder zurück.

An dieser Theorie könnte etwas sein. Sie würde jedenfalls auch das große Engagement der Vorgesetzten erklären, das diese bei der Füllung der Staatskasse an den Tag legen. Aus ihrer besonders guten Bezahlung resultiert ein besonders schlechtes Gewissen. Der Kommissar hat eine andere Erklärung für das fragliche Verhalten. Es ist eine Verschwörungstheorie, wie sie gern in Polizistenhirnen reift. Aber das alles spielt hier keine Rolle. Das Bußgeld der Toledo wird, wie es jetzt aussieht, nicht im Staatssäckel landen

„Ich fand das Klasse, wie Sie den Professor in die Enge getrieben haben. Er hatte keine Chance. Das war wirklich toll." Annette Basler kann ihre Begeisterung nicht verhehlen.

Der Kommissar schaut skeptisch. „Mag ja sein. Aber das alles ging viel zu glatt."

„Was meinen Sie damit?"

„Sie haben unser Spiel mitgespielt, nicht wahr? Das machen Rechtsanwälte üblicherweise nicht. Rechtsanwälte wie Boris Mai schon gar nicht."

„Sie kennen ihn?"

„Aus dem Internet. Studium in Bonn, tolles Examen, danach fünf Jahre in New York, Kanzlei Mayer, Saxxon, Luff. Wer fünf Jahre in Amerika Recht lernt, macht diese Deals nicht."

„Und warum, wenn ich fragen darf?"

„Weil sie gelernt haben, ihre Rechte bis ins Letzte zu nutzen. Amerika kennt selbstverständlich auch den Deal, aber da geben die Anwälte nur auf, was eh nicht mehr zu retten ist."

„Ganz von der Hand zu weisen ist das nicht, was Sie da sagen, Herr Gronwald."

„Und dass sie so schnell kamen. Auf mündliche Ladung. Rechtsanwälte reizen Fristen in der Regel bis zum Letzten aus – um dann noch mal Fristverlängerung zu beantragen. Die Zeit spielt immer für sie."

„Aber die Geschichte, die Sie dem Professor erzählt haben und die er uns bestätigt hat, ist doch stimmig – oder etwa nicht?"

„Natürlich, sie ist stimmig."

„Mann Gottes, wollen wir jetzt einen neuen Fall ins Leben rufen?"

„Um Himmels willen, nein, ich bin heilfroh, dass wir den ersten Fall gelöst haben."

Niemand sagt es, aber alle denken: Die Abschiedsvorstellung. Der Fall ist gelöst und das war es. Wehmut hat sie plötzlich befallen. Sie spüren, dass sie ein Team waren. Ein Team, das sich wunderbar ergänzt hat. Ein Zufallsteam mit eher inoffiziellem Charakter, aber erfolgreich.

Sie trinken Kaffee und Dirk Neuhaus hat sich eine Zigarillo angesteckt. Schweigend genießen sie ihre Drogen. Dirk Neuhaus wird dem Drama über kurz oder lang ein Ende machen. Dann sagt Annette Basler:

„Da ist noch was." Sie öffnet ihren Aktenkoffer und kramt in einem Wust von Papier.

Kein Geschenk bitte, hofft René Gronwald inständig. Und wenn doch, dann bitte ein guter Obstbrand.

„Ich hatte Post, gestern morgen. Kein Absender auf dem Umschlag und kein Anschreiben. Kommentarlos diese sechs Kopien." Sie legt die DIN A 4 - großen Seiten auf den Schreibtisch des Staatsanwaltes.

„Tabellen", sagt Dirk Neuhaus, „mit Namen und vor allem mit Zahlen und unverständlichen Kürzeln. Darf ich fragen, was für uns daran interessant sein könnte?"

Annette Basler rückt mit ihrem Stuhl an den Schreibtisch des Staatsanwaltes.

„Zunächst habe ich gedacht, ein Irrläufer. Irgendwelche Auswertungen von Messreihen, die in der Toxikologie im zweiten Stock gemacht wurden. Aber dann, beim Querlesen, ist mir etwas aufgefallen." Annette Basler zeigt auf die vertikale Spalte auf der linken Seite der Blätter. „Sehen Sie hier."

„Namen", sagt René Gronwald, der auch an den Tisch gekommen ist. „Offenbar männliche und weibliche Vornamen."

„Richtig, aber merkwürdige Namen, nicht wahr? Lucie, Bongo, Lafayette und Julia."

„Sie klingen nach Afrika", schmunzelt Dirk Neuhaus.

„Westafrika, um genau zu sein. Und einen dieser Namen hatte ich schon einmal gehört, nämlich Julia."

Die Ärztin zeigt auf die siebte Spalte von oben. Mit filigraner Schrift ist dort dieser Name eingetragen.

„Und woher kennen Sie ihn?"

„So hieß ein Schimpanse bei Toledo. Genauer gesagt: eine Schimpansin. Von ihr stammt die Locke, die mir der Tierpfleger gegeben hat."

René Gronwald ist hellwach. Er überfliegt die Seiten und schüttelt den Kopf. „Die obere waagerechte Zeile enthält Datumsangaben. Es sind Eintragungen von allen Tagen im April. Aber mit den Kürzeln im übrigen Text kann ich nichts anfangen."

In den einzelnen Kästchen sind Zahlen mit zwei Stellen hinter dem Komma kombiniert mit Buchstabenkürzeln.

„Wenn die Sache einen militärischen Bezug hätte, könnten wir die Hardthöhe einschalten", bedauert Dirk Neuhaus. „Die Spezialisten dort hätten diese Schreiben in wenigen Tagen entschlüsselt."

„Ja, und da ist noch was." Annette Basler zeigt auf einen handschriftlichen Eintrag im Kopfteil der ersten Seite. „*Mesa Cayu* steht dort mit einem durchgestrichenen Kreis davor. *Kopie an Mesa Cayu* heißt das üblicherweise."

„Mesa Cayu sagt Ihnen was?"

„Erinnern Sie sich, dass ich Ihnen von meinem Südamerikaaufenthalt erzählt habe?", wendet sich die Ärztin an den Staatsanwalt. „Nach meinem Studium, um meine Dissertation zu schreiben?"

„Richtig, Sie waren am Amazonas, irgendwo in einem kleinen Nest, und haben sich in Sachen Curare kundig gemacht."

„Und irgendwann habe ich meine Gastgeber einmal in die Savanne begleitet, in die Provinzhauptstadt von Pais Extenso, wo ein Verwandter der Familie wohnte. Die Stadt hieß Mesa

Cayu. Arm, aber wunderschön."

„Sehr weit her geholt, diese Verbindung. Sicher gibt es noch mehr Mesa Cayus auf der Welt, auch als ganz normale Personennamen oder als irgendwelche sonstigen Begriffe."

„Gut möglich, klar", räumt Annette Basler ein, „aber der Name ist recht selten. Er kommt aus der Indio-Sprache und heißt soviel wie "Heimat der Esel". Ob es viele Menschen oder Städte mit diesem Namen gibt?"

„Sie sagen, der Brief kam mit der Post?", will René Gronwald jetzt wissen.

„Ganz normal mit der Mittagspost."

„Wie war er frankiert?"

„Ach so, er war überfrankiert. Drei Euro statt der erforderlichen zwei."

„Was schließt der Polizist daraus?", fragt der Staatsanwalt nach.

„Möglich, dass jemand ganz sicher gehen wollte, dass der Brief ankommt."

„Wer hatte da eine Nachricht für Sie?" Dirk Neuhaus legt die Kopien zusammen und reicht sie der Ärztin.

Der Kommissar bricht auf. „Ich sag jetzt tschüss. Wenn die 100.000 da sind, machen wir eine Sause."

Als René Gronwald das Zimmer schon verlassen hat, zieht der Staatsanwalt Annette Basler an sich und küsst sie zärtlich auf die Stirn. „Darf ich Sie nächste Woche einmal anrufen?"

„Ich freue mich!"

Mit schnellen Schritten hat sie den Kommissar am Aufzug eingeholt. Wortlos fahren sie nach unten. Auf dem Weg zu den Autos hakt sie sich forsch bei dem verdutzten Polizisten ein.

„Noch böse wegen dem *du*?"

„Nie gewesen."

„Danke!" Zum Abschied drückt Annette Basler dem Kommissar einen kurzen Kuss auf die glattrasierte Wange.

„Du kalter Bulle!"

Ein Unfall

Eigentlich hatte Willi Urban an diesem Freitag die Firma pünktlich um 15 Uhr verlassen wollen. Er war nämlich bei seiner Cousine im osthessischen Schlüchtern angemeldet, die ihren 50. Geburtstag feierte und eine Grillfete arrangiert hatte. Nun war es kurz nach 19 Uhr und er stand immer noch in der Küche der Tierversuchsabteilung und mischte Antibiotika und Vitamine zusammen. Verdammte Affen! Tags zuvor waren die ersten Tiere krank geworden. Ausnahmslos aus der zweiten Versuchsreihe: Müde und apathisch hatten sie sich in die Ekken des Geheges verzogen, fraßen nichts mehr und ignorierten den Pfleger, auch wenn dieser sich ihnen mit netten Worten und leckeren Honigkuchen näherte. Einen Arm voll großkalibrigen Spritzen, machte er sich schließlich auf den Weg ins Gehege. Vor der großen Tür blieb er stehen und sondierte die Lage im Affenbereich. Die kranken Schimpansen würden der Aktion keinen Widerstand entgegensetzen. Spritzen waren ihnen wohl bekannt und auch in leicht schmerzhafter Erinnerung. Aber um sich zu wehren, dafür fehlte ihnen heute die Kraft.

Willi Urban hatte sich für die Ergänzung der Vitamine durch ein Breitbandantibiotikum entschieden. Denn immer wieder schien das Immunsystem der Tiere auszusetzen, aber damit durfte er Professor Engel nicht kommen. Versuchstiere, mein lieber Herr Urban, würde der ihm sagen, Versuchstiere sind selten gesund.

Als Willi Urban noch dabei ist, die Lage im Gehege zu erfassen, hört er plötzlich Schritte. Erschrocken dreht er sich um. Wie aus dem Hut gezaubert stehen Professor Engel und Phil Matthews vor ihm im kalten Neonlicht.

„Guten Abend!" Die Stimme von Professor Engel ist nicht freundlich. „Wie sieht es aus? Wann sind die Tiere wieder einsatzfähig?"

„Morgen", Willi Urban zuckt mit den Schultern, „oder übermorgen. Verbindlich kann ich das leider nicht sagen."

„Sie wissen, dass wir die Tiere dringend brauchen?"

„Aber selbstverständlich, Herr Professor, ich mache schon alles, was in meiner Macht steht."

Dann wird Phil Matthews deutlich: „Jeder Tag, an dem wir die Versuche unterbrechen müssen, kostet uns Tausende!"

Als achtes Kind einer depressiven Mutter und eines saufenden Vaters hat Willi Urban einiges einstecken müssen. Sein Gefühl für Gerechtigkeit hat daran aber keinen Schaden genommen.

„Dass die Tiere krank sind", sagt er vorwurfsvoll, „liegt nicht an mir. Es ist ganz allein Ihr Problem!"

„Was reden Sie denn da?", fällt ihm Phil Matthews ärgerlich ins Wort.

„Aber sicher", giftet Willi Urban zurück. „Ihre Dosen sind doch viel zu hoch! Da werden schon die Menschen krank, die sie zubereiten."

„Sie halten sich da raus!" Professor Engel ist empört. „Sie haben dafür zu sorgen, dass die Tiere wieder auf die Beine kommen und ansonsten geht Sie hier gar nichts an!"

Wütend verlassen die beiden Chefs die Station. Hinter der Sicherheitsschleuse fasst der Boss seinen Chemiker an der Schulter und schaut ihn mit großen Augen an: „War unsere Entscheidung richtig?"

Um 21 Uhr holt Willi Urban seinen Wagen aus der Tiefgarage der Firma. Er muss sich beeilen, sonst ist am Grill nichts mehr zu bekommen. Die Cousine kauft knapp ein, auch wenn sie Gäste hat. Über die Offenbacher Landstraße fährt er zum Kaiserleikreisel und von dort zur Autobahnauffahrt am Hessencenter. Die Stadt ist leer und er kommt zügig voran. Nach zwei Kilometern Autobahn dann ein Stau. Eine Viertelstunde lang geht nichts mehr. Willi Urban wird nervös. Die Dämmerung ist angebrochen und die Wagen schalten die Lichter ein. Das Auto hinter ihm fährt mit zwei zusätzlichen Rallyescheinwerfern. Er hat das Gefühl, dass es schon in der Stadt hinter ihm war. So schnell der Stau gekommen war, ist er verschwunden. Willi Urban gibt Gas.

Er fährt gerne schnell und manchmal halt auch zu schnell. In Flensburg ist er kein Unbekannter. Zu seinem fortgeschrittenen Alter passt das nicht mehr. Die Jugend rast und die, die es nötig haben, denkt er manchmal betroffen und selbstkritisch. Aber bis zu seinem Bleifuß dringt die Botschaft nicht durch. Seine ganzen Ersparnisse hat er vor drei Jahren in den schnellen Renault gesteckt – 25.000 Euro, aber 240 Spitze.

Auf der Autobahn ist nicht viel Verkehr und er fährt auf der linken Spur. Der Wagen mit den grellen Rallyescheinwerfern ist immer noch hinter ihm. Er fährt auf die mittlere Spur, um ihn vorbeizulassen. Der aber wechselt ebenfalls den Fahrstreifen und bleibt hinter ihm. Willi Urban ist ärgerlich und schon ein wenig beunruhigt. Normal ist das nicht, denkt er. Er geht wieder nach links und beschleunigt auf über 200 km/h. Sein Verfolger lässt sich nicht abschütteln. Modell und Insassen kann er gegen des gleißenden Licht der Scheinwerfer nicht erkennen. Aber er meint in der Stadt zwei junge Männer mit Baseballmützen im Fond des Wagens gesehen zu haben.

Der Verfolger ist dichter aufgefahren. Fünfzehn Meter vielleicht trennen die beiden Wagen auch bei gleichbleibend hoher Geschwindigkeit. Willi Urban dreht den Rückspiegel nach oben, so sehr blenden ihn jetzt die Scheinwerfer des hinter ihm fahrenden Wagens. Wer, verdammt noch mal, spielt dieses gefährliche Spiel mit ihm? Ein böser Verdacht beschleicht ihn. Er muss den Wagen abschütteln. Ein Schild kündigt einen Parkplatz nach zwei Kilometern an. Das ist seine Chance. Unmittelbar vor der Einfahrt reißt er das Steuer nach rechts und fährt mit quietschenden Reifen auf den Parkstreifen. Damit hat der Verfolger nicht gerechnet und ohne Reaktion rast er auf der linken Spur weiter geradeaus.

Willi Urban hält an und steigt aus. Sein Gesicht ist schweißnass. Sollte wirklich ... Sein Vorstellungsvermögen sträubt sich bei diesem Gedanken. Er raucht eine Zigarette und fährt wieder los. 20 Kilometer lang gehört die linke Spur ihm alleine. Von seinem Verfolger ist nichts mehr zu sehen. Gerade will er sich entspannt zurücklehnen, da hat er ihn wieder im Rückspiegel. Noch dichter fährt er jetzt auf. Aber wenn Willi Urban zur Seite fährt, überholt er nicht, sondern bleibt hinter ihm.

Wenn er ihn an seiner Abfahrt abhängen kann, ist er ihn los. Denn nur wenige Minuten weiter ist er am Ziel. Mit dem Mut der Verzweiflung versucht Willi Urban jetzt, dem Verfolger sein Spiel aufzuzwingen. Unentwegt wechselt er die Spur und variiert die Geschwindigkeit, aber wie ein Schatten bleibt der fremde Wagen an seinem Heck. Jetzt wird die Ausfahrt nach Schlüchtern angezeigt. Willi Urban ist auf der rechten Spur. Um seine Verfolger über seine wahren Absichten zu täuschen, beschleunigt er noch einmal stark, überholt einen auf der mittleren Spur fahrenden Kombi und setzt dann den linken Blinker. Im letzten Augenblick reißt er den Wagen nach rechts in die Abfahrt. Mit quietschenden Reifen legt sich das Auto in die enge Kurve. Dann plötzlich verspürt Willi Urban einen harten Schlag im Lenkrad und das Auto bricht nach links aus. Mit voller Wucht kracht es in die Böschung, überschlägt sich drei- oder viermal und bleibt schließlich fast zweigeteilt am Fuß des Hanges liegen.

✳✳✳

„Hast du Lust, auf einen Sprung vorbeizukommen? Ich habe etwas, was dich mit Sicherheit interessiert."

„Vielleicht wieder ein anonymer Brief?"

„Das kommt nicht ganz hin, aber so aufregend ist es schon."

„Ich lasse mich überraschen."

„Bringst du den Staatsanwalt mit? Er war telefonisch nicht zu erreichen."

„Wird nicht gehen, er ist in Sitzung – ist es denn so wichtig?"

Sie empfängt ihn kusslos im weißen Kittel am Haupteingang. „Wir müssen nach unten – ich gehe vor."

Unten heißt Sektionsraum. René Gronwald kennt sich da schon aus. Annette Basler hält schnurstracks auf den Edelstahltisch am Kopfende des großen Gewölbes zu.

„Kennst du ihn noch?"

Der männliche Leichnam sieht schlimm aus. Zahlreiche

Knochenbrüche sind schon äußerlich erkennbar und der Kopf ist zu einer länglichen Maske deformiert. Überall am Körper Blut, Erde und Gras.

„Ein Unfall?"

„Freitag abend an der Autobahnabfahrt Schlüchtern. Er ist gegen die Böschung geknallt und rausgeschleudert worden. Das Auto ist auf ihn gefallen." Annette Basler holt den Schwamm und säubert den Kopf des Toten.

„Na?"

René Gronwald braucht einige Zeit, bis er das ramponierte Gesicht zugeordnet hat.

„Der Tierpfleger?"

„Genau! Willi Urban, Leiter des Tiergeheges bei Toledo. Er hat mir die Affenlocke geschenkt."

„Ein Verkehrsunfall, wie du sagst. Was macht die Sache für uns so interessant?"

„Ein kleiner Satz im Polizeiprotokoll. Urban ist mit hoher Geschwindigkeit – vielleicht 160 km/h – in die Ausfahrt gefahren. Zuvor soll er nach Zeugenaussagen ebenfalls mit hoher Geschwindigkeit von ganz links nach ganz rechts gewechselt haben und es war ein zweiter Wagen im Spiel. Der war mit der gleichen Geschwindigkeit dicht hinter ihm, hat aber die Ausfahrt nicht genommen, sondern ist weitergefahren."

„Eine Verfolgungsfahrt?"

„So liest es sich."

„Deuten seine Verletzungen auf Fremdverschulden hin?"

„So weit ich das beurteilen kann, nicht. Sie passen ausnahmslos zu dem mitgeteilten Unfallhergang."

René Gronwald setzt sich auf den Metallschemel am Kopfende des Tisches.

„Du obduzierst ihn heute noch?"

„Jetzt gleich fang ich an."

„Und informierst mich, wenn du was Besonders findest – zeigst du mir mal das Polizeiprotokoll?"

Annette Basler reicht dem Kommissar zwei dicht beschriebene Formularblätter. Während er den Unfallbericht studiert, legt sie das Sektionsbesteck zurecht.

„Wo ist eigentlich der Wagen?"

„Der Staatsanwalt hat ihn sichergestellt, steht doch im Protokoll, ganz am Ende."

„Ich werde ihn mir ansehen."

Der Kommissar springt auf. „Mach´s gut." Der Kuss auf ihre Wange ist kurz, aber herzlich.

Auf dem fußballplatzgroßen Hof an der Seckbacher Landstraße ist kaum noch ein Eckchen frei. Sichergestellte Kraftfahrzeuge zu Hauf. Alles, was der Polizei in die Finger gefallen ist. Falschparker, geklaute, gepfändete und verunfallte Wagen. Die demolierten Karossen stehen in einer offenen Halle, die an das Verwaltungsgebäude grenzt. Schon von weitem erkennt René Gronwald den anthrazitfarbenen Renault von Willi Urban. Ein großgewachsener, bärtiger Mann in einem grauen Kittel ist gerade dabei, das Fahrzeug von allen Seiten in Augenschein zu nehmen.

„Hallo!"

„Herr Gronwald?" Ingenieur Kai Kaufmann stutzt einen Augenblick. „Lange nicht gesehen."

Sechs Jahre ist es her, dass sie letztmalig etwas dienstlich miteinander zu tun hatten. Damals allerdings ging es um ein ganz dickes Ding. Zahlreiche Gebrauchtwagenhändler hatten sich auf eine üble Masche verständigt. Im süddeutschen Raum suchten sie per Zeitungsannoncen Mercedes-Jahreswagen. Höchstpreise wurden versprochen und sie sollte es in bar geben. Alle kamen - und erlebten eine schlimme Überraschung. Das Vertragsformular, das ihnen die Händler zum Unterschreiben vorlegten – „pro forma" –, sah vor, dass der Wagen zum Schätzpreis abzüglich 30 Prozent verkauft wurde. Selbstverständlich machte die Schätzstelle mit den Händlern gemeinsame Sache und so wurden die Jahreswagen extrem niedrig taxiert. Nachdem noch ein Drittel an Gebühren abgezogen worden war, hatten die Wagen die Hälfte ihres Wertes verloren. Die Proteste der gehörnten Verkäufer nutzten ihnen nichts. Mit einer handvoll Peanuts mussten sie abziehen und ihren Wagen, deren Schlüssel die Händler bei Vertragsschluss kassiert hatten, zurücklassen. Der Kommissar hatte diesem Spaß seinerzeit ein rasches Ende gemacht. Die Autos waren bei den Händlern oder zum Teil auch schon bei der Verladung im Hamburger Hafen sichergestellt worden und Kai Kaufmann hatte den wirklichen Wert der Autos festgestellt, so dass der betrügerische Pfusch der Schätzstelle belegt werden konnte.

„Was führt Sie zu mir?"
„Das Auto, das Sie gerade in der Mache haben."
„Der Staatsanwalt hat es sichergestellt. Es soll auf seinen technischen Zustand vor dem Unfallereignis untersucht werden."

„Gibt es da überhaupt noch was festzustellen?", fragt René Gronwald und mustert skeptisch das völlig demolierte und in der Mitte zu zwei Drittel auseinandergerissene Fahrzeug. Kai Kaufmann zieht die Schultern hoch. „Es wird eine Zeit dauern."

„Darf ich Ihnen einen Tipp geben, wo Sie zuerst suchen müssen?"

„Gerne", antwortet Kai Kaufmann überrascht. „Aber kann ich zuerst wissen, was Sie mit dem Fall zu tun haben? Im Verkehrskommissariat sind Sie doch nicht gelandet?"

„Nein, nein, keine Sorge." René Gronwald lacht und streicht dem Autodoktor über die Schulter. „Aber ich glaube, wir sollten uns einen Augenblick an Ihren Schreibtisch setzen. Ich muss Ihnen nämlich auch etwas im Polizeiprotokoll zeigen."

Die Unordnung in Kai Kaufmanns Büro lässt bei René Gronwald heimatliche Gefühle aufkommen. Akten auf, unter und neben dem Schreibtisch, dazwischen Autoteile und an den Wänden jede Menge Kalender und Fotos von verunfallten Wagen. Nachdem sich schließlich im allgemeinen Chaos ein ebenfalls lädierter Bürosessel gefunden hat, sitzen sie nebeneinander am Schreibtisch und beugen sich über das Protokoll der Autobahnpolizei.

„Sehen Sie hier." René Gronwald zeigt mit dem Kugelschreiber auf die akribisch genau gezeichnete und mit Entfernungsangaben versehene Skizze von dem Unfallort. „Mit etwa 160 ist der Wagen in die Kurve der Autobahnausfahrt gefahren – das sagen Zeugen aus. Sofort setzen Bremsspuren ein. Sie sind etwa 100 Meter lang, ziehen sich bis über den Scheitelpunkt der Kurve. Dann plötzlich bricht der Wagen aus und fährt in die Böschung."

Kai Kaufmann überlegt einen Augenblick, dann beginnt er

zu grinsen und schaut den Kommissar spitzbübisch von der Seite an. „Sie sind jetzt in der Mordkommission, nicht wahr?"

„Wie kommen Sie darauf?"

„Weil Sie Fremdverschulden vermuten, einen Sabotageakt am Fahrzeug, stimmt's?"

„Würden Sie es für abwegig halten, ohne dass Sie sich den Wagen näher angeschaut haben?"

„Für den Laien und auf den ersten Blick ist das hier ein ganz normaler selbstverschuldeter Unfall. Zu schnell in die Kurve - die Fliehkraft und – Peng!"

„Und für den Fachmann?"

„Der Fachmann denkt so wie Sie: ein Fahrzeug, das so lange wie hier bei ständiger Geschwindigkeitsabnahme in der Kurve bleibt, dem kann die Fliehkraft irgendwann nichts mehr anhaben, vor allem, wenn sich der Kurvenradius nicht verändert."

„Der schafft den Rest der Kurve auch noch, stimmt's?"

„Sollte man meinen."

„Was könnte ihn in die Böschung geschickt haben?"

„Ein Lenkfehler zum Beispiel. Er hat die Kontrolle über das Steuer verloren."

„Gut, aber das hätte nichts mit einem Fremdverschulden zu tun."

„An der Lenkung bricht zum Beispiel die Gabel, aufgrund von Materialverschleiß, der addiert sich nämlich auf – auch das kein Fremdverschulden."

„Oder weil an der Gabel manipuliert wurde, weil sie angesägt wurde – wollen wir nachsehen?"

„Gerne, aber erst einmal ist jetzt Mittag. Um halb zwei geht es weiter."

René Gronwald verzieht unwillig das Gesicht. „Mir brennt die Sache auf den Nägeln. Wenn manipuliert wurde, steht der Mordverdacht im Raum."

„Ein Mordverdacht hält sich bis über Mittag." Kai Kaufmann hat Hunger.

„Ich mache Ihnen einen Vorschlag. Ich hole uns von gegenüber einen Karton Hamburger und ein paar Dosen Cola. Bis dahin können Sie ja schon mal ..."

„Pfui Teufel", Kai Kaufmann winkt ab, „lassen Sie mir das Zeug vom Hals. Wir essen immer nur von *schräg* gegenüber."

„Sie meinen die Würstchenbude! Einverstanden. Was darf's

denn sein?"

„Currywurst", brummt Kai Kaufmann, „doppelt und scharf."

Als René Gronwald zurückkommt, hat Kai Kaufmann das Wrack über die Grube geschafft.

„Bin schon fündig geworden", ruft er dem Kommissar zu, während er aus der Grube steigt. „Beide Lenkgabeln sind gebrochen, sowohl links als auch rechts. Nach dem Essen schauen wir sie uns näher an."

Im Werkzeugraum hat sich der Ingenieur eine 500 Watt-Stablampe und eine große Lupe geholt. Jetzt stehen sie in der Grube und untersuchen die Bruchstelle.

„Bruchstelle gleich Sollbruchstelle", sagt Kai Kaufmann. „Bei Überlastung brechen die Lenkgabeln genau an dieser Stelle." Dann schaut er die Bruchstellen unter der Lupe an.

„Ohne mich jetzt schon festlegen zu wollen", sagt er schließlich, „hier ist nichts manipuliert worden. Da war keine Säge dran, sorry, Herr Gronwald. Verbindliche Sicherheit gibt uns zwar erst die mikroskopische Untersuchung, aber gehen Sie ruhig schon davon aus, dass Ihr Verdacht sich nicht bestätigt."

Verdammter Mist, denkt René Gronwald, er war sich fast sicher gewesen, dass irgendjemand mit dem Wagen etwas gemacht hatte, zumal er von der betriebseigenen Tiefgarage bei Toledo wusste, die ja bestimmten Personen einen ungehinderten Zugang zum Wagen gestattete.

„Einen Augenblick noch." Kai Kaufmann kratzt mit einem Messer den Schmutz von der Gabel. „Halten Sie bitte mal die Lampe." Mit einem Lappen beseitigt er die letzten Verunreinigungen. Anschließend misst er Länge und Durchmesser der Gabel. „Sie entschuldigen mich einen Augenblick." Dann verschwindet er auffallend schnell im Büro. Minuten später kommt er mit einem Computerausdruck zurück. Er misst noch einmal und schreibt Zahlen auf das Papier. Immer wieder putzt er die Gabel, als gelte es, einen Schönheitspreis zu gewinnen. „Kommen Sie mit!" Kai Kaufmann ist ungewohnt hektisch. In seinem Büro aktiviert er nochmals seinen PC, dann fragt er: „Gab es einen Vorbesitzer?"

„Die Polizei schreibt, dass Willi Urban den Wagen fabrikneu gekauft hat."

„Ganz sicher bin ich auch jetzt nicht", sagt der Ingenieur und streicht sich, wieder etwas ruhiger geworden, übers Kinn. „Aber wenn ich mir einen genialen Mordplan vorstellen müsste: Anhand dieser Fakten könnte ich es."

„Was könnten Sie?"

„Lesen Sie mal!" Der Ingenieur hält dem Kommissar den Ausdruck vor die Nase. „Das sind die Daten des Renault Spider, mit dem wir es hier zu tun haben. Und das die Abmessungen der Lenkgabeln." Mit dem Bügel seiner Brille fährt er eine Zeile im oberen Seitenbereich ab.

„Länge der Gabel, Durchmesser der Gabel, okay? Und jetzt die Maße der Gabeln, die sich im Unfallwagen befinden." Er zeigt auf seine handschriftlichen Eintragungen.

„Merken Sie was?"

„Die Gabeln im Unfallwagen sind fünf Millimeter dünner!"

„Weil sie aus dem Grundmodell stammen!" Kai Kaufmann deutet auf den hinteren Teil des Ausdrucks. „Hier, sehen Sie: Genau die Maße, die ich eben festgestellt habe."

„Und was bedeutet das?"

„Man hat nicht gesägt, weil das ins Auge springt. Man hat ein schwächeres Teil eingebaut. Das fällt nicht auf. Kein Mensch kommt doch auf die Idee, diese Teile nachzumessen." René Gronwald legt seinem Nachbarn anerkennend die Hand auf den Unterarm. „Ein schwächeres Teil?"

„Das Grundmodell, die Studentenkutsche, wie sie genannt wird, Verbrauch gerade mal zwei Liter, ist für eine Höchstgeschwindigkeit von 110 ausgelegt und entsprechend sind die Materialien bemessen. Das Unfallfahrzeug ist ein Rennwagen – 240 Spitze!"

„Also, wenn der Große ausgefahren wird, dann muss irgendwann das Teil aus dem Kleinen brechen."

„Genau so. Bei einer Extrembelastung etwa mit 160 in einer engen Kurve bricht die Gabel zwangsläufig. Ein genialer Plan, kaum nachzuweisen."

Sie haben ihn in den Tod gehetzt, denkt René Gronwald. Diese Schweine. Aber warum?

***

Als René Gronwalds Anruf den Staatsanwalt erreicht, hat dieser gerade Besuch von seinem Abteilungsleiter. Mit einer Flasche Rotwein und zwei Gläsern hat sich Jo Hossenberger unter dem Vorwand einer dienstlichen Frage in Dirk Neuhaus' Zimmer gemogelt. Saufen macht halt in Gesellschaft mehr Spaß als allein.

„In Sachen Toledo gibt es ein paar interessante Neuigkeiten."

„Moment." Dirk Neuhaus hält die Sprechmuschel am Hörer zu. „Herr Gronwald ist am Apparat", sagt er in Richtung des Abteilungsleiters. „Es geht um Toledo. Wollen Sie mithören?"

Heftiges Kopfnicken. „Herr Gronwald, mein Abteilungsleiter ist gerade bei mir. Darf er mithören? – Danke!"

Die Geschichte von den ausgetauschten und gebrochenen Lenkgabeln hört sich über Raumklang wie eine Kinogeschichte an. Allerdings ist es die Stimme eines leibhaftigen Kriminalbeamten, die den ungeheuerlichen Verdacht ausspricht.

„Ich denke, es ist jetzt an der Zeit, dass wir den ganzen Laden hochnehmen."

René Gronwald hat immer noch wenig Skrupel, wenn die Unverletzlichkeit der Wohnung zur Disposition steht.

„Vielen Dank für die Information, aber ich bespreche die Angelegenheit erst einmal mit Herrn Hossenberger", sagt Dirk Neuhaus unterkühlt und beendet das Gespräch.

Jo Hossenberger hat sich neu eingeschenkt. Sein weinseliges Gesicht ist ernst geworden. „Herr Neuhaus", sagt er bestimmt, „bei der Toledo passiert nichts mehr ohne Billigung vom General. Ich bin morgen früh dort und trage ihm die Sache vor."

René Gronwald hat enttäuscht den Hörer auf die Gabel gelegt. Die Reaktion von Dirk Neuhaus lässt ihn Böses ahnen, zumal jetzt auch Jo Hossenberger eingeweiht ist. Im Suff zur Marionette des Generals geworden, hat er ja schon mehr als einmal deutlich gesagt, wem seine Sympathie gehört.

Er wählt die Nummer der Rechtsmedizin und erreicht Annette Basler an ihrem Schreibtisch. Auch sie erfährt jetzt die Geschichte aus der Seckbacher Landstraße.

„Bei der Obduktion noch etwas Besonderes herausgekommen?"

„Tod durch Genickbruch, der kaputte Schädel kam postmortal."

„Das heißt Unfalltod?"

„Unfalltod, kein Zweifel."

„Sonst noch was?"

„Ich weiß, was Willi Urban eine Woche vor seinem Tod gemacht hat."

„Was hat er gemacht?"

„Er hat mir einen Brief geschickt."

René Gronwald überlegt einen Augenblick. „Die Kopien mit den Affennamen und den seltsamen Kürzeln?"

„Genau die!"

„Und woher weißt du das?"

„Von der DNA-Analyse."

„Du hast die DNA der Leiche ... Woher hast du das Vergleichsmaterial?"

„Von seiner Post."

„Wo waren da Körperzellen des Absenders?"

„Auf der Briefmarke selbstverständlich. Er hat sie abgeleckt."

„Du hast den Umschlag aufgehoben?"

„Sag mal, hältst du mich immer noch für blöd?"

„Entschuldige bitte .... Und die Sache ist wasserdicht?"

„Das kann man wohl sagen. Die Wahrscheinlichkeit, dass Willi Urban die Briefmarke geküsst hat, beträgt 4,5 Milliarden zu eins."

„Das heißt, auf der Welt gibt es statistisch nur noch einen einzigen Menschen, der die gleiche DNA-Spur gelegt haben könnte?"

„Anderthalb Menschen, um genau zu sein. Wir sind mittlerweile sechseinhalb Milliarden."

Eine spannende Nacht

Sheriff John McMorely war schon immer ein Mann schneller Entschlüsse. Zwei Tage, nachdem das Mail aus Deutschland eingegangen war, legte er dem Gefangenen Handfesseln an und fuhr mit ihm in die Bezirkshauptstadt Tucson. Von dort flogen beide in einer Cessna der Fluggesellschaft Western Air nach Phoenix, wo sie sechs Stunden später eine DC 10 der Lufthansa bestiegen. Die Wartezeit benutzte Sheriff McMorely, um seinen deutschen Partner von ihrem Kommen zu informieren. Eher ein Zufall, dass Staatsanwalt Neuhaus um 19 Uhr noch im Büro war und den Anruf entgegennehmen konnte. Es dauerte eine Zeit, bis er sich über die Identität des Anrufers klar geworden war und dessen Südstaatenslang als englisch entlarvt hatte. Schließlich verstand er auch, dass er am nächsten Morgen Besuch aus Arizona bekommen würde, der am Flughafen abgeholt werden wollte.

Das hatte Dirk Neuhaus noch nicht erlebt. Nachdem er in der vergangenen Woche über Interpol erfahren hatte, dass ein des illegalen Tierhandels Verdächtiger, nach dem er schon über ein Jahr mit Haftbefehl gesucht hatte, in San José in Arizona festgenommen worden war, hatte er sich zur Vorbereitung des Auslieferungsverfahrens per Fernschreiben noch einmal über die Identität des Festgenommenen vergewissern wollen. Für den freundlichen Pragmatiker aus dem amerikanischen Süden bot sich in diesem Augenblick die Chance, zwei Fliegen mit einer Klappe zu schlagen: den ungeliebten Häftling, der kein Wort englisch sprach, aber dennoch pausenlos quasselte, auf Dauer loszuwerden und dabei endlich einmal Old Germany zu besuchen, wo sein Sohn seinen Militärdienst abgeleistet und seine Ehefrau kennen gelernt hatte.

Hilflos war Dirk Neuhaus nach dem Telefonat zu seinem Abteilungsleiter geeilt, der regelmäßig so spät noch am Schreibtisch saß, um nicht während der Hauptverkehrszeit betrunken nach Hause fahren zu müssen, und hatte ihn um Rat gefragt.

„Wann fliegt er zurück?"

„Übermorgen Mittag."

„Nun ja", entschied Abteilungsleiter Hossenberger mit schwerer Stimme, aber zusätzlich belustigt, „dann machen Sie morgen frei, holen Ihre Gäste am Flughafen ab, bringen den Gefangenen zum Haftrichter und zeigen dem Sheriff die Stadt."

Dirk Neuhaus' Versuche, den Kelch an sich vorbeizumogeln, blieben erfolglos.

„Sie können das! Frankfurt hat so viele Sehenswürdigkeiten: Alte Oper, Senckenbergmuseum, Paulskirche ..."

„... Moselstraße ..."

„Um Gottes willen! Bleiben Sie mir vom Rotlichtviertel weg! Wenn da etwas schief geht, haben wir ein Problem – und morgen Abend bringen Sie ihn mit zum Stammtisch! Da kann er einmal richtige deutsche Gemütlichkeit erleben!"

John McMorely ist ein Sheriff wie aus dem Bilderbuch. Um zehn Uhr steigt er in Cowboystiefeln, Jeans und Wildlederweste und mit einem speckigen Stetson auf dem Kopf aus der Lufthansamaschine, den hageren und blassen Tierhändler an einer silbernen Kette hinter sich her führend. Dirk Neuhaus bittet in der Eingangshalle sofort zum Frühstück, auch um den Beschuldigten gnädig zu stimmen, der immerhin um seine Rechte aus dem Auslieferungsverfahren gekommen ist. John McMorely, ein untersetzter Endfünfziger mit schwarzen Haaren und einem silbernen Schnauzbart, ist begeistert vom deutschen Rührei mit Schinken und dem großen deutschen Bier, das er dem Kaffee aus Kolumbien vorgezogen hat. Dirk Neuhaus schwant Böses.

Sie liefern den Gefangenen in den Haftzellen der Staatsanwaltschaft ab und gehen auf Tour. Der Sheriff hat mit Museen und Galerien und historischen Örtlichkeiten überhaupt nichts im Sinn. Gemütliche Kneipen hat er im Kopf und so landen sie schließlich in Sachsenhausen.

„In my Office", erzählt er, "there is a big poster, showing the castle of Heidelberg -- you understand? -- Heidelberg!"

„Heidelberg, oh yes", antwortet der Staatsanwalt stotternd. „It´s a nice place."

Der Sheriff bleibt auch in Dribdebach bei Bier, nachdem er kurz einmal am Apfelweinglas des Staatsanwaltes genippt hat. Eine weise Entscheidung. Alljährlich, Dirk Neuhaus hat dann eine Reihe einschlägiger Verfahren auf dem Tisch, machen apfelweinungewohnte Messegäste, vor allem aus dem Fernen Osten, aber auch aus dem nahen Norddeutschland, böse Erfahrungen mit dem vergorenen Saft unschuldiger Äpfel.

Gegen 19 Uhr erreichen Dirk Neuhaus und sein amerikanischer Gast in bester Stimmung die Bierkneipe *Postillon*. Hier treffen sich an jedem ersten Montag im Monat Staatsanwälte und Richter. 25 sind sie in Bestbesetzung, aber immerhin noch gut ein Dutzend zur Urlaubszeit. Man hat sich so zusammengefunden. Man kann einander gut leiden. Es sind liberale Leute, keine Hardliner, keine Ideologen, nur mit dem Frauenanteil hapert es noch. Vier oder fünf sind dabei, aber das muss ja nicht an den Männern liegen.

Den *Postillon* gibt es in der Schäfergasse, mitten in der verkehrsberuhigten Frankfurter Innenstadt. Der Juristenstammtisch, oval und über einen Ausziehmechanismus von zwei bis sechs Meter verstellbar, steht im hinteren Bereich des Lokals, aber kurz angebunden an Eingang und Theke, die hufeisenförmig das Herzstück der Kneipe bildet. Die Ferien sind jetzt, Anfang August, schon wieder zu Ende und der Stammtisch ist also gut besetzt. Sheriff McMorely bildet die Attraktion des Abends. Und er genießt seine Popularität. Aber gegen 22 Uhr ist auch seine Kondition erschöpft. Jetlag und Alkohol fordern ihren Tribut. Dirk Neuhaus begleitet ihn ans Taxi und verpflichtet den pakistanischen Fahrer zum Abliefern des Fahrgastes vor der Tür seines Hotelzimmers – gegen 20 Euro extra.

Im *Postillon* geht die allmonatliche Fete weiter. Dr. Hossenberger hat den Tag mit Rotwein begonnen und damit wird er ihn auch beenden. Ohne Schnaps, heißt das und da macht er keine Kompromisse. Als Dirk Neuhaus vom Taxi zurückkommt, winkt ihn der Abteilungsleiter zu sich.

„Ich habe heute Morgen mit dem Chef über die Toledo-Geschichte gesprochen."

„Und?"

„Noch bevor ich das Wort *Durchsuchung* ausgesprochen hatte, hat er schon losgebrüllt. Völlig von der Rolle. Was wir gegen die Pharmaindustrie hätten ..."

„Wir?"

„Na ja, im ersten Satz hieß es *wir* und dann war eigentlich nur noch von Ihnen die Rede. Ob Sie nicht wüssten, was die Menschen dieser Sparte alles zu verdanken hätten. Allein von den neuen Migränemitteln profitierten in Deutschland mehr als sechs Millionen Menschen. Ich habe Sie aus der Schusslinie ziehen wollen und gesagt, dass das Ihnen als regelmäßigem Benutzer blutdrucksenkender Mittel sicher bekannt sei. Aber er war einfach nicht zugänglich."

„Haben Sie ihm denn auch gesagt, dass wir einen neuen Verdacht haben? Und einen neuen Toten? Und eine manipulierte Lenkung ...?"

„Ich habe lange gebraucht, bis ich ihm das alles schildern konnte. Aber da hat er gestutzt und wollte wissen, wieso Sie von einer bewussten Manipulation der Lenkung ausgingen und wieso gerade Toledo dahinter stecken sollte. Das konnte ich ihm natürlich nicht erklären und da ist er noch einmal so richtig ausgerastet."

Dirk Neuhaus hat eigentlich nichts anderes erwartet. „Was ich Ihnen übrigens noch sagen wollte: Willi Urban hat kurz vor seinem Tod der Frau Dr. Basler anonym einige Kopien aus der Abteilung 3 geschickt. Es sind offenbar die Protokolle von Tierversuchen. Aber wir sind nicht schlau daraus geworden. Sollten wir es damit noch mal versuchen?"

„Herr Neuhaus!" Jo Hossenberger ärgert die Naivität seines Dezernenten. „Haben Sie es noch nicht gemerkt? Er will nicht! Sie können ihm Leichen vor seinen Schreibtisch legen mit Brieföffnern von Toledo in der Brust und Sie werden ihn nicht umstimmen. Toledo ist sein Baby und auf dieses Baby gibt er acht – warum auch immer. Vergessen Sie Toledo!"

Der Abend läuft zu seiner Hochform auf. Manuel, der Wirt, ein waschechter Mexikaner mit unechter Aufenthaltserlaubnis, lässt die Katze aus dem Sack: er ist vor ein paar Tagen Vater geworden. Zwar nur eine Tochter, aber immerhin acht Pfund. Da sich der Tequila als nicht mehrheitsfähig erweist, gibt es Cognac. Jo Hossenberger bleibt hart, aber der Rest schlägt zu. Kurz vor Mitternacht spielt Dirk Neuhaus mit dem Gedanken, bei der Ärztin anzurufen und ihr den Vorschlag zu machen, ins Taxi zu steigen und im *Postillon* vorbeizukommen. Der Alkohol ist ein Künstler, aber heute Abend schafft er es nicht ganz. Aus irgendwelchen Gründen lässt Dirk Neuhaus den Plan wieder fallen. Doch sie fehlt ihm und heute Abend fehlt sie ihm ganz besonders.

Dirk Neuhaus hat vor fünf Jahren das Rauchen aufgegeben, das heißt, er hat sich einen kalten Entzug geleistet, auf den er immer noch stolz ist. Denn er hat Qualen gelitten wie alle Süchtigen ohne Stoff. Wenn er viel getrunken hat, wird er allerdings rückfällig. Und heute ist es wieder soweit. Gegen ein Uhr steuert er den Zigarettenautomaten neben der Tür zur Küche an.

„Darf ich Sie einmal sprechen?"

Der das sagt, ist ein älterer Herr, um die 70, gut gekleidet und gertenschlank und steht allein am Tresen. Dirk Neuhaus ist er schon vor zwei Stunden aufgefallen, weil er aufmerksam das Treiben am Stammtisch verfolgt hat.

„Ja, bitte", sagt Dirk Neuhaus, dem nach dem langen Sitzen ein paar Minuten Theke als gar nicht ungelegen erscheinen.

„Mein Name ist Wendtland, aber das tut nichts zur Sache. Sie erinnern sich sicher nicht mehr an mich, Herr Staatsanwalt."

„Tut mir leid, aber im Moment kann ich Sie nirgendwo unterbringen."

„Macht nichts." Der alte Herr lacht und winkt ab. „Das wäre ja sowieso ein Zufall gewesen. Nein – ich war letzte Woche in Ihrer Sitzung. Saal 123 A. Die Sache mit dem Raub an der Hauptwache ..."

„... Ach so, der Penner, der seinem Freund die Stütze abgenommen hat!"

„Richtig! Der gesagt hat, er sei zur Tatzeit gar nicht in der Stadt gewesen, sondern in seiner Sperrmüll-Villa im Ostpark wo er sauber gemacht habe. Ich erinnere mich noch genau an seine Worte: *Herr Rat, ich bin halt ein häuslicher Typ.*"

„Stimmt." Dirk Neuhaus muss lachen. „Eine Milieustudie der allerfeinsten Art."

„Und auch für den juristischen Laien eine ungeheuer interessante Sache. Das müssen Sie noch wissen, bevor ich jetzt für uns eine Bestellung aufgebe – ich wollte eigentlich nur ein halbes oder höchstens ein ganzes Stündchen im Gericht bleiben. Ich bin frisch pensioniert – Mathematiker in einem süddeutschen Unternehmen – und hatte meine Tochter besucht, die mit ihrer Familie hier in Frankfurt wohnt. *Schau dir doch mal die Stadt an*, hat sie mir vorgeschlagen und damit war ich einverstanden. Hier gibt es wirklich viel zu sehen, aber nach einer Woche wollte ich das alles etwas ruhiger haben. Als ich dann in der Zeitung von den vielen interessanten Prozessen gelesen habe, die es hier gibt, bin ich einfach mal ans Gericht gefahren ..."

„... und bei mir gelandet."

„Erst am dritten Tag. Aber was ich vorher erlebt habe, war auch schon toll. Deshalb bin ich ja täglich in Justitias Hallen erschienen."

„Und dann die Räuberpistole an der Hauptwache."

„Einen Augenblick, Herr Staatsanwalt, Sie haben Zeit für ein Glas mit mir?"

Der unbekannte Herr winkt dem Wirt: „Manuel, die Flasche. – Ich will Ihnen jetzt einmal sagen, was mich an diesem Verfahren, oder sagen wir es gleich richtig, an Ihnen so beeindruckt hat. Ihr Auftreten. Sie hätten in Jeans und Polohemd kommen können, aber Sie hätten das Ganze ebenfalls beherrscht."

Solche Dinge sind Dirk Neuhaus immer peinlich.

„Ja, und vor allem Ihre Logik: Strafrecht gilt nicht für Menschen, die nicht frei wählen können zwischen Recht und Unrecht. Etwa, weil sie zur sozialen Unterschicht gehören. Eine alte These, könnte man sagen, ein 68er-Schwachsinn – wenn *Sie* ihn nicht vorgetragen hätten. Sie haben mich überzeugt."

„Was heißt das?"

„Na ja, viele, die die Justiz nicht kennen und von den Einzelheiten der Fälle nichts wissen, sind unzufrieden mit dem, was bei Gericht gemacht wird. Zu dieser Sorte Leute habe ich auch einmal gehört. Aber jetzt habe ich gelernt, nachzudenken. – Manuel!"

Manuel bringt eine Flasche Champagner. Veuve Clicquot. Er öffnet sie geschickt und füllt zwei Gläser.

„Wissen Sie, für mich waren Staatsanwälte immer 65 Jahre alt, weißhaarig und blöd. Oder sagen wir mal so: Sie haben stets Höchststrafen gefordert."

„Das hat sich geändert? Ich meine, Ihr Bild vom Staatsanwalt hat sich geändert?"

„Nach Ihrem Auftritt: nachhaltig."

Der fremde Mann hebt das Glas: „Auf Ihr Wohl!"

Veuve Clicquot macht nicht betrunken, Veuve Clicquot macht high. Veuve Clicquot ist eine Droge.

„Sie haben das wahnsinnig toll hingekriegt. Da gibt es ein Verbrechen mit schlimmen Folgen für das Opfer, und da gibt es einen Täter, der eigentlich auch nur ein Opfer ist."

„Aber wir müssen irgendwie zu Potte kommen."

„Und da war Ihr Vorschlag einfach Klasse: Zwei Jahre mit Bewährung. Noch beeindruckender fand ich Ihre Begründung: Dass die Strafjustiz für soziale Unfälle eigentlich nicht zuständig ist."

Die Flasche Veuve Clicquot geht gegen zwei Uhr ihrem Ende entgegen. Der fremde Gönner verabschiedet sich freundlich und verspricht, bei Gelegenheit wieder vor Ort zu sein.

Irgendwann sitzt Dirk Neuhaus allein am Tresen. Der Stammtisch ist nach Hause gegangen und in einer halben Stunde wird Manuel abschließen. Dirk Neuhaus trinkt noch einen Kaffee. Es hilft ihm nicht viel. Wenn er auf den Kalender an der gegenüberliegenden Wand schaut, tanzen die Zahlen und es sind viel mehr als sonst.

Er wird jetzt zu seinem Wagen gehen und nach Hause fahren. Vier Kilometer high-risk, wie immer, wenn es etwas später geworden ist. Morgen wird er sich dann furchtbar ärgern und Bier, Schnaps und Champagner zum Teufel wünschen. Irgendwie fatal, denkt er. Alkohol macht uns schwindlig und lockt uns gleichzeitig auf das Hochseil. Eine gefährliche Verbindung.

Dirk Neuhaus zahlt und bricht auf. Er geht die Schäfergasse hinunter Richtung Zeil. Von dort dringt arabisches Geschrei an sein Ohr. Nordafrika kämpft um die Pole-Position am Rauschgiftmarkt. Sein Auto steht auf einem Abbruchplatz in der Nähe des Gerichts. Nur mit Mühe findet er das Türschloss. Als er losfährt, sieht er einen Schleier vor seinen Augen. Und immer noch alles zweimal. Verdammte Doppelbilder, flucht Dirk Neuhaus und kneift die Augen zusammen.

Sekunden später aber sind die Karten neu gemischt. Gerade, als er in die Seilerstraße einbiegen will, tritt ein Mann in schwarzer Lederjacke und gelb reflektierender Weste auf die Straße und fordert ihn mit einer rot leuchtenden Polizeikelle zum Anhalten auf. Im rechten Augenwinkel sieht Dirk Neuhaus ein Zivilfahrzeug mit aufmontiertem Blaulicht und zwei Männer mit Maschinenpistolen.

Das war's, du hast verloren, schießt es ihm durch den Kopf. Ein Staatsanwalt mit 2,5 Promille. Da steht ihm ein Problem ins Haus.

Der Mann mit der Kelle kommt ans Seitenfenster. Dirk Neuhaus kurbelt die Scheibe herunter. Jetzt bloß keinen Blödsinn machen. Etwa sagen, dass man Staatsanwalt ist, vielleicht sogar noch den Dienstausweis vorzeigen. Wenn diese Dinge danebengehen, ist der Job mit Sicherheit geschmissen.

„Allgemeine Verkehrskontrolle. Ihre Fahrzeugpapiere bitte und Ihre Fahrerlaubnis."

Wenn es dabei bleibt, ist der Kelch noch einmal an ihm vorübergegangen. Es bleibt nicht dabei.

„Haben Sie etwas getrunken?"

Zwei Antworten wären jetzt völlig falsch: *Nein* und *Ein Bier zum Essen.*

„Ja", sagt Dirk Neuhaus und bemüht sich um eine deutliche Aussprache. „Fünf oder sechs Bier, ein Glas Champagner und ein Kaffee." Die Alkoholwirklichkeit geteilt durch vier.

Der Mann am Seitenfenster blättert in den Papieren.

„Sind Sie mit einem Alkotest einverstanden?"

Aus! Haltung bewahren und anständig untergehen.

„Ja."

„Wir haben allerdings unser elektronisches Testgerät nicht zur Verfügung. Sie müssten mit dem alten Pusteröhrchen Vorlieb nehmen."

„Ich bin einverstanden."

„Tief einatmen und in einem Zug, ohne abzusetzen, blasen, bis der Ballon am Ende handballgroß ist." Dirk Neuhaus kennt das Verfahren aus zahllosen Gerichtsverhandlungen.

Der Mann mit der Kelle nimmt das Röhrchen an sich und geht zu seinen Kollegen am Zivilfahrzeug. Sie betrachten es aufmerksam im Schein ihrer Taschenlampen. Dann begibt sich der Kontrolleur wieder an Dirk Neuhaus' Wagen. Was jetzt kommt, weiß der Staatsanwalt auch schon: „Wir müssen Sie leider ..."

„Was sagten Sie, haben Sie getrunken?"

„Ein paar Bier und ein Glas Sekt."

„Ah ja."

Der Mann an der Fahrertür schaut noch einmal kurz auf das Röhrchen und lässt es dann zu Boden fallen. Es knirscht hörbar als er es mit seinen schweren Stiefeln zertritt.

„Fahren Sie bitte weiter", sagt er, während er den Führerschein und die Wagenpapiere zurückgibt.

„Danke", sagt Dirk Neuhaus und gibt vorsichtig Gas.

Restpromille am Morgen danach sind etwas Furchtbares. Um zehn Uhr ist Dirk Neuhaus aufgestanden und es geht ihm schlecht. Zunächst ruft er Sheriff McMorely im Hotel an und wünscht ihm eine gute Heimreise. Dann versucht er die Ereignisse der vergangenen Nacht zu rekonstruieren. Es gestaltet sich schwierig, denn der Champagner hat einige Dateien unwiederbringlich gelöscht. Dass der Mann mit der Kelle das Alkoholröhrchen zertreten und ihm den Führerschein zurückgegeben hat, daran kann er sich noch erinnern. Vorsichtshalber schaut er in seiner Brieftasche nach, wo er das wichtige Dokument findet.

Warum haben sie ihn laufen lassen? Haben sie ihn als Staatsanwalt erkannt und ein Auge zugedrückt? Dass die Alkoholanzeige noch im erlaubten Bereich war, hält er für ausgeschlossen. Er ist ja jetzt noch nicht fahrtüchtig. Eine seltsame Sache.

Am frühen Nachmittag trifft er im Büro ein. Er will seinem Abteilungsleiter sein spätes Kommen erklären, aber der winkt nur ab. „Ich habe alles gesehen. Champagner aus der Literflasche. Wer war eigentlich Ihr Spender?"

„Noch nie gesehen, aber sehr großzügig."

„Trinken Sie ein Glas Roten mit? Ihnen kann es nur besser gehen."

„Um Gottes willen!" Dirk Neuhaus flüchtet in sein Büro und

versucht mit einer kalten Cola Lebensqualität zurückzugewinnen.

Irgendwann klingelt das Telefon.

„Neuhaus."

„Guten Tag, Herr Staatsanwalt. Wie geht es Ihnen?"
Der Anrufer hat sich nicht vorgestellt.

„Darf ich wissen, mit wem ich spreche?"

„Ich denke, das tut nichts zur Sache." Die Stimme klingt ruhig und gelassen. „Sie hatten einen schönen Abend im Postillon?"

Dirk Neuhaus wird jetzt nicht auflegen. „Sagen Sie einfach, was Sie von mir wollen."

„Warum sollte ich etwas von Ihnen wollen? Sie hatten eine ganz schöne Portion Glück gestern Nacht, nicht wahr? Man hätte erwarten müssen, dass sich das Röhrchen bis zum Anschlag verfärbt."

„Nochmal: Um was geht es?"

„Aber es hat sich nicht verfärbt. Naturwissenschaftlich kaum nachvollziehbar. Oder es ist dem Beamten unglücklicherweise aus der Hand gefallen und zu allem Überfluss noch unter seine Füße geraten."

„Erzählen Sie weiter, ich höre Ihnen zu."

Dirk Neuhaus ist jetzt nur noch neugierig.

„Eigentlich bin ich schon am Ende. Nur das noch: Wenn man so viel Glück gehabt hat wie Sie, dann wäre vielleicht zu überlegen, ob man sich nicht selbst großzügig geben sollte. In der Sache Toledo zum Beispiel."

Augenblicke später hat der Anrufer aufgelegt.

Dirk Neuhaus behält den Hörer in der Hand und drückt auf die Gabel. Dann wählt er die Nummer des Kommissars.

„Können Sie mir sagen, ob gestern Nacht im Bereich Seilerstraße / Friedberger Landstrasse eine allgemeine Verkehrskontrolle stattgefunden hat?"

„Gab's Probleme?"

„Nein, nichts von Belang."

„Einen Moment, das haben wir gleich." Dirk Neuhaus hört das Klacken der Tastatur. „So, da ist es – Seilerstraße / Friedberger Landstraße, Verkehrskontrolle zwischen zwei und vier Uhr, so steht es hier. Wollen Sie noch wissen, wie viel Führerscheine einbehalten wurden?"

„Nein, danke, das war's schon." Und dann ist auch dieses Gespräch beendet.

Er wird dem Kommissar nichts von den Ereignissen der vergangenen Nacht erzählen. Seit heute weiß er: Ihr langer Arm reicht schon bis in den Polizeiapparat.

Einer steigt aus

Die Jalousien sind bis zur Fensterbank heruntergelassen. Kleine Undichtigkeiten, die millimeterfeines gleißendes Licht hereinscheinen lassen, verraten, dass draußen die Sonne unbarmherzig vom Himmel brennt. Die Hundstage zeigen noch einmal, was in ihnen steckt. Ein großer Ventilator neben der Tür zur Sekretärin sorgt für eine frische Brise.

„Kaffee wie immer?"
  „Gerne, ja – vielen Dank!"
  Phil Matthews gießt die beiden Tassen voll.
  „Möchten Sie rauchen?"
  „Nein, danke."
  „Haben Sie etwas dagegen, wenn ich mir ein Zigarillo anzünde?" Amerikaner fragen in solchen Sachen immer und jeden.
  „Um Himmels willen, nein."
Phil Matthews bläst den blauen Rauch seiner Virginia gegen den unsichtbaren Wind aus dem Ventilator. Hemdsärmlig und ohne Krawatte hat er es sich im Chefsessel bequem gemacht.
  „Erfolg hat viel mit Disziplin zu tun, nicht wahr?"
  „Sicher", stammelt sein Gegenüber und nickt heftig mit dem Kopf.
  „Disziplin heißt sorgfältig arbeiten, alles exakt planen, überdenken, kontrollieren. Heißt auf Nummer sicher gehen, nichts dem Zufall überlassen. Den Erfolg wollen – unbedingt."
  „Völlig richtig, das sehe ich auch so."
  „Und sich an die Vorgaben halten. Regeln beachten – das ist ein wesentlicher Teil der Disziplin und damit auch des Erfolgs."
  „Sicher." Gleich wird er zuschlagen. Was bisher gelaufen ist, das war nur die Ouvertüre.
  „Wir hatten von einem Denkzettel gesprochen, oder erinnere

ich mich da falsch?"

„Nein, nein, nein, von einem Denkzettel war schon die Rede, aber ..."

„... aber? Kann es da Missverständnisse geben?"

„Missverständnisse im eigentlichen Sinn nicht, aber ..."

„... aber was? Wollen Sie vielleicht sagen, dass es da Probleme gab, mit denen Sie nicht klar gekommen sind?"

Das ist der wunde Punkt von Thomas Tiberius. Versagt zu haben. Aber er weiß auch, dass er für den fraglichen Auftrag keine Garantie geben konnte. Jetzt meldet sich sein Rest an Selbstwert.

„Wir haben die Sache doch nur zum Teil in der Hand. Wir tauschen die Teile aus und wir jagen ihn über die Autobahn. Was daraus wird, können wir nicht kalkulieren."

Phil Matthews schüttelt ärgerlich den Kopf. „Sie verstehen mich offenbar nicht. Erfolg ist eine Sache der Disziplin, da waren wir uns doch einig? Zur Disziplin gehört aber auch die Ausschaltung der Risiken. Sehen Sie: Selbstverständlich ist es nicht leicht, dem Affenmann einen Denkzettel zu verpassen, der seinen Namen verdient. Aber wenn wir uns Mühe geben, ist es möglich. Vor 50 Jahren hat niemand geglaubt, dass man Kernspaltung kontrolliert betreiben kann. Heute laufen weltweit 400 Kernkraftwerke. Und warum?"

Thomas Tiberius hebt hilflos die Hände.

„Weil wir uns angestrengt haben, das ist die Antwort."

„Sicher."

„Und deswegen, Herr Tiberius", die Stimme von Phil Matthews wird gefährlich leise, „muss ich Ihnen sagen, dass Sie mich enttäuscht haben."

„Tut mir leid, Chef", entgegnet Thomas Tiberius kleinlaut und mit gesenktem Kopf.

Phil Matthews legt die Beine auf den Schreibtisch und schaut schweigend an die Decke. Sein Gegenüber ist jetzt da, wo er ihn von Zeit zu Zeit am liebsten hat: ganz unten. Nur wer den ganzen Schmerz des Misserfolges spürt, gibt alles für den Erfolg und ist für jeden Auftrag dankbar. Minutenlang lässt er ihn zappeln und schmoren. Überziehen darf er allerdings nicht. Denn auch er hat keine großen Spielräume. Verzichten kann er auf den Juraabbrecher nicht. Ein neuer Mann wäre ein neuer Täter und jeder Mittäter erhöht auch sein Risiko. Er wird ihn wieder aufbauen.

„Wir brauchen Ersatz für Willi Urban." Thomas Tiberius horcht auf. „Jemand aus der Abteilung 4 muss das machen. Würden Sie sich zutrauen, den Nachfolger zu bestimmen? – Natürlich, das ist Ihr Ding! Passen Sie nur auf, dass Sie keinen Affenfan auswählen. Das Betriebswirtschaftliche muss bei ihm im Vordergrund stehen. Und die Loyalität muss hundertprozentig stimmen. Prüfen Sie ihn gründlich durch und gehen Sie auch in die Dateien von Verfassungsschutz und Polizei. Haben Sie die neuen Codes schon?"

„Ich habe noch die vom letzten Herbst."

„Das sind alte Kamellen. Vor vier Wochen habe ich die neuen bekommen. Ich drucke sie Ihnen aus." Phil Matthews schwingt sich mit der Dynamik eines Athleten aus dem Sessel. „Dann an die Arbeit."

„Klar, Chef." Thomas Tiberius nimmt dankbar die Hand seines Protektors.

„Noch etwas." Der Boss hat eine zusätzliche Bitte. „Es muss schnell gehen. Mesa Cayu wartet auf unsere Ergebnisse. Sie investieren gerade noch einmal 50 Millionen in die Kiste. Wenn wir ausfallen, ist das Geld verloren."

Der Geschäftsführer begleitet Thomas Tiberius über den langen Flur bis zum Aufzug. Dort verabschiedet er ihn nach unten um anschließend den Chemiker zu besuchen. Professor Engel sitzt an seinem Schreibtisch und tippt Zahlen in den PC.

„Wie sieht es aus?"

„Wenn ich nach oben aufrunden darf, dann sieht es gut aus!"

„Hervorragend."

„Zweistellige Zuwächse und eine signifikante Konzentration auf der Variante D."

„Zufall ausgeschlossen?"

„Völlig. Wir haben mit wechselnden Farben, Größen und Standorten gearbeitet. Bei menschlichen Probanden hätte man von einem Doppelblindversuch gesprochen."

„Keine Bedenken wegen der Verfassung der Tiere?"

„Überhaupt nicht. Es war wohl nur ein ganz normaler Infekt. Sie sind wieder kerngesund. Bis auf ..." Professor Engel zögert.

Ein Mitarbeiter hat so etwas angedeutet. Phil Matthews weiß

offenbar schon Bescheid. „Zwei Ausfälle, nicht wahr?"

„Allerdings. Exitus aus heiterem Himmel. Lafayette und Bongo, ein junges Weibchen und ein altes Männchen. Herzstillstand."

„Haben Sie die Obduktion veranlasst?"

„Dr. Müller ist schon dran."

„Mesa Cayu meldet ebenfalls Probleme. Leider in der Versuchsreihe HB."

„Wenn ich ehrlich sein soll: ein schwerer Brocken. Vielleicht werden wir uns eines Tages sagen müssen: Man kann nicht alles haben."

„Die Welt lebt von Kompromissen. Sie bleiben trotzdem am Ball?"

„Selbstverständlich. Wir ersetzen das Chlor jetzt noch einmal durch eine Nitrat-Gruppe. Ich könnte mir denken, dass dadurch die Enzymbildung angeregt wird, die die Giftigkeit des Wirkstoffes verringert, ohne die Primärwirkung zu beeinträchtigen."

„Wann kann ich mit Ergebnissen rechnen?"

„In ein bis zwei Wochen vielleicht."

„Denken Sie bitte daran: Wir haben ein Zeitproblem. Mesa Cayu wartet auf unsere Ergebnisse. Sie haben dort Riesensummen investiert und warten auf den Startschuss zum großen Geschäft."

„Sie haben Vabanque gespielt, nicht wahr?"

„Mag sein, aber so funktioniert die Marktwirtschaft."

„Marktwirtschaft? Sie meinen Kapitalismus."

„Wegen mir: Kapitalismus ..."

„Aber das ist nicht mein Problem."

Phil Matthews wittert Gefahr. „Wie meinen Sie das?"

„Eigentlich bin ich Chemiker und Naturwissenschaftler und Ihr Geschäftsgehabe interessiert mich nicht besonders."

Professor Engel wirkt trotzig wie ein Erstklässler, dem man seine Murmeln weggenommen hat.

„Herr Kollege, ich bitte Sie!"

Phil Matthews erkennt, dass er ein gefährliches Spiel spielt. „Wir müssen uns entscheiden. Ich will einmal so sagen: 300 SEL oder Opel Corsa, das ist hier die Frage. Übrigens: Dr. Kahlo hat mir avisiert, dass Ihr Verfahren eingestellt werden kann – gegen 100.000 cash. Sind Sie damit einverstanden? Oder anders gefragt: Könnten Sie diese Summe bezahlen?"

Professor Engel hebt beschwörend die Hände.

„Wir müssen uns doch nichts vormachen. Mit 100.000 sind Sie überfordert. Das weiß auch die Staatsanwaltschaft. Sie verlangt die Summe trotzdem, denn sie weiß, dass die Firma sie zahlt. Die Firma zahlt Ihren Freispruch - kapiert?"

Auch René Gronwald hat einen Bekannten in den Vereinigten Staaten. Aaron Kline ist Leiter der Interpol-Stelle in Pittsburgh/Pennsilvania. Kennengelernt haben sie sich anlässlich einer Tagung über internationalen Rauschgifthandel im vergangenen Frühjahr in New York. Sie liegen auf einer Wellenlänge, vielleicht weil der Lieutenant deutsche Vorfahren hat. Wenn sie hin und wieder miteinander telefonieren, erkundigt sich der Cop regelmäßig nach dem Tabellenstand in der deutschen Fußballbundesliga. René Gronwald ist sich nicht sicher, ob sein amerikanischer Kollege das wirklich ernst meint oder als Freundschaftsgeste versteht. Aaron Kline ist der Herr über 1000 Programme und Dateien und er weiß, wie man sie öffnet. René Gronwald wählt seine Nummer genau um 19.30 Uhr. Jetzt sitzen sie in Pittsburgh in der Mittagspause und essen Fast Food und Aaron ist in Laberlaune. Mesa Cayu, Heimat der Esel. Der indianische Begriff hat den Kommissar scharf gemacht. Dazu will er mehr wissen und deshalb muss er mehr über Toledo wissen. Er erreicht Aaron Kline wie erwartet beim amerikanischen Lunch. Noch während er seinen Hamburger kaut, sucht sein PC nach Informationen zu Toledo.

„Ein Riesenladen", sagt Aaron Kline. „Wie bei euch BASF oder Bayer. Über 50.000 Mitarbeiter. Jeder kennt ihn hier."

Dann spuckt der PC erste Infos aus zum Geschäftsbereich. Dutzende von Tochterfirmen im In- und Ausland befassen sich mit allem, was Geld bringt. Toledo steckt im Öl- und Urangeschäft, kontrolliert den Bauxitabbau in Malaysia, beutet die Coltan-Vorräte am Kongo aus und rodet die Regenwälder auf Sumatra.

Aktivitäten auch in Südamerika? Massenhaft, will er etwas

Konkretes wissen? Mesa Cayu, kann der Computer etwas mit Mesa Cayu anfangen? Aaron Kline tippt den Begriff in die Maschine. Es dauert einen Augenblick.

„Mesa Cayu, Stadt in der Provinz Pais Extenso im Nordosten Brasiliens, Sitz der Toledo-Tochter Boa Vista. Aktivitäten: Nachwachsende Rohstoffe und Futtermittel."

„Du hast mich ein gutes Stück vorangebracht, Aaron."

„Warte, hier habe ich noch einen Hinweis im Text, dass es vertrauliche Zusatzinformationen gibt. Ich muss sie erst aufrufen."

„Was heißt vertrauliche Informationen?"

„Dazu gehören sämtliche Infos, die der Polizei zu dieser Firma bekannt geworden sind. Sie sind in der Regel nicht abgeklärt und daher unsicher oder aber vertraulich gegeben. Oft hochinteressant – jetzt habe ich´s. Toledo Mesa Cayu soll die gesamte Bezirksregierung gekauft haben. Alle Bau- und Betriebsgenehmigungen sind über Korruption zustande gekommen."

„Eigentlich nichts Besonderes in Südamerika?"

Aaron Kline lacht schallend: „Was heißt Südamerika? Vor drei Wochen hat die New York Times über einen riesigen Korruptionsskandal in Frankfurt am Main berichtet. Die Messegesellschaft soll das Ordnungsamt mit Millionenbeträgen bestochen haben – schon zum zweiten Mal."

„Und ich dachte, das erfährt niemand sonst, jedenfalls niemand in Amerika."

„Da ist aber noch etwas." Aaron Kline bearbeitet hörbar seine Tastatur. „Ein Sondereintrag unter C-Alpha. So kennzeichnet das FBI hochbrisante Hinweise. Hier zum Beispiel: anderer Geschäftszweck – Fragezeichen."

„Was heißt das?"

„Dass sich Boa Vista nicht oder nicht nur mit nachwachsenden Rohstoffen und Futtermitteln befasst."

„Näheres weiß man nicht?"

„Sonst stände es hier!"

„Der General will nicht, warum, kann ich nicht nachvollziehen, der Abteilungsleiter will nicht, oder sagen wir richtiger-
weise, kann nicht, weil ihm der Alkohol einen Streich gespielt
hat, und der Dezernent – was ist mit ihm?" René Gronwald
lächelt seinen Gegenüber böse an.

Dirk Neuhaus bleibt verbindlich: „Er will schon, aber er
kann nicht!"

„So einfach ist das!", triumphiert der Kommissar.

Im Polizeipräsidium ist Glasnost angesagt. Tag der offenen
Tür nennt sich das und soll Liberalität und Transparenz de-
monstrieren. Für die Mitarbeiter des Apparates ist es ein ar-
beitsfreier Tag und eine Gelegenheit, kräftig zur Flasche zu
greifen.

René Gronwald hat eingeladen und der Staatsanwalt ist gekommen. Jetzt sitzen sie nach einem Rundgang durch den
Gesamtkomplex im Büro des Kommissars. Bier im Plastikbe-
cher rechnet sich zwar, ist aber ein Stilbruch erster Güte, und
vor allem, es schmeckt nicht. Aber für Polizisten gibt es
Schlimmeres. Sie reden über Toledo.

„Wir lassen den General mal einfach außen vor. Was würden
Sie machen, wenn Sie freie Hand hätten? Bei dem gegenwärtigen Wissenstand: Tierpfleger schickt anonym ein Tierver-
suchsprotokoll, Tierpfleger stirbt wenige Tage später in einem
Auto mit manipulierter Lenkung." Dirk Neuhaus schaut prüfend in das Gesicht seines Gastgebers.

„Ganz einfach, ich würde den Laden filzen."

„Durchsuchen, meinen Sie. Rechnen Sie mit einer richterlichen Erlaubnis?"

„Keine Frage, der Tatbestand reicht dicke aus."

„Ob wir allerdings noch etwas finden würden, erscheint mir
fraglich. Wir kommen ja nicht zum ersten Mal. Sicher ist viel
beseitigt worden."

„Da mögen Sie recht haben. Also hören wir ihre Telefone
ab."

„Sie glauben, das bringt mehr?"

Das Abhören von Telefonen kann Ermittlungen massiv vo-
ranbringen. Je doofer das betroffene Klientel ist, umso erfolg-
versprechender die Maßnahme. Die Tölpel fühlen sich nie

gemeint und halten das Abhören von Telefonen für ein Thema von Fernsehkrimis. Die Profis telefonieren einfach nicht mehr. Oder sie legen über das Telefon falsche Spuren. René Gronwald erinnert sich an einen Fall, mit dem er es als Mitarbeiter der Mordkommission vor Jahren zu tun hatte. Mitten im Universitätsviertel war ein Camorra-Mann von der Mafia-Konkurrenz erschossen worden. Sechs Monate hatte die Polizei die Zentrale abgehört, um den Schützen zu identifizieren. Vergeblich, kein einziges Wort war von den zahlreichen Anrufern zu dieser Angelegenheit geäußert worden - echte Profis. Wie im Fall Toledo.

„Wohl nicht", antwortet René Gronwald.

„Was gibt es noch?"

„Wanzen!"

Dirk Neuhaus winkt ab. „Die bringen doch auch nichts."

„Aber selbstverständlich! Wanzen wären ideal. Damit rechnen Verbrecher noch nicht. Der große Lauschangriff ist erst seit ein paar Jahren erlaubt und man hat bisher wenig davon gehört. Als Bedrohung ist er noch nicht im Kopf der Täter gespeichert. Unter vier Augen und im eigenen Büro wird noch alles gesagt, was der andere wissen soll und wir nicht."

„Die Erfahrungen rechtfertigen Ihren Optimismus aber kaum! Im *Spiegel* stand vor einiger Zeit, dass bei den wenigsten Wanzeneinsätzen in Deutschland etwas herausgekommen ist."

René Gronwald lacht. „Der Bericht ist doch getürkt worden. Der *Spiegel* hat hier angefragt und unser Boss hat ihm die fraglichen Einschätzungen gegeben. Alles Bluff. Selbst die Beispielsfälle waren frei erfunden."

„Und warum das?"

„Um die Wanze lächerlich zu machen. Ein Gegenstand, über den man lacht, vor dem hat man keine Angst. Er spielt keine Rolle bei der kriminellen Kalkulation. Gezielte Desinformation, verstehen Sie?"

Dirk Neuhaus nickt und schweigt. Ein bisschen peinlich ist ihm das schon. Der Spiegelbericht war seinerzeit von seinem Chef in Kopie allen Staatsanwälten der Behörde zugänglich gemacht worden. „Zur geflissentlichen Kenntnisnahme", hieß es im Begleitschreiben und so heißt es stets, wenn man glaubt, eine besonders wichtige Information weiterzugeben.

„Aber wir reden ja jetzt nur ins Blaue", sagt René Gronwald schließlich. „Wie sieht es eigentlich mit der Umsetzung aus?"

„Schlecht, um es schonend zu formulieren", antwortet Dirk Neuhaus. „Der General hat *Schluss* gesagt. Das Wort gilt!"

Der Kommissar fixiert den Staatsanwalt. „Es gilt wirklich, sagen Sie?"

„Es ist verbindlich. Für mich jedenfalls."

„Gehen Sie einmal davon aus, dass sich der Verdacht gegen Toledo weiter verdichtet. Ach ja, da habe ich noch eine Information für Sie. Mesa Cayu – Sie erinnern sich –, der Vermerk auf der Kopie, die die Kleine anonym erhalten hat. Dabei handelt es sich tatsächlich um eine Stadt in Brasilien, in der Toledo eine Niederlassung unterhält."

„Und was folgern Sie daraus?"

„Zunächst gar nichts. Aber Interpol bringt die Tochterfirma in Verbindung mit Korruption und ..."

„Ach Gott, Korruption in Brasilien ..."

„Nun gut, spinnen wir einfach was dazu: Bei Toledo in der Offenbacher Landstraße sterben fünf weitere Laboranten aus der Abteilung von Professor Engel und Phil Matthews hat in den USA ein seitenlanges Vorstrafenregister. – Sie machen die Akten auch dann zu?"

„Herr Gronwald", – Dirk Neuhaus okkupiert den Schreibtisch des Kommissars, „Sie sollten doch die Gesetze der Hierarchie kennen. Die gibt es nicht erst seit gestern. Ich erzähle Ihnen eine kleine Geschichte dazu. Vor vielen Jahren wurde gegen einen Rechtsanwalt im Großraum Frankfurt ermittelt. Er hatte als sogenannter Repetitor Studenten und Referendaren beim juristischen Examen geholfen – mit illegalen Tricks, wie jeder wusste. Ein Loser hatte seinerzeit Anzeige erstattet und Staatsanwälte hatten die Ermittlungen aufgenommen. Alle wussten: Jetzt platzt die Bombe. Denn vom Ministerpräsidenten bis zum Gerichtspräsidenten hatten sie alle über Jahrzehnte hinweg die rechtswidrigen Dienste des Repetitors in Anspruch genommen."

„Sie platzte natürlich nicht!"

„Eines Tages kam aus dem Justizministerium in Wiesbaden die Weisung: Verfahren einstellen. Ohne jegliche Begründung. Aber als Befehl von ganz oben verbindlich."

„Der Dezernent hat dieser Weisung Folge geleistet?"

„Klar doch, er hat das Verfahren eingestellt – ohne jegliche Begründung."

„Aber dagegen hat der Anzeigenerstatter doch sicher Beschwerde eingelegt?"

„Erfolglos allerdings – die Generalstaatsanwaltschaft hat sie zurückgewiesen – auch wieder ohne Begründung."

René Gronwald holt neues Bier und zwei Gyrosteller.

„Mit anderen Worten: Sie halten sich an die Weisung des Generals – oder irgend eines anderen Vorgesetzten!"

„Aber das sind doch die Spielregeln!"

„Spielregeln, sagen Sie? Sie glauben ernsthaft, die Ordnung der Hierarchien hat den Namen *Spielregeln* verdient?"

„Warum nicht?"

„Weil sie nur der Logik der Macht folgt, sonst nichts. Oder sagen Sie mir einen vernünftigen Grund, warum es bei Ihnen einen Generalstaatsanwalt gibt, der allen anderen Staatsanwälten sagen darf, was sie zu tun haben. Nennen Sie mir einen Grund!"

„Das ist nicht so einfach ..."

„Nein, das ist unmöglich! Oder ist er vielleicht besser als die anderen?"

„Möglich, er hat ein Einserexamen gemacht."

„Ich sagte: besser!"

„Nun ja, ..."

„Seien Sie doch ehrlich und geben Sie zu, was alle längst wissen. Die Justiz soll nicht unabhängig sein, sondern der Politik gehorchen. Deswegen muss alles auf den General hören, der an der kurzen Leine des Ministers läuft."

„Auf wen hören *Sie* eigentlich?"

„Vielleicht auf den Staatsanwalt – aber vor allem auf die Gesetze!"

„Auf die Gesetze! Ist das viel anders, als auf den General zu hören?"

„Ich bitte Sie! Im Gesetz steht, dass die Staatsanwaltschaft ermitteln muss, wenn ein Anfangsverdacht besteht. Und genau darüber setzt sich Ihr Boss hinweg! Da habe ich im Gesetz doch einen verlässlicheren Partner beziehungsweise eine seriösere Orientierung."

„Das behaupten Sie so einfach. Ihr Partner sagt zum Beispiel, dass man Kiffer bestrafen muss und Ladendiebe. Oder dass der Dummkopf, der die Bank mit einer Wasserpistole überfällt, für mindestens fünf Jahre in den Bau muss. Ist das wirklich eine seriösere Orientierung?"

„Ausnahmen, wie es sie überall gibt. Aber ein lückenhaftes Gesetz ist mir allemal lieber als ein korrupter General."

„Herr Gronwald!" Dirk Neuhaus stochert lustlos in seinem kalten Fleisch. „Ich glaube, wir beide beklagen ein und dasselbe Übel: Die Wirkungslosigkeit der Strafjustiz. Irgendwie glauben wir immer noch an die Justiz als den großen Goldesel, der diesmal Gerechtigkeit kackt. Die Gesellschaft wünscht es sich ja so. Und dabei kann die Justiz es gar nicht leisten. Rechtsstaatlichkeit heißt doch auch, aufzuhören, wenn zum Beispiel der Nachweis nicht gelingt."

„Aber Sie hören auf, weil es der General will!"

„Reden wir doch einfach einmal von den ganz banalen Dingen, an denen das Strafrecht im Alltag scheitert. Erinnern Sie sich noch an die Vergewaltigungsserie in Oberrad vor einigen Jahren? Über ein Dutzend Fälle, immer steigt der Täter über Balkons in die Wohnung alleinstehender Frauen ein. Ihre Kollegen haben alles versucht. Haben den gesamten Stadtteil nächtelang observiert, haben Kripobeamtinnen als Lockvögel auf den hell erleuchteten Balkons schlafen lassen und so weiter. Dann gab es einen Verdächtigen. Die Hausdurchsuchung erbrachte zunächst nur viel Pornografie. Aber dann hat einer Ihrer Kollegen den Mülleimer umgedreht. Ein Knäuel aus Mullbinden war darin. Als man ihn auseinander pfriemelte, hatte man plötzlich die weiße Gesichtsmaske in der Hand, die der Täter bei all seinen Überfällen getragen hatte. Klasse, nicht wahr? Aufatmen in Oberrad und eine Riesenpresse für die Polizei. Noch am gleichen Tag ging der Pornofreund in Untersuchungshaft und in der gleichen Nacht gab es die nächste Vergewaltigung nach bekanntem Muster. Die Serie ging den ganzen Sommer weiter und der Täter wurde nie gefasst. Damit müssen wir doch leben, damit muss die Polizei, muss die Justiz leben."

„Sie sagen es: Damit müssen wir leben. Aber mit rechtswidrigen Weisungen müssen wir gerade nicht leben. Es gibt ein Widerstandsrecht in unserer Verfassung – oder?"

Mein Gott, denkt Dirk Neuhaus, jetzt kommt auch noch die Verfassung ins Spiel.

„Wir werden uns da wohl nicht einig werden."

Das ist vielleicht gar nicht notwendig, denkt René Gronwald.

***

Detektive segeln hart am Wind. Gefährliche Arbeit ist ihr Metier. Dabei geht es nicht so sehr um die blutigen Nasen, die sie sich bei ihren Einsätzen holen können. Gemeint ist die Verlockung, Gesetze zu übertreten. Denn Detektive werden oft für solche Tätigkeiten in Anspruch genommen, die Polizisten nicht tun dürfen. Stichwort Observation. Betrogene Ehepartner wollen alles ganz genau wissen. Da Ehebruch nicht mehr strafbar ist, winkt die Polizei ab. Wenn der Leidensdruck hoch genug ist und das Konto es zulässt, wird eine Detektei beauftragt. Für das viele Geld verlangt man aber auch *jede* Einzelheit. Während der Blick ins Hotelzimmer von der gegenüberliegenden Feuerleiter noch erlaubt ist, ist er es vom zimmereigenen Balkon aus nicht mehr. Und Fotos vom Schäferstündchen, gestochen scharf, sind in keinem Fall zulässig. Jene aber haben für den Auftraggeber besonderen Wert. Der Tag, an dem sie ihm diese Fotos präsentiert, ist nach der Hochzeit vor fünf Jahren der zweitschönste in ihrem Leben. Detektive, die das nicht bringen, sind schnell aus dem Geschäft. Die es bringen, haben allerdings ein anderes Problem – zum Beispiel mit dem Staatsanwalt. Dafür sind sie aber schnell bekannt in der Szene und das heißt: volle Auftragsbücher und volle Kassen. Eine Gratwanderung. Klaus-Dieter Salzmann hat viele Bewerbungen zwielichtiger Personen bekommen. Meist von Polizeibeamten, die wegen aller möglichen Verfehlungen aus dem Dienst geflogen waren. In der Detektei hatten sie gehofft, ohne die lästigen Gesetze und mit ein paar Mark mehr auf dem Lohnstreifen beginnen zu können. Daraus war regelmäßig nichts geworden. Die Polizisten, die er nimmt, sind handverlesen und mehrfach getestet. Der letzte war ein aufstrebender Schutzmann mit besten Zeugnissen und reiner Weste. Die Polizei hatte ihn gefeuert, weil er an einem – gutartigen – Hirntumor erkrankt war. Die erfolgreiche Operation und die optimistischen ärztlichen Prognosen hatten den Rauswurf nicht verhindern können. Risikomaterial, vor allem solches mit Pensionsanspruch, mag der Staat nicht. Bei Klaus-Dieter Salzmann war er jetzt der erste Mann.

Trotzdem, auch die Detektei Salzmann handelt im Graubereich. 23 Ermittlungsverfahren sind und waren gegen Klaus-Dieter Salzmann anhängig, aber in keinem Fall kam es bisher zur Anklage. Seit einigen Jahren wird er auch nachgefragt, wenn es um Geiselnahmen in Südamerika geht oder um Schadensersatzforderungen gegen multinationale Konzerne. Er stopft Löcher, mit denen die Politik nicht umgehen kann. Oder nicht umgehen will. Er ist ein Joker mit wechselnden Auftraggebern. Daher lässt ihn auch die Justiz in Ruhe.

Klaus-Dieter Salzmann ist ein Einzelgänger. Hin und wieder zieht es ihn in die kleine Kneipe *Beim Bosselmann*, gerade 500 Meter entfernt von seiner Firma. Dort kennt man seine Nöte und hält immer einen kleinen Tisch frei, im Sommer auf der überdachten Terrasse und ansonsten am Kamin drinnen. Er sitzt dort allein, isst mal Saure Nieren mit Bratkartoffeln oder Grüne Soße mit gekochten Eiern. Der Bosselmann ist ein Spezialitätenladen der besonderen Art, wie seine Firma.

Gerade hat Klaus-Dieter Salzmann an einem kleinen Tisch auf der Terrasse Platz genommen, als er auf eine ihm unangenehme Weise bedrängt wird.

„Sie entschuldigen, da ist sicher noch ein Platz für mich frei."

„Ich glaube nicht", entgegnet Klaus-Dieter Salzmann kalt und ist auf den Kellner sauer, der ihm bisher immer das Feld freigehalten hat.

„Ausnahmsweise doch?" Der Fremde ist freundlich und wartet auf ein Zeichen.

„Um Himmels willen!" Klaus-Dieter Salzmann gibt seine Zurückhaltung auf. „Herr Kommissar, bitte nehmen Sie Platz."

Sie tauschen Freundlichkeiten aus und essen gemeinsam das Stammgericht, Spätzle mit Hirschgulasch.

„Sie sind nicht zufällig hier, oder?"

„Ich könnte jetzt lügen, aber Sie würden es merken."

Klaus-Dieter Salzmann lacht: „Um was geht es?"

„Wenn ich ehrlich sein soll, ist das eine lange Geschichte."

„Fangen Sie an!"

„Wir haben uns in der Vergangenheit den einen oder anderen Gefallen getan, nicht wahr?"

Klaus-Dieter Salzmann überlegt einen Augenblick und nickt.

„Genaugenommen bin ich noch ein bisschen im Soll bei Ihnen."

„Richtig", entgegnet René Gronwald, „und deswegen bin ich hier. Was würden Sie tun, wenn Sie einen ganz dicken Fisch am Haken hätten, aber der Staatsanwalt sagt Nein, weil sein Boss ihm die rote Karte gezeigt hat?"

Klaus-Dieter Salzmann setzt sein Pokergesicht auf. „Angelverbot also?"

„So kann man es nennen."

„Dann sehen Sie halt zu, dass der Fisch freiwillig ins Boot springt."

„Tut er aber nicht."

„In dem Fall haben Sie nur noch eine Möglichkeit. Das Verbot ignorieren."

„Sehen Sie!"

Klaus-Dieter Salzmann bestellt zwei Kaffee.

„Sie dürfen mich jetzt nicht falsch verstehen." René Gronwald benutzt diesen Satz immer dann, wenn er genau so verstanden werden will. Dass das seine Gesprächspartner regelmäßig durchschauen – Klaus-Dieter Salzmann allemal –, stört ihn zwar, aber ihm ist noch nichts Besseres eingefallen. „Ich habe Ihnen den Fahndungscomputer geöffnet, oft genug, und meinen Job riskiert. Sie haben mir Interessantes aus Ihren Akten erzählt und nur Ihr Mandat aufs Spiel gesetzt – mehr nicht."

„Ich sagte doch schon: Ich bin im Soll."

Der Kaffee kommt und René Gronwald verlangt die Rechnung – zusammen.

„Stimmt es eigentlich, dass amerikanische Security-Firmen unter der Hand Kurse anbieten für Detektive, um ihnen die neuesten Tricks beizubringen?"

„Teilnahmegebühr 10.000. Dafür gibt es auch ein bisschen Hardware gratis – natürlich zum Anfüttern gedacht."

„Und was lernt man dort?"

„Selbstverständlich alles." Klaus-Dieter Salzmann lächelt vielsagend. „Alles, was uns unseren Job besser machen lässt. Und was erlaubt ist."

„Observationstechnik ..."

„Alles, wie gesagt. Wir müssen immer einen Schritt weiter sein als die Gegenseite. Dem besten Sicherungssystem müssen wir ein noch besseres Entsicherungskonzept entgegensetzen können. Eine richtig militärische Logik: Rakete – Antirakete – Antiantirakete ....."

„Darf ich Sie morgen in Ihrem Büro besuchen?"

„Sagen wir, nächste Woche. Ich bin für ein paar Tage auf hoher See."

„Sie machen tatsächlich Urlaub?"

Klaus-Dieter Salzmann schüttelt bedauernd den Kopf: „Im Auftrag, ich bin im Auftrag unterwegs, allerdings eine sehr lukrative Sache."

„Das heißt?" Polizisten sind von Natur aus neugierig,

„Vor Helgoland liegt ein chinesischer Frachter mit fünf Millionen Ferrari-Brillen an Bord – sämtlich nachgebauter Ramsch *made in Hongkong.* Für 15 Millionen geht das Zeug über Bord."

„Und wenn nicht gezahlt wird?"

„Dann landen die Brillen auf dem Markt."

„Was ist Ihre Aufgabe dabei?"

„Ich soll sie runter handeln. Wenn ich zehn Millionen schaffe oder weniger, gehört die Hälfte der Ersparnis mir."

„Und wenn Sie es nicht schaffen?"

„Dann gibt es nur Spesen und Fahrtkosten."

Das sieht alles in allem gut aus. In der kommenden Woche werden sie sich in Klaus-Dieter Salzmanns Büro treffen und dann steht der Deal. Dafür wird der Detektiv aber wieder einen Wunsch offen haben. Und den wird ihm René Gronwald sicher auch erfüllen.

Verkehrte Ermittlungen

Der Fahrer parkt den dunkelroten Ford Transit auf dem breiten Seitenstreifen der Lindley - Straße, zwischen zwei alten Kastanienbäumen. Eine Stunde nach Mitternacht ist hier, wo Gewerbebetriebe die Straße säumen, viel Platz. Nachdem die Lichter des Wagens erloschen sind und der Motor verstummt ist, öffnet sich die Fahrertür und eine männliche Person in einem schwarzen Overall steigt aus. Sie geht nach hinten, öffnet die Heckklappe und steigt in den Laderaum des Fahrzeugs. Danach bleibt es eine gute Stunde lang im Wagen still. Das schummrige Licht der Straßenlampen lässt nur schwer erkennen, wem er gehört: Gebrüder Lorenz, Heizung und Sanitär, Frankfurt am Main. Ein Straßenname, eine Telefonnummer.

Kurz nach zwei öffnet sich die rechte vordere Tür und der Mann in Schwarz steigt aus. Eilig geht er auf dem Bürgersteig Richtung Norden. Die Nacht ist trocken und mild und über den Hochhäusern jenseits des Mains schimmert der Mond durch dünne Wolken. An der Einmündung Hanauer Landstraße biegt er nach rechts. 500 Meter weiter beginnt das Werksgelände von Toledo-Wellness. Am Haupteingang bleibt er stehen und studiert den großen, neonbeleuchteten Schaukasten mit Stellenangeboten. Dann geht sein Blick hinüber zum hell erleuchteten Pförtnerhäuschen, wo sich ein halbes Dutzend Wachleute mit Kartenspielen und platten Witzen die Zeit vertreiben. Das gesamte Gelände ist von einer zweieinhalb Meter hohen Backsteinmauer umgeben, auf der großvolumig Natodraht ausgelegt ist. Auf der anderen Seite tritt die Mauer ein paar Meter zurück und macht einer Reihe Kastanien Platz, deren mächtiges Blätterdach die Straßenlampen verdunkelt. Aufmerksam mustert der Fremde diesen Bereich. Dann ist er auch schon im Fast-Dunkel der hohen Bäume verschwunden.

20 schnelle Schritte, während derer er seine Spezialhandschuhe und seine Spikesschuhe überstreift, und schon klettert er behende wie eine Raubkatze eine Kastanie hoch, überquert an einem waagerechten Ast Mauer und Stacheldraht und landet fast lautlos auf dem Werksgelände. Gebückt läuft er am alten Verwaltungsgebäude entlang und versteckt sich anschließend zwischen den großen Tonnen mit Altpapier und Plastikabfällen. Im gegenüberliegenden Neubau sind die Fensterreihen im zweiten und dritten Stock erleuchtet. Hier läuft die Pharmaproduktion rund um die Uhr. Vielleicht 50 Mitarbeiter sind noch im Haus. Schräg dahinter das Gebäude mit der Tierversuchsabteilung. Das ist das Ziel des Katzenmannes. Gerade will er sich durch die geparkten Autos vor dem Gebäude schleichen, da werfen zwei an der Fassade angebrachte Scheinwerfer ihr gleißendes Licht über den stattlichen Wagenpark. Ein Mitarbeiter verlässt das Haus und fährt davon. Als das Licht verlischt, unternimmt der Fremde einen neuen Anlauf. Diesmal schafft er es in einem Stück, den hinteren Teil der Tierversuchsanlage zu erreichen. Lautlos tastet er sich zu einer Stahltür unter einem schmalen Mauersims. Im Schein einer Minilampe untersucht er das Schloss. Schnell hat er die Mechanik erkannt und setzt einen kleinen Zylinder auf. Ein paar schnelle Handgriffe genügen und die Tür ist offen.

Im dunkeln Flur sondiert der Eindringling zunächst die Lage. Tierlaute sind zu hören, dann Schritte, die verhallen. Er muss jetzt an das Herz des Sicherungssystems und er weiß, wo er es zu suchen hat. Sekunden später ist der kleine Kasten im Lichtkegel seiner Hochleistungslampe. Ein grünes Kreuz tarnt ihn als Versorgungseinheit, aber der schwarze Mann weiß es besser. Er öffnet ihn mit einem kleinen Metallstift und betrachtet den Inhalt blitzenden Auges. In Ordnung, seine Informationen stimmen. Was er jetzt macht, hat er vielleicht 100 Mal schon geübt. Mit Platinnadeln impft er die roten und grünen Kabel im Kasten, dann setzt seine ruhige Hand ein streichholzschachtelgroßes Modul auf die Rechnerplatte: das Aus für die zahlreichen Induktionsschleifen, die das Gebäude zur Festung machen. Das ist die halbe Miete. Jetzt werden keine Dioden mehr leuchten und keine Alarmglocken mehr schrillen, wenn er durch die schmalen Gänge nach oben schleicht.

Er muss in den vorderen Teil des Gebäudes und macht jetzt einen entscheidenden Fehler. Er nimmt den Flur im Erdgeschoss. Dort sind die nachtaktiven Tiere untergebracht, die Toledo vor allem für die Jetlag-Forschung benötigt. Und deswegen ist dort auch die menschliche Belegschaft nachts noch wach. Viel zu spät hört er die Schritte und dann steht er schon vor den beiden Männern in grünen Kitteln und roten Eimern in den Händen, in denen es hektisch krabbelt. Aber diese Situation muss ein Profi wie er im Griff haben.

„Guten Abend", sagt er lässig. „Die Steuerung der Klimaanlage. Da vorn?"

„Gang durch und dann links." Schon kann der Mann mit dem großen Heizungs- und Sanitär-Emblem auf dem Arbeitsanzug problemlos passieren. Die Pistole im Overall, nur für den Notfall und den geordneten Rückzug, darf stecken bleiben. Drei Treppen höher steht er vor der Tür von Professor Engel. Es ist ruhig, denn die Schimpansen auf der anderen Seite des Flurs schlafen. Das ganz normale Sicherheitsschloss hat er sekundenschnell geknackt. Im Büro hockt er sich auf den Boden und seine Hände tasten über das Parkett. Mit fremdem Land immer erst Freundschaft schließen, haben ihm seine Lehrer in Bologna beigebracht. Freundschaft braucht immer auch Zeit. Die Jalousien sind offen und das Licht der zahlreichen Laternen auf dem Betriebsgelände lässt die Einrichtung des Zimmers schemenhaft erkennen. Immer wieder horcht der späte Gast angestrengt in die Nacht. Eine weitere Begegnung der unschönen Art will er nicht riskieren. Doch es bleibt ruhig. Nach einer Viertelstunde robbt er zum Schreibtisch vor und hangelt die Lampe zu sich auf den Boden herab. Schreibtischlampen eignen sich immer noch am besten als Versteck für die teure Elektronik. Dort machen sie keine Störgeräusche wie etwa im Telefon und die Lampe steht meist im Mittelpunkt aller Gesprächsrunden. Er muss nur aufpassen, dass er kein Billiggerät präpariert. Da besteht immer die Gefahr, dass es kurzfristig ausgewechselt wird. Aber hier besteht sie offensichtlich nicht. Eine Luxuslampe aus Italien und zudem, so hat er gehört, bleibt die Aktion auf drei Tage begrenzt.

Der Boden der *Farina-Lux* ist schnell geöffnet und die zuckerwürfelgroße hochempfindliche Wanze hinter den Zier-

Lamellen angeklebt. In Phil Matthews' Büro muss er nicht mehr. Sein Auftraggeber wollte zunächst, dass er auch dort eine Abhör-Wanze installiere. Darauf hat er sich nicht eingelassen. Das Risiko bei der Toledo ist hoch. Betriebe dieser Art sind intelligent gesichert. Da geht schnell was ins Auge. Eine Wanze genügt, für diesen Preis jedenfalls. Und wenn er sich nicht verhört hat, ist das Büro von Professor Engel mit Abstand das attraktivste Ziel in der Firma.

Eine Viertelstunde später steht der schwarze Mann wieder in der Nähe des Haupttores. Er hat das Sicherungssystem reaktiviert und alle Spuren seines Besuchs beseitigt. Ein Problem ist jetzt noch ungelöst: Rauszukommen aus der Pharma-Festung. Er ist müde und mag nicht mehr über die Mauer klettern. Kurzerhand nimmt er einen Werkzeugkasten, den irgendwer an der Trafo-Station stehen gelassen hat, und geht durch das Haupttor auf die Hanauer Landstraße hinaus, den Pförtnern zuwinkend, die freundlich zurückgrüßen.

Im Osten dämmert der Morgen, als er in seinen Kombi steigt und dort zunächst die Elektronik scharf macht. Drei Tage wird er hier aushalten und die Signale von der 100 Meter entfernten Wanze aufzeichnen. Kein Problem, denn der kleine Bus verfügt über eine Schlafstelle, eine Küche und eine Toilette. Zwischendurch wird er immer so tun, als arbeite er irgendwo, repariere Heizungen und installiere Bäder und Duschen. Abends wird er im Toledo-Stübchen gemütlich einen Schoppen trinken und mit den anderen Gästen über Fußball und Politik reden. Dann hat auch er seine Rechnung beglichen.

„Lassen Sie uns über Lipodown reden. Liegen Ihnen schon Ergebnisse vor?"

Phil Matthews hat sich wie immer unaufgefordert in den Lederstuhl vor dem Schreibtisch von Professor Engel gesetzt. „Nach meiner Erinnerung wollten wir Anfang September soweit sein."

„Sind wir, Mr. Matthews, sind wir. Und da können wir uns auch richtig freuen – von einem kleinen Wermutstropfen abgesehen, wenn es überhaupt einer ist."

Professor Herbert Engel kramt aus einer Alu-Ablage ein handbeschriebenes Blatt hervor und reicht es seinem Gegenüber. „Ich habe hier die Messergebnisse zusammengeschrieben. Oben die Haupt- und unten die Nebenwirkungen in Bezug auf den Stoffwechsel."

Phil Matthews macht sich konzentriert über die Eintragungen seines Chefchemikers her. Er weiß, dass Vertrauen gut, aber Kontrolle besser ist. Er will nicht nur die Meinung seines Naturwissenschaftlers zu den Messungen hören, sondern auch und zuerst wissen, was dieser tatsächlich gemessen hat.

„Lese ich richtig? Bereits nach drei Tagen der Anwendung ist der Blutfettspiegel um knapp 50 Prozent zurückgegangen?"

„Und das bei einer niedrigen Dosis. Für Menschen entspricht sie etwa 100 mg am Tag."

„Nach acht Wochen nur noch 10 Prozent des Ausgangswertes – phantastisch!"

„Bei gleichbleibender, fettreicher Ernährung! Wir haben Ölsardinen gefüttert und fette Fleischabfälle zugesetzt. Die Tiere haben zugenommen."

„Das eröffnet ja herrliche Aussichten. Die Pille, die der Völlerei ihren Schrecken nimmt. Fressen ohne schlechtes Gewissen. Das heißt mindestens zweistellige Millionenumsätze – aber Sie sprachen auch von einem Wermutstropfen?"

„Zunächst noch einmal das Positive. Lipodown setzt in der Leber an und stoppt die für die Cholesterinbildung erforderliche Enzymproduktion."

„Ohne negative gesundheitliche Wirkung?"

„Diese Dinge beinhalten zunächst keine Risiken."

„Zunächst, sagen Sie. Was ist der Wermutstropfen? Wir dürfen uns nichts vormachen!"

Herbert Engel zögert. Da ist das Selbstverständnis als Wissenschaftler und da sind die wirtschaftlichen Verlockungen, die sein Chef so überzeugend ins Spiel bringen kann. Jetzt meldet sich auch noch sein schlechtes Gewissen.

„Blutfettsenker werden oft in Verbindung mit Blutverdünnern gegeben. Da haben mich natürlich die Wechselwirkungen interessiert. Verhaltensauffälligkeiten waren nicht festzustellen und auch im Stuhl und Urin lagen nur die schon bekannten unbedenklichen Stoffwechselprodukte vor. Allerdings habe ich – eher einer fixen Idee folgend – bei drei Tieren auch die Atemluft überprüft."

„Und da sind Sie fündig geworden!"

„Da bin ich fündig geworden, richtig. In der Atemluft war signifikant viel Ammoniak. Ich habe lange gebraucht herauszufinden, wo das herkam. Es ist eine ärgerliche Sache. Das Cholesterin-Enzym regelt nämlich auch den problemlosen Abbau unseres Blutverdünners. Wenn das Enzym nun fehlt, aufgrund der Lipodown-Wirkung, dann läuft der Abbau aus dem Ruder. Es bildet sich gasförmiges Ammoniak und das wird in die Lunge abgegeben."

„Ist das ein Problem für uns?"

„Das Ammoniak ist zwar in der festgestellten Konzentration nicht giftig, aber es schädigt die Lunge, indem es mit den oberen Zellen der feinen Schleimhäute in den Bronchien reagiert."

„Dann schreiben wir das halt in den Beipackzettel und damit ist die Sache vom Tisch!"

„Und der Blutverdünner auch."

„Richtig! Die Patienten weichen auf andere aus, die keine Wechselwirkungen haben. Es gibt doch Dutzende Mittel zur Blutverdünnung, aber nur eins zur wirksamen Blutfettverringerung: Lipodown!"

„Sie vergessen dabei eins: Auch wir stellen Blutverdünner her – ausschließlich aus der Gruppe der Aspirinosen. Mit unseren modifizierten Aspirinen machen wir doch einen Milliardenumsatz! Was wir an Lipodown gewännen, ginge uns an den Aspirinosen verloren. Ein Null-Summen-Spiel – aus Ihrer Sicht!"

Phil Matthews ärgert sich über seinen Denkfehler. Seine Entscheidung war es doch gewesen, die Forschung auf dem Sektor der blutverdünnenden Medikamente voranzutreiben, nachdem es der Konkurrenz nicht gelungen war, über die Manipulation der Gefäßwände die Infarktquoten zu senken. Genetische Tests hatten unzweifelhaft den Nutzen der Blutverdünnung belegt und die Toledo-Produkte waren – als erste auf dem neuen Markt – zum Renner geworden.

„Was würden Sie sagen: Wie lange hält die Lunge eines Lipo-down-Patienten durch, der gleichzeitig unseren Blutverdünner nimmt?"

„Lange!" Herbert Engel gibt Entwarnung. „Das ist keine schnelle Wirkung. Zehn Jahre, würde ich sagen, oder zwölf, oder acht. Aber wenn es soweit ist, dann ist es gleichzeitig zu spät."

„Zu spät?"

„Man kennt das Krankheitsbild in anderen Zusammenhängen. Die Lunge versagt binnen 24 Stunden. Der Patient erstickt. Es gibt kein Gegenmittel."

Der Geschäftsführer schlägt die Beine übereinander und schaut an die Decke. „Diese Wechselwirkung – sie kann nur festgestellt werden über die Atemluftanalyse?"

„Es gibt keine andere Möglichkeit."

„Müssen wir eigentlich diese Tests machen? Sind sie vorgeschrieben im Rahmen des Zulassungsverfahrens? Wenn ich Sie richtig verstanden habe, war der Test Ihre fixe Idee...."

„Das war ein freiwilliger Test – nicht vorgeschrieben im Katalog der Berliner Behörde."

„Wenn wir also diese Erkenntnisse vollständig ausblendeten, könnte uns doch juristisch nichts geschehen – ich meine im Hinblick auf Schadensersatzforderungen, oder auch strafrechtlich!"

Herbert Engel wiegt skeptisch den Kopf. „Da bin ich mir nicht sicher. Die Rechtsprechung sagt, soweit ich das weiß, dass Sonderwissen berücksichtigt werden kann. Also: Wer mehr weiß, als er wissen muss, der hat – haftungsmäßig gesehen – halt Pech gehabt."

Jetzt läuft ein Lächeln über das Gesicht von Phil Matthews.

„Sonderwissen müsste man uns nachweisen, nicht wahr?"

Herbert Engel fühlt sich als falsche Adresse: „Ich bin kein Jurist. Da sollten Sie Herrn Dr. Mai zu Rate ziehen."

„Doch, doch", sagt Phil Matthews, „so viel weiß ich noch von meiner eigenen Ausbildung: Den Ausnahmetatbestand muss derjenige beweisen, der sich darauf beruft!"

Es bleibt eine Zeitlang still im Büro von Professor Engel. Der Amerikaner spielt mit einer Virginia, aber er zündet sie nicht an.

„Wir machen das Ding. Das Risiko werden unsere Juristen

klein halten. Sind Sie einverstanden?"

Herbert Engel überlegt nicht lang. „Einverstanden!", sagt er. Es ist seine Erfindung und die Katastrophen werden weit weg von ihm geschehen.

„Ein anderes Problem: Mesa Cayu hat angerufen." Der Chef lässt schon vom Tonfall her keinen Zweifel daran, dass es eine schlechte Nachricht ist. „Sie haben Riesen-Probleme!"

„Wenn ich ehrlich sein soll, das überrascht mich nicht. Wir haben doch von dort noch nie eine Rückmeldung bekommen oder eine Rückfrage. Und wir liefern schon seit über einem halben Jahr. Das ist nicht normal."

„Vielleicht gab es ja bisher keinen Grund für eine Nachfrage."

„Undenkbar, alles Neuland! – Was sind das eigentlich für Probleme, die die haben?"

Phil Matthews fällt die Antwort sichtlich schwer. „Wenn ich den Äußerungen aus den Staaten glauben darf, dann hat es an der Geschäftsleitung vor Ort gelegen. Jeff Colussi schmeißt den Laden jetzt dort. Kennen Sie ihn?"

Herbert Engel schüttelt den Kopf. „Ich habe mal von ihm zwei Zeilen im Konzern-Report gelesen."

„Ein Scheiß-Typ!" Phil Matthews scheint augenblicklich zu explodieren. „Verstehen Sie, ein neunmalkluger Scheiß-Typ. Sie haben ihn seinerzeit von der Princeton-University geholt, wo er einen Preis in einem Marketing-Planspiel gewonnen hatte. Danach arbeitete er im Stammwerk noch ein oder zwei Jahre und dann haben sie ihn rausschmeißen wollen! Er hatte nämlich dauernd mit den Behörden Probleme wegen seiner Fahrerei. Überhöhte Geschwindigkeit, rücksichtsloses Fahren, Alkohol. Aber statt ihn rauszuwerfen, wissen Sie, was sie gemacht haben da drüben?"

Erneutes Kopfschütteln bei Professor Engel.

„Sie haben ihn nach Mesa Cayu geschickt, zur Bewährung! – Als Niederlassungsleiter dort!"

„Als ..." Herbert Engel ist augenblicklich blass geworden. Ein Aufschneider soll seine Forschungsergebnisse umsetzen. „Das muss doch ein Mann vom Fach machen, ein Arzt oder ein Chemiker", stammelt er.

„Aber selbstverständlich", brüllt Phil Matthews. „Um Himmels willen kein Betriebswirt, und vor allem keiner, der noch nicht einmal Auto fahren kann!"

Jetzt zündet der Boss sein Zigarillo an und bläst den blauen Rauch heftig Richtung Fenster. „Das hatte ich vom Vorstand nicht gedacht. Solche Schnitzer. Und dann ist halt passiert, was passieren musste: Sie haben unsere Chargen weder endgereinigt, noch auf Veränderungen durch Transporteinflüsse untersucht, sondern einfach angewendet."

„Wo angewendet?"

„Im Rahmen des Projekts selbstverständlich!"

„Nein!" Herbert Engel schüttelt ungläubig den Kopf. „Wir müssen schon bei sorgfältigster Anwendung mit Fehlwirkungen en masse rechnen. Da sind die vermeidbaren Risiken doch in jedem Fall auszuschalten!"

„Keine Frage, ich werde heute Abend noch einmal mit den Amerikanern reden. Es kann nicht sein, dass unsere gute Arbeit – was sage ich? – Ihre gute Arbeit von Amateuren zunichte gemacht wird. Colussi gehört in den Dschungel!"

***

„Drei Tage! Die Ernte von drei Tagen. Wie abgemacht."

Klaus-Dieter Salzmann reicht eine Minikassette über den Schreibtisch. „Jetzt sind wir mindestens quitt!"

René Gronwald steckt das kleine Geschenk in die Tasche seines Sakkos.

„Hat es sich gelohnt?"

„Das können nur Sie beurteilen, uns interessiert der Inhalt nicht."

„Darf ich Sie noch zum Essen einladen? Beim Bosselmann gibt es Kartoffelpuffer."

„Nein, danke, nach diesem Geschäft sollten wir uns rasch trennen, für ein paar Wochen jedenfalls."

„Einverstanden." René Gronwald geht zur Tür, dreht sich aber noch einmal um: „Sagen Sie mir eins – unter Partnern: Hat das einer Ihrer Leute gemacht?"

Klaus-Dieter Salzmann gefällt diese Frage nicht. „Unter

Partnern – und nur unter Partnern: nein! Für diese Art Arbeiten habe auch ich andere Adressen. Solche, die das gerne tun, weil sie dann schuldenfrei sind."

Genau das hat sich der Kommissar schon gedacht. Da war ein Profi am Werk, mit Mafia-Diplom, dem Klaus-Dieter Salzmann einmal einen großen Gefallen getan hat. Aber das spielt ja eigentlich keine Rolle, nur als Bulle hat es ihn interessiert – einfach so.

✳✳✳

Er hat seinen Sommerurlaub noch nicht genommen und eine Menge Überstunden abzufeiern. Nachdem er das Band ein zweites Mal abgehört hat, steht sein Entschluss fest. Er wird sich sechs Wochen Urlaub genehmigen und nach Brasilien fahren. Der alte Bullen-Ehrgeiz. Wenn Vorgesetzte oder Staatsanwälte nicht mitspielen, versucht man es auf eigene Faust. Jäger wollen Beute machen und dafür riskieren sie viel. René Gronwald wird alles riskieren, denn ihn lockt eine fette Beute. Wie die genau aussehen wird, das weiß er noch nicht. Dafür sind die Aufzeichnungen zu vage. Aber dass es Beute gibt, das steht für ihn nun fest. Denn Mesa Cayu war Dauerthema im Büro des Chemikers.

Am Wochenende wird er Annette Basler zum Essen einladen und ihr seinen Entschluss mitteilen. Sie wird ihn verstehen und das ist ihm viel wert. Insgeheim hat er Angst, dass sie ihm, was das Essen betrifft, einen Korb gibt, mit irgendeiner dummen Begründung. Besuch bei den Eltern oder so ähnlich. Dann weiß er, dass Dirk Neuhaus dahinter steckt, der ihm wieder einmal voraus war.

Aber er hat Glück. René Gronwald holt die Medizinerin in ihrer Wohnung ab und dann fahren sie ins *Posaunenhaus* am Rande der Stadt, wo der Kamin schon brennt und vornehme Gäste verkehren.

„Wir werden uns eine Zeitlang nicht sehen!" So spontan, wie er das gesagt hat, so schnell bedauert er seine Worte. Nach der gemeinsamen Nacht im Rheingau hat sie ihn stets abblitzen lassen. Und wenn er jetzt für eine gewisse Zeit verschwindet, wird sie das nicht besonders beunruhigen. Aber letztendlich ist er sich über ihre Gefühle ihm gegenüber nicht klar. Umgekehrt gibt es für ihn keine Zweifel mehr...

„Urlaub?"

„Anderthalb Monate."

„Mit deiner Frau?" René Gronwald hört den ängstlich-aggressiven Unterton in ihrer Stimme.

„Nein."

„Nein?", fragt Annette Basler fröhlich zurück. „Du planst doch keinen Singleurlaub?"

„Doch!"

Sie macht große Augen. „Und wo?"

„In Brasilien. Genauer gesagt: in Mesa Cayu."

Er erzählt ihr die Geschichte von der roten Karte des Staatsanwaltes und den abgehörten Gespräche zwischen Phil Matthews und Professor Engel.

„Wenn wir hier nicht erfahren, was Sache ist, dann erfahre ich es halt in Brasilien. Das ist eine Räuberpistole der ersten Güte. Ein illegaler Riesenladen und ein Verbrechen der Superlative. Toledo hat dort 150 Millionen zusätzlich investiert, alles nur wegen dieser einen Sache, für die in Frankfurt gearbeitet wird."

„Ich kann deinen Ehrgeiz verstehen."

„Und da hört Neuhaus auf – nur weil der General das will – unfassbar!"

„Sag mal, kannst du eigentlich portugiesisch?", fragt Annette Basler unvermittelt.

„Spanisch – ich kann recht gut spanisch. Hab es mal in der Volkshochschule gelernt – einfach so. Wieso sollte ich portugiesisch können?"

„Weil in Brasilien portugiesisch gesprochen wird."

„Oh Gott, ich dachte, in ganz Südamerika wird spanisch gesprochen?"

„..... bis auf Brasilien. Da kommt man nur mit portugiesisch weiter."

„Bist Du sicher?"

Annette Basler lacht. „Absolut. Ich bin ja lange genug dort gewesen. Brasilien war portugiesische Kolonie – bis zum Beginn des 19ten Jahrhunderts.“

Das macht die Sache für den Kommissar schwierig. Ermittlungen zu führen, ohne die Sprache der Menschen vor Ort zu verstehen, ist nicht erfolgversprechend.

„Und noch etwas: Willst du als Tourist dort rumlaufen? Mit welcher Absicht? In dem Nest ist der Hund begraben. Da verirrt sich kein Urlauber hin. Das einzige Hotel in der Stadt dient den Großgrundbesitzern als Unterkunft, wenn sie mal der Provinzregierung ihre Aufwartung machen. Oder die Toledo-Gäste wohnen dort. Aber wie ein Großgrundbesitzer siehst du nicht aus und einen Toledo-Mann wirst du auch nicht spielen können.“

René Gronwald ärgert sich über sich selbst. Anfängerfehler, im Überschwang der Gefühle begangen, trotzdem unverzeihlich.

„Könntest du dir vorstellen, dass ich dich begleite?“

Das kann er so schnell nicht und er sagt es auch: „Eigentlich nicht ...“

„Versuch es trotzdem einmal. Du hättest zwei Vorteile – mindestens. Ich könnte dolmetschen, denn ich spreche portugiesisch, sogar in der brasilianischen Variante ...“

„... und zweitens?“

„Mein Bruder ist freier Journalist. Er leiht uns seine Kameraausrüstung. Wir reisen als Journalisten nach Mesa Cayu. Gut getarnt also und mit dem Vorteil internationaler Presseausweise.“

Jetzt muß sie den Kommissar nicht mehr überzeugen. Er ist einverstanden. Sein stilles Glück glättet die Falten auf Stirn und Wange. Zudem hat sie mindestens gesagt. „Du hättest zwei Vorteile – *mindestens*.“

Die kleine Stadt

Sie konnte sich noch sehr gut an die kleine Stadt am Rande des Regenwaldes erinnern. Vor sieben Jahren war sie mit ihren deutschstämmigen Gastgebern dort gewesen. Ein Zentrum aus Steinhäusern, leidlich in Schuss, umgeben von Hunderten bunter Favelas, Bruchbuden aus Holzabfällen und löchrigem Plastik. Ein Abwasserkanal schlängelte sich hindurch, den sie Rio Azul nannten, den blauen Fluss. Direkt am Marktplatz, einer fast fußballplatzgroßen mit rotem Sandstein gepflasterten Arena, wo sich das ganze Leben dieser Ansiedlung abzuspielen schien, das Hotel Paraíso. Vier Stockwerke hoch, der untere Teil steingemauert, die oberen drei Etagen aus Holz mit umlaufenden Balkonen. Die Inhaberin, Senhora Parana, damals schon gute 70, klein und so ausgezehrt wie die Rinder, die ab und zu über den Marktplatz trotteten, war die Seele des Hauses. Sie behauptete, adliger Spross einer wohlhabenden Familie aus Rio zu sein, und man glaubte ihr das, denn der Glaube daran, dass es im wirklichen Leben auch noch Märchen gibt, gehörte zur Überlebensformel in diesem Land. Gesichert war aber die Tatsache, dass sie mit ihrem Mann Jorge das Haus vor 40 Jahren übernommen hatte. Seitdem galt es als erste Adresse für alle, die das Exotische liebten und noch Abenteuer suchten. Die Bar im Erdgeschoss war bis in den frühen Morgen Schauplatz von Spiel, Gesang und Gelagen. Unterschiedliches Volk gab sich dort sein Stelldichein: Reiche Facendeiros mit ihren schmutzigen Gaúchos, Goldsucher auf dem Weg zu den Schürfplätzen am Amazonas und Orinoko oder schon auf dem Rückweg, eifrig bemüht, auch die letzten Reais in Schnaps umzutauschen, und ab und zu ein paar Einheimische, die die Beute aus einem Straßenraub verprassten. Annette Basler war nur einmal kurz unten gewesen, hatte eine warme Cola getrunken und an einem Whisky genippt, den ihr ein betrunkener Verehrer spendiert hatte. Dann flüchtete sie entsetzt auf ihr

Zimmer unter dem Dach. Ungefährlich war das Leben im Hotel und der ganzen Umgebung nicht. Senhora Parana seufzte darüber, dass es in der kleinen Stadt jedes Jahr über 100 Morde gab. „Umgerechnet mehr als in der Hauptstadt Rio." Aber, hatte sie beschwichtigend hinzugefügt: „Fast alle sind mit einem Lächeln auf den Lippen gestorben."

René Gronwald ist einverstanden, dass Annette Basler die Zimmerreservierung übernimmt und die Tickets besorgt. Sie reisen als Journalisten der Presseagentur Reuter. Die Ausweise, die Annette Baslers Bruder auf die Schnelle besorgt hat, sind verblüffend gut gemacht. Die Kameraausrüstung, die er ihnen zusammengestellt hat, ist sogar echt. Abgelegte Praktika-Geräte, alle noch funktionstüchtig und gut in Schuss. Die Ärztin kann sie bedienen, das hat ihr der Bruder beigebracht.

Sie gehen auf Nummer sicher und kündigen ihren Besuch bei der Stadtverwaltung an. Einen Film wollen sie machen über den Nordosten Brasiliens und vor allem auch über Mesa Cayu. Man wird sich melden, wenn man angekommen ist. Schon jetzt vielen Dank und herzliche Grüße. Brasilien mag Freundlichkeiten.

Am 26. August starten sie von Frankfurt mit der TAP nach Lissabon. Von dort geht ein Airbus der VARIG über Sao Paulo und Brasilia nach Belem am Rande des Amazonas-Deltas. Den viel teureren Direktflug hat Annette Basler dem Kommissar ausgeredet. Sie kennt zwar nicht seinen Kontostand, kann ihn sich aber denken. Die alte Geschichte – Polizeibesoldung und ein Überseeurlaub.

Der Anflug in Belem gestaltet sich schwierig. Ablandiger Wind treibt dicke Rauchwolken über die Stadt und erschwert die Sicht. Immer noch brennen in Amazonien die Wälder. Beim zweiten Versuch setzt der Pilot die Maschine sicher auf. Am frühen Nachmittag geht es mit der regionalen Fluggesellschaft weiter. Bis dahin sitzen sie auf der Flughafenterrasse, trinken Kaffee und essen schmierige Hamburger. Es ist heiß und schwül und immer wieder zwingt dichter Rauch sie zum Husten.

„Was ist denn hier los?", fragt Annette Basler den Kellner.

„Nichts Besonderes", sagt der teilnahmslos. „Das ist um

diese Zeit immer so."

Wider Erwarten startet die kleine zwölfsitzige Maschine mit nur einer halben Stunde Verspätung. Nach zwei Flugstunden landen sie auf einer schmalen und verdächtig kurzen, allerdings asphaltierten Piste am Rande von Mesa Cayu.

„Wie kommen wir jetzt in die Stadt?"

„Unten im Tower gibt es ein kleines Restaurant. Von dort kann man ein Taxi anrufen."

Glücklicherweise ist die Schwüle des Amazonas verflogen, aber europäische Gemüter finden es immer noch viel zu warm. Schwitzend schleppen sie ihr Gepäck über die Piste. Hinter der Zollstation kommt ein Mann in einer grauen Uniform und einer Baseballmütze auf sie zu.

„Senhora Basler?"

„Ja, das bin ich."

„Willkommen in Mesa Cayu! Senhor Fernandez schickt mich. Ich bringe Sie ins Hotel."

„Senhor Fernandez?"

„Der Bürgermeister! – Kommen Sie bitte!"

Der Uniformierte führt sie zu einem nagelneuen Toyota, der unmittelbar hinter dem Ausgang im Halteverbot parkt. Annette Basler und René Gronwald verstauen ihr Gepäck im Kofferraum und nehmen auf dem Rücksitz Platz.

„Sind wir so wichtig?", fragt der Kommissar.

„Brasilianer sind sehr gastfreundlich", entgegnet Annette Basler. „Und wir machen einen Film über die Gegend, der neue Gäste bringen kann – und Investoren."

Auf der staubigen Schotterstraße geht es im halsbrecherischen Tempo zur Stadt. Am Horizont quillt aus zahlreichen Schornsteinen schwarzer Rauch.

„Eine Zuckerfabrik", sagt Annette Basler, „zu meiner Zeit der einzige Arbeitgeber hier vor Ort."

Als die ersten Buden die Straße säumen, zwingt der Fahrer seine Gäste lautstark und gestenreich in ein Gespräch. Immer wieder dreht er sich zu ihnen um und sucht Blickkontakt mit den beiden Deutschen. Dabei lacht er schallend und nickt heftig mit dem Kopf.

„Was meint er?", fragt René Gronwald seine Begleiterin, die

den Redeschwall des Fahrers immer wieder mit einem *sim* oder *com certeza* unterbricht.

„Nichts von Belang", entgegnet die Ärztin. „Er lobt seine Stadt und zählt die Leistungen der Regierung auf. In Wirklichkeit will er wohl verhindern, dass wir das Elend da draußen zur Kenntnis nehmen."

Auf der Praça, dem großen Marktplatz, bahnt sich der Toyota hupend den Weg durch das bunte Chaos aus Menschen, Mulis und Motorrädern. Vor dem Hotel steht ein kleines Empfangskomitee bereit, das sie herzlich willkommen heißt und ihr Gepäck auf die Zimmer bringt.

„Senhor Fernandez lässt Ihnen ausrichten, dass er Sie heute Abend zum Essen in dem Hotelrestaurant erwartet. Er freut sich schon sehr!" Mit diesen Worten verabschiedet sich der freundliche Chauffeur und steigt wieder in seinen Wagen.

René Gronwald und Annette Basler gehen zum Empfang. Ein schmaler, länglicher Raum mit einem typisch portugiesischen Holztresen, über dem ein großer Ventilator nicht ganz erfolglos versucht, den Gästen Kühlung zu verschaffen.

„Frau Doktor!"

Im Halbdunkel steht plötzlich eine grellgeschminkte Frau vor ihnen.

„Senhora Parana!"

Die Frauen fallen sich wie alte Bekannte um den Hals und drücken einander lang und heftig.

„Ich habe Sie sofort wiedererkannt!", sagt die Besitzerin stolz. „Sie haben einen netten Begleiter mitgebracht!"

„Herr Gronwald", erklärt Annette Basler, „ein Kollege."

„Man erzählt hier, Sie wollten einen Film machen über unsere schöne Stadt. Ist das richtig?"

„Deshalb sind wir hier!"

„Aber damals haben Sie doch für Ihr Medizinstudium geforscht, oder erinnere ich mich falsch?"

Annette Basler ist auf diese Frage vorbereitet. „Völlig richtig. Aber ich habe nur kurz als Ärztin gearbeitet. Dann bin ich Journalistin geworden."

„Ist sicher auch schöner. Immer nur kranke Leute. Wer will das schon?"

Sie zeigt ihren Gästen die Zimmer und erklärt den Service.

„Der Bürgermeister hat einen großen Tisch reservieren lassen. Das Essen beginnt um neun Uhr."

Sie sitzen auf dem gemeinsamen Balkon hoch über der Stadt und trinken Sprudelwasser. Vor zwei Stunden ist es schlagartig dunkel geworden und jetzt funkeln zahllose Sterne von einem klaren Himmel. Die Temperatur ist deutlich zurückgegangen und die müden Deutschen holen erstmals tief Luft. Eine wild flackernde Kerze auf dem kleinen Tisch vertreibt zuverlässig die Moskitos. Ganz im Westen, wo der Urwald brennt, sind winzige rotgelbe Punkte zu erkennen. Von der Praça auf der rückwärtigen Seite des Hotels dringt fröhlicher Lärm an ihr Ohr. In einer Stunde werden sie dem Bürgermeister ihre Aufwartung machen.

Vorher muß René Gronwald aber noch ein anderes Problem zur Sprache bringen:

„Du hast zwei Einzelzimmer bestellt!"

„Gibt es daran etwas auszusetzen?"

„Es hätte eine Alternative gegeben."

„Du meinst sicher das Doppelzimmer."

„Bravo! An das Matratzenlager hatte ich nicht gedacht."

„Aber René", sagt Annette Basler mit perfekt gespielter Ernsthaftigkeit, „Journalisten leben immer in Einzelzimmern."

Der Kommissar resigniert. „Selbstverständlich."

„Manchmal will es das Schicksal allerdings", tröstet die Medizinerin, „dass die Zimmer nebeneinander liegen – und dazu noch über einen gemeinsamen Balkon verfügen." Ein zärtlicher Kuss entschädigt den Kommissar für seine neuerlichen Ängste. Dann ist es eine Zeitlang still.

„Dieser ganze Aufstand passt mir nicht", sagt René Gronwald schließlich. „Wir müssen sehen, dass wir sie uns schnellstmöglich vom Hals halten."

„Nun freu Dich doch zuerst einmal, dass wir heute Abend nichts aus der eigenen Tasche bezahlen müssen", beschwichtigt ihn Annette Basler.

„Was kommt da eigentlich auf uns zu? Gibt es Verhaltensregeln, die ich kennen muss?"

„Freundlich sein, reden, lachen und vor allem – ihren Pinga nicht verschmähen. Wer den nicht mag, hat schlechte Karten."

„Pinga ist Zuckerrohrschnaps, oder?"

„Und der hat es in sich, kann ich dir sagen."

Muss sie gar nicht. René Gronwald kennt ihn von einer Fete in einem brasilianischen Restaurant in Frankfurt.

„Haben wir Kopfschmerztabletten dabei?"

„Das Beste, was es auf dem Markt gibt. Allerdings – nicht von Toledo."

Senhor Alfredo Manuel Pelino Fernandez ist Mitte 50, annähernd drei Zentner schwer, schwarzhaarig mit einem noch schwärzeren Schnauzer, trägt ein weißes Rüschchenhemd unter einer Wildlederweste und ist im übrigen mit viel glitzerndem Schmuck behängt. Er sieht genau so aus, wie man sich einen korrupten brasilianischen Provinzbürgermeister vorstellt. Seine Begleiter, sechs an der Zahl und als *ministros* vorgestellt, sehen ähnlich aus. Die Menschen, die René Gronwald heute im Armenviertel gesehen hat, waren sehr viel schlanker.

Bürgermeister Fernandez hält zunächst eine kurze Ansprache und begrüßt die Gäste. Er stellt sie als deutsche Freunde vor, die aller Welt von der Schönheit der Stadt und ihres Umlandes berichten wollen. Ganz ernst meint er das allerdings nicht, denn er lacht bei diesen Worten und das vollbesetzte Restaurant, das aufmerksam zuhört, lacht ebenfalls, während es begeistert klatscht. Annette Basler bedankt sich für den freundlichen Empfang und wünscht allen eine schöne Zeit. Dann kommen die Kellner mit den Getränken. Vier Runden Pinga laufen durch die Kehlen, bevor das Essen serviert wird. Es gibt Steaks mit Salat, Bohnen und gegrillten Kartoffeln. Steaks in Mengen.

„Unsere Rinder leben hier frei und fressen nur Gras", zwinkert Fernandez seinen Gästen zu. „Das macht ihren guten Geschmack aus. Und kein BSE oder eine der anderen Seuchen, die sie sich sonstwo in Gefangenschaft holen."

Es gibt noch Rotwein und Bier, der Wein aus chilenischer Herstellung, das Bier aus Macapá im Norden des Landes. Beide Getränke sind von der Temperatur her sehr ähnlich und unterscheiden sich auch im Geschmack nicht wesentlich. René Gronwald versteht die Welt nicht mehr. Da sind die Nazis nach dem Krieg doch massenhaft nach Südamerika getürmt, aber nicht ein einziger Braumeister aus Deutschland hat offenbar den Weg dorthin gefunden.

Der Qualm dicker Zigarren und würziger Zigaretten füllt bald das Lokal. Laut ist es jetzt und das Lachen der Gäste dringt weit über die immer noch menschenvolle Praça. Irgendwann kommt eine Musikkapelle. Trompeten, Posaunen, Gitarren und Geigen treiben die Stimmung auf den Höhepunkt. Es wird gesungen und getanzt und dann verkündet der Bürgermeister laut, dass er heute Abend die Zeche aller Gäste bezahlen wird.

„Was meinst Du, wer die Zeche tatsächlich bezahlt?", fragt René Gronwald.

„Da gibt es viele, denen das eine Freude machen würde. Er jedenfalls bezahlt sie nicht!"

Beide lachen, denn sie wissen, dass sie hier niemand versteht.

Es ist schon spät und der Lärm im Hotelrestaurant hat sich etwas gelegt, da rückt Senhor Fernandez an Annette Basler heran.

„Senhora, wir haben uns etwas ausgedacht."

Die Angesprochene schaut erwartungsvoll.

„Am kommenden Wochenende laden wir Sie zu einem Ausflug in die Provinz ein. Waren Sie schon einmal am Staudamm oben am Rio da Esperança? Oder im Sägewerk von Didi Alvarez? Unsere Vorzeigeprojekte, wenn ich ehrlich sein soll. Der See liefert 2.000 Megawatt Strom! Und die Holzfabrik exportiert bis nach Japan. Wer über unsere Provinz, über Pais Extenso, berichtet, muss dort gewesen sein!"

Annette Basler bleibt interessiert und offen, vermeidet aber eine spontane Zusage. Sie erinnert sich an René Gronwalds Befürchtungen und die scheinen sich jetzt zu bewahrheiten. Andererseits weiß sie, dass das die Folge ihrer Falschdeklaration als Journalisten ist. Besser wäre es wohl gewesen, sich als Missionare auszugeben. Dann hätte man sie in Ruhe gelassen. Aber das ist jetzt zu spät.

„Wir starten am Freitag Mittag und sind Montag zurück!" Senhor Fernandez spürt das Zögern seiner Gesprächspartnerin und macht sein Angebot attraktiv. „Die Straßen sind hervorragend ausgebaut und wir fahren mit unseren Dienstwagen – keiner unter 120 PS und alle mit Klimaanlage."

„Das ist allerdings sehr angenehm."

„Sie übernachten in den Gästelodges der beiden Anlagen – sie haben Fünf-Sterne-Standard. Unterkunft und Logis selbstverständlich frei."

„Sehr freundlich von Ihnen, dieses Angebot." Annette Basler bleibt zurückhaltend. Eigentlich interessieren sie Staudamm und Sägewerk nur wenig. Andererseits müssen sie Journalisten spielen. „Sie sind mir bitte nicht böse, wenn ich heute Abend über Ihr wunderschönes Angebot noch nicht entscheide. Das muss ich mir noch einmal in Ruhe durch den Kopf gehen lassen und mit unseren Ursprungsplänen abstimmen. Und schließlich" - Annette Basler lächelt gewinnend - „hat ja auch mein Kollege noch ein Wort mitzureden."

Bürgermeister Fernandez tut sich schwer, seine Enttäuschung zu unterdrücken. Aber schließlich fügt er sich in sein Schicksal.

„Sie teilen mir morgen Ihre Entscheidung mit? Wir wären wirklich froh, wenn Sie ... Sie wissen schon!"

Der Kaffee, den Senhora Parana um zwei Uhr morgens serviert, lässt die Stimmung noch einmal einen Höhepunkt erreichen; dann aber, nach weiteren Runden Pinga und kurz vor halb vier Uhr, geht das Fest doch zu Ende. Die beiden Deutschen begleiten ihre Gastgeber hinaus auf die Praça, wo jetzt Ruhe eingekehrt ist und nur noch ein Dutzend luxuriöser Wagen auf ihre betrunkenen Fahrer warten. Im großen Abschiedsgedränge mit Händeschütteln und Umarmungen schiebt sich ein kleiner hagerer Mann in einem weißen Tropenanzug an Annette Basler heran. Vorsichtig zieht er die Deutsche am Ärmel ihrer Jacke. Als sie sich zur Seite dreht, schaut sie in die ängstlichen Augen eines caboclo, eines Mischlings.

„Bitte, Senhora", flüstert er mit bettelnder Stimme, „fahren Sie nicht mit. Bleiben Sie am Wochenende hier! Bitte!" Dann ist er verschwunden.

∗∗∗

So schnell, wie es dunkel geworden, ist es zwölf Stunden später wieder hell. Kurze Zeit darauf pulsiert auf der Praça das

Leben. Bauern aus dem Umland bieten ihre Erzeugnisse an, Früchte, Gemüse, Gewürze, lebende Hühner und Schweine. Andere verkaufen Ersatzteile für die zahlreichen Zweiräder und wenigen Vierräder, die in der Stadt unterwegs sind. Im Angebot auch hochwertige Ware: Kofferradios, Fernseher und Computer aus irgendwelchen Trucks, die auf unerklärliche Weise von der Straße abgekommen und an den dicken Alleebäumen zerschellt sind – trotz stark gesenkter Preise zu teuer für die Habenichtse in Mesa Cayu und Umgebung.

Der Lärm, der von der Praça durch die Straßen und in die Häuser dringt, weckt René Gronwald auf, kaum dass er drei Stunden geschlafen hat. Er braucht lange, bis er das fremde Bett zugeordnet hat. Jetlag, Klimazonenwechsel und die Pingas zeigen Wirkung. Staubiges Sonnenlicht fällt durch die dünnen gelben Vorhänge. Der Kommissar geht zum Fenster und schaut in ein fremdes Land. Häuser im bunten Durcheinander. Viele große Bäume und jenseits der Stadt dichter Wald, so weit das Auge reicht. Noch ist es angenehm kühl, nichts ist mehr von der schwülen Tropenhitze des vergangenen Tages zu spüren. René Gronwald nimmt eine doppelte Aspirin und spült seinen trockenen Mund mit einer halben Flasche Mineralwasser, das hier ähnlich schmeckt wie zu Hause. Dann legt er sich wieder aufs Bett und ist augenblicklich eingeschlafen.

Kurz vor Mittag steht Annette Basler in der Tür. Sie hat Kopfschmerzen und vor allem Hunger.

Das Frühstück lässt keine Wünsche offen. Rührei, Kochschinken, Schnittkäse; an die kleinen Weißbrötchen, die hier *paozinhos* genannt werden, muss man sich zwar etwas gewöhnen, dafür aber duftet der Kaffee so frisch, wie es ihn zu Hause niemals gibt. Im Restaurant sind alle Spuren der nächtlichen Sause beseitigt. Auch Senhora Parana, die ihre neuen Gäste einmal mehr willkommen heißt, ist wieder frisch und fit.

Sie haben sich zu einem Spaziergang durch die Kernstadt entschlossen. Zur Akklimatisierung und um erste Eindrücke zu sammeln. Annette Basler erzählt ihrem Begleiter vom Angebot des Bürgermeisters. Der winkt ab: „Wir sind hier nicht im Urlaub. Sag ihm ab!"

„Mit welcher Begründung?"

„Wir haben ein Programm, das wir zunächst abarbeiten müssen. Vertröste ihn auf später."

Am Ende der Praça treffen sie auf die erste Polizeipatrouille. Ein großer Jeep, umstanden von fünf Uniformierten in Helmen und mit weißen Koppeln, die sich langweilen. Sie laufen stadtauswärts. Mit jedem Meter werden die Häuser ärmlicher und die Mauern brüchiger. Dann nur noch Hütten – Flickwerk aus Brettern und Planen. Der Müll an der Straße wird mehr und nackte Kinder spielen inmitten von Pfützen aus Fäkalien und Abwasser. Ein weiteres Polizeifahrzeug fährt langsam an ihnen vorbei.

„Als wir vergangene Nacht die Bonzen verabschiedet haben, unten vor dem Hotel, da kam ein Caboclo zu mir und hat was Merkwürdiges gesagt."

„Was denn?"

„Er hat uns gebeten, am Wochenende in der Stadt zu bleiben und nicht weg zu fahren."

„Und warum?"

„Das hat er nicht gesagt, aber es war ihm offenbar ernst. Er hat mich regelrecht angefleht."

„Was war das für ein Mann?"

„Mischung aus Europäer und Indio. Wie die meisten hier. Ganz weiß gekleidet. Er saß am Nachbartisch, erinnerst du dich nicht?"

„Ja, natürlich", antwortet René Gronwald nach kurzer Überlegung. "Der Tisch ist mir aufgefallen, weil es dort relativ ruhig zuging. Sie haben uns beobachtet, genauer gesagt, sie haben uns aufmerksam zugehört."

In einer Straßenkneipe am Stadtrand suchen sie unter einem Sonnenschirm Schutz vor der sengenden Hitze. Sie trinken Kaffee und essen Popkorn. Dann laufen sie in einem großen Bogen zurück zum Hotel. Unterwegs begegnen ihnen weitere Polizeifahrzeuge. Auch am anderen Ende der Praça steht Polizei. Militärpolizei diesmal, neben einem Panzerwagen von Krauss-Maffei. Im Hotel treffen sie auf Senhora Parana.

„Viel Polizei, nicht wahr", sagt Annette Basler.

„Ja", antwortet die Chefin kleinlaut und wechselt sofort das Thema. „Sie gehen morgen auf Tour, mit Senhor Fernandez?", sagt sie lächelnd.

„Daraus wird leider nichts", antwortet Annette Basler. „Der Ausflug passt nicht in unser Programm."

„Ah ja", sagt die Senhora sichtlich enttäuscht und wendet sich schnell ab. René Gronwald meint einen Anflug von Panik in ihrem Gesicht erkannt zu haben.

Tod in Uniform

Freitag, 1. September. Heute wollen sie der Toledo-Dependance einen ersten Besuch abstatten – einen Besuch mit Sicherheitsabstand allerdings. Am Vorabend noch hat Annette Basler Senhor Fernandez angerufen und den Trip zum Staudamm und Sägewerk abgesagt. Der Bürgermeister war sehr enttäuscht und er klang sogar ein bisschen zornig, als er Annette Basler ungeschminkt darauf hinwies, dass die Stornierung eine Reihe von Komplikationen zur Folge haben würde. Der Ärztin bereitete das allerdings kein schlechtes Gewissen, im Gegenteil, es machte sie wütend, dass der Bürgermeister offenbar schon alles arrangiert hatte, ohne ihre Zusage abzuwarten. Auf Versuche der Bevormundung reagiert sie seit eh und je heftig. Auch wenn diese Versuche jetzt weit entfernt von Familie und Arbeitsplatz stattfinden und zumindest teilweise über die Macho-Kultur des Gastlandes erklärbar sind.

Der Gebrauchtwagenhändler in der Rua Mário Benez hält genau fünf Modelle vorrätig, ausnahmslos japanische Geländewagen, billig, robust und unschlagbar auf den Holperpisten. Japan hat schon Asien motorisiert und schlechte Straßen gehörten dort zur Geschäftsgrundlage. Sie entscheiden sich für einen Toyota-Geländewagen mit Vierrad-Antrieb und handeln mit dem Firmenchef einen Sonderpreis aus: 500 Reais für 14 Tage ohne Kilometerbegrenzung.

Am späten Vormittag brechen sie auf. Die Gebäude der Toledo-Niederlassung stehen etwa drei Kilometer südlich des Stadtrandes. Eine schlecht asphaltierte Straße führt dorthin, die weitergehenden Wege sind einfache, noch nicht einmal geschotterte Pisten, die man mit leichtem Gerät durch den Busch gezogen hat. Wenn Toledo erfolgreich ist, wird es hier bald anders aussehen, aber noch stehen die Planierraupen im Depot.

Schon von weitem sehen sie den Firmennamen *Boa Vista* und das Toledo-Enblem, die auf dem Dach des größten Gebäudes angebracht sind. Darunter ist zu lesen: *Nachwachsende Rohstoffe – die Zukunft.*

Rund um das mächtige Hauptgebäude stehen ein halbes Dutzend unterschiedlich großer Nebengebäude. Alle sind sie aus rotem Ziegelstein gemauert und mit Flachdächern aus modernem Eternit versehen. Etwas abseits steht eine größere längliche Halle, fensterlos und mit einem breiten Tor an der Stirnseite. Aus einem der drei Schornsteine steigt dünner weißer Rauch. Überall auf dem Gelände liegt irgendetwas herum, Berge aus Pflanzenresten, Schalen von Kokosnüssen, Sisalfasern, Erdaushub, Altreifen, Holzpolder und ausgediente Maschinen.

„Hässlich", sagt René Gronwald beim Vorbeifahren.

„Hässlich und schön haben hier einen anderen Stellenwert als bei uns", entgegnet Annette Basler. „Das Hässliche hier bedeutet für 50 Menschen Arbeit und für 50 Großfamilien Essen."

Sie fahren ein paar 100 Meter weiter, schon auf rohem roten Boden, und verstecken ihr Auto im dichten Unterholz neben der Straße. Die beiden Spione haben ihre Kameraausrüstung und auch ein Spezialfernglas mitgenommen. Mit ruhiger Hand zoomt Annette Basler die Firma in den Nahbereich, während René Gronwald das Objekt lichthell und achtfach vergrößert durch das Zeiss-Glas in Augenschein nimmt. Zunächst ist es auf dem Firmengelände ruhig. Nur ab und zu kann man erahnen, dass dort auch gearbeitet wird. Dann tragen Arbeiter irgendwelche Sachen zwischen den Gebäuden hin und her, rufen sich im Dialekt der Einheimischen etwas zu, und wenn das Tor der Halle geöffnet wird, hört man einen Dieselmotor laufen. Nach einer halben Stunde plötzlich hektische Betriebsamkeit. Autos kommen, gutgekleidete Männer steigen aus und gehen ins große Gebäude, wo offenbar die Bosse sitzen. Die Autos fahren wieder weg und andere kommen. Dann steuern zwei Polizeiwagen den Ort an und Minuten später eine große Limousine mit mächtigem Blaulichtaufsatz.

„Militärpolizei", flüstert Annette Basler.

Der schwarze Cadillac, der schließlich vorbeifährt, kommt ihnen bekannt vor. René Gronwald hat den Fahrer zuerst erkannt: „Senhor Fernandez, sieh an. Mit zwei seiner Ministros."

Viel schneller, als es ihrem Körpergewicht und der großen Hitze angemessen wäre, verschwinden die Neuankömmlinge im Hauptgebäude. Ein alter Lastwagen, der mit Palmblättern beladen auf das Werksgelände fährt, wird von Polizisten durchsucht. Die Uniformierten filzen das Führerhaus, schauen unter den Wagen und stochern mit Stangen in der Ladung.

„Zu Hause würde man sagen: Es gab eine Bombendrohung."

„Da dürften sie gar nicht so falsch liegen."

Schließlich verlassen der Bürgermeister und seine beiden Begleiter das Gebäude, unmittelbar gefolgt von hemdsärmligen Personen, offenbar Firmenangestellte. Auf dem Hof bleiben die Männer stehen und eine heftige Diskussion beginnt.

„Wenn ich die Gesten richtig deute, dann machen die Toledo-Leute dem Bürgermeister gerade heftige Vorwürfe." Der Kommissar hat das Fernglas auf das Wagendach gelegt und genießt einen wackelfreien Blick auf die Akteure. „Jetzt telefoniert Senhor Fernandez."

Anschließend dauert es nicht mehr lang, und über den Bäumen erscheint ein Hubschrauber. *Polícia Militar* prangt in blauen Lettern auf seinem dicken Bauch. Er landet am Rande der Straße. Mehrere Uniformierte sowie ein Mann im hellen Anzug steigen aus und begeben sich zu den Kontrahenten auf den Fabrikhof. Danach scheint der Streit an Heftigkeit zu verlieren, bis er schließlich ganz beigelegt ist.

Nachdem der Hubschrauber den Ort verlassen hat, brechen auch die beiden Deutschen auf. Als sie die Firma passieren, steigt Senhor Fernandez mit seinen Begleitern gerade wieder in den schwarzen Cadillac.

„Bitte festhalten", sagt Annette Basler, dann gibt sie Gas. Fernandez sollte sie nach Möglichkeit nicht in der Nähe der Toledo-Dependance sehen. Am Stadtrand fährt sie in die erste Seitenstraße, biegt noch einmal im rechten Winkel ab und hält an. Spätestens eine Minute danach wird der Bürgermeister ganz in der Nähe vorbeibrausen und die Luft ist wieder rein. Bis dahin umstehen Schmuddelkinder ihren Wagen und betteln mit großen Augen um irgendetwas.

„Mit zehn Reais könntest du ihnen den heutigen Tag zum schönsten ihres jungen Lebens machen", sagt Annette Basler mit einem auffordernden Lächeln. René Gronwald kurbelt die Scheibe der Seitentür herunter und reicht einen Schein aus dem Wagen. Zögernd greift ein kleines Mädchen nach dem überraschenden Geschenk. Dann zieht sie es blitzschnell an sich und läuft, einen Tross schreiender Kinder hinter sich herziehend, über die staubige Straße davon.

„Die sind vermutlich besser als unsere Zigeunerkinder", grinst der Kommissar.

„Das ist aber nicht schön, was du da sagst", beschwert sich die Fahrerin.

„Wir reden heute Abend noch einmal darüber."

Sie reden am Abend aber nicht über klauende Zigeunerkinder und ihre südamerikanische Konkurrenz, sondern über die Toledo-Niederlassung und darüber, wie sie herausbekommen können, welches Verbrechen dort inszeniert wird, und über das große Polizeiaufgebot in der Stadt. Auch während der Rückfahrt sind ihnen immer wieder Polizeiwagen begegnet und auf der Praça stehen jetzt ein Dutzend gepanzerter Fahrzeuge der Militärpolizei. Senhora Parana hat ihre Fröhlichkeit verloren und bedient ihre Gäste kleinlaut und mit gesenktem Blick. Sie mögen sie nicht fragen. Nach dem Essen gehen die beiden Deutschen noch einmal über den Marktplatz. Er ist wie immer voller Menschen, doch es ist viel ruhiger als in der Vergangenheit und die hellen Uniformen der zahlreichen Polizisten liegen wie ein Leichentuch über dem bunten Treiben der Händler und ihren Kunden. Vor einem Stand mit Tomaten und Zwiebeln treffen sie auf drei junge Männer, die zigarettenrauchend das Leben auf dem Platz beobachten. Polizei ist nicht in der Nähe.

„Boa noite", grüßt Annette Basler freundlich. „Viel Polizei hier."

Die Angesprochenen wenden sich erschrocken ab. „Entschuldigung", fährt die Ärztin fort, „wir sind Journalisten aus Deutschland und wohnen dort im Hotel Paraíso. Wir wüssten gerne, was die Polizei bedeutet ..."

Die drei Männer werfen ihre Zigaretten zu Boden und gehen langsam weg. Angst steht in ihren Gesichtern.

„Bitte, Sie dürfen mir glauben ..."

Einer der drei dreht sich noch einmal um: „Sie lassen es sich nicht mehr gefallen", zischt er. „Das Fass ist voll. Und morgen" – er legt die Hand waagerecht an seinen Hals – „morgen läuft es über, Senhora!" Dann geht auch er weiter.

Lange vor Mitternacht kommt die große Müdigkeit, gegen die auch der gute Kaffee von Senhora Parana keine Chance hat. Sie gehen früh zu Bett und schlafen tief in einer frischen Nacht. Der Lärm, der René Gronwald am nächsten Morgen weckt, ist anders als der an den Vortagen. Er ist schrill, aggressiv und gefährlich. Der Kommissar schreckt hoch. In wenigen Sekunden hat sein hochspezialisiertes Polizistenhirn die außergewöhnliche Akustik bewertet und zugeordnet. Er springt auf, zieht sich rasend schnell Hemd und Hose über und hämmert gegen die Tür seiner Begleiterin. „Annette, aufwachen!" Sie rennen, da von ihrem Balkon die Praça nicht einsehbar ist, die vier Treppen hinunter zum Ausgang im Erdgeschoss. Vor der geschlossenen Tür steht Senhora Parana. „Bitte, bleiben Sie hier. Gehen Sie nicht hinaus!"
Der Lärm wird stärker, schrille Schreie. Parolen aus Megaphonen, Polizeisirenen.
„Was ist los?"
„Bitte!"
Sie gehen zurück ins Restaurant, um das Geschehen durch die Fenster zu beobachten. Aber dort sind die Läden geschlossen.
„Nach oben", keucht René Gronwald.
„Aber da ..."
„Nach oben!"
Sie hetzen die Treppen hoch und laufen auf den Balkon.
„Über die Feuerleiter!"
Durch eine Aussparung in den Balkons führt eine schmale Eisenleiter vom Boden bis zum Dach. Von ihrem Zimmer im fünften Stock sind es nur noch wenige Meter bis nach oben. Auf halber Höhe hält René Gronwald inne.
„Nimm die Kamera mit!"
Annette Basler läuft zurück in ihr Zimmer und holt ihre Praktika, die einsatzbereit an der Garderobe hängt.

Das Dach ist waagerecht und mit einer Bitumenschicht wasserdicht gemacht. Sie robben liegend auf die dem Markt zugewandte Dachseite hinüber. Noch hat die Sonne den Teer nicht heiß gemacht. Am Nachmittag wäre der Aufenthalt hier oben sicher nicht mehr möglich.

Jetzt können sie die gesamte Praça übersehen. Sie ist voller Menschen, Fahnen und Transparenten. Pausenlos schreit irgendjemand in ein Megaphon. Überall auch Trauben von weißen Helmen. Die Polizisten versuchen den Demonstranten die Transparente wegzunehmen. Wildes Gerangel ist die Folge, das die Polizisten mit Schlagstöcken für sich entscheiden.

„Was steht auf den Transparenten?", fragt René Gronwald, der Demos von zu Hause kennt, aber von der Brutalität der prügelnden Uniformierten erschreckt ist.

„Hände weg von unserem Land! Wer uns vertreibt, tötet uns! Kampf der Korruption!", zählt Annette Basler auf, während die Schreie von der Praça lauter werden.

„Bauern, denen man ihr Land nehmen will, oder?" René Gronwald ist sich nicht ganz über die Vorgänge auf dem Marktplatz im Klaren.

„Mein Gott", platzt es plötzlich aus Annette Basler heraus, „da hängt ja auch die Boa Vista mit drin!"

„Die Boa Vista?"

„*Boa Vista mente* – da drüben steht, dass sie lügt."

Aus den Seitenstraßen drängen immer mehr Menschen auf den Platz. An der Einmündung hat die Militärpolizei ihre Panzerwagen quergestellt und prügelt wild auf die Menschen ein, die sich durch die verbliebenen Lücken zwängen.

„Warte", sagt Annette Basler, „ich höre mal auf den Mann mit dem Megaphon."

Das ist nicht einfach, denn gegen die Schreie und Sprechchöre der mittlerweile vielleicht 2.000 oder 3.000 Demonstranten kann sich selbst die Technik kaum behaupten. Zudem quaken jetzt auch die auf dem Panzerwagen montierten Lautsprecher der Staatsmacht.

„Verstehst du was?"

„Augenblick ..."

Ein Hubschrauber schwebt jetzt seitlich über dem Platz. Sie haben ihn gestern auf dem Fabrikgelände der Toledo-Niederlassung schon einmal gesehen.

„Wenn ich das richtig verstanden habe, will die Regierung den Bauern ihr Land wegnehmen und es der Toledo geben."

„Und warum?"
„Sagt er nicht."
Währenddessen schwenkt Annette Basler die laufende Kamera hin und her.
Direkt unter ihnen zerren vier oder fünf Polizisten einen blutüberströmten Demonstranten zu einem Mannschaftswagen. Der Mann wehrt sich verzweifelt, aber die Polizisten prügeln ihn schließlich zu Boden und werfen ihn brutal in den Wagen. Gleichzeitig tragen Demonstranten einen anderen Verletzten an den Rand des Platzes, wo große Bäume Schatten spenden und Männer mit Rotkreuz-Binden an den Armen sich um ihn kümmern.
Dann fliegen die ersten Steine. Sie treffen in die Gruppe der Polizisten, die den verletzten Demonstranten in den Wagen geprügelt haben. Einer der Schläger wird an den Kopf getroffen und stürzt, obwohl er einen Helm trägt, zu Boden.
Am hinteren Ende des Platzes greifen Demonstranten ein Polizeifahrzeug an. Sie schaukeln es immer heftiger hin und her und stürzen es schließlich um. Wenig später steigt Rauch auf und dann brennt das Fahrzeug lichterloh. Die Stimme hinter dem Polizeilautsprecher wird jetzt lauter und eindringlicher.
„Er fordert die Leute zum Verlassen des Platzes auf und droht härtere Maßnahmen an."

Ein Panzerwagen der Militärpolizei fährt jetzt mit heulendem Motor auf die Mitte des Platzes zu. Die Menschen weichen zur Seite und schlagen dann mit Stangen und bloßen Fäusten auf das graue Metall aus deutscher Herstellung. Dann beginnt er im Kreis zu fahren, wird schneller und schneller und drängt die Demonstranten an den Rand. Plötzlich bleibt er stehen. „Verlassen Sie den Platz! Es ist die letzte Aufforderung." Dann spuckt das schwarze Metallrohr auf der Kuppel des Fahrzeugs Feuer. Menschen stürzen zu Boden, hysterische Schreie, in Panik rennen die Menschen auf die Ausgänge zu. Nach kurzer Pause feuert der Wagen erneut Salve um Salve.
„Mein Gott", schreit Annette Basler, „sie schießen auf die Leute!"
„Die Kamera weg! Und den Kopf zurück! Wenn die uns hier oben sehen, sind wir verloren!" René Gronwald wähnt sich mit einem Mal mitten im Krieg.

Sie weichen einen Meter zurück und verfolgen die Ereignisse nur noch akustisch. Panische Schreie und immer wieder Schüsse. Jetzt auch vom Rand des Platzes her.

„Sie haben ein zweites Maschinengewehr im Einsatz", keucht René Gronwald.

Annette Basler kriecht wieder ein Stück vor.

„Pass auf!"

Sie hebt die Kamera über den Kopf und schwenkt sie langsam hin und her. „Suchst du nicht schon lange nach einem Geschenk für den Staatsanwalt? Wenn wir zurückkommen, bekommt er eine Kassette."

Sie hat immer noch Humor. 15 Meter über einem Schlachtfeld, wo jetzt massenhaft Blut fließt. Oder ist es Wut angesichts eines Verbrechens, wie sie es sich von zu Hause gar nicht mehr vorstellen können?

„Gib mir die Kamera!"

„Meinst du das ernst?"

„Natürlich, ich habe ein gute Versicherung."

„Quatsch!"

„Pass auf, die haben Scharfschützen dabei. Wenn die die Kamera sehen, drücken sie ab."

Im gleichen Augenblick kracht es und eine Kugel streift die Kassettenbox der Praktika. Annette Basler kann die Kamera gerade noch festhalten.

„Weg hier!"

In großer Eile robben sie zurück zur Feuerleiter und steigen auf ihren Balkon hinunter. Durch die Gärten und Gassen flüchten schreiende Menschen stadtauswärts.

Annette Basler entnimmt der Kamera die Kassette und verstaut sie im Futter ihres kleinen Koffers. Dann legt sie eine andere ein. René Gronwald durchschaut das Spiel.

„Clever", sagt er. „Selbst ausgedacht?"

„Tipp vom Bruder."

Sie schließen die Läden und warten ab. Aber nichts tut sich. Das Hotel bleibt unbehelligt. Als der Lärm auf der Praça verstummt ist, gehen sie nach unten.

Totenstille empfängt sie. Keine Menschenseele ist zu sehen. Sie bleiben am Fuß der Treppe stehen und lauschen. Die Eingangstür des Hotels, die sonst immer offen steht, ist noch geschlossen und durch das Oberlicht dringen nur wenige Sonnenstrahlen in den schmalen Flur. Dann hören sie leises Wimmern. Es kommt aus dem Bereich der privaten Räumlichkeiten jenseits des Empfangs. Plötzlich spürt Annette Basler eine kalte Hand auf ihrem Arm. Neben ihr steht, wie aus dem Nichts hervorgezaubert, Senhora Parana. Sie legt den ausgestreckten Zeigefinger über die Lippen. „Por favor, Doutora!"

Dann zieht sie ihren Gast sanft, aber unwiderstehlich durch den langen Flur in den hinteren Bereich des Untergeschosses. Sie öffnet eine Tür, an der mit schnörkeliger Schrift *Particular* geschrieben steht. „Bitte, Frau Doktor!"

Sie schließt hinter ihnen schnell die Tür. Der Raum ist fast dunkel, denn die Läden sind geschlossen. Die alte Dame zündet eine Petroleumlampe an. „Sie haben den Strom abgestellt. Das ist immer die Strafe hier für schlechtes Benehmen."

Sie befinden sich in einem Schlafzimmer. Auf dem breiten Bett, das in der Mitte des Raumes steht, liegt ein Mann mittleren Alters, offensichtlich ein caboclo, ein Mischling. Sein Oberkörper ist unbekleidet und blutverschmiert, seine weißen langen Hosen sind vom Gürtel bis an die Knie rot verfärbt. Er stöhnt leise vor sich hin und kann die Augen nur mit Mühe offen halten.

„Por favor, Doutora", sagt Senhora Parana mit flehender Stimme. „Helfen Sie ihm. Er hat eine Kugel in der Brust."

Um Himmels willen, denkt René Gronwald. Alles hätte passieren dürfen, nur das nicht. Eine Rechtsmedizinerin am lebenden Menschen! Aber sie kann sich ja aus der Sache heraushalten. Indem sie sagt, dass sie nichts dabei hat. Kein Skalpell, kein Narkosemittel, kein Desinfektionsmittel, keine Verbände. Er jedenfalls kann jetzt nichts für sie tun.

Annette Basler beugt sich über den Mann und streicht ihm über die Wange. „Geben Sie mir bitte die Lampe."

„Bitte, Frau Doktor."

Sie tastet über seinen Brustkorb. Der Mann stöhnt laut auf. Dann dreht sie seinen Kopf zur Seite und schaut ihm in Mund und Ohren.

„Senhora!" Ihre Stimme klingt entschlossen. „Ich brauche abgekochtes Wasser – René, lauf hoch. In meinem großen Koffer steht noch ein kleiner Koffer. Hol ihn mir bitte."

Als der Kommissar zurückkommt, haben die beiden Frauen

den Verletzten schon auf den Tisch neben dem Bett gelegt.

„Hast du alles dabei, was du brauchst?"

„Das Allernötigste natürlich nur. Ich habe mit Schlangenbissen gerechnet, aber doch nicht mit dieser Schweinerei."

Der Verletzte bekommt ein halbes Röhrchen Schmerzmittel auf einmal und ein großes Glas Pinga. Dann wischt die Ärztin den Oberkörper mit dem abgekochten Wasser sauber. Der Kommissar hält die Taschenlampe mit den nagelneuen Batterien. Unterhalb des linken Schulterblattes ist ein kleines Loch zu sehen, aus dem beständig ein rotes Rinnsal fließt. „Offenbar sind Herz und Lunge nicht getroffen", sagt Annette Basler, „aber die Kugel steckt noch drin."

Sie holt ein kleines Skalpell aus dem Koffer, wischt es mit einem Desinfektionstuch ab und setzt es im Einschussbereich an.

„Pass auf, der lebt noch", entfährt es René Gronwald.

„Danke für den Hinweis, Comissário!", erwidert Annette Basler ungerührt und schneidet sich durch das magere Gewebe des Mischlings. Der hat den Mund weit geöffnet und stöhnt von Zeit zu Zeit heftig.

„Fühle bitte den Puls." René Gronwald tastet nach der Hand des Mannes. „Er rast."

„Hoffentlich bricht er nicht zusammen."

„Was machen wir dann?"

„Weiter."

Die Kugel steckt tief im Brustkorb, nur wenige Millimeter vom Lungenbeutel entfernt. Annette Basler arbeitet schnell, denn der Patient darf nicht allzu viel Blut verlieren. Blutkonserven gibt es hier nicht. Schließlich hat sie die Kugel zwischen den Backen der kleinen Zange.

„Zwölf Millimeter, eine schlimme Geschichte", sagt René Gronwald.

Sie legt eine Drainage, verschließt und desinfiziert die Wunde. Das Verbandsmaterial stellt Senhora Parana. Der Verletzte ist nun nicht mehr bei Bewusstsein.

„Puls?"

„Unverändert."

„Wird er durchkommen?", fragt die Senhora.

Annette Baslers einschlägige Erfahrungen liegen weit zurück.

„Wir beten für ihn."

„Wie geht es jetzt weiter?", fragt René Gronwald.

„Er bleibt erst einmal hier unten", antwortet Annette Basler. „Hier ist es am kühlsten."

„Und dann?"

„Senhora Parana, kennen Sie den Mann?"

„Ich habe ihn noch nie gesehen."

„Wie kommt er überhaupt hier herein?"

„Er lag im Hof. Unser Küchenjunge hat ihn gefunden."

„Wie lange kann er hierbleiben?"

Senhora Parana windet sich. „Verstehen Sie mich bitte, Doutora, aber wenn sie ihn hier finden, dann ..."

„Was geschieht dann?"

„...dann werden sie ihn erschießen und mich ins Gefängnis werfen. Und wenn ich wieder rauskomme, ist ein anderes Schild an der Tür."

„Aber jetzt können wir ihn unmöglich transportieren. Das würde er nicht überleben – abgesehen davon, dass wir nicht wissen, wohin wir ihn bringen sollen."

„Selbstverständlich bleibt er die Nacht noch hier", entscheidet Senhora Parana. „Und morgen sehen wir weiter."

Sie sitzen die ganze Nacht an seinem Bett. Er hat hohes Fieber und redet wirres Zeug. Sein Körper ist schweißgebadet. Von Zeit zu Zeit geben sie ihm Wasser zu trinken. Gegen zwei Uhr am Morgen hat das Fieber die 41-Grad-Marke erreicht. Annette Basler verabreicht die letzte fiebersenkende Tablette und wartet. Der hagere Mann atmet jetzt immer schneller. Eine Stunde später: 41,7 Grad. Sie weckt René Gronwald, der auf dem Stuhl neben dem Bett eingeschlafen ist, und dann machen sie ihm einen Wadenwickel.

Kurz vor Sonnenaufgang wird der Atem des Verletzten plötzlich langsamer und flacher. Er hört auf zu schwitzen und das Fieber fällt binnen Minuten auf fast normale 37,5 Grad. Als die ersten Sonnenstrahlen durch die Ritzen des alten Ladens dringen, kommt Senhora Parana ins Zimmer.

„Wie geht es ihm?", fragt sie mit ängstlicher Stimme.

„Er wird nachher mit uns frühstücken!"

Da war die Deutsche allerdings etwas zu optimistisch, denn der Patient hat Schmerzen und keinen Hunger. Es geht ihm aber wieder so gut, dass er Annette Basler seine Geschichte erzählen kann.

Er heißt Miguel Ostrada, ist 34 oder 35 Jahre alt und wohnt mit seiner Ehefrau und drei Kindern in Los Martos, einer kleinen Ansiedlung 50 Kilometer nordwestlich von Mesa Cayu, dort, wo der Regenwald beginnt. Er ist Bauer und bewirtschaftet ein etwa zwei Hektar großes Stück Land. Vorgestern ist er mit 20 anderen Männern aus dem Dorf nach Mesa Cayu aufgebrochen, um gegen die Pläne des dortigen Bürgermeisters zu protestieren, der gleichzeitig das Sagen über die gesamte Provinz hat.

„Was sind das für Pläne?", fragt René Gronwald und Annette Basler übersetzt seine Frage sogleich.

„Sie wollen uns von unserem Land vertreiben", antwortet Miguel Ostrada mit weinerlicher Stimme. „Wir sollen weg! Aber wohin?"

„Warum sollen Sie weg?"

„Weil *sie* das Land nutzen wollen!"

Miguel Ostrada ist ein einfacher Mann und es fällt ihm schwer, die Dinge auf die Reihe zu bringen.

„Aber man kann doch auch in Brasilien einem Menschen nicht einfach seinen Grund und Boden wegnehmen, oder?"

„Sie haben gesagt, dass er uns nicht gehört!"

„Gehört er Ihnen wirklich nicht?"

„Doch. Es ist unser Land! Die Regierung hat es uns vor zehn Jahren gegeben."

Senhora Parana weiß etwas genauer Bescheid. „Eine schweizerische Hilfsorganisation hat vor vielleicht 15 Jahren angefangen, den Bauern hier beizubringen, wie man den Urwald nutzen kann, ohne ihn abzubrennen. Und wie man gerodetes Land aufforsten kann – mit Sisalbäumen, Ölpalmen und Mangos, von denen man dann auch lebt. Das hat wunderbar funktioniert. Auch die Regierung war begeistert und hat das Land komplett den Bauern zugeteilt – zwei Hektar etwa pro Familie. Irgendjemand im Ministerium hat aber wohl dafür gesorgt, dass die neuen Eigentumsverhältnisse nicht in die amtlichen Register eingetragen wurden. Und jetzt heißt es auf einmal, dass die Bauern illegal Land besetzt hätten."

Miguel Ostrada nickt heftig mit dem Kopf. „Ja. Sie wollen

uns als Räuber abstempeln."

„Und was soll das Ganze?"

Signora Parana hebt beschwörend die Arme: „Niemand weiß es!"

„Alle wissen es!" Der Mischling vergisst seine Schmerzen. „Boa Vista steckt dahinter! Die Schweizer haben es uns erzählt. Boa Vista will das Land roden und darauf Rinder züchten!"

„Aber Boa Vista verarbeitet Urwaldprodukte. Sie roden doch den Wald nicht!"

„Das haben wir auch gedacht. Als die Gringos vor zwei Jahren kamen, waren wir froh. Wir hofften nämlich, ihnen unsere Produkte verkaufen zu können – auf kurze Entfernung, verstehen Sie?"

„Vorher mussten sie ihre Produkte bis nach Carolina bringen. Und das war teuer", erklärt Senhora Parana.

„Aber das haben sie nie ernsthaft betrieben", ergänzt Miguel Ostrada.

„Und jetzt wollen sie Rinder züchten?"

„Das machen sie doch schon! Gleich zu Beginn haben sie die Fazenda Flores gekauft. Drüben am Rio Meso."

„Ein großes Anwesen?"

„Groß genug, um die Schulkinder der ganzen Stadt satt zu machen."

„Was heißt das?"

Wieder kann Senhora Parana die Frage beantworten: „Boa Vista hat vor einem knappen Jahr begonnen, allen Schülern der Stadt pro Tag ein Essen zu spendieren. Jeden Mittag kommen die Boa-Vista-Leute an die Schule und verteilen die Mahlzeiten. Schulspeisung nennt sich das und hat die Firma sehr beliebt gemacht."

„Wie sieht das Essen aus?"

„Hamburger, jeden Tag Hamburger. Mal mit Käse, mal mit Zwiebeln und immer mit viel Fleisch. Die Kinder sind ganz verrückt darauf!"

„Und Senhor Fernandez mischt kräftig mit bei der Landrücknahme?"

„Die Schweizer haben uns erzählt, dass Boa Vista die ganze Stadt- und Bezirksregierung bestochen hat. Fernandez fährt drei Autos!"

Dann hat Miguel doch Hunger und er isst ein kleines Stück Weißbrot mit Erdnussbutter.

„Wir fahren ihn in sein Dorf," sagt Annette Basler. „Heute Mittag schon."

Zwei Stunden später brechen sie auf. Hinter dem Stadtrand wird die Fahrt für den Verletzten zur Tortur. Tiefe Löcher in der Straße werfen den auf der Rückbank liegenden Körper immer wieder hoch in die Luft, obwohl René Gronwald das Gaspedal eher zurückhaltend bedient. Aber sie haben ein Zeitproblem. Denn vor Einbruch der Dunkelheit wollen sie zurück sein. Den richtigen Urwald trauen sie sich nachts noch nicht zu, auf diesen Pisten jedenfalls nicht.

Die Fahrt geht durch lockeren Baumbestand. Das Unterholz ist dicht und ab und zu weicht es zurück, um ärmlichen Hütten Platz zu machen, aus denen das Leben geflohen zu sein scheint. Es ist heiß geworden und kühlenden Fahrtwind gibt es nicht angesichts der Geschwindigkeit, mit der der Kommissar unterwegs ist. Senhora Parana hat ihnen eine Karte zugesteckt, aber die Gefahr, dass sie sich verfahren, ist gering. Es gibt nur diese Straße.

„Boa Vista und Rinderzucht – ein bisschen einfach?"

„Es passt nicht", antwortet Annette Basler. „Ein amerikanischer Pharmariese steigt in den Fleischmarkt ein – wo der doch längst von einheimischen Großgrundbesitzern kontrolliert wird."

„Auch aus einem anderen Grund eine Nummer zu einfach. Toledo versteht sich als High-Tech-Unternehmen. Sie entwickeln *modern drugs*, füttern aber keine Rinder."

„Vorsicht! Wenn es ums Geld geht, ist den Multis keine Arbeit zu niedrig."

„Vergiss es – aber vielleicht liefert ja Toledo-Frankfurt die Erklärung für die Liebe zum Rindvieh."

Das Gespräch endet abrupt. Ein paar hundert Meter weiter erkennen sie links und rechts an der Straße eine Ansammlung von Militärfahrzeugen.

„Verdammt, eine Straßenkontrolle!" René Gronwald geht vom Gas.

„Sollen wir umkehren?"

„Darauf warten die doch nur. Miguel muss in den Kofferraum."

Annette Basler klettert ins Heck des Fahrzeugs, klappt die hintere Sitzbank nach vorne und entfernt eine Plastikverkleidung.

„Miguel, Polizeikontrolle! In den Kofferraum!" Stöhnend kriecht der Mischling durch die kleine Lücke in den Laderaum des Toyota. Sekunden später hat Annette Basler die Spuren des Versteckspiels wieder beseitigt und sitzt neben dem Kommissar.

Ein Uniformierter ist auf die Straße getreten. Weißer Stahlhelm, weiße Handschuhe, weißes Koppel – das kennen sie schon. Mit erhobenem Arm, die andere Hand lässig im Gürtel eingehakt, fordert er den Toyota zum Anhalten auf. Einsatzfahrzeuge säumen die Straße, im Unterholz warten Männer mit Maschinenpistolen im Anschlag.

„Polícia Militar. Steigen Sie bitte aus."

René Gronwald und Annette Basler verlassen den Wagen.

„Stellen Sie sich bitte an Ihr Fahrzeug und legen Sie die Hände auf das Dach. Wir müssen Sie durchsuchen."

„Das werden Sie nicht tun!" René Gronwald kennt diese Situationen, nur die Rolle, die er jetzt spielt, ist ihm neu.

„Bitte?"

„Wir sind Journalisten aus Deutschland und genießen in Ihrem Land Freizügigkeit."

Der Kommissar zieht den gut gemachten Presseausweis aus der Tasche und zeigt ihn dem Kontrolleur. Der geht damit zu einer Gruppe von Männern, die an einem Panzerwagen lehnen. Sie nehmen den Ausweis in Augenschein und diskutieren heftig. Dann kommt der Uniformierte zurück.

„Tut mir leid. Auch als Journalisten haben Sie sich den Anordnungen der Militärpolizei zu fügen."

„Ihr Land hat die Konvention zum Schutz der internationalen Pressearbeit unterschrieben!"

„Tut mir leid!"

Annette Basler macht sich jetzt bemerkbar. „Wir sind Gäste von Senhor Fernandez."

Dieser Name scheint mehr Eindruck zu machen als der Hinweis auf das Völkerrecht. „Rufen Sie ihn an!"

Der Uniformierte geht zurück zu seinen Kollegen. Erneut wird diskutiert, dann holt einer der Männer ein Handy aus dem Wagen und telefoniert. Kurz darauf löst sich der Uniformierte wieder aus der Gruppe und kehrt zurück zum Auto der Deutschen.

„Fahren Sie bitte weiter." Keine Erklärung und keine Entschuldigung. Aber freie Bahn. Grußlos, mit einem kurzen Kopfnicken setzen René Gronwald und Annette Basler ihre Fahrt fort.

Zwei Stunden nach ihrem Aufbruch in Mesa Cayu wird der Wald dichter und die Straße kurviger. „Hier muss irgendwo die Abfahrt zu seinem Dorf sein." Sie wecken Miguel, der wieder auf der Rückbank liegt und in kurzem Wechsel schnarcht und stöhnt.

„Sagen Sie uns, wie wir zu Ihnen nach Hause kommen?"

Miguel wischt sich über die Augen und hat erkennbar Mühe, sich zurecht zu finden.

„Da vorne", sagt er schließlich, „wo der Baum abgebrochen ist, rechts weg."

Der Weg, den sie jetzt fahren, ist schmal, aber nicht schlechter als die Hauptstraße. Nach zwei Kilometern öffnet sich der Wald und gibt den Blick frei auf eine Ansammlung einfacher Hütten inmitten von Gehegen mit Schweinen und Hühnern. Als der Wagen näher kommt, öffnen sich überall Türen und Fensterläden und neugierige Blicke folgen ihnen. Vor einem Haus mit gelben Schindeln über der Eingangstür hält René Gronwald an und hupt zweimal kurz. Ein Mann tritt aus der Tür und kommt langsam und mit misstrauischen Blicken an den Wagen. Als er den Verletzten im Heck erkennt, schreit er auf. „Miguel!" Er öffnet ruckartig die Wagentür und beugt sich über den Mann. „Miguel", flüstert er, „du lebst!" Und dann schreit er so laut, dass es alle hören können: „Miguel ist zurück! Miguel lebt!"

Sie tragen ihn vorsichtig ins Haus und legen ihn auf sein Bett, das eine Pritsche ist. Maria, seine Ehefrau, und drei kleine Kinder kauern am Kopfende und weinen vor Angst und Glück.

„Ich bin sein Bruder, Francisco Ostrada", sagt der Mann, „bitte, erzählen Sie uns alles."

Das ganze Dorf hört zu. In den Gesichtern der Menschen steht Trauer und stiller Zorn.

„Von den 20 Männern, die vorgestern nach Mesa Cayu aufgebrochen sind, ist noch niemand zurück", sagt der Bruder. „Mit Ausnahme von Miguel."

„Sie sind in den Urwald geflüchtet", sagt einer, „morgen kommen sie aus dem Wald."

„Der Rundfunk hat gemeldet, dass 13 Menschen erschossen worden sind", sagt Francisco Ostrada düster. „Nach Angaben der Militärpolizei."

Miguel hat wieder Fieber. Annette Basler spritzt ihm ein Antibiotikum in die Armvene.

„Wir werden auch diese Nacht bei ihm bleiben."

Als es dunkel wird, zünden die Bewohner ein Lagerfeuer an und kochen eine große Maispfanne mit Hühnerfleisch und getrocknetem Fisch. Es gibt in dieser Nacht sogar Wein zu trinken, den sie irgendwann von einem Transporter geklaut haben.

„Miguel hat mir erzählt, dass Boa Vista Ihr Land für die Rinderzucht haben will."

„Das ganze Land, vom Rio Preto bis oben an die Grenze zum Nachbardistrikt, das ganze Land wollen sie sich nehmen – um es abzubrennen und es zur Viehweide zu machen." Francisco Ostrada schüttelt bitter den Kopf. „Land für 200.000 Rinder – aber wo bleiben wir?"

„Trifft es denn wirklich zu, dass Boa Vista Ihnen das Land nehmen will?"

„Die Regierung nimmt es uns und gibt es dann den Gringos. So läuft das."

„Wissen Sie das genau?"

„Die Schweizer haben sie uns doch gezeigt. Die Dokumente, in denen das alles steht. Ein Freund von ihnen hat sie aus der Verwaltung herausgeschmuggelt. Ich selbst habe sie gelesen."

„Frag ihn doch einmal, ob diese Rinderzucht in seinen Augen überhaupt Sinn macht," bittet René Gronwald, nachdem Annette Basler ihm das Wesentliche ihrer Unterhaltung mit Miguels Bruder übersetzt hat.

Francisco Ostrada lacht: „Das haben wir uns tatsächlich auch gefragt. Zumal wir hier nicht gerade günstig liegen zu den großen Städten an der Ostküste. Die übrigen Farmen haben bessere Standorte. Claudio da vorne hat gemeint, unser Boden sei so gut, dass die Rinder, die hier weiden, wohlschmeckender sind als alle anderen und die Leute jeden Preis dafür zahlen."

„Ein Späßchen."

„Gewiss, aber gar nicht so abwegig. Dafür spricht jedenfalls auch, dass sie das Land komplett abbrennen wollen, ohne das Holz zu verkaufen. Hier stehen wertvolle alte Bäume. Feuer geht schneller."

„Sie denken ..."

„... dass sie sich mehr Gewinn vom Fleisch als vom Holz versprechen, richtig."

Miguel ist am Morgen wieder fieberfrei. Annette Basler drückt ihm ihre letzte Antibiotikumampulle in die Vene und dann fahren sie zurück. Er wird es schaffen. Von den vermissten Männern ist noch keiner zurück. Aber irgendwann werden sie wieder nach Hause kommen, wird der Wald sie ausspucken, sie oder ihren Geist. Ihr Glaube hält die Menschen im Urwald am Leben.

Weinen können

Sie wachen fast gleichzeitig auf. Wieder blendet das gleißende Licht, das durch die schmalen Ritzen der Läden fällt, ihre Augen. Vom Balkon schauen sie hinunter auf einen dünnen Nebelschleier, den die kühle Nacht übrig gelassen hat. Während er die Hütten noch zudeckt, erstrahlen die gepflegten Fassaden der zahlreichen Paläste schon im Licht der Morgensonne und gaukeln gemeinsam mit den gewaltigen Mahagonibäumen heile Welt vor. Die Luft riecht nach Pulverdampf und Blut. Es ist gespenstisch still, bis schließlich das kratzende Geräusch einer Kehrmaschine zu hören ist und das Klatschen eines Wasserstrahls, der auf das Pflaster trifft.

„Sie machen sauber", sagt Annette Basler verbittert. „Jetzt werden die Beweismittel beseitigt."

„Weiß man eigentlich schon, wie viel Menschen zu Tode gekommen sind?"

„Der offizielle Rundfunk meldet, es habe bei den „Unruhen" möglicherweise auch Tote gegeben, und Rádio Liberdade, ein unabhängiger Sender in Belem, spricht von 23 Toten und mehr als 200 Verletzten."

„Sagt Rádio Liberdade auch was zum Hintergrund der Unruhen?"

„Der Sender berichtet ganz ausführlich darüber. Aber alles Dinge, die wir schon kennen. Menschen haben gegen Pläne der Regionalregierung protestiert, ihnen das Land wegzunehmen. Boa Vista wird dabei heftig kritisiert. Sie seien die Drahtzieher der Angelegenheit und hätten die Politiker bestochen. Senhor Fernandez wurde erwähnt. Er hat wohl wirklich drei Autos. Allerdings noch etwas, das ihn ins Zwielicht rückt: Ein Sonderkonto mit 500.000 US-Dollar."

Der Frühstücksraum des Restaurants ist leer. Nur ein kleiner Tisch ist gedeckt.

„Für uns?"

Senhora Parana nickt. „Kaffee?"

„Bitte."

Heute sind die Läden offen. Auf der Praça bestimmen Uniformierte das Bild sowie hagere Männer mit Besen und Schaufeln, die den altertümlichen Kehrmaschinen folgen und ihre Reste beseitigen. Am oberen Ende des Platzes säubert ein Feuerwehrmann mit einem an einen Kompressor angeschlossenen Wasserstrahl das Pflaster.

„Seit gestern haben sie alles abgesperrt", sagt Senhora Parana. „Sie wollen Tabula rasa machen. Spurenbeseitigung – da sind sie gründlich."

Die beiden Deutschen haben der Senhora schon am vergange-nen Abend alles erzählt, auch von dem Zusammentreffen mit der Militärpolizei.

„Passen Sie bitte weiter auf! Wenn Sie in Verdacht geraten, sind Sie gefährdet."

Es klopft an der Tür. Ein Mann im Kampfanzug mit einer MP vor der Brust fragt nach einer Flasche Bier. Senhora Parana holt sie aus der Kühltruhe. „Zwei Reais", ruft sie, aber der Käufer ist schon weg.

„Wer macht diese Dinge?", fragt Annette Basler. „Wer trägt die Verantwortung für dieses Blutbad? Es gibt doch Schuldige, oder?"

„Aber selbstverständlich", antwortet Senhora Parana mit beherrschter Stimme. „Unrecht hat immer Täter. Es fällt ja nicht vom Himmel. Vor 500 Jahren haben uns die Europäer unterjocht und dann die ..."

„Wer ist es jetzt? Hier in dieser Stadt!"

Die alte Frau, die vor zwei Tagen all ihre Farbe aus dem Gesicht verloren zu haben scheint, schaut Annette Basler vorwurfsvoll an.

„Sie haben die Demo doch beobachtet!"

„Sicher."

„Und gelesen, was auf den Plakaten und Transparenten stand?"

„Ja, klar, nicht alles, aber ..."

„Dann müssten Sie es doch wissen!"

„Sie meinen ..."

„Bitte?"

„Sie meinen Boa Vista?"

„Sehen Sie!" Senhora Parana verschwindet schweigend hinter dem Tresen des Empfangs.

Annette Basler schiebt den Teller mit den frischen Brötchen zur Seite. „Draußen stehen sie knöcheltief im Blut und wir sollen hier frühstücken."

Auch René Gronwald verspürt keinen Hunger. „Dein Kollege Müller hätte da kein Problem."

„Dieser Blödmann", sagt Annette Basler verächtlich, „der hat eine Riesen-Macke!"

„Jedes Mal, wenn ich unten bin, sitzt er im Protokollraum und mampft eine heiße Fleischwurst. Er sitzt dann auf dem kleinen Schemel vor der halb offenen Tür und schaut euch bei der Arbeit zu."

„Ich sag doch, er gehört auf die Couch."

„Was hat er eigentlich für eine Funktion?"

„Sektionsgehilfe, oder wie wir sagen ..."

„Sektionsgehilfe? Ich dachte, der sei für die Protokolle verantwortlich."

„Nein, nein, ganz normaler Sektionsgehilfe, wie Blanke und Velbert."

„Aber an der Leiche habe ich ihn noch nicht gesehen."

„Da macht er ja auch kaum etwas. Weil er ständig dumme Sprüche los lässt, will keiner mehr mit ihm zusammenarbeiten. Das weiß er und deshalb hat er sich ins Kabuff zurückgezogen. Wenn er nicht isst, sitzt er am PC."

„Und schießt Moorhühner ab?"

„Er schreibt angeblich ein Buch – über Kannibalismus."

Der virtuelle Ausflug in die Jefferson-Allee in Frankfurt wird abrupt unterbrochen. Eine Kehrmaschine fährt dicht am Hotel vorbei und schleudert nassen Schmutz gegen die Fenster. Als er langsam die Scheibe herunterläuft, hinterlässt er rote Schlieren.

„Ich mag hier nicht bleiben", sagt Annette Basler.

Sie verlassen das Hotel und gehen zu ihrem Wagen.

„Wohin?"

„Weg, einfach nur weg."

Ziellos fahren sie durch die Stadt. Nur wenige Menschen

sind unterwegs und selten begegnet ihnen ein Auto. Überall aber stehen Fahrzeuge der Militärpolizei, umgeben von schwerbewaffneten Männern, die wichtigtuend auf ihre Befehle warten.

„Wenn sie uns kontrollieren, haben wir ein Problem", sagt René Gronwald.

„Wieso?", gibt sich Annette Basler überrascht.

„Ich meine, wenn sie uns den Kofferraum aufmachen, haben wir ein Problem."

„Obwohl Miguel nicht mehr drin ist?"

„Hast du mal reingeschaut?"

„Wie sollte ich?"

„Mach´s einfach mal! Die gesamte Veloursverkleidung ist voller Blut."

„Dann erzählen wir eben, dass wir ein totes Schwein transportiert haben."

„Genau so sehen wir auch aus."

René Gronwald steuert den Wagen in südwestlicher Richtung. Über einen kleinen Hügel fahren sie nach Monte de Lágrimas, in das ärmste Viertel der Stadt.

„Du erinnerst dich an die Straßenpinte, wo wir gestern morgen Kaffee getrunken haben? Das ist da vorne, gleich an der Ecke."

„Die Kneipe war nicht schlecht, aber ..."

„... es hat dort gestunken wie die Pest, nach Fäkalien und Abwasser, das meinst du?"

„Genau das meine ich."

„Sieh es positiv. Blut riecht noch viel grässlicher."

„Einverstanden."

„... und es gibt dort keine Bullen."

Sie parken das Auto neben dem schmalen Abwasser-Rinnsal und gehen über ein paar hölzerne Stufen in den Garten. Das halbe Dutzend Tische, das zwischen blühenden Kakteen und unter löchrigen Sonnenschirmen steht, ist leer. Auf der Straße kommen Kinder schreiend näher und im Haus aus Holzabfällen und Wellblech redet ein Beo unverständliches Zeug. Der zahnlose alte Mann strahlt vor Freude, als er seine Gäste wiedererkennt.

„Boa tarde, ..."

„Boa tarde, Senhor. Ob wir wieder Kaffee trinken und Chips essen wollen?"

„Selbstverständlich, ich habe Hunger."

„Sim, Senhor ..."

„Por favor, Senhora, hoje há peixe-cobra ...!"

„Er sagt, heute Mittag gibt es Schlangenfisch. Eine Spezialität. Wir sollten überlegen, ob wir so lange hier bleiben."

„Frag ihn, wo die Fische gefangen wurden."

„Senhor, de onde vêm seus peixes?"

„Do rio das cobras, de onde é que eles poderiam vir ... ?"

„Er sagt, sie stammen aus dem Schlangenfluss, 30 Kilometer von hier. Der Fluss sei so sauber, dass man das Wasser trinken könne. Keine Goldsucher weit und breit!"

„Dann sag ihm, dass wir sein Angebot wohlwollend prüfen."

Schon in der Nacht ist der Wind stärker geworden und hat auf Nordost gedreht, von wo er trockene Luft in die Stadt transportiert. Sie macht die Hitze erträglich, die sich jetzt immer schneller zwischen den Hütten ausbreitet. Im fleckigen Schatten der Sonnenschirme beginnen sie Abstand zu gewinnen von den schlimmen Ereignissen der vergangenen beiden Tage.

„Gibt es hier auch Zigarillos zu kaufen?" René Gronwald ist nach Rauchen zumute.

„So viel du willst! Und sogar aus eigenem Anbau. Tabakkenner schwören auf die dunkelbraunen handgedrehten *charutos* aus Pais Extenso. Das Beste, was es gibt, heißt es."

„Dann solltest du mir eine bestellen – zum Probieren."

Minuten später kündet weißer Rauch vom Beginn des Experimentes.

„Und?"

René Gronwald leckt sich prüfend die Lippen. „Fordert mindestens Gewöhnung."

„Es fehlt dem Zigarillo etwas, nicht wahr?"

„So kann man es sagen."

„Und du weißt auch, was?"

„Der Geschmack, denke ich."

Annette Basler schüttelt den Kopf. „Die Chemie."

Dutzende von halbnackten, lehmbeschmierten Kindern umlagern mittlerweile das Auto der fremden Gäste. Durch die offenen Scheiben betasten sie neugierig die Knöpfe, Hebel und Schalter der Armaturen. Lang wird es nicht mehr dauern, bis die ersten Schmuddelkinder hinter dem Steuer Platz genommen haben.

„Als wir gestern auf dem Dach waren und du gefilmt hast, was war da eigentlich los mit dir?"

Annette Basler ist erschrocken. „Was soll losgewesen sein mit mir?"

„Du hast dich weit vorgewagt, könnte man sagen." René Gronwald lacht verhalten. „Du bist bis an den Rand des Daches." René Gronwalds Stimme klingt jetzt vorwurfsvoll. „Obwohl ich dir doch gesagt hatte, dass eventuell Scharfschützen im Spiel sind, die der berühmten Fliege ein Auge ausschießen können."

„Die Kamera haben sie ja auch getroffen."

„Zehn Sekunden vorher wäre es dein Kopf gewesen. Und da frage ich mich, ob es einen bestimmten Grund für deinen Einsatz gibt."

Noch mauert Annette Basler. „Ist das wirklich so außergewöhnlich, was ich gemacht habe?"

„Du hast dein Leben riskiert! Weißt du, an wen du mich dabei erinnert hast, in diesem Augenblick? An einen Kriegsberichterstatter. An Herbert Schäfer zum Beispiel. Hast du schon einmal von ihm gehört?"

Annette Basler schüttelt den Kopf.

„Ein Wahnsinnstyp! Kommt aus Kassel und hat ganz normal Journalismus studiert. Dann der Bruch. Vietnam, Kolumbien, Osttimor, Irak und so weiter. Überall war er an vorderster Front mit dabei. Nur dass er statt einem Gewehr eine Kamera getragen hat."

„Und du hältst mich für einen solchen Menschen?"

„Von der Aufmachung und vom Verhalten her passt du zu ihm. Vom Motiv her freilich weiß ich es nicht."

„Welches Motiv haben denn deine Kriegsberichterstatter?"

„Sie wollen informieren. Sie wollen der Welt zeigen, was sich hinter dem Begriff Krieg verbirgt. Den Heldentod demaskieren: Ihn als das darstellen, was er ist: Eine elende Verreckerei."

„Gute Menschen, deine Kriegsberichterstatter."

„Sie erfüllen jedenfalls eine wichtige Aufgabe. Gegen Mythen hilft nur schonungslose Aufklärung."

„Du verwechselst im Moment nicht zufällig das Motiv mit dem Resultat?"

„Verstehe ich nicht."

„Wenn gute Polizisten verhinderte Verbrecher sind – sind dann nicht auch Kriegsberichterstatter gescheiterte Soldaten?"

„Die sich mit einem Trick an die Front gemogelt haben?"

„Zum Beispiel."

René Gronwald zieht die Mundwinkel nach unten und überlegt einen Augenblick.

„Ohne Waffe? Das ist doch nichts für einen überzeugten Soldaten."

„Zwar kein Gewehr, aber dafür machen sie sich auch die Hände nicht schmutzig. Und sind trotzdem mitten drin."

„Ich weiß nicht – aber vielleicht spielen ja ganz andere Beweggründe eine Rolle."

„Und hinter dem Phänomen steckt simpler, banaler Voyeurismus."

„Wir lassen die Frage einfach im Raum stehen – es ging ja eigentlich auch um dich, um dein Motiv."

Genau 13 untergewichtige Kinder passen in einen Toyota-Geländewagen. Etwa genau so viele müssen draußen bleiben. Der Boss sitzt hinter dem Steuer und bedient Lenkrad und Schaltknöpfe.

„Soll ich sie wegjagen?", fragt der zahnlose Alte mit besorgter Miene.

„Lassen Sie nur", erwidert Annette Basler, „den Schlüssel haben wir abgezogen."

Der Alte lächelt. „Manchmal machen sie dumme Sachen."

„Warum sind sie nicht in der Schule?"

„Heute ist schulfrei im ganzen Land. Unser Staatspräsident hat Geburtstag."

„Paulo Cortez?"

„Oh ja, Senhor Paulo Ramirez Cortez – die Kinder gehen ansonsten gerne in die Schule, allein schon wegen dem guten Essen, das es da gibt." Sein Lächeln wird breiter. „Früher war das nicht so."

Beim Weggehen dreht er sich noch einmal um. „Haben Sie

sich schon entschieden, ob Sie den Fisch essen wollen?"

Sie werden den Schlangenfisch essen, auch auf die Gefahr hin, dass man ihn aus einem Fluss geholt hat, den die Goldsucher mit ihren quecksilberhaltigen Abfällen vergiftet haben. 20 Reais wird der Alte daran verdienen und damit wird er seinen Überlebenskampf wieder ganze zwei Wochen finanzieren können. Gemüse und Reis für seine große Familie – jeden Tag.

„Sagst du es mir?" René Gronwald ist ein wenig neugierig, auch weil er spürt, dass Annette Basler etwas loswerden will.

„Dass ich während meines Studiums hier unten war, weißt du ja." Annette Basler beginnt unvermittelt zu erzählen. „In Punta del Oro am Amazonas. Ich habe mich bei den Eingeborenen in Sachen Curare kundig gemacht. Irgendwann habe ich erfahren, dass an der Universität in Belem ein vierwöchiger Bestimmungs- und Präparationskurs für tropische Pflanzen abgehalten wurde. Das hat mich sehr interessiert, es passte ja auch zu meiner Curare-Forschung. Ich bin also für einen Monat nach Belem gezogen. In dem Kurs habe ich einen jungen Brasilianer kennengelernt, der sich auch für die tropische Vegetation interessierte."

„Und für dich, stimmt´s?"

„Richtig geraten, sehr bald auch für mich."

René Gronwald erwischt sich, wie er die Luft für einen Augenblick anhält.

„Er hat mich oft eingeladen, war zuvorkommend und charmant, gar nicht so, wie man sich einen brasilianischen Macho vorzustellen hat."

René Gronwald versucht sich zu beruhigen. Die Sache ist doch längst gelaufen. Und im übrigen: Was einem nicht gehört, kann man nicht verlieren.

„Du hast dich in ihn verliebt, nicht wahr?"

„Und wie! Ich war so verknallt, wie das nur einmal im Leben möglich ist. Auf Wolke sieben und das 24 Stunden am Tag."

Der Kommissar schluckt und ärgert sich gleichzeitig über seine wenig überlegte Reaktion.

„Francisco Santos. Er war Arzt und hat mich wenig später auch zu seiner Arbeitsstelle mitgenommen."

„Ins Krankenhaus – oder?"

„Nein, nein." Annette Basler schaut verlegen zu Boden. „Er

arbeitete nicht im Krankenhaus, hatte auch keine eigene Praxis."

Ihre Stimme ist jetzt tonlos. Eine grenzenlose Enttäuschung scheint sie eingeholt zu haben.

„Er war Abteilungsleiter in einer Forschungseinrichtung des Verteidigungsministeriums."

„Als Arzt?"

„An sich nichts Besonderes. Jede Armee beschäftigt Ärzte. Verwundete müssen ja auch versorgt werden. Aber was er dort gemacht hat, war etwas gänzlich anderes."

„Soll ich raten?"

„Musst du nicht. Er testete Waffen und Munition, zum Beispiel an Tieren." Ihre Stimme ist kalt wie Eis. „An Schweinen, vor allem an Schweinen."

„An lebenden Schweinen?"

„Natürlich. Sie wurden im *Testraum* fixiert, also festgebunden, zum Teil auch in vertikaler Haltung, und dann wurde mit unterschiedlichem Gerät aus unterschiedlichen Entfernungen und Winkeln auf sie geschossen. Du darfst nicht denken, dass sie sofort tot waren. Es wurde überall hingeschossen. Auf die Beine, in den Bauch, in den Hals und zum Schluss in Kopf und Herz. Man wollte ja die Wirkung der Munition ganz differenziert beurteilen. Die Tiere schrieen oft minutenlang. Die Akustik eines Schlachthofes ist nichts gegen das, was ich im Testraum gehört habe. Ein unterirdischer Raum."

Vor Jahren gab es schon einmal Gerüchte, dass Militärs in den USA solche Versuche machten. René Gronwald hatte das alles schnell vergessen.

„Ganz scharf waren sie auf Affen. Sie haben alles genommen, was ihnen geliefert wurde. Und einmal sogar eine Gruppe von Langohr-Baumaffen – eine Art, die vom Aussterben bedroht ist. Jemand hatte sie aus einer Tierstation geklaut."

„Auch sie wurden als lebende Zielscheiben benutzt?"

Annette Basler nickt. „Du kannst mir glauben, die Affen haben geahnt, was mit ihnen passieren würde. Schon beim Anbinden haben sie geschrien – und geweint."

René Gronwald schaut erschrocken auf.

„Affen können weinen. Ich habe ihre Tränen gesehen."

„Was hat er sich eigentlich gedacht, als er dich dorthin mitgenommen hat?"

„Das weiß ich auch nicht genau. Irgendwie war er stolz auf seinen Job. Leiter einer 200-köpfigen Geheimabteilung – für viele Menschen nicht nur in Brasilien ist das eine attraktive Angelegenheit. Und dann hat er mir dort unten auch einen Ferienjob angeboten. Er wusste, dass ich Geld brauchte und gerne noch ein paar Monate in Südamerika geblieben wäre, nach Abschluss meiner Curare-Forschung. Ich sollte an den Obduktionen teilnehmen. Es gab einen gewissen Mangel an Fachkräften."

„Du hast es gemacht?"

„Nein!"

„Warum nicht?"

„Weil Blindheit, die durch Liebe entstanden ist, nicht ewig hält. Und weil dann noch etwas passiert ist, was mir die Augen zusätzlich öffnete. Sie schossen auch auf Menschen."

„Auf lebende Menschen?" René Gronwald hält die Luft an.

„Nein, nur auf Leichen. Aber die Hälfte dieser Menschen war keines natürlichen Todes gestorben. Das konnte ich bei den Obduktionen sehen, als ich mit am Tisch stand. Ganz überwiegend waren diese Menschen durch Schüsse zu Tode gekommen. Es hieß offiziell: Abrechnung unter Drogenhändlern oder beim Schusswechsel mit der Polizei umgekommen. Das habe ich auch nur am Anfang geglaubt."

„Leichen auf Bestellung?"

Annette Basler zuckt mit den Schultern. „Ja, und dann noch Fransiscos Rechtfertigung. Als ich ihn einmal gefragt habe, warum das Militär denn diese gewaltigen Anstrengungen vornimmt, wo es doch auf dem ganzen Kontinent keinen ernstzunehmender Gegner gibt, da hat er die Katze aus dem Sack gelassen. Es gehe nicht um Paraguay oder Kolumbien. Die eigentliche Gefahr komme von innen. Von den Landlosen, vor denen sich der Staat und damit die Elite der Besitzenden schützen müsse. Für ihn waren das nur dumme und faule Schmarotzer. Das hat mir endgültig die Augen geöffnet. Mitten in der Nacht bin ich abgehauen."

Dicke Tränen laufen jetzt über ihr Gesicht und ihr Mund beginnt zu zittern. „Auf einem Holztransporter mit einem völlig besoffenen Fahrer am Steuer bin ich zurück an den Amazonas getrampt."

René Gronwald nimmt das plötzlich so zerbrechliche Wesen

zärtlich in die Arme und streicht ihr liebevoll über die weichen blonden Haare. Hinter dem Damm, der jetzt gebrochen ist, hatte sich viel aufgestaut. Annette Basler weint hemmungslos und der Kommissar genießt erschrocken ihre plötzliche Nähe. Irgendwann sieht er den alten Mann am Tisch stehen, zwei dampfende Teller in den Händen.

„Mais um momento, por favor", sagt er leise. „Einen Augenblick noch, bitte." So viel von der Landessprache hat er mittlerweile schon gelernt.

Kurze Zeit später essen sie den Fisch. Es gibt Gemüse, Reis und gebratene Bananen dazu. René Gronwalds Befürchtung, dass Annette Basler jetzt nur noch lustlos in dem mit viel Liebe zubereiteten Mahl herumstochern könne, bewahrheitet sich nicht. Als wäre eine schwere Last von ihr abgefallen, isst sie mit großem Appetit.

„Und vorgestern Morgen", sagt sie schließlich, nachdem sie ihr silbernes Besteck, auf das in schnörkeliger Schrift *Hotel Fortuna* eingraviert ist, zur Seite gelegt und einen kräftigen Schluck Rotwein genommen hat, um den scharfen Gewürzen Paroli zu bieten, „am Montag und vor allem vorgestern Morgen habe ich zum ersten Mal richtig gesehen, was er gemeint hatte. Das waren seine Feinde, für die er die *richtige Munition* getestet hat. Arme ausgemergelte Gestalten, deren sicheren Tod es bedeutet, wenn man sie von ihrem Land vertreibt. Und die Profiteure: Fette, korrupte Bürgermeister und Yankee-Konzerne. Und die Handlanger: Menschen, die man in Uniformen gepackt, mit Gewehren ausgerüstet und denen man das Denken abgewöhnt hat."

Annette Basler zittert wieder am ganzen Körper, aber sie weint keine Träne mehr.

„Die Ergebnisse seiner Versuche haben wir ja übrigens hautnah erlebt. Miguel war von einer seiner modernen Kugeln getroffen worden. Eine Art Dumm-Dumm-Geschoss, das glücklicherweise vor dem Eindringen in seine Schulter an einem Hindernis abgelenkt worden ist und dadurch Energie verloren hat. Trotzdem hat das Projektil im Brustkorb eine große Verwüstung angerichtet."

„Er überlebt doch, oder?"

„Denke schon. Aber seinen linken Arm kann er vergessen –

ich würde gerne die anderen Opfer einmal sehen. Sie sind alle Franciscos Werk!"

Annette Basler legt einmal mehr das Besteck zur Seite. „Ich muss jetzt Farbe bekennen, verstehst du? Ich habe mit einem Mann im Bett gelegen, der Blut an den Händen hat. Was heißt an den Händen? Er hat sich komplett mit Blut besudelt. Mit Schweineblut, mit Affenblut und mit Menschenblut. Ich würde wieder auf das Dach steigen, wenn es noch einmal so käme. Und übrigens, den Film von den Morden auf der Praça werden wir in Deutschland zur Bombe machen."

„Zur Bombe machen?"

„Erst einmal kopieren, dann den Privaten anbieten ..."

„Das gilt aber nicht gerade als seriös."

„Aber es rechnet sich. Eine Million kassieren wir dafür. Und schicken das Geld sofort an die Opfer hier in Südamerika."

„Und die ganze Geschichte mal zehn, wenn wir herausbekommen, wie Boa Vista und Toledo in diese Sache verwickelt sind."

Annette Basler schenkt die Gläser voll. „Ich war nie ein politischer Mensch", sagt sie, „darüber bin ich nicht froh. Im Gegenteil. Ich schäme mich für die Ahnungslosigkeit meiner Generation. Die den Mut aufbringt, am Bungee-Seil von der Brücke zu springen, aber die Unterschrift zu irgendeiner politischen Petition verweigert, nur weil der Arbeitgeber davon Wind bekommen könnte. Aber ein Gefühl für Recht und Unrecht habe ich immer gehabt. Und jetzt will ich unbedingt wissen, was Boa Vista hier macht und welche Rolle die Frankfurter Toledo dabei spielt."

Annette Basler hat sich wieder hinter dem gemeinsamen Tisch verschanzt. Ob es geschmeckt hat, fragt der alte Mann. Und dann lobt Annette Basler die Küche.

Die Kinder aus den Favelas sitzen noch im Toyota und spielen das Spiel, das für sie immer Spiel bleiben wird. Die Flasche Wein geht langsam zur Neige. Sie schaut ihren Gegenüber lange schweigend und mit fragenden Augen an. Wann, verdammt noch mal, fängt auch der Jäger an zu denken?

Schreibtischtäter

Der Anruf kommt um 17.30 Uhr. Martin Feer ist freundlich wie immer. Und wie immer erkundigt er sich zunächst nach dem Befinden des Chefs und seiner Mitarbeiter und nach der Auftragslage der Firma. Dann kommt Martin Feer auch schon zur Sache. Er ist der zweite Mann in Nashville und zuständig für die Übermittlung von Entscheidungen der Geschäftsführung. Damit hatte er noch nie Probleme, egal, was sich die Männer in der Chefetage wieder ausgedacht haben. Beförderungen verkündet er mit der gleichen kalten Sachlichkeit wie Rausschmisse. Er hasst Gefühle, in die eine wie die andere Richtung. Die Mitteilung, die er heute für die Frankfurter Tochter im Programm hat, ist auf den ersten Blick eine gute Nachricht. Jeff Colussi soll von seinem Posten in Mesa Cayu abgelöst werden. Man will einen Fachmann mit dem Projekt befassen. Und man weiß auch schon, wer das ist. Phil Matthews nimmt den Befehl kommentarlos entgegen. Es ist in Ordnung. Anfang nächster Woche ist der neue Mann vor Ort. Der Boss verlässt sein Büro und geht langsam über den Flur zum großen Konferenzsaal. Dort setzt er sich an einen der Tische und zündet einen Zigarillo an. Zehn Minuten arbeitet sein Hochleistungshirn in voller Stärke, dann hat er alles auf der Reihe. Er schlendert zurück in sein Büro und ruft seine Sekretärin zu sich. Margot Dirschoweit geht nie vor 19 Uhr. Selbstverständlich hat sie das Blumengebinde am Vormittag zu Renate Kahlo, der Ehefrau des Generalstaatsanwalts, auf den Weg gebracht. Und auch die große Geburtstagskarte war dabei, mit dem Toledo-Firmenlogo und der Unterschrift von Phil Matthews. Die Nachfrage ihres Chefs ärgert sie, denn sie erledigt ihre Aufgaben notorisch zuverlässig. Es ist wohl eine sehr wichtige Angelegenheit, bei der nichts schief gehen darf. Damit kann sie sich trösten.

Phil Matthews will Professor Engel sprechen. Margot Dir-schoweit erreicht ihn über den hauseigenen Piepser in der Tierversuchsabteilung. Er bittet um eine Viertelstunde Aufschub, er arbeitet an einer wichtigen Sache. Der Boss ist einverstanden und er weiß auch, warum.

Als Professor Engel schließlich kommt – aus der Viertelstunde ist eine halbe geworden –, hat sein Chef schon am Besuchertisch Platz genommen und verschiedene Flaschen und Gläser zu einem prächtigen Arrangement zusammengestellt.

„Ich habe das richtig in Erinnerung", sagt er, „Cognac, zimmerwarm?"

Engel nickt wortlos und setzt sich in den weichen Ledersessel vis-a-vis seines Chefs. Jetzt erst fällt sein Blick auf das Etikett der Cognacflasche. Gut 500 Euro muss man dafür hinblättern. Davon durfte er noch nie kosten.

„Sie entschuldigen", fährt Phil Matthews fort, indem er seinem Gast das Glas füllt, „aber Amerikaner haben mit Cognac so ihre Probleme. Die meisten trinken ihn mit Seven-up und Eis." Anschließend bedient er sich bei der großen Whiskeyflasche. „Damit kommen wir besser zurecht."

Sie prosten sich zu und trinken. Nach einer kleinen Pause sagt Phil Matthews, während er seinem Gast fest in die Augen schaut: „Ich habe das untrügliche Gefühl, dass Sie heute einen großen Erfolg verbuchen können."

Engel hält dem Blick stand. Äußerlich unbewegt sagt er: „Wenn Sie das meinen: Unser Erzeugnis ist fertig. In ausgereifter Qualität." In seinem Inneren überschlagen sich die Gefühle.

„Ich gratuliere Ihnen!", antwortet der Geschäftsführer. Ehrliche Anerkennung schwingt in seiner Stimme mit und sie kommt bei seinem Gegenüber an, denn der kennt seinen Chef als Mann der leisen Töne, dem Überschwänglichkeit und euphorische Reaktionen fremd sind.

„Wir können also Mesa Cayu entsprechend umstellen?"

„Schon morgen."

Phil Matthews greift in seine Jackentasche und holt seine Zigarillo-Schachtel heraus. Er reicht sie dem Professor über den Tisch, aber der lehnt dankend ab.

„Sie gestatten, dass ich rauche?"

„Bitte!"

Der Chef rückt jetzt seinen Stuhl zurück und schlägt die Beine übereinander. Nachdenklich schaut er dem blauen Rauch seiner Virginia nach, der gemächlich zur Zimmerdecke zieht.

„Nashville will Colussi ablösen", sagt er bedächtig. Engel runzelt die Stirn und sagt nichts. Ohne die Gründe zu kennen, hält er diese Entscheidung für richtig. Colussi hat schlecht gearbeitet, hat mit hohem Risiko gespielt, mit einem zu hohen Risiko. Ein Dilettant. Aber jetzt ist er doch gespannt auf die offizielle Begründung. Die aber gibt ihm sein Chef nicht – noch nicht. Und so bleibt ihm verborgen, dass Jeff Colussi nicht nur schlecht gearbeitet hat, weil er als Betriebswirt mit den ernährungsphysiologischen und toxikologischen Anforderungen seines Jobs überfordert war, sondern dass er auch kalte Füße bekommen hat, nachdem er sich vor Ort von dem ganzen Elend des Projekts überzeugt hatte. Dass er das zwar nicht laut gesagt hatte, aber dass die Bosse aus Nashville davon Wind bekommen und ihr Projekt gefährdet gesehen hatten.

Es klopft und Margot Dirschoweit will wissen, ob Kaffee gewünscht wird. Der Chef schüttelt den Kopf. Sie gönnen sich heute etwas Besseres.

„Wie lange haben Sie eigentlich studiert?", fragt Phil Matthews, als die Sekretärin wieder verschwunden ist.

„Bis zum Diplom? – 18 Semester."

„Neun Jahre, eine lange Zeit!"

Engel zieht die Schultern hoch und legt den Kopf schief, als wollte er sagen: Ja, vielleicht, wenn Sie es so sehen.

„Und eine schwere Zeit!"

Engel ziert sich immer noch, zuzustimmen.

„Doch, doch, doch! Stapeln Sie nicht tief! Ich kenne das von den Staaten und auch von unseren Leuten hier. Wenn die Chemie-Studenten ihre Labors verlassen, dann ist die Uni schon längst leer. Dann haben die Juristen in der Kneipe gegenüber die vierte Lage geordert und die Soziologen die fünfte. Ich weiß Bescheid!" Phil Matthews ist ungewöhnlich laut und aufgeregt. „Vorige Woche in München, auf der VCI-Tagung, hat Ihr Kollege Wohlrad Mandler referiert. Und erzählt, wie sie seinerzeit in ihren Laborräumen immer an die Fenster getreten sind, wenn unten auf dem Campus demonstriert wurde, und sie die Soziologen und Politologen aufgefordert haben, doch für ein paar Stunden in der Woche auch mal zu studieren. Ja, das konnten sich die Naturwissenschaftler nicht leisten. Acht Stunden am Tag haben sie im Labor gestanden und hydriert und destilliert und die Apparate gefüttert."

„Manchmal auch 12 Stunden oder 14." Engel hat angebissen.

„Sehen Sie, das ist ja dann auch Ihre Erfahrung. Quergelegt haben Sie sich, verzichtet haben Sie. Man könnte so vermessen sein und sagen, Sie haben Ihre Jugend geopfert. Der Ausbildung, der gnadenlos schwierigen Ausbildung." Phil Matthews schenkt die Gläser noch einmal nach und prostet seinem Zauberlehrling zu.

„Und hat sich das alles rentiert? Ich will zunächst mal anders fragen: Wer zockt die Hauptknete ab?" Der Chef fixiert seinen Gegenüber und fordert mit großen Augen eine Antwort – oder auch keine. „Die anderen", gibt er sie schnell selbst. „Die da unten demonstriert haben. Sie sind Anwälte geworden, und Minister. Und unser Außenminister hat gar nichts studiert. Sie machen das große Geld. Soll ich Ihnen einmal sagen, was ich an das Büro Kemper bezahlt habe, das uns das Gutachten zum Patentschutz für unser neues Migränemittel gemacht hat? 30.000 Euro! Sie haben auf Stundenbasis abgerechnet."

Engel hat den zweiten Cognac geleert. Das teure Gesöff aus dem französischen Zentralmassiv scheint ihm neues Leben einzuhauchen. Und Mut.

„Das kann ich nicht! Nicht nur ich, meinen Kollegen geht es genau so. Egal, wo sie arbeiten. Nein, wir werden ganz anders bezahlt."

„Das Genie erhält einen Facharbeiterlohn – wenn überhaupt!" Der Mann aus Tennessee spielt jetzt richtig Theater. „Und dann kommt noch etwas hinzu: Unabhängig von den finanziellen Ungereimtheiten – ich sage einfach mal: finanzielle Ungereimtheiten, man könnte ja auch von finanziellen Ungerechtigkeiten sprechen. Von einem finanziellen Skandal – egal, also absehen von diesen Unstimmigkeiten muss der große Geist noch mit einem anderen Widerspruch klarkommen: Er ist gesellschaftlich überhaupt nicht anerkannt! Wissen Sie, was ich damit meine? Natürlich wissen Sie das!" Herbert Engel nickt heftig mit dem Kopf.

„Wenn Sie heute die Glotze einschalten und in irgendwelchen Talkshows oder anderen Sendungen werden die Teilnehmer nach ihren Begabungen gefragt, dann gehört es doch zum guten Ton, dass die Leute sagen: In Mathe war ich schlecht! Und alle klatschen. Und lachen. Und Mathe steht für alle naturwissenschaftlichen Disziplinen. Für Chemie, Physik, für alles, wo Formeln eine Rolle spielen. Damit hat man nichts zu tun, davon nimmt man Abstand – unter dem Beifall der Massen –, obwohl unser gesamter Wohlstand auf der Beherrschung der Naturwissenschaften beruht."

Engel trinkt sein Glas ex. Sein Chef spricht ihm aus dem Herzen. Er gibt dem Worte, was er sich selbst jahrelang nicht eingestanden hat. Was er immer wieder zurückgestoßen, gedeckelt und verdrängt hat. Es war oft da, und jetzt wird ihm das alles erst richtig bewusst.

„Aber dabei bleibt es gar nicht", sagt Phil Matthews nach einer kurzen Pause in dem alten vorwurfsvollen Ton. „Ihre Zunft wird doch nicht nur nicht anerkannt – finanziell und gesellschaftlich –, man benutzt sie doch auch als Sündenbock. Für alle Unglücksfälle der Industriegesellschaft macht man den Naturwissenschaftler verantwortlich. Ein banales Beispiel: Kunstdünger. Heute ist er für die Belastung von Böden und Grundwasser genauso verantwortlich wie für die schlechte Qualität unserer Nahrungsmittel. Dass unsere Hochleistungslandwirtschaft ohne Kunstdünger gar nicht denkbar ist, oder dass die gleichen Dünger vor 100 Jahren katastrophale Hungersnöte abgewendet haben, davon spricht kein Mensch mehr."

Phil Matthews ordert bei seiner Sekretärin belegte Brötchen. Im Kühlschrank von Frau Dirschoweit liegen immer Rohstoffe für kleine, aber wohlschmeckende Imbisse.

„Sie sind doch einverstanden mit einem kleinen Happen?"

Draußen ist es längst dunkel geworden. Vom Büro des Chefs kann man das alte Verwaltungsgebäude sehen, das sich jenseits des zentralen Parkplatzes befindet. Hinter vielen Fenstern brennt noch Licht. Zahlreiche Mitarbeiter, vor allem aus dem mittleren Management, dokumentieren ihre Wichtigkeit immer noch durch lange Anwesenheit. Das hat ihnen der Boss bis heute nicht abgewöhnen können. Für den Amerikaner ist es eine typisch deutsche Marotte.

„Was mich persönlich dabei am meisten stört", sagt Phil Matthews, während die Sekretärin noch einmal nachfragt, ob jetzt auch Kaffee gewünscht wird, „das ist die Tatsache, dass sich die Betroffenen nicht wehren. Sie nehmen die Schmähungen einfach hin! Klaglos. So, als gäbe es keine Argumente dagegen. Da verhalten sich die Naturwissenschaftler in der Wirtschaft nicht anders als die Lehrer im Staatsdienst. Sie entschuldigen den Vergleich. Ich weiß, dass Ihre Tochter Lehrerin war. Aber die Lehrer hat man durch pausenlose Angriffe handzahm gemacht. Sie glauben jetzt schon selbst, dass sie zu wenig arbeiten. Sie haben die Rolle des Faulpelzes angenommen und sind damit politisch verfügbar geworden – als Sündenböcke."

„Meine Tochter hatte zunächst 24 Wochenstunden, dann 26 und zum Schluss 29!" Herbert Engel schaut böse in sein Glas. „30 Schüler pro Klasse, ein Dutzend Nationalitäten und Gewalt ohne Ende!"

„Sehen Sie! Und das alles für 2.500 Euro brutto. Einfach lächerlich!"

Phil Matthews atmet laut hörbar durch die Nase. Wenn Gefühle wichtig sind, dann muss man sie auch deutlich zeigen, das haben sie ihm schon in den Staaten beigebracht. An anderer Stelle pflegt er sich über die Lehrer lustig zu machen. 24 Schulstunden in der Woche, das leiste er in Echtstunden an einem Tag. Damit hat der kinderlose Boss die Lacher immer auf seiner Seite.

„Was zahlen *wir Ihnen* eigentlich?", fragt er schließlich. Seine Stimme zeigt an, dass er auf Überraschungen gefasst ist.

„6.000", antwortet Herbert Engel spontan.

„Netto?"

„Nein, nein", Engel schaut verschämt zur Seite, „das wäre ja ein bisschen viel."

„Ein bisschen viel?" Phil Matthews gibt sich empört. „Ein Mann wie Sie, ein Künstler, ein begnadeter Künstler, dem es gelungen ist, das Dioxin-Molekül zu zähmen, was niemandem bisher sonstwo gelungen ist, ein solcher Mann geht am Monatsende mit 5.000 Euro in der Tasche nach Hause. Und verdient hat er – den Nobelpreis!"

Herbert Engel erlebt diese Minuten wie ein Stück aus einer anderen Welt. Er kann kaum glauben, was ihm sein Chef da sagt. Es ist seine Rehabilitation, mit der er gar nicht mehr gerechnet hat. Sie war ihm auch nicht so wichtig, nach dem Tod seiner Tochter. Jetzt holt ihn Phil Matthews in die Wirklichkeit zurück. Vor einem Jahr hat er seine neue Realität gar nicht erkannt, als er von seinem Chef auf die zweite Dioxin-Richtung eingeschworen wurde. Zu frisch waren seine Verletzungen und zu sehr fühlte er sich auf sein *chemical dope* festgelegt, das den Verlust seiner Tochter verkraftbar machen sollte. Aber das ist nicht die ganze neue Wirklichkeit.

„Wenn Mesa Cayu läuft, haben Sie 300.000 im Jahr!"

Wieder so eine Botschaft aus einer fremden Welt. Nur Amerikaner haben sie im Gepäck. Immer noch zweifelt der Chemie-Professor an der Echtheit des Gehörten.

„Ob es dazu kommt, liegt jetzt allein in Ihrer Hand!" Phil Matthews füllt die Gläser erneut, diesmal fingerbreit über die Eichstriche. „Nashville möchte, dass Sie den Job von Colussi übernehmen."

In Herbert Engels Kopf überschlagen sich die Gedanken. Ein Zahlen- und Formelhirn in ungewohnter Anspannung.

„Ein, zwei Monate, dann sind die Geschichten abgeschlossen. Sie machen den Schlussbericht und die Maschine läuft an. Aber Toledo braucht Sie dabei. Colussi ist eine Gefahr für die ganze Geschichte – vor allem für die Ergebnisse *Ihrer* Arbeit."

Der Chemie-Professor ist unschlüssig, dann droht sein Glücksgefühl zu schwinden. Er muss an die Front. Muss seine Deckung verlassen, seinen sicheren Platz hinter dem Schreibtisch und sein Versteck zwischen den Reagenzgläsern. Sein neues Klientel würde vielleicht klagen, seine Affen haben das nie getan. Da kommt etwas ganz Neues, Gefährliches auf ihn zu.

Phil Matthews kann Gedanken lesen. „Sie haben es sich verdient!", sagt er mit überzeugender Stimme. Der Chef kennt das Problem. Die Meister der Formeln, die Dompteure der Hightechsysteme sind nicht kriegserfahren, viele auch nicht kriegsgeeignet. Ihre Ergebnisse finden ihre Anwendung gewöhnlich ganz woanders. Dort sind die Schreibtischhelden, vor allem, wenn es ein schmutziges Geschäft ist, nicht anwesend. Sie sitzen nicht in den Panzern, die sie konstruiert haben, und sie müssen auch nicht die Toten zählen, die ihre Präzisionsbomben fordern. Phil Matthews kennt den Erfinder der amerikanischen Gaskammer, Fred Leuchter, von einer Tagung in

Chicago. Nie, hat der smarte Ingenieur aus Wisconsin ihm seinerzeit anvertraut, würde er einer Hinrichtung beiwohnen wollen, weil er für eine erfolgreiche Tätigkeit immer den entsprechenden Abstand zum Produkt benötige. Ohne diese klinische Distanz könne er nicht arbeiten. Das waren natürlich Ausreden. In der Schule seiner Geburtsstadt Richmond/Virginia hat Phil Matthews viel von Antoine de Saint-Exupery gelesen. Auch die Geschichte des Bomberpiloten, der nur zum richtigen Zeitpunkt den Finger krumm machen muss, um die Bombe auszuklinken. Und wenn diese viel später über irgendeiner Stadt explodiert, ist der Flieger schon ganz woanders, außer Sicht- und Hörweite vom Ort der Katastrophe.

„Sie haben sich Ihren Erfolgt verdient", wiederholt der Chef, „und denken Sie auch daran, dass unser Erzeugnis nicht nur Nebenwirkungen hat! Schauen Sie zu allererst auf die Hauptwirkung! Darum geht es doch, oder?"

Herbert Engel ist unsicher geworden. Hilfesuchend wandert sein Blick durch das Büro, bis er an seinem Chef hängen bleibt. Den betteln jetzt große Augen an.

„Sie haben sich nichts vorzuwerfen", sagt Phil Matthews mit fester Stimme. „Ihr Problem ist ein anderes. Sie müssen mit Ihrer Bescheidenheit brechen. Sie müssen lernen, Ansprüche zu stellen. Sie waren zu lange anspruchslos. Das hat sich doch nicht ausgezahlt. Wir haben eben gerade festgestellt, dass andere die Knete abzocken. Andere, die nur für heiße Luft stehen."

Jetzt ist der Chemiker wieder ein Stück sicherer. Sein Gegenüber legt trotzdem nach: „Die Anwälte, von denen ich Ihnen erzählt habe, wollen von uns 30.000 Euro. Wir können die Summe zahlen, gut. Der andere Mandant kann solche horrenden Rechnungen nicht begleichen. Er scheitert an der Forderung seines Anwalts. Das läuft dutzendfach pro Tag in dieser Stadt ab – es stört niemanden. Und Sie haben Probleme? Jetzt frage ich Sie einmal ganz ehrlich in Ihrem eigenen Interesse: Was ist schlimmer: Hunger oder Kopfschmerzen?"

Herbert Engel trinkt aus. Das kennt er vom Tod seiner Tochter. Das Bewusstsein bestimmt das Sein. Man kann sich eine schöne Wirklichkeit zusammendenken, im Kopf zusammenzimmern. Einbildung ist eine schöpferische Kraft. Mit ihrer Hilfe und einem veränderten Dioxinmolekül macht selbst der schlimmste Verlust noch einen Sinn.

„Denken Sie über meinen Vorschlag noch einmal nach", sagt der Chef, „oder über meinen Wunsch. Ich habe schon mal einen Flug für Sie gebucht. Frankfurt am Main – Rio - Belem, 1. Klasse, Donnerstag Mittag. Anschlussflug ebenfalls 1. Klasse. Und Ihr Zimmer in Mesa Cayu hat Fünf-Sterne-Qualität."

Herbert Engel atmet tief durch. Das Gutgefühl hat wieder die Oberhand gewonnen. Trotzdem ist er vorsichtig, wie alle Naturwissenschaftler. „Ich sage Ihnen gleich morgen früh Bescheid." Er steht auf. „Sie entschuldigen mich. Bei mir wartet Besuch."

„Aber Ihr Auto bleibt stehen. Wir fahren Sie nach Hause und holen Sie morgen früh wieder ab." Phil Matthews begleitet seinen besten Mann hinunter zum Parkdeck, wo sein gepanzerter Mercedes nebst Fahrer rund um die Uhr auf Aufträge wartet.

Das Fahrziel gibt Engel vor. Danach will der Boss in der Firma abgeholt werden. „Es hat Zeit bis Mitternacht", sagt er, während er seinem Chemiker zum Abschied noch einmal anerkennend auf die Schulter klopft.

Margot Dirschoweit sitzt an ihrem PC. Ihr Chef öffnet die Tür einen Spalt weit. „Verbinden Sie mich bitte noch mal mit Dr. Kahlo."

„Die private Nummer?"

„Die Behördennummer."

„So spät noch?"

„Heute ist Donnerstag, Frau Dirschoweit.", klärt sie der Chef auf. „Damenbesuch!"

Die Sekretärin hebt erschrocken den Kopf. „Dr. Kahlo doch nicht!"

„Stellen Sie das Gespräch rüber zu mir."

Herbert Engel wird fliegen. Und in Mesa Cayu wird er seine Sache gut machen. Schon Ende Oktober ist alles auf der Reihe. Dann läuft die Sache an. Ein Milliardending. Toledo Frankfurt wird sich ein großes Stück des Kuchens holen. Und wenn es da Probleme geben sollte, wird Klartext geredet. Aber das ist ein theoretisches Problem. Sie werden nichts riskieren. Zu viele wissen Bescheid.

Die Stimme des Generalstaatsanwaltes ist mild und nachsichtig. „Nein, Sie stören selbstverständlich nicht – sagen Sie mir einfach, was Sie auf dem Herzen haben."

„Stichwort Verfahrenseinstellung. Hat Ihre Behörde eine Entscheidung getroffen?"

„Da kann ich Ihnen schon Verbindliches sagen", antwortet der Staatsanwalt. „Es bleibt bei der ins Auge gefassten Einstellung. Wir haben allerdings eine höhere Summe in Ansatz gebracht, als zunächst geplant war: 200.000. Empfänger ist allerdings nicht Greenpeace, sondern der VCI."

„Der Verband der Chemischen Industrie?", fragt Phil Matthews ungläubig. So viel Entgegenkommen hat er nicht erwartet.

„Allerdings zweckgebunden. Für Forschungsarbeiten auf dem Gebiet der Chlorchemie."

Der Boss sieht sich bestätigt. Sein Investitionen haben sich gelohnt.

„Einverstanden", sagt er mit beherrschter Stimme, „das Geld wird umgehend gezahlt."

Dann soll das Gespräch beendet werden. „Ach so", sagt der Generalstaatsanwalt noch, „vielen Dank für Ihre Geburtstagswünsche an meine Frau. Sie hat sich sehr gefreut."

„Das war uns ganz, ganz wichtig", entgegnet Phil Matthews.

Es ist Mitternacht. Der Geschäftsführer schließt seinen Schreibtisch ab und löscht das Licht der Schreibtischlampe. Im selben Augenblick erscheint seine Sekretärin in der Tür.

„Ich wünsche eine gute Nacht", sagt Margot Dirschoweit.

„Wollen Sie mit mir fahren? Wir setzen Sie zu Hause ab."

„Danke, ich bin mit meinem Wagen genau so schnell."

„Dann bis morgen – Was mir noch einfällt: Ist sichergestellt, dass Tiberius in der Maschine nicht in unmittelbarer Nähe von Engel sitzt?"

„Selbstverständlich. Wir haben ihn zehn Reihen weiter hinten plaziert."

„Aber in Mesa Cayu wohnt er genau neben ihm?"

„So ist es vereinbart mit Boa Vista."

„Gab es Probleme?"

„Das kann man schon sagen. Die wollten unbedingt wissen, warum wir so konkrete Wünsche haben."

„Konnten Sie es Ihnen verklickern?"

„Na ja", antwortet Margot Dirschoweit, „irgendwie scheint es mir gelungen zu sein, obwohl ich zuerst sehr skeptisch war. Mir ist spontan die Asthma-Geschichte eingefallen. Er hat Asthma und Thomas Tiberius ist Arzt. Er muss in seiner Nähe sein. Sie haben das hingenommen."

„Weiß Tiberius von dieser Logik?"

„Ich kläre ihn morgen früh auf."

„Gut so. Engel erfährt davon erst später. Ich weiß noch nicht, als was ich ihm seinen Aufpasser verkaufe."

Dann ist das Verwaltungsgebäude leer und dunkel. In zweistündigem Abstand wird das Security-Unternehmen durch die Flure gehen und nach ungebetenen Gästen Ausschau halten. Am Haupteingang wird ein halbes Dutzend Männer dafür sorgen, dass keine Unbefugten die Firma betreten. Für ein paar Stunden ist das Unternehmen im Frankfurter Osten unschuldig und friedlich.

Milde Gaben

Sie haben ein paar Tage ausgespannt und sich jetzt als Journalisten zurecht gemacht. Annette Baslers Bruder hat die entsprechenden Tipps gegeben. In den heißen Ländern, hat ihnen der Profi anvertraut, macht sich der Safarilook gut, aber immer mit deutlichem Bezug zum Job, also keine Freizeitkleidung, wie sie Touristen bevorzugen, sondern gehobenes Design, fleckenfrei und mit Bügelfalten. An der Oberbekleidung klein, aber in jedem Fall gut lesbar der Presse-Aufkleber und stets genug Technik dabei. Neben der Kamera also ein Tonbandgerät samt Mikro.

So sitzen sie am Mittag im Restaurant des Hotels. Annette Basler hat auf Wunsch des Kommissars einen Termin mit der Schuldirektorin ausgemacht.

„Was meinst du, was uns das Gespräch bringt?"

„Das sage ich dir heute Abend."

„Aber du hast dir doch sicher ..., nein, entschuldige, du spekulierst ja nicht. Warum fahren wir eigentlich in die Schule?"

„Ganz einfach. Weil Boa Vista etwas mit dieser Schule zu tun hat und daher diese Schule etwas hergeben könnte für unsere Fragestellung."

„... die da lautet?"

„Welche Geschäftsbeziehung zwischen Toledo-Frankfurt und Boa Vista besteht, für deren Aufrechterhaltung und ungestörtes Funktionieren möglicherweise ein Mensch sterben musste."

„Willi Urban?"

„So sehe ich das."

„Und die Schule ist über die Gratis-Hamburger einbezogen."

„Wobei zu berücksichtigen ist, sozusagen als einschlägige Zusatzinformation, dass Boa Vista in die Landbeschaffung investiert, um großräumig Rinderzucht zu betreiben. Schulspeisung und Rinderzucht haben auch wieder Bezugspunkte."

„Aber die Hamburger-Geschichte ist ganz offensichtlich ein Werbegag. Wir haben doch gehört, dass die Firma deswegen so beliebt ist. Und wie kann man sich in einem armen Land schneller und verbindlicher Freunde schaffen als durch Essensausgabe an die Kinder!"

„Aber warum muss sich Boa Vista in der ganzen Stadt beliebt machen? Die Bestechung der Entscheidungsträger genügt doch, oder?"

„Keine Ahnung. Weißt du es?"

„Ich weiß es auch nicht und denke darüber noch gar nicht nach. Mir genügt, zu wissen, dass es außer der allgemeinen Imagepflege – oder auch außerhalb des Einsatzes für die Armen – andere Gründe geben kann."

„Und welche?"

René Gronwald trommelt genervt auf den Tisch.

„Bist du mir böse, wenn ich dir sage, dass du mich mit deinen ständigen Spekulationen in den Wahnsinn treibst?"

„Darüber muss ich nachdenken."

„Ich habe das Gefühl, dass es einen typisch weiblichen Hang zum Märchenerzählen gibt. Entstanden in der Höhle von Neandertal vor 100.000 Jahren."

„Soll ich dir erzählen, was noch in der Höhle von Neandertal entstanden ist?" Annette Basler lächelt und macht dem Kommissar große Augen.

René Gronwald hat schon lange das Gefühl, dass sie ihn irgendwie in der Hand hat. Liebe verschafft strategisch halt keinen Vorteil.

„In Ordnung. Ich spiele dein Spiel mit. Heute jedenfalls. Wir spekulieren einmal, das heißt, wir phantasieren. Ladies first."

„Aber gerne. Also: Toledo in Frankfurt hat bei seinen Rückstandsstudien eine Stoff gefunden, der in den Verdauungsprozess von Wiederkäuern eingreift und den Methangas-Ausstoß aus Rindermägen nicht nur verringert, sondern auf Null bringt. Eine tolle Sache, denn die internationale Gemeinschaft drängt auf die Verminderung der Methan-Emissionen, die ja den Treibhauseffekt begünstigen. Der Verkauf so behandelter Rinder könnte steuerlich begünstigt werden, folglich wäre viel Geld mit der Rinderzucht zu verdienen und mit dem Verkauf der entsprechenden Lizenzen. – Die Schulspeisung spielt allerdings keine Rolle in dieser Geschichte."

„Und der Tod von Willi Urban, der passt doch auch nicht in diese Theorie!"

„Warum nicht? Er will das Ding verraten ..."

„An dich? Wieso an dich? Ein Wirtschaftsspion wendet sich doch an ganz andere – und redet Klartext. Und stellt Forderungen!"

Annette Basler hat dem wenig entgegenzusetzen.

„Und jetzt darf *ich* einmal phantasieren: Professor Engel hat einen Enkel. Es ist der uneheliche Sohn seiner bei dem Überfall ums Leben gekommenen Tochter. Der Kindsvater stammt aus Brasilien, ein Gaststudent. Nach dem Tod seiner Mutter geht das Kind zu seinem Vater, der wieder in Südamerika wohnt. Professor Engel besucht seinen Enkel dort und erfährt von der fürchterlichen Armut, die vor allem die Kinder trifft. Spontan entschließt er sich zu helfen und organisiert eine Schulspeisung in der Heimatstadt seines Enkels. Das ist kein Problem, denn in Mesa Cayu gibt es ja eine andere Toledo-Tochter, die das gerne besorgt. Und das Ganze wird von Nashville bezahlt, wo das Projekt begeisterte Zustimmung findet."

Annette Basler strahlt. „Ein herrliches Konstrukt!"

„Das dir sehr deutlich vor Augen führt, wohin Spekulieren führt! Ins Fantasy-Land! Wir verlieren den Bezug zur Wirklichkeit. Für Polizisten ist das tödlich!"

„Ich weiß nicht, ob das stimmt", sagt Annette Basler unbeeindruckt. „Geh doch einfach davon aus, dass Professor Engel wirklich einen Enkel hat. Und dass die Sache so gelaufen ist, wie du sie jetzt gerade erzählt hast. Auf diese Idee kannst du nur kommen, wenn du – wie hattest du gesagt? – phantasierst!"

Senhora Parana kommt an ihren Tisch. „Senhor Gronwald, ein Gespräch für Sie. Der Apparat steht auf der Theke."

Der Kommissar ist überrascht. In Deutschland weiß kein Mensch, wo er sich aufhält. Und hier haben alle nur Verbindung zu seiner Begleiterin, die ja die Landessprache spricht.

Klaus-Dieter Salzmann ist am Apparat. „Für meine Verhältnisse", sagt er unaufgeregt, „habe ich Sie erst sehr, sehr spät gefunden."

„Wie haben Sie mich denn überhaupt gefunden?"

„Das verrate ich Ihnen nicht, aber dafür sage ich Ihnen, warum ich Sie gesucht habe und Sie jetzt anrufe."

„Das interessiert mich auch."

„Weil ich Ihnen etwas Interessantes zu sagen habe, was Sie unbedingt wissen sollen und nicht erst, wenn Sie wieder zurück sind. Sie gestatten mir doch die Vermutung, dass Sie nicht zur Erholung in Brasilien weilen? Oder genauer: In Mesa Cayu."

„Wie hoch wären meine Chancen, wenn ich Sie belügen wollte?"

„Mein Mann mit der Wanze hat ein bisschen länger gelauscht als ursprünglich vereinbart. Eine Angewohnheit von ihm. Ärgerlich, aber nicht zu ändern."

„Aus reiner Neugier?"

„Weniger. Er hatte das Gefühl, dass noch etwas nachkäme. Er kennt sich ja in den entsprechenden Kreisen aus." Klaus-Dieter Salzmann lacht.

„Und was kam nach?"

„Ein gewisser Herr Matthews stand pausenlos im Wanzenraum auf der Matte und hat den armen Herrn Engel unter Druck gesetzt. Die Ergebnisse für Mesa Cayu wollte er von ihm haben und er hat die Sache ganz dringend gemacht."

„Das war schon an den Vortagen Thema."

„Richtig, aber jetzt kommt eine gänzlich neue Begründung. Eine Begründung, die Sie interessieren dürfte: Toledo habe die Möglichkeit, *Western-Taste* zu übernehmen. Der Laden sei momentan günstig zu haben. Wegen der notwendigen Anpassungsmaßnahmen rechne sich die Übernahme aber nur, wenn Engel erfolgversprechende Ergebnisse vorlegen könne. Und da brauche man schnell Klarheit, denn nichts sei so wechselhaft wie der Markt."

„*Western-Taste* wollen sie übernehmen? Sie haben sich nicht verhört?"

„Und die Übernahme ist abhängig von den Forschungsarbeiten bei Toledo-Frankfurt. Die müssen ein Riesending zusammenbasteln. Mit dem die ungünstigen Prognosen der Fast-Food-Industrie ins Gegenteil verkehrt werden können."

„Da bin ich Ihnen ausgesprochen dankbar. Leider sind wir jetzt schon wieder nicht mehr quitt."

„Machen Sie sich keine Sorgen – übrigens, da ist noch etwas. Matthews und Engel sprechen die Dinge, um die es geht, nicht offen an. Dem Laien sprechen sie in Rätseln. Sie haben offenbar für die Möglichkeit eines Mithörers vorgesorgt – wenn auch vielleicht nur unbewusst. So oder so: Sie sind Profis. Aber dann sind es ihre Kumpane in Brasilien auch. Passen Sie gut auf sich auf!"

Fast hätte Klaus-Dieter Salzmann eine letzte Information vergessen. „Ihr Phil Matthews, ein ganz so schlechter Mensch, wie man denken könnte, ist er gar nicht. Er hat nämlich die Herzverpflanzung der Ehefrau des Generalstaatsanwaltes bezahlt."

„Woher wissen Sie das?"

„Mein Gott, woher weiß ich das? Woher beziehen Sie denn Ihre Informationen?"

René Gronwald schweigt.

„Haben Sie eine Ahnung, *warum* er das gemacht hat?", insistiert Klaus-Dieter Salzmann.

Der Kommissar spielt den Ball zurück: „Wissen Sie es?"

„Ich weiß es nicht, aber Sie wissen es, nicht wahr?"

„Nein, ich weiß es auch nicht, aber ich weiß jetzt mehr, als ich noch vor fünf Minuten wusste."

„Wir haben noch Zeit für einen Kaffee", sagt René Gronwald, als er an den Tisch zurückkommt.

„Wieso das?"

„Weil wir noch ein bisschen spekulieren müssen."

„Müssen? Spekulieren müssen?"

René Gronwald winkt der Senhora. „Dois cafés, por favor!" Dann schaut er die Ärztin wichtigtuend an.

„Wenn Professor Engel seine Experimente erfolgreich abschließt, kauft Toledo-Tennessee den gesamten Laden von Western-Taste."

„Das Hamburger-Unternehmen?"

Der Kommissar nickt: „Weltweit die Nummer 3. Ein Milliarden-Deal."

„Unvorstellbar! Das wäre eine der größten Übernahmen in der Amerikanischen Geschichte!"

„Und deswegen hat deine Methangas-Theorie jetzt einen Dämpfer erhalten. Die Milliardengewinne, die hier offenbar erwartet werden, lassen sich über die Öko-Schiene nicht begründen. Die Steuererleichterungen machen doch bestenfalls ein paar Millionen aus und sind längst nicht sicher."

„Und der Werbeeffekt solcher Bio-Hamburger?"

„Unfug! Die potentiellen Hamburger-Konsumenten lässt das doch kalt. Umgekehrt hat auch die Kampagne wegen der Tropenwaldvernichtung durch Rinderzucht für die Hamburgerherstellung dem Absatz kein bisschen geschadet. Wer Hamburger frisst, hat kein ökologisches Gewissen."

„Dann bringen wir es auf den Punkt! Wer die Fast-Food-Gewinne in die Höhe jagen will, der muss zusehen, dass immer mehr Menschen auf den Geschmack kommen!"

„Auf den Geschmack?"

„Auf *seinen* Geschmack. Auf den Geschmack *seiner* Hamburger! Fahren wir!"

Die Schule an der Avenida da Independência besteht aus einem alten, dreistöckigen Hauptgebäude aus weißem Sandstein und zahllosen Barackenreihen, die wie moderne Auffanglager das Umfeld daneben und dahinter durchziehen. Annette Basler parkt den Wagen unter den Tiamabäumen vor dem Haupteingang. Sie löst den Haltegurt und will aussteigen.

„Moment", sagt René Gronwald, „immer erst die Lage sondieren."

Es herrscht wenig Publikumsverkehr, denn es ist später Nachmittag. Bis auf ein paar Sonderkurse in Mathematik und Mechanik sind die Lehrveranstaltungen längst beendet und die Schüler nach Hause gegangen. Genau gegenüber dem Haupteingang, auf der anderen Seite der Avenida, die zu irgendeinem frühen Zeitpunkt ihren Namen mit mehr Berechtigung getragen haben dürfte, aber auch heute mit ihren monströsen Bäumen noch für den Charme des brasilianischen Nordostens steht, fallen zwei holzgezimmerte und grellgelb bemalte Buden ins Auge, offensichtlich die Fast-Food-Verkaufsstellen der Toledo-Tochter.

Guten Appetit wünscht Boa Vista steht in großen Buchstaben auf der jeweiligen Kopfseite. Sie sind geschlossen, nur ein paar Kinder mit klapprigen Fahrrädern lungern vor den Türen herum.

Sie betreten das Hauptgebäude. Der Pförtner sitzt rauchend

und freundlich lächelnd in einer ein-Quadratmeter-Zelle am Ende des Flures und erklärt ihnen den Weg zur Direktorin.

Patricia Costellan ist Mitte dreißig, klein und schlank. Ihr dunkler Teint lässt schwarze Vorfahren vermuten und ihre azurblaue Brille mit gelbgetönten Gläsern verrät die Gebildete.

„Die Journalisten aus Deutschland. Seien Sie willkommen!"

Sie gehen hoch in den zweiten Stock, über breite Treppen aus Marmor mit gusseisernem Geländer an den Wänden. In einem kühlen hohen Raum nehmen sie an einem intarsienverzierten Tisch Platz. Die Frau Direktorin serviert Tee und Tortillas.

„Die Stadt hat einmal bessere Zeiten gesehen, auch die Schule", sagt sie und dabei lächelt sie, als ob es trotzdem keinen Grund zur Traurigkeit gäbe. „Sie wollen über unsere Gegend berichten, nicht wahr?"

Annette Basler nickt freundlich. „Über die Provinz, die Stadt, die Menschen, die Kinder, über alles halt. Ich hatte Ihnen das ja schon am Telefon erzählt. In Deutschland, was heißt, in Deutschland, in ganz Europa gibt es eine große Neugierde auf den Rest der Welt. Ja, wir sind alle richtig neugierig geworden auf das, was es sonst noch gibt. Viele reisen in die entferntesten Winkel, aber die allermeisten können das gar nicht. Sie sind auf das Fernsehen angewiesen – und damit auf uns. Gute Reportagen sind mehr wert als schlecht organisierte Billigreisen."

„Da mögen Sie recht haben." Senhora Costellan teilt die Meinung ihrer Gesprächspartner. „Die Schulen sind für Sie von besonderer Bedeutung, oder?"

„Das kann man so sagen. Es gibt ja ein russisches Sprichwort, wonach man den Charakter eines Landes am Zustand seiner Gefängnisse erkennen kann. Ich denke, man kann ein Land genauso gut beschreiben über seine Schulen – oder fast noch besser. Das heißt nicht nur, wie modern seine Schulen sind, wieviel Geld dort investiert wird und wie viel Lehrer unterrichten. Es kommt auch auf das Klima an. Wie wohl fühlen sich die Kinder dort – und natürlich: Was bringt man ihnen mit welchem Erfolg bei? Welche Ideale stellt man ihnen vor und welche Idole macht man ihnen schmackhaft? Und welche Vorbilder finden sie in ihren Lehrern?"

„Da kann ich Ihnen nur zustimmen. Wäre es da nicht vernünftig, wenn Sie einfach einmal während des Unterrichts hereinschauen? Sie sind immer herzlich willkommen!"

„Ihr Angebot nehmen wir gerne an. Aber vielleicht sagen Sie uns schon jetzt etwas zu den technischen Daten der Schule. Wie viel Schüler Sie unterrichten, und so weiter."

„Wie viel Schüler? Sämtliche Schüler der Stadt werden hier unterrichtet. Das sind mehr als 5.000. Leider haben wir nur 50 Lehrer." Senhora Costellan hebt bedauernd die Schultern. „Aber alle sind mit ganz viel Liebe bei der Sache."

„Frag sie mal, ob die Schüler gerne in den Unterricht kommen", sagt René Gronwald, nachdem ihm Annette Basler das Wesentliche ihrer Unterhaltung übersetzt hat. „Ob es ein Schulschwänz-Problem gibt und so fort."

„Oh mein Gott", antwortet die Senhora, „manchmal wären wir froh, wenn nicht alle kämen. Wegen unserem beschränkten Raumangebot, Sie verstehen? Aber seit einem Jahr tun sie uns den Gefallen nicht mehr. Die Schulschwänzerei gibt es praktisch nicht mehr."

„Seit einem Jahr?"

„Seit Boa Vista die Schule mit Essen versorgt. Das ist der eigentliche Grund für das neue Pflichtbewusstsein unserer Schüler."

„Wir haben schon davon gehört. Sagen Sie uns ein paar Einzelheiten dazu?"

„Das war vor genau einem Jahr. Da kamen zwei Mitarbeiter von Boa Vista zur Schule und kündigten an, dass das Unternehmen sämtlichen Schülern pro Tag ein Essen spendieren wolle. Unsere Schulleitung war überrascht, aber auch ganz glücklich. Denn viele unserer Schüler bekommen zu Hause nicht genug zu essen. Und man ging selbstverständlich gerne auf die Bedingungen der Firma ein, dass nur derjenige einen Hamburger bekomme, der tatsächlich auch die Schule besuche. Ein paar Tage später standen die Buden auf der gegenüberliegenden Straßenseite."

„Und warum macht Boa Vista das? 5.000 Hamburger – jeden Tag. Das ist doch kein Pappenstiel!"

„Erst hieß es, sie wollten sich für die günstige Überlassung der Grundstücke und die freundliche Aufnahme erkenntlich zeigen. Dann gab es ein Flugblatt des Unternehmens und darin stand, dass der reiche Norden dem armen Süden einiges schuldig sei ..."

„Was denken Sie? Was war der wirkliche Grund?"

„Spielt das eine Rolle?"

„Uns würde es jedenfalls interessieren."

Patricia Costellan lässt ihre Gäste eine Zeitlang im Unklaren darüber, ob sie ihnen antworten will. Dann aber ist sie überraschend deutlich.

„Wer hier aufgewachsen ist, der hat ein untrügliches Gefühl für Lügen und Heuchelei entwickelt. Solange sie hier sind, haben uns die Gringos betrogen. Fahren Sie einmal ein paar Kilometer weiter in den Norden und fragen Sie, was mit den Wäldern geschehen ist. Unternehmen aus Amerika und Japan haben sie abgeholzt – gegen ein paar Reais. Unsere Bodenschätze – Bauxit, Eisen, Kupfer – werden von den multinationalen Konzernen ausgebeutet. Die großen Gewinne fließen wiederum nach Amerika, Japan und natürlich auch zu Ihnen nach Europa. Unseren Menschen bleibt nur die Armut und der Alkohol."

„Und was steckt wirklich hinter den milden Gaben der Boa Vista?"

„Bis vor ein paar Wochen wusste ich es auch nicht. Aber ich habe mir gedacht, dass damit ein großer Coup vorbereitet werden solle. Und jetzt wissen wir ja alle Bescheid. Boa Vista will den Wald haben, um dort Rinder zu züchten. Und die zuständigen Politiker hier in Mesa Cayu haben alle schon zugestimmt. Die Menschen, die am Dienstag auf dem Marktplatz protestiert haben, waren übrigens die Bauern aus dem Umland. Die Menschen aus der Stadt beteiligten sich nicht. Sie sind zwar von der Landnahme nicht betroffen, aber man hätte erwarten dürfen, dass sie sich mit den Bauern solidarisieren. Was geschehen ist, ist nicht normal für Brasilien. Da hat sich die Schulspeisung doch schon gelohnt, oder?"

„Ich kann das sehr gut nachvollziehen, was Sie da sagen", antwortet Annette Basler betroffen. „Vielleicht sollten Sie einfach nur daran denken, dass die Kinder jetzt satt werden."

„Das ist im übrigen nicht alles, was uns Boa Vista auf so großzügige Art und Weise spendiert hat." Senhora Costellan lächelt die Deutsche mit großen Augen an. „Sie organisiert auch im Dreimonatsrhythmus einen Gesundheitscheck für unsere Schüler. Die läuft unter Malariavorbeugung, aber sie untersuchen alles, sogar den Intelligenzquotienten der Kinder."

„Was heißt *sie*?"

„Die Ärzte der Boa Vista, ausnahmslos Gringos, Amerikaner."

Es klopft und dann kommt eine dicke schwarze Mam mit einer Kühltasche in den Konferenzraum.

„Bitte sehr ... Sehen Sie, wie ich an Sie gedacht habe! Kalte Cola und Sprite. Ich weiß doch, wie ihr Europäer mit der Hitze fertig werdet." Sie stellt die Flaschen auf den Tisch und legt einen Öffner daneben.

„Leider ist nicht an die Gläser gedacht worden."

„Das macht gar nichts," beschwichtigt Annette Basler. „Journalisten sind Flaschenkinder."

„Danke! Aber Sie erkennen daran, wo die Dritte Welt schon scheitert."

„Sind Sie sicher, dass die Dritte Welt gescheitert ist? Ich glaube, eher ist die Erste Welt gescheitert. Im übrigen gehören Sie ja gar nicht zur Dritten Welt." Annette Basler lächelt verbindlich. „Sie sind mindestens ein Schwellenland."

René Gronwald nimmt eine Cola und wünscht sich verzweifelt eine Flasche Becks. „Bohr mal weiter wegen der Untersuchungen."

„Erfährt die Schule eigentlich irgendetwas von den Untersuchungen?"

„Aber ja, alle ansteckenden Krankheiten werden mir gemeldet, also Malaria, Lepra oder TBC. Und natürlich die schwerwiegenden Allgemeinerkrankungen: Herzfehler, Rachitis und so fort."

„Gibt es auch eine pauschale Bewertung des Allgemeinbefindens? Ich meine, eine Feststellung darüber, ob die Kinder insgesamt gesund sind oder nicht?"

„Sie meinen, eine vergleichende Bestandsaufnahme?"

„Richtig! Auch im Hinblick auf die Schulspeisung. Ich könnte mir vorstellen, dass mit Beginn der Essensausgabe eine Reihe von Gesundheitsstörungen nachgelassen haben oder ganz verschwunden sind."

Senhora Costellan schaut skeptisch. „So etwas gibt es nicht. Aber glauben Sie wirklich, dass die Hamburger-Speisung die Kinder gesünder macht? Es macht sie vielleicht satt, aber ob es beispielsweise ihre Abwehrkräfte stärkt, ist eine andere Frage."

„Dann haben Sie möglicherweise auch eine ganz andere Beobachtung gemacht?"

Die Frage ist der Direktorin unangenehm. Für einen winzigen Augenblick verschwindet das Lächeln aus ihrem Gesicht und sie schaut unter sich.

„Ich bin keine Ärztin. Meine Beobachtungen sind doch völlig bedeutungslos." Sekunden später strahlt sie ihre Gäste wieder an. „Aber deswegen sind Sie ja sicher nicht hier. Reden wir mal über das Lehrerkollegium. Was meinen Sie, was ein Mathematiklehrer an unserer Schule verdient? Und wie lange er dafür arbeiten muss?"

Annette Basler übersetzt und René Gronwald sagt: „Dran bleiben, nicht das Thema wechseln. Sie verschweigt uns doch etwas!"

„Senhora, tragen Sie uns das bitte nicht nach. Aber uns interessiert, was mit den Schülern in gesundheitlicher Hinsicht geschehen ist."

„Und warum interessiert Sie das?"

Die großen braunen Augen blicken traurig.

Annette Basler wendet sich wieder dem Kommissar zu: „Sie will wissen, warum uns das interessiert?"

„Spiel Risiko", antwortet René Gronwald mit einer Miene, die nicht zu seiner Aufforderung passt. „Sag ihr, wir hätten einen Tipp bekommen, dass mit dem Essen etwas nicht stimmt."

„Aber das ist doch gelogen!"

„Dann lüg halt!"

Auch Annette Basler macht gute Miene zum bösen Spiel und erzählt der Direktorin die Geschichte, die sich der Kommissar auf die Schnelle ausgedacht hat.

Mit einem Mal gibt es einen tiefen und breiten Graben zwischen der Senhora und ihren Gästen.

„Wissen Sie", fragt die Direktorin kühl und nüchtern, „was mit mir geschieht, wenn ich hier entlassen werde? Ich lande auf der Straße, als Bettlerin. Das muss ich Ihnen ja nicht erzählen, denn Sie sind schon einige Zeit hier. Vielleicht habe ich auch Glück und sie sperren mich ein. Dann habe ich wenigstens einen Teller Suppe am Tag."

„Seien Sie uns bitte nicht böse", entschuldigt sich Annette Basler, „aber wir haben natürlich die Kinder im Blick."

„Da stehen Sie nicht allein", antwortet Senhora Costellan verbittert. „Ganz Brasilien hat seine Kinder im Blick. Aber es gibt halt auch die Erwachsenen, so brutal es klingt. Pablo Reo, ein Kollege hier an der Schule, er hat sich über die Schulspeisung beschwert ..."

„... aus medizinischen Gründen?"

„... Nein, er war ein überzeugter Sozialist. Er kritisierte das Projekt als Tierfütterung im Mesa Cayu-Zoo durch nicht geladene Gäste. Kurz darauf war er tot – nachts in seinem Haus erschossen – von Einbrechern, die nie gefasst wurden."

„Und Sie fürchten, dass Ihnen etwas Ähnliches zustößt, nicht wahr."

„Wäre es so außergewöhnlich?"

Patricia Costellan ist zu einem kleinen, erbärmlichen Klumpen Mensch zusammengesunken.

„Wir wollen Sie um Himmels willen nicht unter Druck setzen", sagt Annette Basler, die jetzt plötzlich Angst bekommt. „Überlegen Sie, ob Sie uns etwas sagen wollen. Wir kommen morgen noch einmal vorbei. Oder wir rufen Sie an."

Die Gäste erheben sich. „Nein, bleiben Sie!" Senhora Costellan gewinnt ihre alte Verfassung schnell wieder zurück. „Ich sage Ihnen, was mir aufgefallen ist. Machen Sie damit, was Sie wollen, aber lassen Sie mich aus dem Spiel."

Sie trinkt einen Schluck Tee und ihre Hand zittert noch ein wenig. „Während der ersten vier Wochen hatte ich das Gefühl, dass es den Kindern besser ging. Sie freuten sich von der ersten Stunde an auf die letzte, denn dann gab es die Hamburger. Sie freuten sich darauf, endlich einmal satt zu werden. Von leckerem Fleisch und nicht mehr nur von fader Bohnenpampe. Das motivierte sie im Hinblick auf ihre schulischen Leistungen. Nicht nur, dass die Fehlzeiten gegen Null gingen, sie arbeiteten auch im Unterricht aufmerksam mit."

„Der Wunsch aller Lehrer, nicht wahr?"

„Das können Sie glauben. Wir waren glücklicher als die Kinder, obwohl wir nicht zu den Nutznießern gehörten."

„Für die Lehrer fiel nichts ab?"

„Schon, aber wir mussten das Essen bezahlen und wurden an

einer gesonderten Theke bedient."

René Gronwald zieht die Augenbrauen hoch und wirft seiner Begleiterin einen fragenden Blick zu.

„Dann kippte die Sache. Unmerklich zunächst und ganz allmählich verloren die Kinder ihre Fröhlichkeit, wurden quengeliger, gereizter. Sie waren oft müde und blass, weil sie angeblich nachts nicht schlafen konnten. Viele sahen krank aus. Sie kamen wohl nur noch, weil sie auf das Essen der Gringos nicht verzichten wollten. So ist es bis heute geblieben. Und vor zwei Tagen ist Pedro, ein 12-jähriger Schüler der 6. Klasse, mitten im Unterricht zusammengebrochen. Er liegt seitdem bewusstlos im Krankenhaus."

„Und was meinen Sie, ist die Ursache?"

„Ich weiß es nicht."

„Und Ihre Kollegen? Sprechen Sie nicht darüber?"

„Viele wollen diese Dinge gar nicht wahrhaben, sperren sich gegen das, was sie tagtäglich mit eigenen Augen sehen. Andere glauben, dass die plötzliche Änderung ihrer traditionellen Ernährung die Schüler aus der Bahn geworfen hat. Und unsere Voodoo-Fraktion behauptet, dass das Essen der Amerikaner mit einem Fluch belastet ist. Aber alle tuscheln sie nur. Denn alle haben Angst."

„Was sagen eigentlich die amerikanischen Ärzte dazu?"

„Gar nichts. Sie blenden die Dinge vollständig aus."

„Wie steht es mit den intellektuellen Leistungen der Schüler? Sie sagten doch, dass bei den Reihenuntersuchungen auch der Intelligenz-Quotient erfasst wird."

„Die Ärzte haben angeblich keine Veränderung festgestellt. Aber das stimmt nicht. Fast alle Schüler sind schlechter geworden."

„In allen Fächern?"

„Ja. Und in den naturwissenschaftlichen Fächern ganz besonders."

„Dann müssten doch auch massenhaft Schüler sitzengeblieben sein?"

„Wenn alles mit rechten Dingen zugegangen wäre, hätten wir vergangenen Monat die Hälfte der Schüler nicht versetzen dürfen. Aber die Lehrer haben sich vor dieser Konsequenz gefürchtet und die Noten angehoben."

„Haben Sie eine Idee, wie das alles weitergehen soll?"

„In Brasilien macht man sich solche Gedanken nicht. Unsere Menschen leben ausschließlich im Hier und Heute." Senhora Costellan lächelt verzweifelt und geheimnisvoll. „Kommen Sie einfach morgen während des Unterrichts noch einmal vorbei und machen Sie sich ein eigenes Bild. Aber bitte: Das Thema gibt es offiziell nicht!"

Sie fahren nach Osten, über die Nationalstrasse hinunter in die Ebene und genießen mit der untergehenden Sonne im Rückspiegel den kühlenden Fahrtwind. Ab und zu kommen ihnen schwere Trucks entgegen, ihre Ladeflächen und Hänger sind leer, aber wenn sie in zwei Tagen vom Rio Xingu zurückkehren, sind sie vollgepackt mit den mannsdicken Stämmen jahrhundertealter Bäume. Am Straßenrand liegen zahlreiche tote Gürteltiere, Ameisenbären und Wildhunde, umgeben von tänzelnden Urubus-Vögeln, den Geiern Brasiliens. Dann überholt sie ein alter Mercedes-Krankenwagen mit flackerndem Blaulicht und einem von Asthma befallenen Martinshorn. Irgendwo vor ihnen biegt er nach links ab und verschwindet im Wald.

„Sag was!"
„Was soll ich sagen?"
„Glaubst du ihr?"
„Warum nicht?"
In der Ferne tauchen die Umrisse einer Tankstelle auf. Das Esso-Enblem hängt windschief an der Bretterbude neben den beiden Zapfsäulen. René Gronwald tankt voll und gibt dem traurigen Tankwart, der inzwischen mit einem kleinen Schwamm und vor allem mit seinen Fingernägeln die Windschutzscheibe von toten Insekten gesäubert hat, zwei Reais Trinkgeld. An der Station drehen sie um und machen sich auf den Heimweg.
„Jeden Tag Hamburger. Wie lange werden sie das durchhalten?"
„Wenn Mais und Bohnen die Alternative sind – ewig."

„Es sei denn, sie sterben vorzeitig.“

„Sie sterben vorzeitig?“

„Offenbar werden sie seit einem Jahr doch ständig ein bisschen kränker. Da ist irgendwann Ende der Fahnenstange.“

„Was macht die Kinder so krank?“

„Du bist die Ärztin. Schau sie dir morgen genau an. Vielleicht weißt du dann mehr.“

Die Sonne ist untergegangen und die kurze Dämmerung hat begonnen. Ein schmaler Lichtbogen über dem Horizont kündigt die Stadt an.

„Was ist das?“ Annette Basler nimmt die Sonnenbrille ab und beugt sich vor. „Ein Unfall?“

René Gronwald geht vom Gas. Auf der Gegenfahrbahn und, wie die schrägstehenden Scheinwerfer verraten, halb im Straßengraben, steht ein kleiner Transporter. Quer davor ein unbeleuchtetes Motorrad. Personen bewegen sich hektisch im Umfeld der Fahrzeuge. Dann Schreie, und Schüsse fallen. René Gronwald hat in Höhe des Geschehens angehalten. Zwei schwarzmaskierte Personen zielen mit ausgestreckten Armen auf das Führerhaus. Der Fahrer verlässt den Lieferwagen mit erhobenen Händen, wird nach hinten geschubst und öffnet die Heckklappe. *Armoured Car* steht auf der Seitenwand des Fahrzeuges.

„Die überfallen den Geldtransporter“, sagt René Gronwald mit der Gelassenheit seiner 24 Dienstjahre. „Duck dich!“

Aber das hat Annette Basler längst getan.

Der Fahrer holt einen kleinen Koffer aus dem Wagen, der ihm jetzt von einem der Maskierten aus den Händen gerissen wird. Dann flammt der Scheinwerfer des Motorrads auf und es entfernt sich röhrend mit den beiden Räubern stadtauswärts.

Sie steigen aus. „Brauchen Sie Hilfe?“, ruft Annette Basler. Der Fahrer des Transporters flucht und schreit: „Die Bastarde, die verfluchten Hunde. Sie haben den Geldkoffer geraubt! 50.000 Reais!“

Es ist nicht sein eigenes Geld. Es gehört einer Bank in Mesa Cayu. Er sollte es heute Nacht noch nach Maraba bringen, in eine Filiale, wo es am nächsten Morgen als 20-Prozent-Kredit an die Bauerngenossenschaft gegangen wäre. Der Fahrer hat schon sein Handy am Ohr und schreit weiter.

„Ist Ihnen etwas passiert?", fragt Annette Basler. „Sind Sie verletzt?"

Der Fahrer antwortet ihr gar nicht erst, sondern steckt das Handy in sein Overall und schimpft weiter.

„Frag ihn, ob wir die Polizei holen sollen."

Annette Basler kann sich kaum Gehör verschaffen. „Hat er selbst schon gemacht", übersetzt sie den offiziellen Teil seiner Äußerung.

„Komm, steig ein", sagt René Gronwald kapp, als er die ersten Martinshörner aus der Stadt kommen hört.

Er wendet und fährt zurück.

„Was hast du vor?", fragt Annette Basler überrascht.

„Abwarten!"

Er gibt Gas. Minuten später taucht vor ihnen im Staub der Straße ein flackerndes rotes Licht auf.

„Was heißt *Hände hoch, Polizei!*?"

„*Mãos ao alto! Polícia!* Aber machst du jetzt nicht einen Fehler?"

„Einmal wäre keinmal." Humor ist gut gegen Aufregung.

René Gronwald fährt neben das Motorrad, dessen Fahrer und Sozius sich mittlerweile der Kapuzen entledigt haben, und drängt es sacht zu Seite.

„Hier, die Pistole! Halt sie ihnen vor die Nase und fordere sie zum Anhalten auf!"

Der Kommissar hat einen Revolver aus der Jacke gezaubert.

„Los, sag schon: *Anhalten, Polizei!* Aber bitte nicht abdrücken."

„Parem, Polícia!", schreit Annette Basler wunschgemäß.

Das Motorrad wird augenblicklich langsamer. Als es anhält, setzt René Gronwald den Toyota quer davor und springt aus dem Wagen. Jetzt hat *er* wieder die Pistole.

„Mãos ao alto! Polícia!"

Die beiden Männer steigen vom Motorrad und heben die Hände. René Gronwald tastet sie ab. Auch ihre Pistolen haben sie unterwegs weggeworfen. Den Geldkoffer führen sie allerdings noch bei sich.

„Sag ihnen, sie sollen sich auf die Rückbank setzen."

In der Ferne sind Martinshörner zu hören. René Gronwald

stößt das Motorrad in das Gebüsch neben der Straße. Dann wendet er den Wagen und fährt wieder Richtung Stadt. Jetzt nähern sich auf der Gegenspur die ersten Polizeiwagen. „Sag ihnen, sie sollen sich ducken."

„Senhores, ... rápido!"
Zehnmal Sirenengeheul und Blaulicht rasen an ihnen vorbei in die Nacht. Sie werden die Räuber diesmal nicht finden.

„Frag sie, wo sie wohnen", bittet der Kommissar seine Kollegin, als sie die Stadt erreichen.

„Monte de Lágrimas", antworten beide kleinlaut und sind immer noch nicht sicher, was mit ihnen geschehen wird.

René Gronwald hält ganz in der Nähe des Straßencafés an einer dunklen Kreuzung an.

„Sag ihnen, sie sollen jetzt abhauen und sich nie mehr so dumm anstellen." Fassungslos verlassen die Räuber den Wagen. Sie sind vielleicht 14 oder 15 Jahre alt. Der kleinere presst den Geldkoffer fest an seine Brust.

„Hej!" René Gronwald pfeift sie noch einmal an das Wagenfenster zurück. Wortlos reicht er ihnen die Schlüssel des Motorrades.

„Obrigado, senhor", sagt der größere und gibt den Schlüssel zurück, „mas nós não precisamos de vocês ..."

„Was sagt er?"

„Er braucht den Schlüssel nicht mehr. Das Motorrad ist auch geklaut. Extra für den Überfall."

Tropennächte

Die Besucher aus Deutschland lassen sich das Abendessen auf dem Balkon servieren. Es gibt Hühnchen mit Reis. „Auch was zum Trinken?", fragt Senhora Parana, die dem schwarzen Kellner in den vierten Stock gefolgt ist.

„Gerne, am besten wieder den von gestern Abend."

„Vinho Esporão – unsere Nobelmarke. Er schmeckt Ihnen, nicht wahr?"

„Es ist ein Wein zum Verlieben."

Die Senhora freut sich still. Komplimente sind Mangelware in dem Land unter der heißen Sonne. In der Stadt jaulen immer noch Martinshörner. „Da ist wieder Schlimmes passiert", sagt die Senhora sorgenvoll. „Haben Sie etwas gesehen?"

„Nein." Annette Basler schüttelt den Kopf.

Es ist 21 Uhr und schon seit drei Stunden Nacht. Die Hitze des Tages hat einer angenehmen Wärme Platz gemacht. Die Menschen sitzen vor ihren Häusern auf der Straße oder in den Gärten und reden und lachen. Fröhliche Geschäftigkeit herrscht auch auf dem Marktplatz, wo es heute überall Gegrilltes gibt.

„Was war das eigentlich, juristisch gesehen?"

„Was meinst du mit *das*?"

„Das Ding, das du eben gedreht hast!"

„Ach so", René Gronwald hebt den Kopf und kneift Lippen und Augen zusammen. „Auf die Schnelle würde ich sagen: Beihilfe zum schweren Raub und irgendein Waffendelikt - nach deutschem Recht jedenfalls."

„Wo hast du um Himmels willen die Pistole her? Du hast doch nicht etwa deine Dienstwaffe mitgenommen?"

„Meinst du, mit der wäre ich durch die Flughafenkontrolle gekommen?"

„Du hast sie dir hier besorgt?"

„*Besorgen* trifft es nicht ganz. Man hat sie mir gewissermaßen aufgedrängt. Genauer gesagt: Die Senhora hat sie mir gegeben."

„Senhora Parana?"

„Sie kam gestern zu mir, als ich da drüben an der Landkarte stand, und hat mir die Pistole gegeben. ... *For Mr. Gronwald*, hat sie gesagt, *Mr. Gronwald looks like a Cop.*"

„Du siehst aus wie ein Polizist! Woher weiß sie das?"

„Weil Du es ihr gesagt hast!"

„Um Himmels willen!"

„Dann kann es nur ihr siebter Sinn gewesen sein."

Der Kellner trägt das Geschirr ab und bringt die zweite Flasche Wein. „Warum hast du das gemacht?"

René Gronwald zündet sich ein Zigarillo an der Kerze an, die die Senhora ihren Gästen auf den Tisch gestellt hat. „Was wäre geschehen, wenn die Bullen sie erwischt hätten?"

„Keine Ahnung."

„Ich sage es dir: 20 Jahre Knast – für jeden der Buben."

„Dafür kann man bei uns einen Menschen umbringen."

„Zwei sogar. Und die Knäste hier unten sind auch nicht auf unserem Standard."

„Eine Barbarei! – Aber warum stört sie dich eigentlich? Sie ist von den hiesigen Gesetzen gedeckt. Gesetze – hörst du? Deine heiligen Kühe. Du bist doch ein Jäger, der das Jagdrecht achtet, von Ausnahmen einmal abgesehen."

Der Kommissar schweigt. Was soll er auch sagen? Dass er nachgedacht hat? Dass sie ihn zum Nachdenken gebracht hat? Dass ihm seine alte Rolle nicht mehr gefällt, dass ihm der Jägeranzug zu eng geworden ist, vielleicht schon seit der gemeinsamen Nacht im Rheingau, spätestens aber seit dem Fischessen im Straßencafé am Abwasserkanal, als sie ihm ihre Geschichte von den weinenden Affen erzählt hat? Das wird er ihr nicht sagen. Das ist jetzt, nachdem er die Räuber von der Nationalstrasse 18 nach Hause gefahren hat, ihre Sache. Ganz allein ihre Sache.

„Reden wir über die Schule."

„Nur, wenn wir wieder spekulieren dürfen."

„Damit haben wir ja heute Morgen schon angefangen."

„In Ordnung – und wir glauben der Direktorin!"

„Inwiefern?"

„Dass die Schüler ein paar Wochen nach Beginn der Hamburger-Ausgabe – na ja, sich verändert haben. Oder einfacher gesagt: krank geworden sind."

„Gehen wir davon aus."

„Und dass die Boa Vista die Schüler medizinisch betreut."

„Klar."

„Also, was steckt dahinter? Und welche Rolle spielt Toledo-Frankfurt dabei?"

„Du bist jetzt wahrscheinlich im Begriff, dir eine gewaltige Geschichte auszudenken. Ich backe lieber kleinere Brötchen. Das heißt: Ich beschränke mich zunächst auf die bloße Feststellung von – Auffälligkeiten."

„Und was war auffällig?"

„Dass es in der Schule fette Schüler gibt – und bei Toledo fette Affen."

„Und?"

„Nichts *und*. Das fällt mir auf. Zunächst einmal, wie gesagt."

„Was machen wir damit?"

„Wir fragen nach einer gemeinsamen Ursache. Und hoffen dadurch weiter zu kommen."

„Warum gab es bei Toledo fette Affen?"

„Das wissen wir nicht. Wir wissen nur, warum anderen Affen das Fell ausgefallen ist."

„Weil man ihnen Dioxin verpasst hat, klar!"

„Gab es bei der Toledo eigentlich auch fette Affen mit dünnem Fell?"

Annette Basler überlegt angestrengt. „Wenn ich mich richtig erinnere – nein."

René Gronwald drückt wütend seine Kippe im Aschenbecher aus. „Verdammt noch mal. Wir müssten wissen, was es mit der Tabelle auf sich hat, die dir Willi Urban zugeschickt hat. Darin steht die Lösung. Oder ein Teil davon."

Mitternacht ist lange vorbei. Die Stadt liegt still und dunkel. Nur an wenigen Stellen brennen noch gedimmte Straßenlampen. Von ihrem Hochsitz aus im fünften Stock schauen die Deutschen ganz im Westen auf die roten Feuer des neuen Kolonialismus. Über ihnen wölbt sich ein gewaltiger Sternenhimmel und von Zeit zu Zeit zischen Sternschnuppen über das Firmament. Aus den Bäumen am Stadtrand rufen Tamarine dumpf und drohend. Aras lachen und krächzen in die Nacht. Hin und wieder streifen fliegende Hunde den Balkon und schnappen sich die fetten Insekten, die die Kerze auf dem Tisch neugierig gemacht hat.

„Wie spät ist es jetzt in Deutschland?"

Annette Basler schaut auf die Uhr: „Halb neun am Morgen."

René Gronwald holt sein Handy. „Einen Versuch ist es wert." Drei- oder viermal wählt er eine lange Nummer, dann hat er Erfolg. Am anderen Ende meldet sich Dirk Neuhaus.

„Schon im Dienst, Herr Staatsanwalt?", frotzelt René Gronwald.

„Schon wach?", revanchiert sich die andere Seite, „oder noch?"

„Noch, um ehrlich zu sein. Ich bin hier in Brasilien und es ist jetzt halb drei nachts."

„Ich weiß."

„Sie wissen?"

„Ich weiß."

„Also, warum ich anrufe. Sie haben die Toledo-Geschichte noch im Kopf? Und erinnern sich an das anonyme Schreiben, das Frau Dr. Basler erhalten hat?"

„Was ja so anonym nicht mehr ist."

„Richtig, es stammt von Willi Urban, der leider tot ist. Und Sie erinnern sich an Ihren Satz: Wenn es um ein militärisches Geheimnis ginge – oder so ähnlich –, hätte das die Hardthöhe in zwei Tagen entschlüsselt?"

„Und jetzt soll es wohl genauso gemacht werden?"

„Richtig geraten, denn da gibt ...“

„Herr Gronwald!" Die Worte klingen auch aus 8.000 Kilometern Entfernung noch gefährlich. „Machen Sie keinen Unfug! Das Ermittlungsverfahren ist erledigt! Ein neues nicht eingeleitet. Sie machen Urlaub in Brasilien, nichts anderes!"

„Nun machen Sie sich doch nicht in die Hose! Dies ist mein Urlaub, klar doch. Und da ich nicht nur Papageien fotografiere, fällt mir dies und das halt auf. Um mehr geht es nicht, in Ordnung?"

„Alles in Ordnung", gibt Dirk Neuhaus genervt zurück, „ich habe ja auch eigentlich keinen Grund, Ihnen zu misstrauen."

„Sehen Sie!"

„Also, um die Sache abzukürzen: Das Ding ist bereits geknackt."

„Was?"

„Ja, ich habe es schon am Tag nach dem Erhalt übersetzen lassen. Ein Studienkollege arbeitet in der KT-Abteilung der Hardthöhe. Im Augenblick tun sie nicht viel. Die Amerikaner haben alles an sich gezogen. Er verbuchte das Ding als offiziellen, aber anonymen Auftrag und legte es seinen Spezialisten vor. Sie haben einen Tag gebraucht, um es zu entschlüsseln. Allerdings ist allzu viel nicht dabei herausgekommen. Dafür waren nicht genug Daten vorhanden."

„Was haben sie gefunden?"

„Die Aufzeichnungen beziehen sich auf einen sogenannten Fütterungsversuch und bei den Probanden könnte es sich um Affen handeln."

„Könnte ...?"

„Sicher waren sich die Experten nicht. Durch eine Rasterfahndung haben sie festgestellt, dass die auf den Listen enthaltenen Namen aus dem afrikanischen Verbreitungsgebiet der Schimpansen stammen: Kamerun, Sierra Leone, Guinea usw."

„Das würde ja passen."

„Die Versuchstiere sind über einen Monat hinweg mit Fleisch und Grünzeug gefüttert worden. Sie hatten dabei offenbar die Wahl, was sie fressen wollten und wie viel sie jeweils davon fressen wollten. Bei der Hälfte der Tiere blieb das Fressverhalten über den gesamten Zeitraum gleich. Sie haben sich überwiegend von den grünen Pflanzen ernährt und ab und zu auch ein bisschen Fleisch gefressen. Die andere Hälfte hat ihren Fleischkonsum – individuell unterschiedlich, aber stets markant - ausgedehnt. Ein Versuchstier hat zum Schluss nur noch Fleisch gefressen und zwar erhebliche Mengen."

„Konnten sie die Ursachen für das unterschiedliche Fressverhalten benennen?"

„Da gibt es nur Mutmaßungen. Am naheliegendsten sei, dass die Tiere mit unterschiedlichem Fleisch und Gemüse gefüttert wurden. Dafür spräche, dass jedes Tier seinen ganz persönlichen Futterplatz gehabt hat."

„Was heißt zum Beispiel unterschiedliches Fleisch? Heute Schwein, morgen Rind, übermorgen Pute?"

„Das schließen die Leute von der Hardthöhe aus. Es war wohl vielmehr so, dass das einzelne Tier immer die gleiche Sorte Fleisch bekommen hat, die anderen Tiere wieder andere Sorten. Affe A Schwein, Affe B Rind, Affe C Hähnchen ..."

„... oder es wird ausschließlich Schweinefleisch mit unterschiedlichen Zugaben von Salz, Gewürzen, Glutamat und so weiter gefüttert."

„Denkbar, da legen sich die Spezialisten aber auch nicht fest. Gesichert ist hingegen, dass viele der Tiere an Gewicht zugelegt haben, ein halbes Dutzend hat ihre Masse um 20 – 30 Prozent vergrößert, der besagte Nur-Fleischfresser hat sogar um die Hälfte zugenommen."

„Enthalten die Aufzeichnungen irgendetwas über Nebenwirkungen?"

„Die Tiere, die sich überwiegend von Fleisch ernährten, hatten gesundheitliche Beschwerden. Nähere Angaben sind nicht möglich."

„Sie werden es nicht glauben. Hier gibt es eine Schule, da haben die Schüler auch gewaltig zugenommen. Aber leider nicht nur zugenommen. Sie dürfen jetzt raten, warum."

„Weil sie an einem Fütterungsversuch teilgenommen haben." Dirk Neuhaus lacht laut und schallend über den Atlantik.

„Nicht schlecht! Und jetzt noch raten, wer die Studie veranlasst hat."

„Das weiß ich allerdings nicht."

„Dann sage ich es Ihnen: Boa Vista, der Geschäftspartner von Toledo. Und ich sage Ihnen auch, wie der Fütterungsversuch heißt: Schulspeisung, ein Gratishamburger pro Schüler und Tag."

„Spielen Sie Ihre Bälle ruhig ein bisschen flacher, Herr Gronwald." Dirk Neuhaus ärgert sich über das auf-Deubel-komm-raus nicht Loslassen-wollen des Kommissars. Er hat da keine Probleme. Staatsanwälte, in Deutschland jedenfalls, können gehorchen. Den Vorgesetzten, den Gesetzen, der herrschenden Meinung, eigentlich allen, die sich als Befehlsgeber aufspielen. Alles, was ihnen laut kommt oder fettgedruckt oder von oben, das machen sie.

„Wenn Sie da unten Mist bauen, bekommen wir hier auch Probleme – vor allem ich."

„Sie?"

„Natürlich, ich als Allererster. Toledo war mein Verfahren und in Sachen Toledo sind Sie jetzt auch unterwegs!"

„Zaungast, sagen Sie einfach nur *Zaungast* zu mir. Zaungäste sind außen vor. Machen nichts kaputt. Damit können Sie doch leben!"

„Ich hoffe sehr, dass es beim Zaungast bleibt. Wann haben Sie eigentlich vor, zurückzukommen?"

„Nächste Woche, übernächste Woche – Sie müssen sich gedulden."

René Gronwald spürt, dass ein gewaltiger Bruch im Raum steht zwischen ihm und dem Staatsanwalt. Vor zwei Jahren noch war Dirk Neuhaus sein Idol. Ein Staatsanwalt, der seinen Ermittlungsansätzen aufgeschlossen gegenüber stand. Ein sympathischer, ja faszinierender Typ. Der den Rechtsstaat im Auge hatte, aber stets auch für die Auslotung seiner Grenzen plädierte. Jetzt erlebt er ihn zurückhaltend, immer im sicheren Abstand. Vielleicht als Feigling? Mit Ende dreißig schon ein Feigling? Noch sträubt sich in ihm alles gegen diese Erkenntnis.

„Gedulden? Erwarte ich etwas von Ihnen?" Es klingt böse und ärgerlich zugleich.

„Ich habe jedenfalls etwas im Gepäck für Sie!"

„Etwas, was ich vielleicht gar nicht haben will - trotzdem: Ich bin gespannt. – Grüßen Sie Frau Basler von mir."

„Bitte?"

„Ein Gruß an Frau Basler."

„Ah so – danke."

Sie beenden ihr Gespräch. Während René Gronwald nachdenklich eine Flasche Mineralwasser öffnet, klingelt Dirk Neuhaus` Telefon in Deutschland erneut.

„Die Herren aus Berlin sind da."

„Danke, Frau Mowinkel. Bringen Sie die Gäste nach oben."

Dann wählt Dirk Neuhaus die Nummer der Geschäftsstelle. „Bitte den Kaffee und das Gebäck."

✳✳✳

Noch wenige Stunden, zwei oder drei, dann wird nach nur kurzer Dämmerung die Sonne am Horizont erscheinen und binnen weniger Minuten die Stadt in ihre alltägliche exotische Hektik katapultieren. Unten im Hotel dudelt immer noch die alte Musikbox. Gäste singen und tanzen. Die Menschen in den Tropen sind vor allem nachtaktiv. Die Hitze des Tages lähmt sie genau so wie das Pfeilgift ihrer Ureinwohner die Affen, die sie damals noch jagten und jetzt nicht mehr jagen können, weil der Staat es verboten hat und durchgeknallte Öko-Ranger mit diesem Verbot auch noch Ernst machen. René Gronwald holt zwei Kaffee aus dem Restaurant.

Tropennächte können zaubern. Allein das Konzert der Affen und Papageien betört die Sinne der europäischen Gäste. Ein bisschen Gitarrenmusik und ein paar Gläser Esporão machen die Illusion einer wilden, fesselnden Zauberwelt komplett. Hollywood ist nichts dagegen. Trotz Computeranimation und Millionenbudget.

„Fütterungsversuche haben sie gemacht, hörst du? Sie haben Affen mit Fleisch und Gemüse gefüttert. Jeder Affe bekam eine ganz bestimmte Sorte Fleisch und eine ganz bestimmte Sorte Gemüse. Mindestens einen Monat lang. Und einige Affen haben ihre Ernährung in dieser Zeit völlig auf Fleisch umgestellt. Sie sind dick und fett geworden. Was hat uns Johann Nagel erzählt von der Zusammensetzung der typischen Schimpansennahrung?"

„Es sind Pflanzenfresser, sie ernähren sich überwiegend von Grünzeug. Fleisch nehmen sie nur ab und zu."

„Und jetzt verkehrte Welt. Sie sind zu Fleischfressern geworden, nur ab und zu mal Gemüse. In einem Fall sogar völliger Gemüseverzicht. Da ist an irgendetwas gedreht worden."

„Am Fleisch. Sie haben das Fleisch verändert."

„Langsam, Senhora". René Gronwald ist immer noch vorsichtig. „Oder die Affen – die möglicherweise gar keine sind."

„Warum sind sie keine?"

„Die Fachleute der Bundeswehr sagen: Die Probanden waren *wahrscheinlich* Affen. Weißt du, wie viel Menschen schon verurteilt wurden, weil sie wahrscheinlich oder sogar höchstwahrscheinlich eine Tat begangen hatten, letztendlich aber unschuldig waren?"

„Wir können das Ding auch zerreden. Neuhaus hat dir doch erzählt, dass die Probanden afrikanische Namen aus den Schimpansengebieten tragen, und Willi Urban war auf der Affenstation tätig. Zum Spekulieren ist das doch eine sichere Grundlage?"

„Einverstanden."

„Das sind keine Zufälle! Du hast eben selbst den Fütterungsversuch betont. In der Schule findet doch auch einer statt. Wir suchen nun sinnvollerweise nach dem verbindenden Element."

„Diese Deutung ist nicht zwingend, aber zugegeben: Die Dinge ähneln sich sehr. Hier wie da gibt es leckeres Essen, der Genuss ist aber wohl nicht ohne Reue."

„Ich hab noch ein ganz anderes Problem", sagt Annette Basler. „Ich frage mich, warum uns Willi Urban so wenig Konkretes an die Hand gegeben hat. Sechs Kopien, verschlüsselt und ohne Begleitschreiben. Was soll das?"

„Aus meiner Erfahrung als Polizist kann ich sagen: Es gibt Informanten, die packen bedingungslos aus. Sagen alles. Man muss aufpassen, dass sie nicht noch etwas dazu erfinden. Dann gibt es Informanten – in der Regel anonym –, die mauern. Sie informieren uns unvollständig. Lassen die wesentlichen Punkte offen. Sind einfach nicht ehrlich. Aber trotzdem wichtig. Denn irgendwann verstehen wir ihre Botschaft. Willi Urban ist einer von ihnen."

„Und warum liefert er uns die Wahrheit scheibchenweise – oder mit der Gefahr, dass wir sie gar nicht erkennen?"

„Da muss man tief in die Psychokiste greifen."

„Ein Polizist greift tief in die Psychokiste. Jetzt bin ich gespannt." Nun aktiviert Annette Basler ihre Vorurteile.

„Lass ihn doch einmal. Er hat ja immerhin die Disziplin studiert."

„Du hast – Psychologie studiert?"

„Sechs Semester lang. In Tübingen und in Heidelberg."

„Und warum aufgehört?"

„Das ist eine lange Geschichte."

„Und warum Polizist geworden?"

„Das ist dieselbe lange Geschichte. Einen Teil davon kennst du ja schon."

Diesen Augenblick hat René Gronwald schon lange erwartet. „Botschaften wie die von Willi Urban erhalten wir regelmäßig von Menschen, die zwischen zwei Positionen hin und her gerissen sind. Dort, wo sie stehen, wollen sie nicht mehr stehen und vorm Weggehen haben sie ebenfalls Angst, weil sie ja keine Verräter sein wollen oder weil sie schon lange dort gestanden haben und verantwortlich sind für die Dinge, die unter ihrer Regie oder mit ihrer Hilfe geschehen sind. Sie schwanken. Die ganze Zerrissenheit ihrer Person und ihrer Lage spiegelt sich in ihrer Botschaft. Sie wollen, dass wir hinter die Dinge kommen, und sie wollen gleichzeitig, dass man es ihnen nicht zuschreiben kann. Die Konsequenz ist das Rätsel."

„Ich muss sagen, das überzeugt mich. Aber ich glaube, wir sollten auf dem Boden bleiben. Und am Ball. Stichwort: Fütterungsversuche!"

„Richtig: Fütterungsversuche. Warum interessiert uns ein Fütterungsversuch? Jeden Tag werden überall solche Versuche durchgeführt. Auch an und mit Menschen. Die Probanden futtern neu entwickelte Medikamente, neu entwickelte Spaghettis oder künstlich gesüßte Fruchtbonbons. Oder um bei den Hamburgern zu bleiben: Dass die Jugend der Welt so zielstrebig in die Fast-Food-Buden strömt, liegt am Glutamat, das in dem schlechten Fleisch steckt. Kannst du dir vorstellen, wie viel Fütterungsversuche es gegeben hat, mit den unterschiedlichsten Geschmacksverstärkern und Geschmacksmanipulateuren, bis man sich auf Glutamat als beste Lösung verständigt hatte?"

„Der Fütterungsversuch als Normalfall – auch mit kranken Probanden?"

„Kein Versuch ohne Risiko!"

„Den man auch dann nicht abbricht, wenn man schon klar sieht, dass die Konsumenten krank werden?"

„Da könnte man auf den schlimmen Gedanken kommen, dass es die Gringos nicht interessiert, wenn brasilianische Kinder Schaden nehmen. Warum machen sie die Versuche eigentlich nicht bei sich zu Hause?"

„Gute Frage. Vielleicht ist ja das Produkt, das man dort prüft, so attraktiv, dass man die Interessen der Kinder völlig aus den Augen verliert – ein Super-Glutamat vielleicht."

„Ein Superprodukt und extreme Nebenwirkungen, das erinnert doch sehr an Professor Engels Betäubungsmittel für Geiselnehmer."

„Du meinst, es ist wieder Dioxin im Spiel?"

René Gronwald schüttelt abwiegelnd den Kopf. „Das kann ich mir nicht vorstellen. Dioxin ist ein Gift. Es macht krank, schlaflos, bereit zum Selbstmord. Und von da aus ist kaum denkbar, dass es Hamburger anziehend macht, anziehender, als es Glutamat schon tut. Obwohl natürlich die Nebenwirkungen dazu passen."

„Wir könnten das ganz einfach herausbekommen. Wir kaufen uns einen Hamburger und lassen ihn untersuchen."

„Mach dir keine Illusionen. Wenn sie die Dinger mit verbotenen Stoffen behandeln, dann sorgen sie vor. Vor allem gegen Entdeckung."

„Und wie sollten sie das tun?"

„Vor allem, indem sie deren Konzentration so gering halten, dass die Stoffe nicht messbar sind."

„Dann bräuchten wir eher wieder einen toten Laboranten."

„Ein toter Schüler würde es auch tun beziehungsweise seine Hypophyse oder seine Bauchspeicheldrüse."

„Nach einem Jahr ununterbrochener Giftaufnahme würden wir den Stoff in den Speicherorganen sicherlich in ausreichender Konzentration finden. Aber es muss ja nicht Dioxin sein."

Der Kommissar ist nachdenklich geworden. Er schaut stur in den glänzenden Nachthimmel.

„Was hast du?"

„Als ich die Holzschutzmittelakten eingesehen habe", antwortet René Gronwald bedächtig, „im Sommer in Wiesbaden – ich habe die Geschichte doch anlässlich der Vernehmung von Professor Engel erzählt ..."

„Ich weiß, du hast seinen Anwalt ..."

„Dann erinnerst du dich auch noch daran, dass der Rechtsanwalt 120 Fallakten eingesehen und kopiert hatte. Knapp 100 zeichneten sich dadurch aus, dass die Betroffenen an Antriebs-schwäche erkrankt waren. Hier lag gleichzeitig eine über-durchschnittliche Tetra-Dioxin-Belastung vor. Der Rest war nicht zuzuordnen."

René Gronwald greift hektisch nach dem Handy auf dem Tisch. „Es wäre ein Wunder, wenn er nicht da wäre. Er ist immer da. Er ist immer da wegen der Beförderung." René Gronwald lacht und wählt wieder eine lange Nummer.

„Wen rufst du an?"

„Meinen Kollegen Fernau. Axel Fernau. Wir teilen uns ein Zimmer."

Es dauert nicht lange, bis die Verbindung steht.

„Axel, hör zu. Ich brauche dringend ... ja, ich bin im Urlaub ... in Brasilien, genau ... wenn du weiter dumme Fragen stellst, ist es auch hier wieder hell, also tu mir bitte einen Gefallen. In meinem Schrank in der großen Schublade links unten liegen etwa 120 Fallakten aus dem Holzschutzmittelverfahren. Ich hatte sie seinerzeit in Wiesbaden kopiert, du weißt schon. Die meisten der Akten sind mit einem roten Kreuz in der rechten oberen Ecke gekennzeichnet. Bei knapp zwei Dutzend fehlt dieses Kreuz. Schau dir die Akten mit dem fehlenden Kreuz bitte einmal genau an ... ja, die ohne Kreuz, und sag mir, ob es Beschwerden gibt, die bei sämtlichen Familien vorgelegen haben. Symptome, die alle Bewohner haben. Du brauchst dir nur Blatt 17 des Fragebogens anzusehen, da findest Du die Krankengeschichten – ich rufe Dich in einer Viertelstunde zurück."

„Du hast eine bestimmte Vermutung?", fragt Annette Basler, als René Gronwald das Gespräch beendet hat.

„Ja und nein. Jedenfalls ist es nichts Konkretes. Mir ist nur eingefallen, dass ein Teil dieser Akten zwar nicht zuzuordnen war, von den Toledo-Anwälten dennoch kopiert worden ist. Das finde ich im nachhinein – interessant."

Der Kommissar zündet sich einen Zigarillo an und trinkt den Rest seines kalt gewordenen Kaffees. Er wirkt jetzt angespannt und unruhig. Mehrmals schaut er auf die Uhr. Dann bedient er die Wiederholungstaste.

„Und? ... Du bist sicher? ... Danke! ... Ja, du hast mir weitergeholfen."

„Was sagt er?"

René Gronwald drückt seinen Zigarillo sorgfältig im steinernen Aschenbecher aus.

„Heißhunger", antwortet er triumphierend. „Alle haben Heißhunger geltend gemacht. Heißhunger auf Fleisch!"

Comandante Estafan

Um zehn Uhr fährt der erste Wagen vor. Auf der Ladefläche des alten Ford Dodge sitzen über ein Dutzend Männer und Frauen, alle weiß gekleidet mit ebenfalls weißen Strohhüten auf den Köpfen und mit dem rot-blauen Firmenlogo der Boa Vista am Jackenaufschlag. Hinter dem Steuer thront Sergio Dirceu, der Boss, und neben ihm kauert der kleine Delzinho, sein 17-jähriger Sohn, den sie alle den Pistoleiro nennen, weil er schon mit 13 Jahren beim Kartenspiel einen Kontrahenten niedergeschossen hat. Während die Frauen große Papiersäcke mit Holzkohle entladen, entfernen die Männer mit geübten Griffen die Verkleidung an der Vorderfront des gut 30 Meter breiten Verschlages. Ein langer Tresen kommt zum Vorschein und dahinter, parallel dazu, eine gemauerte Feuerstelle, halb so lang wie der vordere Teil und mit feinen Metallrosten abgedeckt.

Dann fahren noch zwei Transporter vor, beladen mit großen Aluminium-Behältern, die die Männer jeweils zu viert herunterheben und im hinteren Bereich der Baracke stapeln. Es ist laut unter den mächtigen Tiamabäumen vis-a-vis der Schule. Fröhliches Schnattern, Rufe, Gelächter. Noch ist die Hitze erträglich und immer noch geht ein leichter Wind. Nachdem die Frauen die Holzkohle in die Kuhle der Feuerstelle gefüllt haben, spritzen die Männer Feuerzeugbenzin darüber und zünden sie an. Alles muß jetzt schnell gehen. In einer knappen Stunde ist für die erste und zweite Klasse Schulschluss und dann stehen mit einem Schlag 1.000 hungrige Mäuler auf der Matte. Und die gehen erst wieder, wenn sie ihren Hamburger bekommen haben. Kein einziger würde vorher den Platz vorm Tresen verlassen. Kein Argument würde ihn überzeugen.

Vor einem Vierteljahr hatte Sergio Dirceu der amerikanischen Geschäftsleitung den Vorschlag gemacht, das Essen im

Hauptwerk an der Rua Mário Benez vorzukochen, in dafür vorgesehenen Öfen warm zu halten und auf die Minute pünktlich zur Schule zu fahren. Dadurch entfiele dieser wahnsinnige Zeitdruck, mit dem man in Südamerika nichts anfangen kann. Aber die Bosse hatten eiskalt abgelehnt. Zur traditionellen Fast-Food-Kultur gehöre es, dass der Kunde sehen könne, wie sein Essen zubereitet werde. Allein der Geruch des über dem offenen Feuer gegarten Fleisches mache doch ein Stück der Faszination dieser Kultur aus. Entgegenkommenderweise hatten sie dann aber doch eine zweite, allerdings deutlich kleinere Bude spendiert, in der ebenfalls Essen ausgegeben wurde. Über der aber schien ein Fluch zu liegen. Kaum ein Schüler holte dort seinen Hamburger ab, und so blieb es bei dem Stau in der Hauptausgabestelle.

Das Gefühl, nicht gebraucht zu werden, hatte der Belegschaft der neuen Bude den Schwung genommen und so kam sie auch an diesem Morgen mit einer viertelstündigen Verspätung an.

„Wisst ihr schon, ob ihr heute öffnet?", spottete der kleine Pistoleiro in Richtung der erkennbar unlustigen Gestalten, als die gerade ihre Container vom Wagen hoben.

„Klar doch", gab einer der Männer zurück, „allein, um euch satt zu machen." Wenn alle Schülermäuler gestopft sind, werden sämtliche Mitarbeiter in der kleinen Bude zusammenhocken und auch etwas abbekommen von dem duftenden Kuchen, der schon die halbe Welt erobert hat. Das hat die Geschäftsleitung so angeordnet. Warum sie, wie auch die Lehrer, die Hamburger aus der kleinen Bude essen müssen, weiß niemand und interessiert auch niemanden.

„Fahr bitte rechts ran." Annette Basler lenkt den Toyota zwischen die Bäume am Straßenrand. Sie holen die Ferngläser aus dem Kofferraum und postieren sich an Heck und Beifahrertür ihres Wagens. Nirgendwo sind Menschen zu sehen. Hinter den Zäunen jenseits der Bäume versperrt wildes Grün den Blick auf verfallende Fassaden ehemals vornehmer Häuser. Über den spinnennetzartig gebrochenen Asphalt der Straße fährt kein Auto. Ihre auf dem Fahrzeugdach aufgelegten Gläser liefern ihnen einmal mehr ein wackelfreies Bild vom Ort des Geschehens.

Auch aus der zweiten Bude dampft es jetzt gewaltig. Irgendwann ist es elf Uhr und ein erst leises, dann schnell und gefährlich anschwellendes Geräusch wie das einer nahenden Flutwelle kündigt den Ansturm der Hungrigen an.

„Boa Vista füttert die Kinder von Mesa Cayu." René Gronwald verkneift sich ein Lachen. „Erinnerst du dich, als die Amerikaner Lebensmittelpacks über Afghanistan abgeworfen haben? Kekse und Erdnussbutter für chronisch Unterernährte. Es hat nur noch die Cola gefehlt."

„Besser als gar nichts."

„Mach keine Witze! 100.000 Tagesrationen für zwei Millionen Flüchtlinge in einem Monat. Der Hunger ist geblieben und ein Müllproblem dazugekommen."

„Du bist undankbar. Uns haben sie damals auch durchgefüttert."

„Aber mit dem Inhalt von Care-Paketen!"

Gut 1.000 Schüler, alle zwischen sechs und acht Jahren, drängeln sich jetzt vor der Essensausgabe. Ein paar Lehrer überragen die Masse und versuchen das Chaos zu ordnen.

„Sie sind hungrig und genauso rücksichtslos wie die Leute bei uns während des Massenandrangs an der U-Bahn."

Die achtfache Vergrößerung ihrer Gläser überträgt jetzt die ersten Prügeleien zwischen den Kindern. Es geht um die vorderen Plätze, um die Verkürzung des Hungers.

„Schau mal auf die kleine Bude ganz rechts. Da ist gar nichts los."

„Obwohl es dort offenbar auch zu essen gibt. Zumindest dampft es dort genau so wie nebenan."

„Seltsam."

„Wirklich?"

Um halb zwölf sind sie mit Senhora Costellan verabredet. Sie wird ihren Gästen die Klasse 6 D vorstellen, drei Dutzend Elf- und Zwölfjährige, zur einen Hälfte laute Buben und zur anderen Hälfte pubertierende Mädchen, aber allesamt, wie die Direktorin ihnen am Telefon mit sorgenvoller Stimme erzählt hat, seit einem halben Jahr deutlich von Krankheit gezeichnet.

Die Klasse 6 D hat Geschichtsunterricht bei Senhor Alckmin, einem bestimmt schon 60 Jahre alten kleinen hageren Mann mit einer großen Hornbrille und einem zerknitterten Anzug. Er begrüßt die Gäste freundlich und auch die Schüler klopfen laut auf ihre Tische, als die Direktorin die beiden Besucher als Journalisten aus Deutschland vorstellt, die das Land kennenlernen wollen, um zu Hause, wo man wenig weiß von Brasilien, davon zu berichten.

Annette Basler und René Gronwald nehmen im hinteren Eck des Klassenzimmers Platz, auf zwei Stühlen, die heute leer geblieben sind, während Senhora Costellan an der Tür stehen bleibt. Es ist noch eine Viertelstunde bis zum Ende des Unterrichts. Die Schüler haben in den *Liebesbriefen* von Pablo Neruda gelesen und diskutieren über den Inhalt der Geschichte. Annette Basler hat einige Schwierigkeiten, dem Spiel der Fragen und Antworten zu folgen, denn viele Kinder sprechen Dialekt. Der Kommissar konzentriert sich währenddessen auf das Verhalten der Kinder. Ihr Benehmen, ihre Motorik, ihre Mimik, vor allem ihre Mimik. Gesichter verraten nicht alles, aber viel, das weiß René Gronwald von seinem Job und aus den Lehrgängen mit Diplompsychologen zum Thema Vernehmungsstrategien. Heute hofft er, dass die Sprache der Gesichter auch etwas zur gesundheitlichen Verfassung der Betreffenden sagt.

Die Gesichter der Kinder sind blass. Selbst die Gesichter der braunen und schwarzen Kinder, der Mulatten und Neger, sind blass. Als käme die Blässe aus ihrem Herzen und stülpte sich über die dunklen Pigmente der Stirn, der Nase, der Wangen und des Kinns. Es ist eine Blässe, die Angst macht. Eine Totenblässe.

Die Augen der Kinder liegen tief in den Höhlen und blicken traurig und ohne Hoffnung auf Senhor Alckmin, der mit viel Theatralik und Stimmgewalt das Interesse seiner Schüler zu wecken versucht. Deren Einsatz fällt allerdings bescheiden aus. Nur wenige melden sich zu Wort, und was sie sagen, kommt tonlos und leise. Niemand sitzt ruhig. Alle sind sie in Bewegung, zappeln auf ihren Stühlen hin und her mit kreisenden Füßen und Händen, die wie die Scheibenwischer eines Autos über die Tische fahren. Dazu ständiges Husten. Alle mit Ausnahme von Senhor Alckmin husten von Zeit zu Zeit, kurz und trocken. Zusammen macht das ein Konzert, an das man sich hier, als Hintergrundgeräusch, längst gewöhnt hat und das nur noch den Gästen aus Deutschland auffällt. Schließlich registriert der Kommissar etwas, das die Senhora anlässlich ihres ersten Besuches schon erwähnt hat: Viele Schüler sind zu dick, tragen viel zu viele Pfunde mit sich herum, nicht anders als die Kids der Gringos in Phoenix und Philadelphia, die schon in frühen Jahren mit Chips und Coke die Gefahren des Überflusses dokumentieren. René Gronwald allerdings erinnert das wieder an die fetten Affen bei Toledo.

Als die Glocke ertönt, bittet die Direktorin die Klasse, den Gästen noch ein paar Minuten für Fragen zur Verfügung zu stehen. Aber niemand bleibt. Kurz darauf ist der Unterrichtsraum leer.

„Es tut mir sehr leid", sagt Senhor Alckmin und senkt wie ein begossener Pudel den Kopf. „Aber sie haben jetzt Unterrichtsende – und Hunger!"

Durch die großen Fenster kann man wenig später ein Heer schreiender Kinder sehen, die über den Schulhof Richtung Ausgang rennen, auf dessen gegenüberliegender Seite es vielversprechend dampft und duftet.

„Kommen Sie", sagt Senhora Costellan. „In meinem Büro gibt es noch etwas zu trinken."

Sie machen es sich rund um den Schreibtisch bequem. Die Sekretärin bringt eine große Kanne Tee.

„Ist Ihnen etwas aufgefallen?", fragt Senhora Costellan unsicher. Annette Bertelmeier dolmetscht.

„Sie sind krank – alle, nicht wahr?" René Gronwald mag seine Beobachtungen nicht verklausulieren. Die Direktorin senkt den Blick. „Ja, sie sind krank. Kaum jemand in der Klasse ist noch gesund, oder sagen wir: einigermaßen gesund."

„Sie sagten am Telefon, dass die Symptome in dieser Klasse besonders stark ausgefallen sind. Gibt es dafür einen Grund?"

„Wenn wir das Essen als Ursache in Betracht ziehen, dann ja: Die Klasse hat voriges Jahr ein Fußballturnier gewonnen und durfte ein halbes Jahr lang die doppelte Hamburgerration essen."

„Täglich zwei Hamburger?"

„Bis vor einem Monat. Und jetzt haben wir ein Problem."

„Sie sind mit der Halbierung ihrer Ration nicht einverstanden?"

„Nicht einverstanden ist gut. Sie proben den Aufstand. Die ersten gefälschten Marken sind im Umlauf – sie kommen von der 6 D."

„Um zusätzliche Hamburger zu ergattern?" René Gronwald kneift die Augen zusammen, wie er das zu Hause nur tut, wenn er etwas, was er schon weiß, unbedingt noch einmal hören will, weil es so wichtig ist. Senhora Costellan nickt heftig mit dem Kopf. „Und andere Schüler aus der Klasse haben ihren Kameraden für viel Geld deren Coupons abgekauft. Alle Verkäufer waren Drogenkonsumenten. Offenbar ist nur Kokain begehrter als der Big Mäc. Manche haben auch versucht, die Boa-Vista-Leute an der Ausgabe zu bestechen."

„Mit was kann ein Schüler denn die Essensausgabe bestechen?"

„Mit Sex zum Beispiel."

Die Gäste der Senhora schlürfen nachdenklich ihren Tee. „Sie sind am Ende des Unterrichts alle weggelaufen", sagt Annette Basler. „Der Lehrer führt das auf ihren Hunger zurück. Kann es nicht auch mit anderen Dingen zu tun haben – vielleicht, weil sie uns gegenüber Vorbehalte haben?"

Wieder keine angenehme Frage für Senhora Costellan. „Um ehrlich zu sein, ich weiß es nicht. Eher nein, würde ich sagen, aber es könnte auch anders sein." Sie zündet sich eine Zigarette an und atmet angestrengt deren Rauch ein. „Unsere Lehrer hier – nicht nur die jungen – haben in den letzten Jahren ihre Einstellung zu vielen Dingen geändert. Es ist nichts Radikales. Keine Revolution oder etwas Ähnliches. Aber die Welt heute ist nicht mehr so wie die vor zehn Jahren, verstehen Sie?"

„Nein. Es tut mir leid."

Die Direktorin entscheidet sich für Klartext. Nicht gerade üblich in Ländern, wo viele Geister und Götter zu Hause sind. „Vor 20, 30 und noch vor 10 Jahren haben die Lehrer an unserer Schule ihren Schülern den Fortschritt gepredigt. Den Fortschritt nach amerikanischem Muster. Alles zu Geld machen. Ellenbogen einsetzen, aber dabei immer freundlich sein. Begriffe wie Tradition, Heimat oder Naturschutzt, waren tabu. Das ging noch so bis vor ein paar Jahren." Senhora Costellan zieht aufgeregt an ihrer Zigarette. „Wie sagt man bei Ihnen? Der Krug geht so lange zum Brunnen, bis er bricht. Bis der Betrug auffällt. Sehen Sie: Vor 30 Jahren brauchten die Gringos unseren Kautschuk – für ihre Autoreifen. Eine Million Zapfer sind durch die Wälder gelaufen und haben Kautschuk gesammelt. Dem Wald ging es dabei gut, weil man ihn brauchte. Und den Menschen auch, obwohl es eine brutale Arbeit war: Moskitos, Schlangen, Fieber. Dann gab es Billig-Kautschuk von Riesen-Plantagen in Asien und schließlich einen künstlichen Ersatz für den Naturgummi – und schon war hier die Katastrophe perfekt. Ihr in Europa oder Amerika habt davon selbstverständlich nicht viel mitbekommen und euch war es doch auch völlig egal, aus was man eure Reifen herstellt. Ihr hattet Autos im Kopf und keine Kautschukzapfer. Aber hier verloren Hunderttausende ihre Existenz." Senhora Costellan verliert ihre Zurückhaltung. Die Zigarette in ihrer Hand zittert. „Aber die Gringos waren schnell wieder im Geschäft – und unsere Leute auch. Bald nützte man den Wald anders. Man rodete ihn, verwertete die Jahrhunderte alten Edelholz-Stämme. Meine Landsleute hatten keine Bedenken, denn für sie war Wald Unkraut – verständlich im Angesicht dieser überwältigenden Masse an Bäumen. Mit Wald verband man hier keine ökologischen Fragen – Wald war Bedrohung und seine Rodung, vor allem, wenn sie noch Geld brachte, die Erlösung."

„Ich weiß, ich weiß!" Annette Basler schlägt die Hände vors Gesicht. „Ihr habt die Hälfte eurer Regenwälder mittlerweile verloren."

„50 Prozent sind weg, völlig richtig. Jetzt erst wird Brasilien wach und begreift, dass es ausgenutzt worden ist."

„Es wird aber aufhören!"

„Es wird nicht aufhören! Wissen und tun sind zwei verschiedene Dinge. Ein paar gekaufte Journalisten behaupten, dass der Raubbau weniger wird, aber die Satellitenaufnahmen der NASA sagen etwas ganz anderes. Die Motorsägen wüten weiter, und selbst dort, wo der Urwald noch steht, hat sich die weiße Rasse eine neue Form der Ausbeutung einfallen lassen. Überall sehen Sie heute die Biologen von Monsanto und Bayer mit Spaten und Käschern durch den Wald laufen. Sie fangen Insekten und graben Wurzeln aus – auf der Suche nach neuen Wirkstoffen für ihre Pharmaindustrie oder für die neuen Biotechnologien. Und wieder landen die Milliardengewinne woanders. Genau das haben wir jetzt begriffen. Und das erzählen wir unseren Schülern.“

„Da kann man sich vorstellen, dass es Aufbegehren gibt gegenüber dem Volk der Täter“, sagt Annette Basler.

„Das glaube ich nicht, denn es hat nichts mit Beeinflussung zu tun. Uns geht es um Aufklärung. Die Kinder sollen die Zusammenhänge verstehen lernen, nicht den Hass. Sie haben ja gesehen, man mag Sie. Ich denke, die Schüler hat der Hunger getrieben. Im übrigen gehen die Vorbehalte Richtung Amerika und nicht Richtung Europa.“

„Obwohl Kolumbus aus Spanien kam?“

„Kolumbus ist zwar noch nicht verjährt, aber heute stehen andere im Fadenkreuz – Exxon und United Fruit!“

„Und Boa Vista?"

Es klopft, erst verhalten, dann heftig.

„Bitte“, sagt Senhora Costellan, sichtlich verärgert über die Störung.

„Entschuldigung.“ Die Sekretärin steht in der Tür, verstört und mit Tränen in den Augen.

„Ein kleinen Augenblick.“ Senhora Costellan huscht zur Tür, dann wird getuschelt und die Sekretärin verschwindet wieder.

„Pedro ist tot.“

René Gronwald und Annette Basler schauen sich verständnislos an.

„Der Schüler aus der 6 D, der vor ein paar Tagen im Unterricht zusammengebrochen ist.“

„Aus der Klasse, die wir gerade besucht haben?“ Senhora Costellan nickt und setzt sich wie zuvor an den Schreibtisch.

Sie hat ihre Selbstbeherrschung bald wiedergefunden. Sterben hat hier nicht die Bedeutung wie in der Heimat ihrer Gäste. Aber ihr Blick ist düster geworden. „Pedro kam aus Monte de Lágrimas, dort, wo die Allerärmsten wohnen ...“

„... wir kennen die Gegend ...“

„Dann wissen Sie auch, wie die Menschen dort leben. Hunger, wie Sie ihn verstehen, gibt es zwar dort nicht mehr. Und auch in der Statistik der Weltgesundheitsorganisation tauchen diese Menschen nicht mehr auf. Aber sie sind alle fehlernährt. Mais, Bohnen und Maniok jeden Tag. So lange, bis der Bauch voll ist. Vitamine, hochwertige Eiweiße, Fettsäuren ... Fehlanzeige. Die Symptome dieser einseitigen Ernährung werden weggekifft oder weggesoffen. Pedro kam mit einem Blähbauch in die Schule, und als er auf die Hamburger umgestiegen ist, hat sich seine gesundheitliche Verfassung rasch gebessert."

„Wieso gebessert, ich denke ..."

„Die erste Zeit gebessert. Er war ganz scharf auf die Hamburger. Ich glaube nicht, dass er zu Hause noch viel anderes gegessen hat. Irgendwann war er ein Tipp-topp-Typ. Nach der Schule hat er in der Boa Vista-Bude gearbeitet, saubermachen und so, unentgeltlich, aber einen Hamburger gab es jedes Mal gratis."

„Er war sozusagen hochdosiert?", fragt Annette Basler.

„Ich glaube nicht, dass irgendjemand mehr von dem Zeug gegessen hat als er."

„Und jetzt ist er tot."

Senhora Costellan sitzt mit einem Mal nicht mehr ruhig in ihrem Sessel. Sie knetet ihre Hände und ihre Augen wandern ziellos durch das Büro. „Ich glaube, ich muss mich jetzt um Pedro kümmern, um seine Eltern und um seine Lehrer. Da gibt es so viel zu tun – und mit Boa Vista muss ich auch noch reden."

„Sie müssen mit Boa Vista reden? Wieso das?"

„Hatte ich Ihnen das nicht erzählt? Boa Vista will über alle Todesfälle unter den Schülern informiert werden. Das hatten wir ihnen seinerzeit zugesagt."

„Frag sie nach dem Leichnam", sagt René Gronwald unaufgeregt am Ende der Übersetzung. „Wo wir ihn uns anschauen können. Und mit den Ärzten reden können."

„Der Junge ist im Krankenhaus Santa Maria gestorben. Wir haben sonst keins", antwortet Senhora Costellan.

„Hinter der Kirche?"

„Ja, sprechen Sie Schwester Rosa an, aber was haben Sie vor?"

„Hören, was die Ärzte sagen."

„Zu was?"

„Zur Krankheit von Pedro und warum er gestorben ist."

„Sie werden nichts erfahren."

„Sind es denn nicht einheimische Ärzte?"

„Ausnahmslos, aber das nützt Ihnen nichts. Boa Vista hat

ihnen im vergangenen Jahr eine neue Röntgenanlage spendiert."

„... und Sie meinen, das reicht aus ...?"

Senhora Costellan lächelt ein letztes Mal an diesem Tag. „Aber es gab ja noch etwas dazu. Ein brandneues Auto - für jeden von ihnen."

***

Die Polizeistation liegt im Nordosten der Stadt, umgeben von einem breiten Wall aus Eukalyptusbäumen und Dornenhecken. Die ersten Wohnhäuser stehen zwei- oder dreihundert Meter entfernt und näher lassen die Behörden die Menschen nicht heran. Als zu Jahresbeginn landlose Bauern aus der Nachbarprovinz auf diesem Streifen ihre schäbigen Hütten errichtet hatten, schuf die Stadtverwaltung schnell Fakten. Bulldozer machten die Favelas platt, noch bevor irgendein Richter die Angelegenheit prüfen konnte. Es heißt, der Abstand diene der sozialen Hygiene. Er solle verhindern, dass die Bevölkerung von den schlimmen Zuständen vor allem in dem dort auch untergebrachten Gefängnis erfahre. Den meisten ist das allerdings egal.

René Gronwald und Annette Basler erreichen nach einer knappen halben Stunde Fahrt die Station. Sie ist nicht ausgeschildert, aber die Menschen, die sie fragen, erteilen ihnen bereitwillig Auskunft. Vor dem Eingang gibt es eine handvoll Parkplätze. *Für Besucher* steht auf einem windschiefen Schild. Sie stellen ihren Wagen ab und gehen zum Pförtner, der in einem schmalen Verschlag neben der Eingangstür sitzt.

„Zum Comandante, bitte. Wir möchten den Chef sprechen."

„Wer sind Sie?"

„Zwei Journalisten der Agentur Reuters aus Deutschland."

„Um was geht es?"

„Das ist eine etwas verwickelte Angelegenheit ..." Annette Basler mag nicht jetzt schon den toten Jungen erwähnen.

„Warten Sie bitte einen Augenblick."

Der Pförtner, ein noch junger Mann um die 30, wortkarg,

aber korrekt, greift zum Telefon und wählt eine kurze Nummer.

„Der Comandante holt Sie ab," sagt er, nachdem er aufgelegt hat.

Wenig später öffnet sich die schwere Stahltür automatisch.

„Senhora Basler und Senhor Gronwald – unsere Gäste aus Deutschland, wenn ich nicht ganz falsch liege."

„Richtig geraten", antwortet Annette Basler mit dem gleichen strahlenden Lächeln, dessen sich auch der Gastgeber bedient.

Geraldo Estafan ist der Polizeichef von Mesa Cayu und gleichzeitig der Leiter des Polizeigefängnisses der Stadt. Die khakifarbene tadellose Uniform über dem weißen Hemd und die in den Nationalfarben gehaltenen Krawatte sowie der betont höfliche Umgangston verraten seine Ausbildung in einem Elitecorps des Militärs. Obwohl nicht viel älter als der Mann neben dem Eingang, ist er auf der staatlichen Karriereleiter schon ganz nach oben geklettert.

„Kommen Sie bitte mit. Wir gehen in mein Büro. Ich darf vorausgehen." Gleich darauf dreht er sich zu ihnen um. „Wenn Sie bitte jetzt nicht filmen würden? Es gibt verbindliche Vorschriften für diesen Bereich. Aber darüber reden wir nachher noch einmal."

Durch mehrere Gittertüren, die der Comandante mit einem großen Schlüssel öffnet und hinterher sorgfältig verschließt, gelangen sie in einen weitläufigen Hof, der bis auf den gegenüberliegenden Ausgang von vergitterten Baracken umstanden ist, in denen zahlreiche verlumpte Gestalten kauern.

„Was Sie noch wissen sollten: Das hier ist unser Untersuchungsgefängnis für Männer. Sie können nachher gerne mit den Leuten reden."

Als sie über den staubigen Innenhof gehen, kleben Hunderte von Gefangenen an den Gittern; sie johlen und pfeifen angesichts der blonden Senhora. Es stinkt nach Fäkalien und Urin und verdorbenen Essensresten, die die Gefangenen nach draußen geworfen haben und die jetzt von zahlreichen Fliegen in Besitz genommen worden sind.

„Keine Disziplin", sagt der Comandante, „die Gefangenen haben keine Disziplin gelernt. Wenn ihnen das Essen nicht schmeckt, werfen sie es in den Hof. Wir müssen fast täglich den Hof sauber machen, einmal die Woche wird er sogar ausgespritzt."

Die Welt ist klein, denkt René Gronwald, denn er kennt das Problem von zuhause. Im mittlerweile abgerissenen Knast seiner Heimatstadt landete das nicht Gegessene ebenfalls im Innenhof. Täglich musste der mit sechs Atü aus einem Feuerwehrschlauch gesäubert werden. Die Häftlinge, die diese Arbeit verrichteten, trugen Helme zum Schutz vor Getränkedosen, die ihnen ihre Kumpane aus den Stockwerken darüber sozusagen zum Nachtisch servierten.

Jenseits der Baracken stehen die gemauerten Verwaltungsgebäude. Das Büro des Comandante im ersten Stock ist groß und sauber. An der Decke dreht sich ein Ventilator aus Edelholz und es gibt eine Sekretärin, die genau so höflich ist wie ihr Chef und meisterhaft Kaffee kochen kann.

„Und jetzt sagen Sie mir bitte, was Sie zu uns führt."

Dass sie am besten zweispurig fahren, hat René Gronwald seiner Begleiterin auf dem Weg über den Hof schon erzählt. Sie wollen über die Polizeistation berichten und haben dann noch eine Bitte in Sachen Pedro.

„So, wie es aussieht, haben Sie ja schon von unserem Besuch erfahren und wissen auch, warum wir hier sind."

„Sie machen einen Film über unsere Stadt und unsere Provinz."

„Völlig richtig. Einen Bericht über dieses wunderschöne Land, das die Menschen in Deutschland, ehrlich gesagt, überhaupt nicht kennen."

„Brasilien heißt jenseits des Atlantik Rio und Rio heißt Karneval, nicht wahr?"

„Oder Amazonas und Amazonas heißt Urwald, grüne Hölle."

„Und das wollen Sie alles zurecht rücken?"

„Nennen Sie es, wie Sie wollen. Vorurteile abbauen, würde ich eher sagen. Mythen entschleiern oder zumindest hinterfragen."

„Dann tun Sie es doch – unser Haus steht Ihnen jedenfalls offen."

„Auch das Gefängnis?"

„Auch die Arrestzellen, selbstverständlich. Sie sind ein Teil dieses Landes."

„Und wir können Gefangene befragen?"

„Wen und so viel Sie wollen."

„Ohne Aufpasser?"

„Senhora!" Der Comandante lächelt mehrdeutig. „Wir haben doch von Ihnen gelernt. Gelernt, was Rechtsstaatlichkeit bedeutet und dass der Staat für Transparenz sorgen muss, um Kontrolle zu ermöglichen. Das machen doch schon die Russen – Glasnost! Glauben Sie denn, wir wollen hinter denen zurückstehen? Hinter den Russen?"

„Ich finde das ganz toll, was Sie da sagen", entgegnet Annette Basler und übersetzt dem Kommissar die überraschenden Worte des Comandante.

„Blufft der, was meinst du?"

„Ich weiß es nicht. Aber mein damaliger Freund aus Belem war genau so überzeugend."

„Egal, komm zum Thema."

Annette Basler entschuldigt sich für die durch die Übersetzung bedingte Unterbrechung des Gesprächs. „Senhor Comandante, bevor wir in den Hof zurückgehen, noch eine Bitte." Die Deutsche setzt ihr allerschönstes Lächeln auf. „Wir waren heute morgen in der Schule. Und dort haben wir vom Tod eines Schülers erfahren. Könnten Sie seine Obduktion anordnen? Um zu erfahren, woran das Kind gestorben ist?"

„Warum interessiert Sie der Tod dieses Schülers?"

„Eine eigentümliche Sache. Man hat uns berichtet, dass dieser Schüler unverhältnismäßig viel von dem gegessen hat, was es bei der Schulspeisung gab."

Nach einer Schrecksekunde bricht der Comandante in ein lautes Gelächter aus.

„Haben Sie das Gefühl, dass die Hamburger verdorben waren? Dann müssten die anderen Schüler doch auch krank geworden oder gestorben sein!"

„Es geht nicht darum, dass die Hamburger verdorben waren ..."

„... sondern?"

Annette Basler wiegt den Kopf hin und her und spiegelt Unsicherheit vor. „Vergiftet."

„Vergiftet?" Ungläubiges Staunen im Gesicht des Comandante. „Wer sollte das gemacht haben?"

Annette Basler spielt Vabanque: „Vielleicht diejenigen, die sie auch verschenken."

Jetzt dauert es noch einen Augenblick länger, bis der Comandante reagiert.

„Boa Vista?", lacht er lauthals los. „Aber Senhora! Seit einem Jahr leben unsere Schüler von der Essensausgabe der Firma – und sie leben gut. Wie kommen Sie auf diese Räuberpistole?"

Annette Basler spielt das Spiel mit offenen Karten konsequent weiter. „Wir haben, wie gesagt, entsprechende Hinweise bekommen ... Aber könnten wir uns nicht irgendwie einigen? Sie veranlassen die Obduktion und wir bezahlen sie?"

„Senhora Basler!" Der Comandante ist beleidigt. „Sie bezahlen gar nichts. Das tote Kind wird obduziert – auf Kosten der Provinz – in Ordnung?"

„Und es wird dabei auch auf eine mögliche Vergiftung geachtet?"

„Das werde ich dem Doktor persönlich auftragen."

Der Rückweg führt wieder über den Gefängnishof. Geraldo Estafan begleitet sie. „Ich sage Ihnen jetzt nur noch drei Worte zu den Gefangenen und dann bin ich außer Hörweite. Und Sie fragen, was Sie wollen."

René Gronwald hat die Kamera geschultert und Annette Basler nimmt das Mikro in die Hand. Über in der Hitze zerfließende Essensreste und durch pechschwarze Mückenschwärme bahnen sie sich den Weg zur ersten Gitterfront. Dicker Stahl, drei Meter hoch und bis auf den Boden heruntergezogen, kreuzförmig angeordnet, hält in einer holzgezimmerten Baracke Dutzende von Männer in Schach, die sich jetzt an die Absperrung begeben und mit ihren Armen in die Freiheit greifen. Wieder ohrenbetäubendes Gejohle und obszöne Sprüche. Dann aber ist plötzlich Ruhe. Der Comandante hat sie mit kurzen Worten befohlen.

„In diesem Abschnitt befinden sich Häftlinge der Stufe 3. Sie gelten als gefährlich." Für ein paar Sekunden artikuliert sich wieder Protest. „Mord, Raub, Vergewaltigung werden ihnen vorgeworfen. Wir sperren gleich zu gleich. Das schafft eine Art Ausgewogenheit und es passiert nicht viel. In den anderen Baracken sitzen Diebe und Betrüger. Das sollten Sie wissen, wenn Sie jetzt Fragen stellen."

„Danke, Comandante", sagt Annette Basler, „wir melden uns, wenn wir fertig sind."

Senhor Estafan geht über den Gefängnishof zum Ausgang, wo er mit dem Pförtner eine Zigarette rauchen wird.

„Deutsches Fernsehen?", schreit jemand. „Sie kommen vom Deutschen Fernsehen?"

„Ja, ja, aus Deutschland!"

„Dann zeigen Sie bitte, was man uns hier antut! Zeigen Sie es!" Ein Tumult entsteht, den die Gefangenen dann wieder selbst unter Kontrolle bekommen. Ein großgewachsener Mann im Che Guevara-look übernimmt jetzt die Regie. Er ist offenbar der Boss in dieser Baracke.

„Bevor Sie uns Fragen stellen: Schauen Sie uns an. Alle sind wir unterernährt und krank. Es gibt nur zweimal am Tag Essen. Immer nur Reis und Bohnen. Einmal die Woche dreckigen Fisch. Uns fehlen die Vitamine. Jeder dritte hier hat Tuberkulose. Wir sind über 800 Männer und haben nur zwei Toiletten, nur zwei Duschen, die einmal pro Woche benutzt werden können. Sagen Sie das bitte Ihren Leuten zu Hause!" Die Gefangenen klatschen Beifall und schreien. „Und jetzt fragen Sie uns, was Sie wollen. Ob wir Mörder, Räuber und Vergewaltiger sind. Was wir gemacht haben. Das interessiert Sie doch!"

„Dürfen wir uns die betreffenden Gefangenen aussuchen?", fragt Annette Basler höflich und mit viel Charme.

„Aber gerne, es ist Ihre Entscheidung." Dann schreit der Anführer den Rest der Gefangenen herbei. Aus dem Halbdunkel der fensterlosen Baracke bewegen sich stumme, verängstige Menschen Richtung Licht.

„Die Leute vom Deutschen Fernsehen wollen von euch etwas wissen!"

Totenstille im Trakt der Mörder. „Darf ich Sie etwas fragen?" Annette Basler deutet auf einen kleinen Mann in zerlumpten langen Hosen mit blankem Oberkörper und einem schütteren Kinnbart. Zögernd bewegt er sich an das Gitter. „Was wirft man Ihnen vor?"

Der Gefangene senkt den Kopf und schweigt. „Er hat seine Frau umgebracht", beantwortet der Boss die Frage. „Erwürgt oder erschlagen, und jetzt erzähl mal, warum du das gemacht hast!" Dabei boxt er den kleinen Mann so heftig auf den Oberarm, dass dieser ein paar Schritte zur Seite torkelt.

„Sag es ihnen!"

„Geschlagen", antwortet der Mörder, „sie hat mich immer geschlagen."

„Sehen Sie", reißt der Chef die Diskussion wieder an sich, „sie hat ihn geschlagen, immer wieder geschlagen. Und irgendwann war Schluss, oder?"

Erneut boxt er ihm gegen die Schulter.

„Oh ja, irgendwann war Schluss." Er macht ein Zeichen, das alle Welt versteht.

„Wie lang sitzt er schon hier?"

„Zweieinhalb Jahre", antwortet der Chef. „Ohne Prozess!"

„Und steht sein Verhandlungstermin schon fest?"

„Davon war noch nie die Rede."

Sie gehen zur Nachbarbaracke. „Fragen Sie bitte auch noch die anderen", schreit der Chef ihnen nach. „Fünf Jahre sitzen die zum Teil schon hier, ohne Prozess und ohne Anwalt, krank – todkrank, für einen Überfall, den sie nicht begangen haben!"

In der Nachbarbaracke sind die Gefangenen jünger. „Was habt ihr angestellt?" Ein zahnloser 17-Jähriger lächelt breit in die Kamera.

„Nichts!"

„Und warum seid ihr dann hier?"

„Weil wir am falschen Tag am falschen Ort waren!"

„Was heißt das?"

„Am 14. August haben sie die Bank am Park überfallen. Vier Täter mit Motorrädern. Und wir waren zufällig an diesem Abend mit unseren Mofas am Park, einen guten Kilometer davon entfernt, und haben Musik gemacht. Dann kamen die Bullen und haben uns mitgenommen. Seitdem sind wir hier."

„Seit dem 14. August?"

„Genau!"

„Seit sechs Wochen also?"

„Seit sechs Wochen?" Die jungen Leute schauen irritiert. „Nein, das alles war schon im vorletzten Sommer."

„Seit über zwei Jahren sitzt ihr also schon hier?"

Sie nicken.

„Habt ihr einen Anwalt?"

„Einen Pflichtverteidiger. Der kommt alle paar Monate mal vorbei. Aber er hat nie irgendwelche guten Nachrichten."

Am Ausgang übernimmt Annette Basler noch einmal die Kamera und filmt den Gefängnishof in der Totalen. Dann gehen sie zur Pforte, wo der Comandante auf sie wartet.

„Sie haben interessante Informationen erhalten?", fragt er mit gespieltem Interesse, aber ausgesucht höflich.

„Aus der Sicht der Häftlinge waren es eher schlechte Nachrichten. Die Männer sind krank und mangelhaft ernährt und sitzen viele Jahre hier ohne Prozess."

„Daran können wir hier leider nichts ändern." Der Comandante zuckt bedauernd mit den Schultern. „Die Gerichte kommen nicht nach. Uns wäre es mehr als lieb, wenn wir weniger Insassen zu versorgen hätten."

„Und sie wurden bei den Vernehmungen misshandelt."

„Glauben Sie ihnen das?"

„Sie haben uns ihre Verletzungen gezeigt."

„Senhora!" Der Comandante macht eine verächtliche Handbewegung. „Sie prügeln sich untereinander fast täglich, wegen einer Packung Zigaretten oder einer Flasche Schnaps, die ein Besucher hereingeschmuggelt hat."

„Der Misshandlungsvorwurf klang aber sehr glaubhaft."

„Und wenn schon", gibt der Comandante verärgert zurück und tritt seine Zigarettenkippe mit der Stiefelspitze in den roten Staub. „Wir haben zwar von Ihnen gelernt, aber nicht alles. Wir sind hier immer noch in Brasilien. Hier gehen die Uhren immer noch anders als bei Ihnen. Wir haben andere Sorgen als tuberkulosekranke Mörder, verstehen Sie, was ich meine?" Er hält einen Augenblick inne und fixiert die Deutsche mit einem stechenden Blick. „Wir sind hier noch nicht so weit wie Sie – mit Ihren Menschenrechten. Wir sind schon froh, dass wir im vergangenen Jahr keinen einzigen Todesfall hatten – bei einer Vernehmung." Was er sagt, klingt verächtlich.

„Wir danken Ihnen jedenfalls für die Drehgenehmigung, Senhor Estafan. Und wegen der Obduktion ..."

„... da rufe ich Sie an, sobald ich das Ergebnis erfahren habe. Hotel Paraíso, habe ich das richtig in Erinnerung?"

René Gronwald fährt gemütlich Richtung Innenstadt. An der großen Kreuzung hinter der Banco Nacional biegt er nach rechts auf die schmale Landstrasse. „Wo willst du hin?"

„Zum Café am *Canale Grande*. Ich lade dich auf einen Espresso ein."

„Angenommen", antwortet Annette Basler und legt ihrem Fahrer den Arm um die Schulter, während sie den anderen Arm durch das offene Schiebedach in den Himmel streckt.

Das Café des zahnlosen Alten hat es ihnen angetan. Die Kloake vor der Tür stinkt nicht mehr, sondern vermittelt Geborgenheit. Der Kaffee schmeckt nach den kleinen Leuten, die ihn nur wenig entfernt anbauen und ernten, und deswegen schmeckt er gut. Die Schmuddelkinder, die auch jetzt wieder ihr Auto in Beschlag nehmen und daraus alles entwenden werden, was sie finden, von der Baseballmütze bis zum Knopf des Schaltknüppels, machen nicht wütend, sondern solidarisch.

Ein Krankenwagen überholt sie mit schreienden Sirenen. Am nächsten Tag werden sie im Radio hören, dass es im Ghetto eine Schießerei zwischen verfeindeten Rauschgiftbanden gegeben hat. „Was hältst du vom Comandante?", fragt die Medizinerin.

„Ein netter Mann, nicht wahr?", gibt der Kommissar zurück.

„Und ein korrekter Mann. Von der Kleidung über die Manieren bis zu dem, was er gesagt hat."

„*Korrekt* bedeutet allerdings auch Gefahr."

„Wieso?"

„Das Verbrechen kommt oft korrekt daher, das staatliche jedenfalls."

Jetzt überholen sie zwei Polizeiwagen mit hohem Tempo und dann quält sich noch ein alter Rotkreuzwagen an ihnen vorbei.

„Wir wollen ja nur, dass er den Jungen obduzieren lässt. Das hat er uns fest zugesagt. Und das liegt in seiner Entscheidungsmacht."

„Er will uns anrufen. Wenn er es nicht tut, rufen wir ihn an oder besuchen ihn noch einmal."

Während sie auf das Café zufahren, sitzt der Comandante wieder in seinem Büro und telefoniert.

„Dr. da Silva, ich grüße Sie und muss Ihnen eine kleine Geschichte erzählen. Soeben hatte ich Besuch von den beiden Journalisten aus Deutschland – Sie wissen? Ob Sie es nun glauben oder nicht: Die beiden bitten um eine Obduktion des Jungen – ist er eigentlich schon bei Ihnen?"

„Vor zwei Stunden angekommen", antwortet der Mann am anderen Ende der Leitung.

„Ich habe die Obduktion zugesagt. Also: Wir brauchen ein zweites Protokoll. Sie lassen sich etwas einfallen?"

„Kein Problem, Senhor Estafan."

Schlemmerland

Der Praça da Justiça liegt einen knappen Kilometer vom Marktplatz entfernt, im Südosten der Stadt, inmitten eines besseren Wohn- und Geschäftsviertels. Er ist eine bekannte Adresse in Mesa Cayu, denn dort steht das Gerichtsgebäude. Ein 200 Jahre alter Sandsteinbau mit mächtigen Säulen vor dem Eingang und einer breiten weißen Treppe. Der Gerichtsalltag in Mesa Cayu ist genauso unauffällig wie der in irgendeiner deutschen Provinzstadt, obwohl neben dem üblichen Kleinkram auch zahlreiche schwere Straftaten verhandelt werden wie Körperverletzung, Vergewaltigung, Mord und Raub, vor allem Raub. Denn davon nehmen die Menschen kaum Notiz. Es interessiert sie nicht, was mit dem jugendlichen Straßenräuber geschieht. Wenn die Justiz ihn nicht einsperrt, dann macht er weiter, und wenn sie ihn ins Gefängnis schickt, dann steht schon morgen ein anderer an seinem Platz. Das Verbrechen ist ein Kind der Armut, heißt es hier. Mit beiden hat man leben gelernt.

Heute allerdings ist das anders. Schon um sieben Uhr früh sind die ersten Kamerateams eingetroffen und haben ihre Technik aufgebaut, und um kurz vor acht umlagern Dutzende von Journalisten mit Fotoapparaten und Mikrofonen den Eingang. Wenig später fährt ein großer Lincoln vor, aus dessen Heck zwei gutgekleidete Personen steigen, die sich bereitwillig den Fragen der Journalisten stellen.

„Dieser Prozess", sagt der Mann im schwarzen Anzug und der weißen Krawatte, „ist ein Skandal. Die Anklage hat keine Substanz. Ich bin sicher, dass mein Mandant schon heute als freier Mann das Gericht verlassen wird!"

Dann bahnt sich der Rechtsanwalt mit seinem Mandanten den Weg durch die Journalisten.

„Sagen Sie uns noch, warum Sie mit einem Freispruch rechnen?", ruft einer aus der Menge. Der Rechtsanwalt bleibt noch einmal stehen und dreht sich zu den Fotoapparaten und den Kameras um. „Weil wir volles Vertrauen in unsere Justiz haben und weil Richter Elber ein Ehrenmann ist."

Brasilien mag große Sprüche. Morgen wird dieser Satz in zahlreichen Zeitungen erscheinen. Aber dort wird auch noch etwas ganz anderes zu lesen sein.

In der vergangenen Woche schon hat Senhora Parana den deutschen Gästen von dem bevorstehenden Strafprozess berichtet. Eine heiße Kiste. Vor wenigen Monaten ist mitten in der Stadt ein achtjähriges Mädchen beim Überqueren einer Straße überfahren und tödlich verletzt worden. Der Fahrer des schweren Landrovers hat nur kurz angehalten und dann das Weite gesucht. Doch Fußgänger hatten sich das Kennzeichen gemerkt und so war der Unfallverursacher schon eine halbe Stunde später ermittelt worden, in einer Kneipe im Zentrum, und sturzbetrunken. Eigentlich kein spektakulärer Fall, denn solche Dinge gehören in Mesa Cayu eher zum Alltag. Was dem Fall der Achtjährigen aber so viel Sprengkraft verlieh, war die Person des Unfallverursachers. Larry Fonell, 38 Jahre alt und US-amerikanischer Staatsbürger, war der zweite Mann in der Boa Vista. Die Staatsanwaltschaft hatte ihn wegen fahrlässiger Tötung aufgrund alkoholbedingter Fahruntüchtigkeit angeklagt. Die Beweislage allerdings hätte besser sein können. Die Blutprobe, die man Larry Fonell entnommen hatte, war nämlich vor ihrer Analyse in der Rechtsmedizin in Verlust geraten und so musste die Staatsanwaltschaft den Trunkenheitsnachweis über Zeugen führen. Davon gab es allerdings genug. Zehn Personen hatten bei ihrer Vernehmung durch die Strafverfolger angegeben, dass der Fahrer schon betrunken in die Kneipe gekommen war und sich dort bis zu seiner Festnahme nur noch einen Doppelten genehmigt hatte. Die Verteidigung war hingegen der Auffassung, dass es eine Verurteilung wegen Trunkenheit nur geben dürfe, wenn eine offizielle Feststellung des Blutalkohols vorliege. Und zudem sei das Opfer seinem Mandanten vor das Auto gelaufen, so dass dieser nicht mehr reagieren konnte. Man ist gespannt heute in Mesa Cayu, wie diesmal der Kampf der Dollar gegen die Gerechtigkeit ausgehen wird.

Als Annette Basler und René Gronwald den Gerichtssaal betreten, hat die Verhandlung gerade begonnen. Es ist acht Uhr und Richter Fernando Elber liebt die Pünktlichkeit. Weil alle Plätze schon besetzt sind, müssen die beiden Deutschen mit einem Stehplatz vorlieb nehmen.

Richter Elber ist ein freundlicher älterer Herr mit einem schmalen Oberlippenbart und glatt nach hinten gekämmten graumelierten Haaren. Er verhandelt so wie Richter in Deutschland auch verhandeln. Unaufgeregt, mit weicher Stimme sprechend, oft lächelnd und immer um Unvoreingenommenheit bemüht. Dann trägt der Staatsanwalt die Anklageschrift vor. Der Anklagevertreter ist jung, klein und unscheinbar, aber seine Stimme ist von einer unerwarteten Festigkeit. Danach kommen die Zeugen. Von den zehn Geladenen ist nur einer erschienen. Er ist Kellner des fraglichen Lokals, ein Farbiger.

Ja, sagt er, der Angeklagte sei betrunken in das Lokal gekommen.

Woran er das gemerkt habe, am unsicheren Gang?

Bitte?

Ob der Angeklagte vielleicht geschwankt habe?

Geschwankt? Vielleicht.

Oder verwaschen gesprochen habe, gelallt?

Kann sein, aber sicher ist er sich nicht mehr.

„Wo sind Ihre restlichen Zeugen?", fragt der Richter spöttisch in Richtung des Staatsanwalts.

„Das fragen Sie *mich*?", gibt dieser genauso provozierend zurück.

Im Zuschauerraum sitzen die Eltern des getöteten Mädchens mit gesenktem Kopf und ausdruckslosen Gesichtern. Sie haben sich darauf eingerichtet, dass sie heute wie in tausend Jahren ihren Kampf gegen die Großen verlieren werden.

Sie schildern den Unfall. Isabel, ihre Tochter, sei über die Straße gelaufen, um gegenüber am Kiosk Erdnüsse zu kaufen. Sie habe auf den Verkehr geachtet, aber der Wagen sei ja mit so großer Geschwindigkeit herangebraust. Und warum er denn anschließend weggefahren sei?

Es ist der Tag der Verteidigung. Da habe es einmal zehn Zeugen gegen seinen Mandanten gegeben, sagt Rechtsanwalt

Dr. Cardoso, der Boss der größten Kanzlei am Ort, und jetzt sei *einer* übrig geblieben. Und der habe eine Lieblingsvokabel, die heiße *vielleicht*. Zu der Behauptung der Eltern, sein Mandant sei herangebraust, wolle er nichts weiter anmerken, aber auch diesbezüglich brauche man, wie bei der Alkoholbestimmung, verlässliche Zahlen.

„Und ganz unabhängig davon", sagt er noch: „Fahren wir nicht alle forsch und zügig? Auch Sie, Herr Richter? Steht diese Fahrweise nicht für unsere Lebensweise? Für unsere vorwärts strebende Nation?"

Das ist der Übergang zu seinen weiteren Ausführungen. Er spricht jetzt nur noch von seinem Mandanten und dessen Funktion in der Boa Vista und von der Boa Vista als Motor für den wirtschaftlichen Aufschwung in der Stadt und in der ganzen Umgebung. Eine geschlagene Stunde spricht er davon. Stimmgewaltig und gestikulierend, ein Prediger, dem nur noch die Kanzel fehlt. Zum Schluss sagt er:

„Wenn das Gericht meinen Mandanten verurteilt, dann verurteilt es auch die Boa Vista. Und wenn es die Boa Vista verurteilt, dann verurteilt es auch diese Region – zum Verzicht auf den ersehnten Aufschwung nach Jahrhunderten bitterster Armut."

Bevor er Freispruch beantragt, sagt er, dass er sein Plädoyer auch deswegen so früh beende, weil er dem Gericht die Möglichkeit geben wolle, noch vor der Mittagspause sein Urteil zu fällen.

Richter Fernando Elber nickt dankbar in Richtung der Verteidigung und wirft einen bösen Blick zur Staatsanwaltschaft, die zuvor zwei Jahre Gefängnis beantragt hat. Es ist halb eins und in einer halben Stunde beginnt die Mittagspause, nach der man allgemein nur ungern noch verhandelt. Die Sitzung wird für eine Viertelstunde unterbrochen, danach ist noch genau so viel Zeit für die Urteilsbegründung. Das war das Kalkül des Verteidigers.

„Mein Gott", flüstert René Gronwald seiner Begleiterin ins Ohr, „hier lernt man unseren Rechtsstaat schätzen."

„Wirklich?", gibt Annette Basler stirnrunzelnd zurück. „Was geschieht denn bei uns mit den Rasern, die andere totfahren? Und haben die Reichen bei uns nicht auch die besseren Karten? Die von Toledo zum Beispiel?"

Pünktlich um viertel vor eins ist der Richter zurück. Letzte Blitzlichter huschen durch den Saal, dann wird das Urteil verkündet. Zwei Jahre Haft gibt es für Larry Fonell wegen fahrlässiger Tötung infolge Autofahrens im Zustand der Trunkenheit. Zudem muss der Angeklagte 5.000 Reais an die Eltern des Opfers zahlen und sich bei ihnen entschuldigen. Richter Elber glaubt dem verängstigtem Kellner und den traurigen Eltern.

Während der kleine Staatsanwalt ungerührt den Saal verlässt, stehen Angeklagter und Verteidiger noch minutenlang bestürzt auf ihren Plätzen. Mit einem Mal ist alle Überlegenheit von ihnen abgefallen. Da ist etwas schiefgegangen, was lange funktioniert hat. Da ist eine Rechnung nicht mehr aufgegangen, auf die lange Verlass war.

Draußen greift Annette Basler zur Kamera und filmt den Abzug der vielen Zuschauer. Angeklagter und Verteidiger eilen jetzt wie in Panik zu ihrem Wagen und fahren davon. Auf der anderen Seite der Praça drängen sich Journalisten noch um die Eltern des Opfers, fotografieren und stellen Fragen, die die beiden nicht beantworten können. Es wird lange dauern, bis sie das Urteil verstehen.

Dann steht plötzlich Richter Elber neben den Deutschen. „Wenn mich nicht alles täuscht, sind Sie die beiden Journalisten aus Frankfurt am Main, die einen Film über unsere Stadt machen", sagt er in akzentfreiem Deutsch.

„Richtig", antwortet Annette Basler. „Sie sprechen Deutsch, Senhor Elber?"

„Meine Urgroßeltern kamen aus Böblingen, sind 1810 nach hier ausgewandert. Der ganze Clan spricht noch unsere Muttersprache."

„Und woher kennen Sie uns?"

„Ich bitte Sie! Dass Sie hier sind, ist Stadtgespräch! Und die hübsche blonde Senhora sowieso."

Annette Basler freut sich wie alle Frauen, denen man Komplimente macht. „Trotzdem merkwürdig", antwortet die so Verhätschelte.

„Ich will es kurz machen", sagt Richter Elber. „Wenn ich Sie heute Abend zum Essen ins *Gomex* einlade, wären Sie einverstanden? Ein Spezialitätenrestaurant an der Hauptstraße, vielleicht kennen Sie es schon. Beste Küche und frisches Bier."

„Gerne", antwortet René Gronwald, ohne zu zögern und ohne Rückfrage.

„Danke", revanchiert sich der Richter. „Also 19 Uhr. Ich bestelle einen Tisch."

Im *Gomex* verkehrt die bessere Gesellschaft von Mesa Cayu. Ein luxuriöser Holzpavillon mit einer breiten Veranda zur Straße hin, die hier auf einer Länge von vielleicht 300 Metern mit allerlei Nobelgeschäften gesäumt ist. Flanier- und Einkaufsmeile für die Reichen, die es selbstverständlich auch in dieser Stadt gibt, neben der Übermacht an Not und Armut. Fernando Elber hat einen Tisch im Freien bestellt und das heißt frische Luft und einen überwältigenden Blick in den Sternenhimmel. Der Richter freut sich erkennbar über das Zusammentreffen mit den Menschen aus seiner alten Heimat. „Den Böblingern ist die Pflege unserer deutschen Tradition heilig", sagt er und dabei schwäbelt er tüchtig.

Sie essen churasco, am Spieß gebratenes Rindfleisch, und trinken Bohemia-Bier, das erfreulicherweise gut gekühlt serviert wird.

„Es kommen kaum Deutsche hierher", sagt Richter Elber. „Hin und wieder verirren sich ein paar Amerikaner oder Engländer nach Mesa Cayu, Geologen zumeist oder Biologen, die nach Bodenschätzen oder unbekannten Tierarten suchen." Dann hält er einen Moment inne und denkt nach. „Einen prominenten deutschen Besucher hatte ich allerdings gerade vergessen. Wolf Paul, ein Jurist aus Frankfurt, mit einer Honorarprofessur in Belem. Er war im vergangenen Jahr hier zu Gast, aber nur für zwei Tage. Er war unterwegs nach Pindorama, um einem Indianerstamm Rechtsbeistand zu leisten." Jetzt schaut Richter Elber traurig. „Manchmal meint man, dass sich die Ausländer mehr Sorgen um Brasilien machen als die Einheimischen." Er prostet seinen Gästen zu. „Richtige Touristen gibt es so gut wie gar nicht. Mesa Cayu ist und bleibt ein verschlafenes Nest - wenn es nicht so viele Verbrechen gäbe."

Dann bittet er die Deutschen, aus der alten Heimat zu erzählen. Ob es noch Volksfeste gibt mit Trachtenkapellen und lauschige Weinlokale in Heidelberg und Heilbronn. Deutschland ist für ihn längst zum Mythos geworden. Die heile Welt wenigstens jenseits des Atlantiks, in seiner alten Heimat. Annette Basler und René Gronwald werden an diesem Abend keine Träume zerstören. Aber irgendwann wollen sie auch etwas von dem Mann in der Robe wissen.

„Sie haben den Angeklagten heute zu einer hohen Strafe verurteilt", sagt Annette Basler. „Wir hatten gewettet, dass er freigesprochen würde."

„Das haben andere auch."

„Weil es eben nicht üblich ist, solche Angeklagten zu verurteilen, nicht wahr?"

„Völlig richtig. Kennen Sie das Phänomen nicht auch aus Deutschland? Vor Gericht gewinnen immer nur die Großen!"

„Und warum war es heute anders? Warum haben heute die Kleinen gewonnen?"

Fernando Elber nimmt die Frage gelassen.

„Weil wir das Spiel lange genug anders herum gespielt haben."

„Sie auch?"

„Ich auch."

„Und warum dieser Wandel?"

Der Richter lacht. ... „Ich könnte Ihnen jetzt sagen: Weil mir mein Gerechtigkeitssinn gesagt hat, dass es so nicht weiter gehen kann. Aber das wäre nicht richtig. Es war die Staatsanwaltschaft, die diesen Wandel bewirkt hat. Irgendwann kam eine neue Sorte Staatsanwälte hier ans Gericht. Junge Typen, unscheinbar, unauffällig. Sie haben Senhor Ballestino ja heute gesehen. Die vertraten plötzlich das Gesetz – und nicht mehr die Geschäftsinhaber oder die Politiker oder die Großgrundbesitzer. Am Anfang hat mich das sehr gestört. Dann aber hat es mir Eindruck gemacht. Und dann habe ich ..."

Der Richter schaut nachdenklich dem Kellner nach, der mit viel Schwung seine wohlhabenden Gäste bedient.

„Sie haben das neue Spiel mitgespielt, oder?"

„So schnell nicht. Ich habe zuerst nachgedacht. Und dann bin ich zu dem Schluss gekommen, dass die jungen Staatsanwälte Recht hatten. Es kann doch nicht richtig sein, dass das Recht sozusagen von selbst stets auf der Seite der Reichen ist, das habe ich mir gedacht. Heute" - der Richter blickt betroffen seine Gesprächspartner an – „heute schäme ich mich ein bisschen dafür, dass ich dazu so lange gebraucht habe."

„Obwohl Sie doch offensichtlich eine Ausnahme sind?"

„Vielleicht ist *Ausnahme* zuviel gesagt. Aber zur Mehrheit gehöre ich nicht - wie übrigens auch der Staatsanwalt."

„Die Menschen hier in der Stadt bejubeln Ihr Urteil, die Leute von Boa Vista sind entsetzt darüber. Fürchten Sie jetzt eigentlich Repressalien?"

„Durch wen?"

„Die Justizverwaltung oder die Amerikaner."

Senhor Elber überlegt und wiegt den Kopf. „Ehrlich gesagt, Sie machen mich in diesem Augenblick nachdenklich. Allerdings, bis heute hatte ich noch keine Probleme mit meiner Sympathie für die jungen Staatsanwälte."

Es ist kurz vor Mitternacht und im *Gomex* sind noch alle Tische besetzt. Auf der Straße sind viele Menschen unterwegs, offene Pkw mit lärmenden Radios fahren auf und ab und bunte Lichtreklamen verbreiten auf kurzem Raum den Flair von Rio und Rom.

Aus Richtung Stadtmitte nähert sich jetzt ein schweres Motorrad. Es ist besetzt mit zwei Personen in schwarzer Lederkleidung und mit schwarzen Helmen. In Höhe des Restaurants fährt es nur noch mit Schritttempo. Langsam lenkt der Fahrer die Maschine an die hölzerne Veranda heran.

„Achtung!", schreit René Gronwald in diesem Augenblick. „Runter! Auf den Boden!"

Aber da ist es schon zu spät. Der Beifahrer zieht blitzschnell eine Pistole aus seinem Overall und richtet sie mit ausgestrecktem Arm auf Fernando Elber. Vier- oder fünfmal blitzt das Mündungsfeuer auf, dann bricht der Richter blutüberströmt zusammen. Während das Motorrad mit dröhnendem Motor in der Nacht verschwindet, werfen sich die Gäste schreiend auf den Boden oder flüchten ins Innere des Lokals.

Der Richter sitzt noch auf seinem Stuhl, sein Kopf und Oberkörper liegen auf dem Tisch und ein breiter Strom frischen Blutes bahnt sich seinen Weg durch umgefallene Flaschen und Gläser.

„Wir müssen ihn auf den Boden legen", keucht Annette Basler. Sie packen ihn unter den Armen und ziehen ihn vom Stuhl. Als sie ihn auf die dicken Holzbohlen der Veranda legen, hustet der Richter und stößt dabei schwallweise Blut aus seinem halboffenen Mund. Zwei Kugeln haben ihn in die Stirn getroffen, eine in den Hals und eine in die Brust.

„Was ist?" René Gronwald kniet neben der Ärztin über ihrem Gastgeber.

„Nichts mehr." Annette Basler schüttelt resigniert den Kopf. „Keine Chance."

Fernando Elber atmet ein letztes Mal, während er den Mund weit aufsperrt. Dann fällt sein Kopf leicht zur Seite.

„Er ist tot."

Immer noch Schreie und das Getrampel flüchtender Menschen, während von der Straße her Neugierige näher kommen. Der Restaurantbesitzer ist herbeigeeilt. „Ich habe einen Krankenwagen verständigt", sagt er aufgeregt.

„Was machen wir?", fragt Annette Basler den Kommissar. Der überlegt einen Augenblick. „Du siehst keine Möglichkeit mehr, ihn wiederzubeleben?"

„Völlig aussichtslos. Sie haben Spezialmunition benutzt."

Sie hebt den Kopf des Richters an. Die Ausschusslöcher im Hinterkopf sind handtellergroß.

„Abhauen", sagt René Gronwald, „schnell."

Sie laufen zu ihrem Wagen, den sie an der nächsten Ecke geparkt haben. Als sie losfahren, sind die ersten Sirenen zu hören.

„Jetzt werden sie wieder so tun, als würden sie einen Mord aufklären", sagt Annette Basler, als sie sich mit dem Taschentuch das Blut von den Händen wischt. „Aber sie werden nie einen Täter finden. Boa Vista wird sich auf deine Kollegen verlassen können, nicht wahr?"

René Gronwald presst die Lippen zusammen und schweigt. Sippenhaft, denkt er, Sippenhaft sogar über den Atlantik hinweg. Aber er weiß auch, dass er das irgendwie mit zu verantworten hat.

Am nächsten Morgen kommt Senhora Parana schon am Fuß der Treppe auf sie zu.

„Wissen Sie es schon?", fragt sie mit leiser Stimme. „Sie haben den Richter erschossen, gestern Nacht."

„Wir haben davon gehört", entgegnet Annette Basler mitfühlend. „Im Radio heute früh."

„Viele haben es geahnt", sagt die Senhora beschwörend, „viele, viele, viele. Das kam nicht überraschend."

„Aber was für einen Grund gab es denn, ihn zu töten?"

Die alte Dame schüttelt den Kopf und macht sich auf den Weg in Richtung Küche. „Kaffee wie immer?", fragt sie.

„Wie immer", antwortet Annette Basler. „Aber warum hat man ihn erschossen?"

„Dieses Land", sagt Senhora Parana, ohne sich umzudrehen, „mag keine Richter, die *Recht* sprechen."

„Dieses Land", ruft ihr Annette Basler nach, „meinen Sie dieses Land oder etwas anderes?"

Die Senhora bleibt kurz stehen und verschwindet dann wortlos in der Küche.

Heute ist der Frühstücksraum gut besetzt. Am Abend zuvor sind neue Gäste gekommen, Amerikaner, vier Ehepaare aus Kalifornien, mit einem ausgemusterten Militärtransporter auf einer Rundreise durch Südamerika. In Mesa Cayu sind sie gelandet, weil sie sich hinter Belem verfahren haben. Ihre gute Stimmung will allerdings nicht auf die anderen Gäste überspringen, unter denen sich die Nachricht von der Ermordung des beliebten Richters schnell herumgesprochen hat.

René Gronwald und Annette Basler sitzen sich immer noch wortlos gegenüber, als der Kellner kommt und sie zum Telefon bittet. „Ein Comandante Estafan möchte Sie sprechen." Annette Basler folgt ihm an den Empfang.

„Senhora, ich kann Ihnen heute Morgen eine gute Mitteilung machen. Die Rechtsmedizin hat mich soeben angerufen. Der Tod des Schülers hat nichts mit irgendwelchen Giften zu tun. Er ist eines natürlichen Todes gestorben. Herzversagen."

„Herzversagen? Mit zwölf Jahren?"

„Dr. da Silva hat einen schweren Herzmuskelschaden festgestellt. Wahrscheinlich virusbedingt, und das kann, wie er sagte, auch ganz junge Menschen treffen."

„Danke", sagt Annette Basler, „ich danke Ihnen vielmals, Senhor Estafan."

Die Nummer der Schule hat sie in der Handtasche. Sie erreicht die Direktorin in ihrem Büro.

„Wussten Sie von einem Herzmuskelschaden bei Pedro?"

376

Senhora Costellan ist überrascht. „Nicht das Geringste, warum fragen Sie?"

„Weil die Rechtsmedizin sagt, dass Pedro einen schweren Herzmuskelschaden hatte, der zu einem Herzversagen geführt hat."

„Das kann ich mir nicht vorstellen. Pedro war Schulmeister im 1000-Meter-Lauf!"

Sie frühstücken schnell zu Ende, lehnen die Einladung der Amerikaner zu einem Frühschoppen freundlich ab und steigen in ihren Toyota.

„Du wirst dem Doktor jetzt ein paar interessante Fragen stellen?"

„Worauf du dich verlassen kannst!"

„Pass aber auf. Du bist Journalistin."

Dr. Luiz da Silva ist ganz und gar nicht der Typ eines Rechtsmediziners. Klein, schmächtig, feingliedrig, mit einer sanften Stimme ausgestattet, würde er eher in eine anthroposophische Klinik für Ganzheitsmedizin passen als ins Leichengeschäft. Seine Kollegen in Frankfurt am Main sind anders gebaut.

„Wir haben das Problem hier häufiger", sagt er, als er seine frühen Gäste durch die weiß gekachelten Gänge des Instituts in der Rua das Amendoeiras führt. „Ein Virus, der nur in den Tropen vorkommt, befällt den Herzmuskel und zerstört die Muskelzellen. Das Herz wird größer und schwerer und kann bei der geringsten Überbelastung seinen Dienst verweigern."

„Er war ein Supersportler!"

„Die Krankheit verläuft symptomlos. Die Menschen sind zum Teil voll leistungsfähig – bis zum plötzlichen Ende."

Dr. da Silva öffnet den Kühlraum und knipst das Licht an. Auf zahllosen Buggys liegen nackte Leichen und auf der Seite stapeln sich in einem Aluminiumregal holzgezimmerte Särge.

„Das tut mir leid", sagt der Doktor. „Sie haben den Jungen schon eingesargt. Ich kann Ihnen das Herz gar nicht mehr zeigen." Er nimmt von einem der Särge die Abdeckung weg.

„Sehen Sie." Aus dem hellblauen Tüll schaut nur noch ein weißes Kindergesicht heraus, und die Hände liegen über dem Bauch gefaltet.

„Die Eltern holen ihn morgen Mittag ab."

Auf dem Rückweg hat Annette Basler noch Gelegenheit für

ein paar Fragen.

„Haben Sie auch Untersuchungen auf eine Giftbelastung gemacht?"

„Selbstverständlich", antwortet der Pathologe, „Comandante Estafan hat mich ausdrücklich darum gebeten. Blut, Niere, Leber – keinerlei Anzeichen für toxische Einflüsse."

Als sie sich am großen Portal verabschieden, sagt Dr. da Silva: „Journalisten müssen misstrauisch sein, nicht wahr? Es ist Teil ihres Jobs."

Sie fahren auf der Hauptstraße zurück zum Hotel. Am *Gomex* sind sämtliche Spuren des nächtlichen Attentats beseitigt. Auch gibt es keine Absperrung mehr und keine Polizeifahrzeuge stehen am Restaurant. Auf der Terrasse sitzen schon wieder die ersten Gäste und trinken Kaffee.

„Ihr habt mehr Hightech in eurem Institut", sagt René Gronwald.

„Das verstehe ich jetzt nicht ..."

„Die Türen zum Beispiel. Eure Türen haben Sicherheitsschlösser. Hier gibt es nur die alten Schlösser aus Omas Zeiten."

„Ich kapier´ immer noch nicht ..."

„Mann Gottes! Um in die hiesige Rechtsmedizin zu kommen, brauchen wir lediglich einen herkömmlichen Dietrich. Oder einen umgebogenen Draht."

Annette Basler schaut ihren Kollegen von der Seite an. Sie ist nur einen kleinen Augenblick lang sprachlos. Für mehr reicht es nicht, denn dafür kennt sie ihn mittlerweile schon zu gut.

„Du willst in die Rechtsmedizin einbrechen?"

„Nicht allein."

„Und was wollen wir dort?"

„Noch einmal nach Pedro schauen. Er hat Anspruch auf die Wahrheit."

Wie oft hat er schon Objekte oder Personen observiert. An die genaue Zahl kann sich René Gronwald nicht mehr erinnern. Tage- und nächtelang im Auto. In irgendwelchen fremden Wohnungen, in einem Geschäft, einmal sogar in einer Litfasssäule, und immer nur warten und keine Sekunde unaufmerksam sein. Warten auf den Dealer, den Erpresser oder auch nur auf den Spanner.

Observationen sind die Hölle. Diejenigen, die kommen sollen, kommen regelmäßig spät oder gar nicht. Heute ist es anders. Um 20 Uhr verlöscht das letzte Licht im Institut an der Rua das Amendoeiras. Kurz darauf fährt ein Wagen vom Parkplatz auf die Straße und entfernt sich in Richtung Stadt. Eine Stunde später fährt ein anderer Wagen mit aufgesetztem Gelblicht vor. Zwei Personen steigen aus, laufen das Gebäude ab und rütteln an den Türen. Dann ist der Wagen schon wieder weg. *Serviço de segurança* lesen sie durch ihre lichtstarken Gläser auf der Wagenseite. Stündlich kommt der Mazda des Sicherheitsdienstes nun und im zwei-Stunden-Abstand begeben sich die Wachleute in das Gebäude. Für ein paar Minuten flammen dann in allen Stockwerken die Lichter auf und danach ist es dann wieder dunkel und still.

Der Toyota der beiden Deutschen steht etwa 300 Meter vom Rechtsmedizinischen Institut entfernt in einer unbebauten Seitenstraße, gut getarnt zwischen hohen Bäumen.

„Wenn sie ihren Rhythmus beibehalten", flüstert René Gronwald, „werden sie um Mitternacht wieder ins Gebäude gehen. Danach kommen wir und haben zwei Stunden, in denen wir sicher sind."

René Gronwalds Hightech-Weissagung trifft zu. Sie sind schnell im Gebäude. Der Kommissar hat sich die Örtlichkeit gut eingeprägt und daher stehen sie bald vor dem Kühlraum. Jetzt nur noch Flüsterton.

„Wir schaffen den Kleinen auf den Sektionstisch."

Pedros Sarg ist leicht und lässt sich problemlos in den gegenüberliegenden Raum tragen.

In dieser Nacht versteckt sich der Mond hinter dicken Wolken. Es ist stockdunkel und sie spielen mit dem Gedanken, das Deckenlicht anzuschalten. Da aber die Jalousien teilweise nicht in Ordnung sind und der Sektionsraum nicht vollständig verdunkelt werden kann, nehmen sie mit dem Licht der Taschenlampe vorlieb. Zunächst ziehen sie sich zwei der hellgrünen Kittel über, die zahlreich an der Garderobe neben der Tür hängen. In einer Schublade finden sie schließlich noch Latexhandschuhe und ein Sektionsbesteck.

„Nimm du mal", sagt René Gronwald und drückt Annette Basler die Taschenlampe in die Hand. Dann hebt er den Körper des Buben aus dem Sarg und legt ihn behutsam auf den Sektionstisch. Der Junge trägt ein weißes knöchellanges Leinenhemd, dass bis unters Kinn reicht und am Rücken geknöpft ist. Als sie es ausgezogen haben, sehen sie den sauberen Schnitt, der vom Kinn bis zum Schambein reicht und mit einem dicken Garn vernäht ist. Wortlos wechselt die Lampe den Besitzer und dann zieht Annette Basler die Fäden aus dem kalten Körper heraus. Im Brust und Bauchraum liegen ungeordnet die inneren Organe des Leichnams, so ungeordnet, wie sie der Obduzent nach ihrer Untersuchung dorthin zurückgekippt hat. Annette Basler hebt sie vorsichtig in die Blechwanne am Fußende des Tisches. Dann hält sie ein Organ nach dem anderen in den Schein der Taschenlampe.

„Nicht ganz vollständig", sagt René Gronwald.

„Interessant, was da fehlt", entgegnet Annette Basler. „Leber, Nieren, Milz und Pankreas."

„Die Speicherorgane, nicht wahr?"

„Wegen denen wir heute hier sind!"

„Aber uns interessiert ja noch etwas." Annette Basler wühlt wieder in den Innereien und findet schließlich das Herz. „Herzmuskelschaden, hatte Dr. da Silva gesagt", erinnert sich die Ärztin, „virusbedingter Herzmuskelschaden, der zum Herzversagen geführt hat. Ich kenne das Krankheitsbild. Es ist einfach zu diagnostizieren, mit bloßem Auge." Sie schneidet tief in das glatte, glänzende Organ und drückt die Schnittstellen auseinander.

„Die Lampe näher heran!" Sie tupft das immer noch frische Blut mit einem Zellstoffvlies ab und untersucht die Schnittflächen sorgfältig im Schein der Lampe.

„Von wegen virusbedingter Herzmuskelschaden", sagt sie nach einer Weile und sie sagt es triumphierend.

„Du kannst ihn ausschließen?"

„Mit Sicherheit! Wenn die Diagnose von Dr. da Silva stimmte, dann wäre der Herzmuskel mit weißen Punkten durchsetzt. Das sieht aus wie feiner Schnee auf der Windschutzscheibe eines Autos und ist in Wirklichkeit abgestorbenes Muskelgewebe. Hier ist nichts zu sehen, keine einzige Flocke, nur rotes Muskelfleisch."

„Also filzen wir jetzt die Bude!" René Gronwald schaut auf die Uhr. „In einer Viertelstunde kommt die Streife wieder vorbei. Wir sollten uns beeilen."

„Einen Moment". Annette Basler begibt sich zum Kopfende des Leichnams. „Die Hirnanhangdrüse als Dioxinspeicher, als Gradmesser für Giftbelastung. Das ist noch nicht Allgemeingut in der Rechtsmedizin." Die Ärztin entfernt einmal mehr die Schädeldecke.

Das Gehirn ist noch da oder, genauer gesagt, wieder da. Dr. da Silva hatte es entnommen und untersucht. Dann hat er es Scheibe für Scheibe in den Schädel zurückgelegt. In Deutschland landet das Gehirn eines obduzierten Menschen in dessen Bauch. Für Brasilien ist dies undenkbar.

Annette Basler hält einen Augenblick die Luft an. Dann Entwarnung. Auch die Hypophyse ist da, unbeschadet zudem.

„Noch mal Licht bitte!"

Annette Basler schneidet die Drüse an ihrer Wurzel ab. „Gegenüber im Schrank stehen die Braunglasflaschen. Ihr Verlust fällt ihnen nicht auf."

„Kannst du was erkennen?"

„Das Organ ist nicht so groß wie das der beiden Laboranten in Frankfurt, aber auch merkwürdig marmoriert. Mehr ist allerdings nicht zu erwarten bei einem Hamburgerkonsumenten."

Draußen hört man jetzt verhaltenen Motorlärm. René Gronwald schaltet die Taschenlampe aus. Autotüren schlagen, Rütteln an den Türen, dann entfernt sich der Security-Wagen.

René Gronwald hat irgendwann eine unbenutzte Braunglasflasche gefunden und Annette Basler den Behälter mit Formalin. Die Hypophyse des kleinen Pedro ist jetzt lager- und transportfähig asserviert. Bei der Analyse heißt es aber aufzupassen, denn das Mittel gegen die Verderblichkeit beeinflusst die Ergebnisse der Giftanalyse. Moderne Geräte werden mit dem Problem allerdings spielend fertig.

Eine halbe Stunde später ist der alte Zustand wieder hergestellt und Pedro, der hungrige Sohn eines Tagelöhners und einer arbeitslosen Näherin, liegt, bekleidet mit einem hochgeschlossenen Totenhemd, in seinem Sarg im Kühlraum der Rechtsmedizin von Mesa Cayu. Die Kittel hängen sie an ihren alten Platz und die Handschuhe stecken sie ein. Dr. da Silva darf nichts bemerken von ihrem nächtlichen Besuch. Er ist ganz offensichtlich ein Teil der Verschwörung gegen das Recht. Wie auch der Comandante. Und Senhor Fernandez, der Bürgermeister. Und andere.

„Was machen wir jetzt mit unserer Beute?", fragt René Gronwald auf der Rückfahrt durch die dunkle Stadt.

„Erinnerst du dich an die Geschichte von meinem Präparationskurs in Belem, vor sieben Jahren?"

„Aber natürlich", antwortet René Gronwald mit einem spontanen flauen Gefühl in der Magengegend.

„Einer der Referenten war Professor Vasco, ein Rechtsmediziner aus Sao Luis, das liegt auf halbem Wege zwischen Belem und hier. Er hat über die Altersbestimmung von Pflanzensporen gesprochen. Aber ich weiß auch, dass sein Labor mit modernster Technik bestückt ist. Heute heißt das Gaschromatograph und Massenspektrometer."

„Und wie bringst du das Zeug dahin?"

„Mit dem Flugtaxi."

„Es gibt hier ein Flugtaxi?"

„Wenn die 25 Hinweisschilder in der Stadt nicht lügen, dann bestimmt."

Kleine Welt

Jeff Colussi wird gute Miene zum bösen Spiel machen. Immerhin hat man ihn nicht gefeuert und noch nicht einmal herunter gestuft. Sondern man hat ihm nur einen anderen Mitarbeiter zur Seite gestellt. Und dafür gibt es gute, nachvollziehbare Gründe, Gründe, die mit einem Fehlverhalten seinerseits nichts zu tun haben. Der neue Mann ist Biochemiker, also jemand, der wissen muss, wie man mit dem weißen Pulver umgeht, zumal er es eigenhändig entwickelt und hergestellt hat. Nein, da ist kein Anlass zu Selbstvorwürfen. Er ist Betriebswirt und hat sich an seine Vorgaben gehalten. Wenn es immer wieder Nebenwirkungen gegeben hat, dann hat er sie nicht zu vertreten. Soll der Neue es besser machen. Er, Jeff Colussi, wird sich auf das Pekuniäre beschränken und mit der anderen Sache, die ihm zudem in den letzten Wochen schlimme Gewissensbisse verursacht hat, nichts mehr zu tun haben.

Insgeheim weiß er natürlich, dass die Bosse in Nashville stocksauer auf ihn sind. Sie haben den Absolventen der Princeton-University für ein Wunderkind gehalten und ihm alles zugetraut. Alles – und eben auch Dinge, von denen er nichts verstand. Da hat der amerikanische Glaube an die unbeschränkte Machbarkeit der Dinge wieder einmal Schiffbruch erlitten, aber die Bosse machen ihn, Jeff Colussi, dafür verantwortlich. Was sie ihm am Telefon gesagt und dann noch einmal geschrieben haben, ist gelogen. Sie werden ihn noch ein oder zwei Monate halten und dann in die Wüste schicken. Es sei denn, er kann sich noch einmal nützlich machen; aber wie das geschehen soll, weiß er an diesem 25. September auch nicht.

Professor Engel und Thomas Tiberius sind für elf Uhr angekündigt. Und tatsächlich landet die kleine Thunderbird aus Belem mit nur einer Viertelstunde Verspätung auf der staubi-

383

gen Piste am Stadtrand von Mesa Cayu. Jeff Colussi hat den großen Wagen an das Flugfeld geschickt, aber dem Wunsch der Geschäftsführung in Nashville, amerikanisch-brasilianisch-deutsche Fahnen am Firmensitz zu hissen, nicht entsprochen. Die Neuankömmlinge hätten dafür wohl auch keinen Blick gehabt, denn der lange Flug und der abrupte Klimawechsel haben ihnen arg zugesetzt. Sie verlangen nach Dusche und Bett und dieser Luxus steht ihnen im Gästehaus der Boa Vista zur Verfügung. Für 16 Uhr bestellt Herbert Engel seinen Kollegen Jeff Colussi zu einer Besprechung. „Seien Sie bitte pünktlich", sagt er und lächelt freundlich.

Zur gleichen Zeit wird Annette Basler im Hotel Paraíso ans Telefon gerufen.

„Senhora, entschuldigen Sie die Störung. Ich bin Paolo Dias, ein Assistent von Professor Vasco. Mein Chef ist heute morgen schon sehr früh nach Fortaleza gefahren und hat mich gebeten, Ihnen die Analyseergebnisse Ihrer Probe mitzuteilen. Sie hatten uns doch in der vergangenen Woche Material geschickt?"

„Eine Hypophyse in Formalin. Per Flugtaxi."

„Richtig. Das Ergebnis liegt vor."

„So schnell?"

„Der Chef hat gemeint, es sei eine wichtige Sache."

„Aber ja. Deswegen bin ich jetzt auch sehr gespannt."

„Ich kann Sie beruhigen. Das Ergebnis ist negativ!"

„Was heißt negativ?"

„Negativ heißt, kein Tetradioxin. Die Probe enthielt praktisch kein Tetradioxin. Das ist das, was mir Professor Vasco gesagt hat und was ich Ihnen mitteilen soll."

„Den schriftlichen Befund haben Sie nicht?"

„Nein, leider nicht."

„Wann kommt der Professor zurück?"

„Heute Nachmittag. Ich schätze, ab 17 Uhr ist er wieder in seinem Büro zu erreichen."

„Danke." Annette Basler legt auf und geht zurück ins Restaurant, wo der Kommissar gerade Kaffee und Melone als Nachtisch bestellt hat.

René Gronwald nimmt die Nachricht ungerührt entgegen. Kripomänner erschrecken so schnell nicht, jedenfalls sieht man es ihnen nicht an. Aber sein Hirn läuft jetzt auf Hochtouren. „Das kenne ich", sagt er schließlich. „Alles passt, alles ist stimmig, und dann kommt der Hammer: Ein neues Mosaikteil passt nicht oder besser gesagt, es passt nicht nur nicht, es beraubt alle anderen Mosaikteilchen ihrer Bedeutung. Macht sie unglaubwürdig. Weil sich die Befunde gegenseitig ausschließen. Wie hier. Unsere These ist doch eine Dioxinthese. Und die steht jetzt auf der Kippe, nachdem Pedro offenbar clean ist."

„Steht sie wirklich auf der Kippe?" Annette Basler sucht nach Strohhalmen. „Vielleicht haben sie ja gar nicht mit Dioxin gearbeitet, sondern mit irgendeinem anderen Stoff."

René Gronwald schüttelt den Kopf. „Das glaube ich nicht. Unsere Verschwörungstheorie funktioniert nur auf der Dioxin-Basis. Das ist mir auch erst klar geworden, nachdem sich die Chemikalie als Heißhunger-auslösend geoutet hat. Vorher habe ich nicht an einen Zusammenhang zwischen Dioxin und Fastfood geglaubt. Aber danach passte alles ins Bild: Das Dioxinlabor in Frankfurt, der Anschlag auf Willi Urban, als der auszupacken drohte, der Dioxin-Vermerk auf dem Fütterungsprotokoll, der besagte Heißhunger als Dioxin-Effekt, die extreme Geheimniskrämerei, das Verschwörerische, sodass Hochkriminelles nahe liegt. Kein einziger Hinweis auf irgendeine andere erlaubte oder unerlaubte Chemikalie. Aber jetzt ist Pedro clean und wir können uns die Dioxin-Geschichte abschminken."

„Aber Pedro ist tot! Und die anderen Schüler sind krank."

„Tot, krank, ja klar, aber es kann doch, ehrlich gesagt, noch tausend andere Gründe außerhalb einer bewussten Manipulation dafür geben. Vielleicht liegt es ja tatsächlich an den Hamburgern, aber nur, weil die Fehlernährten das hochwertige Eiweiß nicht vertragen. Oder hat die Boa Vista seinerzeit nicht auch die Wasserversorgung der Schule instand gesetzt? Was ist mit den Rohren? Sind sie vielleicht aus Blei oder Asbest? Unsere Phantasie hat uns einen Streich gespielt, oder anders gesagt: Wir haben uns ganz einfach – verspekuliert!"

Annette Basler ist durcheinander und verstört. In ihrem Kopf spielen die Gedanken verrückt. Plötzlich wird ihr bewusst, dass dieser Fall, der Fall, der im Frühjahr mit den toten Laboranten begonnen hat, zu ihrem Lebensinhalt geworden ist, sie gepackt und vollständig vereinnahmt hat und dass mit ihm jetzt ein Stück ihres Selbstverständnisses wegzubrechen droht. Dann fällt ihr Dirk Neuhaus ein. Wie hat der Staatsanwalt gesagt? Ermittler müssen auch aufhören können, müssen loslassen können, wenn es ihnen nicht gelingt, eine Tat aufzuklären. Sonst sind sie fehl am Platz. Gefühle im Griff haben ist für sie genau so wichtig, wie Lüge von Wahrheit zu unterscheiden. Das hat ihr immer imponiert und das ist mit einem Mal wieder da. Wie ein Rettungsanker erscheint die Logik des Frankfurter Staatsanwaltes auf der Bühne in der südamerikanischen Savanne. In ihrer Verzweiflung greift sie danach und hält sich daran fest. Soll der Fall halt erledigt sein. XY ungelöst, in dieser Schublade liegen noch ganz andere Dinge.

„Wir hören also auf?", fragt Annette Basler resigniert.

„Du meinst, wir *geben* auf. Wir haben verloren und ziehen die Konsequenzen."

Ein letztes Mal stellt sich die Medizinerin auf die Seite von Dirk Neuhaus: „Sprich bitte nicht immer davon, dass du verloren hast! Warum sagst du nicht einfach, dass die Beweise nicht reichen? Und bist stattdessen wieder einmal ganz arg betroffen und persönlich beleidigt!"

René Gronwald wirft wütend seine Zigarre in den Aschenbecher. „Du redest Scheiße! Als du vor zehn Minuten an den Tisch kamst, warst du so blass wie der kleine Pedro vorgestern Nacht. Du warst so blass, weil dich die Mitteilung aus Sao Luis umgehauen hat, stimmt's? Das Analyseergebnis hat dir so sehr zu schaffen gemacht, weil es deine Arbeit, deine Hobbyarbeit inklusive der Brasilienreise in Frage gestellt hat. Richtig? Vor zehn Minuten habe ich noch gedacht: Jetzt hat sie es kapiert. Jetzt versteht sie, wie man sich fühlt, wenn man Wochen und Monate an einer Sache dran war, mit viel Herzblut, weil man wusste, dass man auf der richtigen Spur war, und dann von einem Tag auf den anderen aufgeben musste, weil irgendein Schwein dem Täter ein Alibi geliefert hatte oder weil die Laborfuzzies einen Spurenträger verschlampt hatten. Und jetzt plötzlich habe ich das Gefühl, dass der Geist vom Staatsanwalt in dich gefahren ist. *Einen Prozess verliert man nicht, sondern der Täter wird freigesprochen* – so einfach ist das. Jedenfalls für Leute, die lieber auf dem Tennisplatz schwitzen als bei der nächtlichen Observation in einem schmutzigen Hinterhof."

Annette Basler ist erschrocken. Noch nie hat sie den Kommissar so erregt erlebt.

„Nicht böse sein, bitte!", sagt sie fast bettelnd, nachdem ihr schlagartig klar geworden ist, dass die Thesen von Dirk Neuhaus jedenfalls für diesen Fall nicht gelten können. Dann sucht sie seine Hand. „Bitte, mach etwas mit diesem verdammten Ergebnis: Kein Dioxin!"

Inzwischen steht eine große Kanne Kaffee auf ihrem Tisch und ein Teller mit Melonenscheiben. Gerade brechen die Amerikaner zu einem Besuch des Staudamms auf. Es gefällt ihnen gut in Mesa Cayu und sie werden sicher ein paar Tage bleiben.

René Gronwald hat seinen Stuhl zurückgeschoben und die Beine übereinandergeschlagen. Was wie eine Entspannungsübung aussieht, hat eine andere Bedeutung. Während Annette Basler von den Melonenscheiben isst, nippt er in immer kürzeren Abständen an seiner Tasse. Schließlich schaut er auf seine Uhr und kramt das Handy aus der Jackentasche.

„Was hast du vor?"

„Kollege Fernau ist sicher schon im Dienst." René Gronwald grinst und wählt eine deutsche Nummer. Axel Fernau ist schon im Dienst.

„Bitte, stell keine Fragen, zieh einfach die Akten von letzter Woche. Und sag mir bitte, was die Messergebnisse der *Heißhunger-Familien* sagen. Ich warte."

Jetzt ist René Gronwald wieder so cool wie immer. Als wüsste er schon, dass aus Deutschland bald eine beruhigende Nachricht kommt.

„Ganz am Ende stehen die Analysewerte."

Es dauert vielleicht eine knappe Minute, dann beendet der Kriminalhauptkommissar Fernau in Frankfurt am Main alle Spekulationen: „Die Heißhunger-Leute waren ausnahmslos mit hohen Dosen Penta-Dioxin belastet."

„Sag das noch einmal: *Penta*-Dioxin."

„Ja sicher, *Penta*-Dioxin, ich bin doch nicht blind."

„Nicht vielleicht *Tetra*-Dioxin?"

„Nein, Himmelherrgott! *Penta*-Dioxin — schwarz auf weiß steht das hier!"

„Jetzt bist du dran!" Annette Basler schafft die Verbindung zur Rechtsmedizin in Sao Luis binnen zehn Minuten. Professor Vasco ist wieder zurück und im Institut unterwegs. Sie erreicht ihn über sein Handy.

„Das hat er Ihnen nicht gesagt?"

„Nein, nur dass *Tetra*-Dioxin negativ war!"

„Das ist ärgerlich!" Professor Vasco meint es ernst. „Ich habe ihm ausdrücklich noch aufgetragen, neben dem gewünschten Parameter auch die Penta-Werte mitzuteilen. Denn die waren ja das eigentlich Brisante der Probe. 400 Nanogramm. Ein signifikant überhöhter Wert."

„Wir reden aber von Penta- und nicht von Tetra-Dioxinen?"

„Richtig – Penta: *Fünf* Chloratome an zwei Benzolringen."

„Haben wir eigentlich noch ein Problem mit dem Penta-Dioxin?", fragt René Gronwald. „Im Hinblick auf seine Toxizität zum Beispiel?"

„Überhaupt nicht", entgegnet Annette Basler, „Penta ist fast genauso giftig wie Tetra."

Sie haben einen Fehler gemacht, der noch lange wehtun wird, weil er nicht hätte passieren dürfen. Sie waren auf das Tetra-Dioxin fixiert, hatten nur dieses Gift im Auge, hatten den Blick verloren für die anderen Varianten der Verbindung, die, weil kaum weniger wirksam, ebenfalls für Zauberstücke infrage kamen, für den Heißhunger zum Beispiel.

„Das hätte uns auffallen müssen", sagt René Gronwald mit einem gehörigen Schuss Selbstkritik. „Dass die haarlosen mit Tetra gefütterten Affen ausnahmslos schlank waren und daher für den Heißhunger ein anderer Stoff verantwortlich sein musste. Penta zum Beispiel, nicht Tetra."

Aber sie haben es ja noch gemerkt, früh genug, wie sie hoffen.

***

Die Mitarbeiter von Boa Vista haben Professor Engel im ersten Stock des Hauptgebäudes ein schmuckes Büro eingerichtet. Möbel aus Edelhölzern, der Chefsessel aus Büffel-Leder und –

mangels Klimaanlage – drei Ventilatoren, ein großer an der Decke und zwei kleine rechts und links vom Schreibtisch. Das Zimmer nebenan gehört Thomas Tiberius. Es ist ein bisschen kleiner und auch einfacher eingerichtet als das seines Chefs. Es hat eine Tür zum Nachbarbüro und das ist wichtig, denn bei Thomas Tiberius steht der Kaffeeautomat und die Minibar mit gekühlten Getränken.

Jeff Colussi ist pünktlich. Schon kurz vor vier sitzt er Professor Engel gegenüber und entscheidet sich für eine Tasse Kaffee, die ihm Thomas Tiberius umgehend reicht. Herbert Engel hat geduscht und sich ein bisschen ausgeruht; so richtig fit fühlt er sich nach der langen Reise noch nicht. Aber die neue Aufgabe reizt ihn, hält ihn wach. Wie weggeblasen sind seine ursprünglichen Bedenken, ist seine anfängliche Angst vor den Konsequenzen seiner Arbeit. Endlich ist er einmal raus aus seinem Labor, kann sich außerhalb von Reagenzgläsern und Massenspektrometern beweisen, darf seine eigenen Forschungsergebnisse umsetzen, zu Geld machen, zu ganz viel Geld, das zwar der Firma gehört, von dem er aber einiges sicher abbekommen wird.
Solche Aussichten beflügeln und machen aus einem stillen Mann einen beredten Talkmaster und rücksichtslosen Vernehmungsbeamten. Phil Matthews hätte ihm gar keinen Bewacher an die Seite zu stellen brauchen.

„Was ist das Problem?" Herbert Engel spricht perfekt englisch. Jeff Colussi sitzt angespannt in seinem Sessel und belauert seinen Gegenüber, dem er alles zutraut.
„Es gab Nebenwirkungen", sagt er schließlich, „ziemlich massive Nebenwirkungen."
„Dann hätten Sie die Dosis heruntersetzen müssen!"
„Habe ich."
„Und?"
„Keine Änderung. Der medizinische Dienst hat sogar einen fortschreitenden Verlauf bei den Probanden festgestellt. Monatlich kränker."
Herbert Engel schneidet Grimassen. „Dann wäre es wohl sinnvoll gewesen, weiter zur verringern."
„Das habe ich auch gemacht. Aber irgendwann gab es Zwei-

fel an der Wirksamkeit der Dosis. Dann habe ich wieder erhöht."

Professor Engel steht auf und läuft in seinem Büro hin und her.
  „Die Nebenwirkungen sind danach wohl auch geblieben?"
  „Und haben erwartungsgemäß weiter zugenommen."
  „Haben diese Nebenwirkungen das Konsumverhalten beein-
trächtigt?"
  Jeff Colussi schüttelt den Kopf. „Nein, keinesfalls. Im Gegenteil, würde ich sagen. Der psychologische Konsum-Vector,
wie die Wissenschaftler vom MIT in Cambridge es ausge-
drückt haben, ist sogar gewachsen. Trotz einer Vervollständi-
gung des Krankheitsbildes hat die Bereitschaft zum Mehr-
Verzehr zugenommen."
  „Wunderbar!" Herbert Engel lässt sich erleichtert in seinen
Sessel fallen. So schlecht, wie sie Jeff Colussi hinstellen, ist er
gar nicht, denkt der Biochemiker. Viel anders hätte er die Experimente vor Ort auch nicht organisiert. Aber das wird er für
sich behalten. Klar, dass sich die Bosse in Nashville von den
Nebenwirkungen beunruhigen lassen. Aber da hat Professor
Engel eine ganz andere Idee.
  „Sie meinen, wir könnten mit den Nebenwirkungen leben?",
fragt er bei Jeff Colussi sicherheitshalber noch einmal nach.
„Weil sie das Konsumverhalten jedenfalls nicht negativ beein-
flussen?"
  „Bis vorgestern hätte ich Ihre Frage uneingeschränkt bejaht,
aber heute habe ich da ein Problem."
  „Mit was hat das zu tun?"
  „Es gab einen Todesfall in der Schule. Vor einer Woche.
Pedro Homero, ein Schüler mit viel Input, ist gestorben. Die
Rechtsmedizin hat uns von hohen Dioxin-Konzentrationen vor
allem in der Leber und der Bauchspeicheldrüse berichtet. Der
Pathologe führt den Tod des Zwölfjährigen mit großer Wahr-
scheinlich auf den chronischen Dioxineinfluss zurück."
  „Ein Todesfall in einem Jahr unter 5.000 Schülern, ist das
so?"
  Jeff Colussi nickt. „Ein gutes Jahr und 5.100 Probanden."
  „Wie viel sonstige Todesfälle gab es unter den Schülern?"
  „82."
  „Ursache?"

„Verkehrsunfälle, Schießereien, Drogen."

„Sehen Sie!"

„Aber ..."

„Aber was?" Diese Frage kommt drohend.

„Der Todesfall gilt nicht nur für ein Jahr, sondern für das *erste* Jahr. Es könnte sein ..."

„Hören Sie auf!", unterbricht ihn Professor Engel barsch. „Wollen wir etwa spekulieren?"

Der Professor steht jetzt wieder auf, geht ans Fenster und schaut über die staubtrockene Savanne bis hinüber an die grüne Wand des Regenwaldes.

„Machen wir nicht auch eine große Zahl Kinder satt? Stehen wir nicht für eine neue Hoffnung in dieser Stadt? Für eine Perspektive? Und muss es dafür nicht auch einen Preis geben, den wir bezahlen? Den vor allem auch die bezahlen müssen, die am meisten dadurch gewinnen? Denen wir hier binnen eines oder zwei Jahren aus einer Armut helfen, unter der sie Jahrhunderte lang gelitten haben?"

Professor Engel hockt sich auf die Fensterbank und schaut Jeff Colussi durchdringend an.

„Wir müssen also nur noch ein einziges Problem lösen: Den Nachweis des Stoffes unmöglich machen – sagen Sie etwas dazu!"

„Was soll ich dazu sagen?"

„Machen Sie einen Vorschlag! Wie man verhindert, dass eine Untersuchung der Trägersubstanz oder der Speicherorgane eines Opfers zum auslösenden Stoff führt."

Jeff Colussi schüttelt den Kopf. „Ich bin Ökonom und kann nur wenig dazu sagen. Verdünnen, extrem verdünnen, wäre meine Idee. Aber dann entfällt ja die Hauptwirkung."

Jetzt hält er einen Augenblick inne und lächelt. „Müssen wir das überhaupt? Wir haben doch Dr. da Silva!"

„Hier schon", entgegnet Professor Engel. „Aber demnächst könnte das Problem überall auftreten. Überall, wo wir unser Produkt verkaufen. In Rio, Paris, Berlin, Shanghai ..... da gibt es keine Dr. da Silvas!"

„Noch nicht, aber das kann man ändern!"

„Klar doch, aber das ist viel zu unsicher. Wir brauchen die chemische Lösung."

„Dann sagen Sie es halt", erwidert Jeff Colussi. „Als Betriebswirt kann ich Ihnen nur die Finanzierung der Angelegenheit garantieren."

Professor Engel lacht. „Es gibt gar kein Finanzierungsproblem. Ich habe die Lösung nämlich im Gepäck. Aus Deutschland mitgebracht. Es war meine letzte Erfindung!"

„Und wie sieht sie aus?"

„Warten Sie es ab", antwortet Professor Engel und grinst wie ein Sieger. Thomas Tiberius, der Loser, der die ganze Zeit über unbeweglich in der Ecke gesessen hat, verzieht auch jetzt keine Miene, obwohl er über alles Bescheid weiß.

Als Jeff Colussi das Gefühl hat, dass der Neue alles gefragt hat, meldet er sich selbst noch einmal zu Wort.

„Wenn es Ihnen recht ist, können wir Ihnen anschließend schon einmal die Firma zeigen und danach in die Stadt zum Essen fahren?"

„Gerne", antwortet Professor Engel, „und meine neuen Mitarbeiter möchte ich dabei nach Möglichkeit auch kennenlernen."

***

Annette Basler und René Gronwald wundern sich über den großen Wagenpark auf dem Platz vor dem Hauptgebäude. Einen Augenblick bringen sie ihn mit ihrem Besuch in Verbindung, denn als sie vor ein paar Tagen in der Firma angerufen haben, um einen Termin zu vereinbaren, war man dort ihren Wünschen gegenüber mehr als aufgeschlossen. Ed Pynchon, der Mann für die Öffentlichkeitsarbeit, hatte es ganz unverblümt gesagt: Die Firma will endlich über die Stadt hinaus bekannt werden, sucht nach einem Image als Zugkraft in einem Land mit vielen Möglichkeiten. Von daher wäre es durchaus vorstellbar, dass das Unternehmen am Drehtag alle Manpower aufbietet. René Gronwald ist dann aber sehr schnell wieder skeptisch, denn seine Erfahrung sagt ihm, dass Boa Vista vom Comandante Estafan oder von Dr. da Silva längst über die Giftthese der beiden Journalisten informiert worden ist und die

Erwartungen an das Filmteam schon deutlich zurückgeschraubt hat. Sie werden sehen.

Ed Pynchon erwartet seine Gäste am Besuchereingang. „Willkommen", sagt der charmante Endzwanziger mit einem freundlichen Lächeln. „Fühlen Sie sich wie zu Hause und sagen Sie einfach, was Sie sehen wollen."

Sein breites Englisch weist ihn als Südstaatler aus. „Wenn ich Ihnen einen Vorschlag machen darf, dann schauen Sie sich zunächst die Faser-Halle an. Dort ist heute Morgen eine Sendung Kokosnüsse angekommen, die gerade verarbeitet wird."

In dem schmalen Gebäude arbeiten an einem langen Holztrog zwei Dutzend Männer. Mit großen Macheten vierteln sie die braunen, fußballgroßen Nüsse und werfen die Teile auf ein Band, das sie in eine Art Dreschmaschine befördert.

„Wir trennen die Fasern heraus", erklärt der Amerikaner, „kämmen und waschen sie und verkaufen sie dann nach Belem. Dort verarbeitet sie ein anderes Unternehmen zu Dämmstoffen und Innenverkleidungen für die Automobilindustrie."

„Was geschieht mit dem Rest?"

„Daraus machen wir Viehfutter. Es wird hier in der Gegend verwendet und vor allem den Rindern zugefüttert."

Annette Basler führt die Kamera und René Gronwald trägt das Tonbandgerät mit dem Mikrofon. Sie stellen den Arbeitern ein paar Fragen und gehen dann in die Nachbarhalle, wo aus Sisal und verschiedenen Kletterpflanzen ebenfalls Fasermasse gewonnen wird. Hier stehen die Maschinen still.

„Wir warten auf den Rohstoff", entschuldigt sich Ed Pynchon. „Das alles läuft noch nicht, wie es soll, wird sich aber ändern. Vor allem, wenn wir unsere Aktivitäten ausweiten."

„Was haben Sie vor?"

Ed Pynchon macht eine vielsagende Handbewegung. „So, wie es jetzt aussieht, steigen wir in die Rinderzucht ein", antwortet er. „Und zwar im großen Stil. Dann entsteht hier eine Riesenanlage und Mesa Cayu erlebt einen Goldrausch."

Ihr Führer schließt jetzt die Lagerhallen und die Werkstatt auf. Nur wenige Arbeiter sind dort tätig.

„Hier geht es um etwas anderes als um die Verwertung nachwachsender Rohstoffe", bemerkt René Gronwald in Richtung seiner Kamerafrau. Der Mann aus den Südstaaten wird ihn nicht verstehen; Amis sprechen keine Fremdsprachen.

„Ich darf Sie jetzt in die Verwaltung bitten", sagt Mister Pynchon schließlich. „Da wartet eine Überraschung auf Sie!"

Die beiden Journalisten denken noch an nichts Böses.

„Und was ist es?"

„Unser neuer Boss! Er ist heute den ersten Tag hier. Sie sollten ihn in Ihre Berichterstattung einbeziehen. Sicher steht er auch für ein Interview zur Verfügung."

Über den weitläufigen Hof, auf dem immer noch zahlreiche Baumaterialien, Maschinenteile und Pflanzenabfälle lagern, gelangen sie an den Seiteneingang des Verwaltungsgebäudes.

„Die vielen Autos, haben sie mit dem Dienstantritt Ihres neuen Chefs zu tun?"

„Die Prominenz aus der Stadt ist gekommen", antwortet Ed Pynchon belustigt. „Bürgermeister, Stadtverordnete, Mitarbeiter der Provinzregierung, alles, was sich für wichtig hält."

„Kommt auch Ihr Neuer aus den Staaten?"

„Nein, kein Amerikaner – ein Deutscher!"

„Tatsächlich?" Annette Basler ist überrascht.

„Ja, er kommt von einer deutschen Tochterfirma – ich glaube, aus Frankfurt am Main."

Schon haben sie die erste Treppe hinter sich gebracht und laufen einen breiten Gang entlang, wo es nach Citrusfrüchten aus biologischen Reinigungsmitteln riecht. Von irgendwo her sind Stimmen zu hören. René Gronwald hat als erster den Braten gerochen.

„Langsam!", befiehlt er seiner Partnerin und dann fragt er ihren Begleiter: „Wie heißt der neue Boss aus Frankfurt am Main eigentlich?"

„Engel, glaube ich", antwortet Ed Pynchon, „Professor Engel aus Germany."

„Der ist heute hier?"

„Wenn mich nicht alles täuscht, ist er das da vorne. Er besichtigt gerade die Firma."

Am anderen Ende des Flurs ist ein Pulk von Personen zu sehen, die sich laut unterhalten und immer wieder Türen öffnen und die Büros dahinter in Augenschein nehmen.

„Wenn er uns erkennt, haben wir die beiden auf der Honda am Hals", sagt Annette Basler ohne die geringste Spur von Aufgeregtheit.

„Wenn jetzt Halloween wäre, hätten wir eine Chance", erwidert der Kommissar und Ed lacht.

„Zoom ihn mal herbei. Ist er es wirklich?"

„Oh ja. Und einen seiner Begleiter habe ich auch schon mal gesehen."

„Scheiße!" Unter Stress arbeiten Hirne viel wirkungsvoller als unter Normalbedingungen.

„Ich haue ab", sagt René Gronwald, „denn ich habe keine Möglichkeit der Tarnung, und du mogelst dich bitte mit aufgesetzter Kamera an ihnen vorbei."

20 Meter trennen sie mittlerweile noch von dem lustig schnatternden Haufen, der sich um den neuen Mann schart.

„Mein Gott", keucht Annette Basler plötzlich in perfektem Englisch, „der Akku wird leer!" Beschwörend klopft sie auf ihr Hightech-Stück – ohne Erfolg. „René, bitte, hol einen neuen Batteriesatz aus dem Auto." Auch das sagt sie in Englisch.

„Just a minute", antwortet René Gronwald und eilt zum Seiteneingang zurück.

Jetzt spielt Annette Basler Vabanque. Mit der Kamera vorm Gesicht geht sie der Gruppe um Professor Engel entgegen.

„Lächeln Sie bitte, Herr Professor Engel", ruft die Kamerafrau in englischer Sprache, als sie sich auf gleicher Höhe mit den Besuchern befindet. „Wir kommen gleich noch einmal wegen eines Interviews auf Sie zu!"

„Gerne", ruft Professor Engel und winkt in die Kamera. Dann ist sie vorbei und nur noch von hinten zu sehen. Der gesamte Pulk entfernt sich, nur Thomas Tiberius bleibt stehen und schaut der blonden Frau mit der Kamera nach. Er ist es gewöhnt, auf Kleinigkeiten zu achten. Auf Dinge, die andere nicht sehen. Das macht seinen Erfolg aus. Dort, wo die anderen punkten, hat *er* ja keine Chance.

Er nimmt schließlich die nächste Treppe in den zweiten Stock, rennt vor zum großen Treppenhaus, von wo aus er wieder in die Etage darunter gelangt. Jetzt kommt er der Frau mit der Kamera entgegen. Die hat inzwischen das Praktikagerät abgesetzt und wischt sich den Schweiß von der Stirn.

„Hallo!", sagt Thomas Tiberius auf deutsch.

„Hello!", entgegnet Annette Basler auf englisch, aber dabei schauen sie sich für eine Sekunde in die Augen. Thomas Tiberius kennt diesen Blick. Irgendwo hat er schon einmal in diese

Augen geblickt.

Annette Basler gelingt es schließlich, ihren freundlichen Führer abzuschütteln.

„Ich benötige noch eine Sicherung, die alte hat leider ihren Geist aufgegeben", sagt sie und geht Richtung Ausgang. „In fünf Minuten sind wir wieder hier. Halten Sie bitte Professor Engel fest. Er muss uns unbedingt etwas erzählen."

„Wir sehen uns genau hier", antwortet Ed Pynchon. „In fünf Minuten."

Auf dem Firmenparkplatz wartet René Gronwald hinter dem Steuer des Toyota. Als er sie im Rückspiegel kommen sieht, mit aufgeregten schnellen Schritten, die Kamera mit beiden Armen vor die Brust gepresst, stößt er die Seitentür auf und startet den Motor.

„Was sollen wir machen?", fragt Annette Basler, nachdem sie sich auf den Beifahrersitz geworfen hat. Sie ist außer Atem, der Schweiß läuft ihr über das Gesicht.

René Gronwald gibt Gas. „Abhauen", sagt er lakonisch.

„Aber ich glaube nicht, dass sie uns erkannt haben."

„Das Risiko gehen wir nicht ein." Er jagt den Wagen mit Vollgas Richtung Stadt. „Wenn du falsch liegst, also wenn sie gemerkt haben, dass wir ihnen auf die Schliche gekommen sind, werden sie alles daran setzen, uns unschädlich zu machen. Wir sind eine existenzielle Bedrohung für sie. Richter Elber lässt grüßen."

„Und wenn ich *nicht* falsch liege und wir verschwinden jetzt Knall auf Fall? Dann werden sie ganz sicher misstrauisch."

„Völlig egal. Wir müssen vom schlimmsten Fall ausgehen. Dass Engel oder seine Kumpels uns erkannt haben. Und das heißt, dass wir uns darauf einrichten müssen, zu verschwinden. Raus aus der Stadt, verstehst du?"

„Jetzt gleich?"

René Gronwald grinst zu seiner Beifahrerin hinüber. „Wir haben zehn Minuten Zeit zum Packen und Zahlen."

René Gronwald parkt den Wagen unmittelbar vor dem Eingang zum Hotel. Sie rennen in den fünften Stock und werfen ihre Sachen in die Koffer. Am Empfang treffen sie auf Senhora Parana, die gerade dabei ist, Kassenbons abzuheften.

„Übersetze ihr jetzt bitte genau, was ich sage!" René Gronwald zeigt Nerven. „Senhora", sagt er, indem er sie leise an der Schulter berührt, „wir müssen hier weg und zwar ganz schnell. Sonst sind wir tote Leute. Sie wissen, was ich meine? Boa Vista ist hinter uns her, denn wir haben herausgefunden, was sie in dieser Stadt vorhaben."

Senhora Parana ist aschfahl geworden und noch ein Stück kleiner.

„Um Himmels willen", stammelt sie, während der schwarze Kellner, der irgendetwas in die Registrierkasse eintippt, wissen will, ob Kaffee gewünscht wird.

„Wir werden nach Los Martos fahren und uns dort verstecken. Erinnern Sie sich noch? Das Dorf, aus dem Miguel stammt, dem Sie hier das Leben gerettet haben."

„*Sie* haben ihm das Leben gerettet", verbessert Senhora Parana ihren tiefstapelnden Gast.

„Wir alle waren es", vermittelt Annette Basler.

„Dort werden wir uns verstecken", fährt René Gronwald fort, „bis wir irgendeinen Lastwagen oder ein Flugzeug finden, das uns nach Belem bringt. Oder sonst wo hin, von wo aus wir nach Europa fliegen können – dürfen wir Ihren Wagen benutzen?"

Senhora Parana durchschaut den Plan des Kommissars noch nicht und verzieht fragend das Gesicht.

„Wenn sie uns verfolgen oder suchen, werden sie auf einen gelben Toyota achten. In Ihrem Wagen sind wir viel sicherer. Die Leute aus dem Dorf werden Ihnen das Auto ganz bestimmt wieder zurückbringen. Wir sorgen dafür."

Wieselflink verschwindet Senhora Parana jetzt hinter dem Tresen und kramt aus einer der Schubladen einen Fahrzeugschlüssel heraus.

„Bitte", sagt sie und reicht ihn dem Kommissar. „Der Mazda-Geländewagen steht auf dem Hof. Er ist vollgetankt."

„Tun Sie uns bitte noch einen Gefallen", sagt René Gronwald, „und lassen Sie unseren Wagen vor dem Eingang stehen und das Licht in unseren Zimmern brennen." Dann legt er einen Autoschlüssel und ein Bündel Scheine auf den Tresen. „4.000 Reais, ich denke das kommt hin."

„Es ist viel zu viel", wehrt Senhora Parana ab.

„Es ist viel zu wenig", sagt Annette Basler und dann verlassen sie das Hotel.

„Vaya con dios“, ruft der schwarze Kellner ihnen nach.

Curare-forte

René Gronwald fährt mit dem olivgrünen Landrover der Senhora über die schmalen, schmutzigen Gassen auf der Rückseite des Hotels zum Hauptportal der Praça. Dort ist es jetzt noch leer und erst in einer halben Stunde, wenn die Sonne untergegangen ist, werden zahllose Händler mit ihren Eselskarren, ihren dreirädrigen Lastwagen und ihren Mopeds für die gewohnte drangvolle Enge sorgen. René Gronwald parkt den Wagen so, dass sie einen weitgehend ungestörten Blick auf das vielleicht 300 Meter entfernte Hotel Paraíso haben.

„Du willst wissen, was Sache ist?"

René Gronwald nickt. „Wenn sie uns erkannt haben oder wenn sie auch nur Verdacht geschöpft haben, sind sie in Kürze hier."

„Meinst du, sie kommen noch vor Einbruch der Nacht?"

„Da bin ich sicher - wenn sie den Braten gerochen haben."

„Sollten wir dann nicht sofort losfahren? Hier verlieren wir Zeit!"

„Besser nicht. Wenn sie - wider Erwarten zwar - gutgläubig geblieben sind, dann können wir morgen in aller Ruhe von hier aus nach Belem fliegen. Der Weg über Miguels Dorf ist unsicher und gefährlich."

Annette Basler holt an einem Stand in der Nähe zwei Sandwiches, die dick mit Erdnussbutter bestrichen sind.

„Du hast einmal erzählt, Observationen seien das Schwierigste bei einer Fahndung."

„Es sei denn, man sitzt in einem Hubschrauber."

„Von oben sieht man besser, das kann ich mir gut vorstellen – werden eigentlich alle deine Kollegen zu Observationen eingesetzt?"

„Früher war das einmal so. Aber es hat sich nicht bewährt. Heute gibt es dafür ein besonderes Kommissariat."

„Mit 100-Prozent-Observationsspezialisten?"

„Sagen wir 90 Prozent, wie überall gibt es auch da zehn Prozent Ausschuss."

„Was machen die falsch?"

„Sie schwätzen zu viel."

Annette Basler beisst sich auf die Lippen und schweigt. Köstlich, denkt René Gronwald, zum Knuddeln köstlich. Leider wieder einmal die falsche Zeit.

Seit einer halben Stunde sitzen sie nun im Wagen und beobachten das Hotel. Immer mehr Menschen strömen an ihnen vorbei zur Praça, wo auch heute Nacht wieder das Herz von Mesa Cayu schlägt. Auf der Ablage ihres neuen Wagens haben sie zwei alte Strohhüte gefunden und aufgesetzt, um noch besser vor den Blicken der Boa Vista–Schergen getarnt zu sein. Die Sonne nähert sich unaufhaltsam und in fast senkrechtem Sturzflug den ersten Dächern, aber Gott sei dank steht sie in ihren Rücken.

„Gib mir bitte das Fernglas."

Annette Basler wühlt in ihrer Reisetasche und wird fündig.

„Erinnerst du dich noch an den Wagen, der unmittelbar vor dem Verwaltungsgebäude parkte?"

„Heute Mittag bei der Boa Vista?"

„Direkt neben dem großen Hinweisschild mit dem Toledo-Logo."

„Ein nagelneuer Rover", antwortet Annette Basler, ohne lange zu überlegen, „blaumetallic und ein Riesenschiff, wie er bei uns nur von Zuhältern gefahren wird."

„Gut beobachtet!"

„Was ist damit?"

„Er fährt gerade zum zweiten Mal am Hotel vorbei." René Gronwald schaut angestrengt durch das Glas. „Fünf Personen sitzen im Wagen", sagt er, „und der weiße Honda dahinter gehört offenbar auch zu dem Kommando. Sie werden wiederkommen."

Wenige Minuten später sind die beiden Pkw erneut vor Ort. Diesmal halten sie an. Die Insassen steigen aus, gehen zunächst zum Toyota der Deutschen, den die Senhora wunschgemäß dort stehen gelassen hat, und rütteln an den Türen. Dann verschwinden sie im Hotel.

„In Ordnung", sagt René Gronwald. „Jetzt dauert es nicht mehr lange und sie wissen, dass wir uns abgesetzt haben. Wenn wir es noch schnell genug aus der Stadt rausschaffen, haben wir eine gute Chance."

Der Kommissar startet den Motor, wendet und fährt gegen die untergehende Sonne davon.

„Eine gute Chance – was heißt das?"

„50 zu 50."

Annette Basler zuckt zusammen. „Aber in Los Martos werden wir doch unterschlüpfen können. Und Miguel wird uns weiterhelfen." Vorboten einer großen Angst klopfen in ihrem Kopf an.

„Aber erst einmal müssen wir dorthin kommen."

„Hast du Bedenken?"

„Heute Nacht wird alles auf den Beinen sein, was auf den Befehl von Boa Vista hört. Um uns zu jagen. Nicht nur die Firmenleute. Der Bürgermeister mit seinen fetten Vasallen und die Polizei mit ihren Wagen und – ihren Hubschraubern. Von oben sieht man gut, wie du weißt."

„Aber sie haben doch gar keine Ahnung, wo wir hin wollen. Los Martos, dieses Nest ist eines von 100 möglichen Zielen. Wahrscheinlich werden sie sich auf dem hiesigen Flugplatz umsehen oder die Nationalstraße ins Visier nehmen, die nach Carolina führt, wo es einen weiteren Flughafen gibt."

„Es sei denn", sagt René Gronwald, „dass sie unser Ziel kennen."

Annette Basler lacht erleichtert. „Aber das kennen doch nur wir."

„Und Senhora Parana!"

"Senhora Parana? Du denkst doch nicht im Ernst daran, dass sie uns verpfeift. Sie hat uns ihr Auto geliehen!"

„Und kann das jederzeit als Diebstahl deklarieren."

„Ich bitte dich!"

„Als Polizist rechne ich in solchen Fällen immer mit dem Schlimmsten. Aber so schlecht sieht es für uns ja wirklich nicht aus. Wir kennen die Straße, wir haben einen vollgetankten Geländewagen und einen nicht unerheblichen Vorsprung."

Dann liegt die Stadt hinter ihnen. Im Lichtkegel ihrer Scheinwerfer gibt es noch fünf Kilometer Asphalt und danach nur mehr rote Schotterpiste zu sehen. Aber es ist trocken und René Gronwald kann Vollgas fahren. Seine Beifahrerin hält durch das offene Schiebedach Ausschau nach dem Hubschrauber und kontrolliert über den Rückspiegel die möglichen Verfolger auf der Straße. Zunächst bleibt alles ruhig. Nach etwa 25 Kilometern Fahrt führt die Straße in einer leichten Rechtskurve bergauf. Auf der Kuppe des schmalen Höhenzuges hält René Gronwald den Wagen an, stellt den Motor ab und schaltet die Scheinwerfer aus. Von hier oben kann man weit über die Ebene schauen, die sie gerade durchquert haben. Nachdem sich ihre Augen an die Dunkelheit gewöhnt haben, erkennen sie ganz in der Ferne den matten Lichterschein von Mesa Cayu. René Gronwald setzt das Fernglas an und tastet sich durch die schwarze Nacht auf der Suche nach weißen Punkten auf einer imaginären Straße.

„Kannst du etwas erkennen?", fragt Annette Basler.

„Sie kommen", antwortet der Kommissar nach einer knappen Minute. „Vier Wagen im Konvoi. Sie fahren schnell."

„Warum meinst du, dass *sie* es sind?"

„Vorne fährt ein Polizeiwagen – der Tölpel hat Blaulicht gesetzt."

Augenblicklich brechen beide in ein lautes Gelächter aus. Annette Basler fällt dem Kommissar um den Hals. „Blaulicht in der Savanne, das könnten sie sich in Hollywood ausgedacht haben."

„Wahrscheinlich hat er auch die Sirene eingeschaltet", spekuliert René Gronwald. „Bei uns käme der Mann jetzt ins Archiv."

Sekunden später hat sie die Wirklichkeit wieder eingeholt.

„Wie viel Vorsprung haben wir?"

„15 bis 20 Kilometer, würde ich sagen, aber sicher bin ich nicht."

Sie springen in den Wagen und René Gronwald gibt Gas. Jetzt darf nichts mehr passieren. Keine Panne, kein geplatzter Reifen und ein entlaufenes Rind darf ihnen auch nicht quer kommen. Aber die Urwaldgeister halten heute Nacht die Hand über sie. Sie mögen uns, denkt Annette Basler, sie wissen, dass wir für sie da sind und für die, die an sie glauben. Dann fällt ihr plötzlich wieder ihre Unterhaltung auf der Praça ein.

„Hat *sie* uns verraten?", fragt sie ängstlich. René Gronwald schaut kurz zu ihr hinüber und schweigt.

„Wäre es jetzt nicht besser, wenn wir unser Ziel ändern würden?", wechselt Annette Basler schnell das Thema.

René Gronwald schüttelt den Kopf. „Das macht keinen Sinn. Wohin sollen wir fahren? Wir kennen uns jenseits von Los Martos nicht aus. Niemandsland – da sind wir verloren."

„Aber im Dorf von Miguel finden sie uns!"

„Abwarten. Wer dort lebt und überlebt hat, kennt viele Tricks."

In letzter Sekunde erkennt René Gronwald die Abfahrt zu dem kleinen Dorf im Urwald. Es staubt gewaltig, aber er schafft die Kurve und ist dann, wie schon zwei Wochen zuvor, in einen Kampf mit hohem Gras und tief hängenden Lianen verstrickt.

Im Dorf brennt wieder ein Lagerfeuer, an dem der größte Teil der Männer, aber auch einige Frauen versammelt sind. Sie fahren bis an die ersten Hütten und laufen dann auf das Feuer zu.

„Miguel", ruft Annette Basler aufgeregt. „Wir sind es. Os alemães, die Deutschen! Bist du da?"

Am Feuer erhebt sich ein Mann und kommt eilig auf sie zu.

„Senhora doutora?", sagt er ungläubig.

„Miguel!" Annette Basler packt ihren Patienten an der Schulter und drückt ihn an sich.

„Was ist passiert?", fragt dieser aufgeregt. „Irgendwas ist passiert, nicht wahr?"

Am Feuer sind die Gespräche und die Musik verstummt. „Miguel", sagt Annette Basler, „es muss jetzt alles ganz schnell gehen. In einer halben Stunde sind vielleicht Polizisten und Gringos hier. Sie suchen uns, weil wir herausgefunden haben, dass sie in Mesa Cayu eine Riesenschweinerei vorhaben. Wir erzählen euch das später. Können wir uns im Dorf verstecken? Damit wir uns nicht missverstehen – sie wollen uns ausschalten."

Miguel steht immer noch erschrocken vor ihnen, mit halb geöffnetem Mund und einem herunterhängenden linken Arm.

„Sag schnell, was Sache ist. Noch können wir weiterfahren."

„Cristina!", ruft Miguel, „esconde o carro!"

Ein junges Mädchen erhebt sich am Lagerfeuer und geht zum

Wagen der Deutschen. Sie fährt den Mazda bis zum Feuer, hält kurz an, damit die Ankömmlinge ihr Gepäck ausladen können, und verschwindet dann hinter den letzten Hütten im Urwald.

„Kommt mit", sagt Miguel.

Er führt sie zu seinem Haus am Dorfende. Dort, an der einfach gezimmerten, aber großräumigen Bretterbude, haben sie ihn vor drei Wochen halb tot abgeliefert. Jetzt ist er offenbar wieder einigermaßen gesund, von seinem lahmen Arm abgesehen.

Maria, seine Frau, öffnet die Tür. „Wir haben Gäste", sagt Miguel knapp. „Meine Beschützer." Über das Gesicht der Frau huscht ein glückliches Lächeln, aber sie schweigt und es gibt auch kein Händeschütteln. Vorbei an den Hängematten mit den schlafenden Kindern gehen sie zu einer aus Bambus gefertigten Leiter, die zu einem Verschlag unter dem Dach führt. Mühsam zwängen sie sich in das kaum einen halben Meter hohe Versteck. Dann zieht Miguel die Leiter nach oben und legt eine Abdeckung aus Brettern über die Eingangsluke.

„Hier sind wir sicher", sagt Miguel. „Alle Häuser haben einen solchen Dachboden, aber das weiß sonst niemand."

„Und wenn sie uns trotzdem finden?" Annette Basler spürt erneut das Gefühl von unmittelbarer Lebensgefahr, fühlt sich ohnmächtig und einer fremden Logik ausgeliefert.

„Sie werden auch dann nicht gewinnen." Miguels Stimme ist kalt und ohne Gefühl. „Ein zweites Mal werden sie nicht gewinnen."

Er kramt aus einer Kiste, die an der Seite ihres Verschlages steht, einen längliches Bambusrohr und undefinierbare Federknäule hervor. Im Licht des Lagerfeuers, das durch die Ritzen zwischen den Brettern fällt, erkennt Annette Basler sehr schnell, was der Mestize gemeint hat.

„Ein Blasrohr?", fragt sie höflicherweise noch einmal nach. „Und Pfeile – mit Curare."

„Neues Curare", antwortet Miguel und Annette Basler glaubt trotz der Dunkelheit den Triumph in seinem Gesicht zu sehen. „Nicht mehr das alte Gift. Nicht mehr das Gift, das wir früher verwendet haben. Das unsere Beute erst nach 20 oder 30 Minuten getötet hat und uns zu kilometerlangen Verfolgungsmärschen gezwungen hat. Neues Curare."

„Wie schnell wirkt es jetzt?"

„15 Sekunden." Miguel zuckt mit den Schultern. „Oder 20."

„So schnell?" Annette Basler kann das kaum glauben.

„Wir haben dem Gift Beine gemacht."

„Mit was?"

„Mit Cocain."

René Gronwald tastet derweil seine Brusttasche ab. Was ihm seine Kollegin da übersetzt, beruhigt ihn zwar, aber als Polizist verlässt er sich gerne auf seine eigenen Möglichkeiten. Der Revolver der Senhora ist noch da. Allerdings gibt es nur eine Trommel mit sechs Patronen. Im Zweifelsfall muss halt jeder Schuss treffen.

„Bleibst du bei uns hier oben?", fragt Annette Basler den Curare-Mann.

„Aber selbstverständlich", antwortet der. „Wenn wir uns wehren müssen, kann man von dieser Stellung aus am besten treffen."

„Aber deine Leute da unten am Feuer – wissen die Bescheid?"

„Alle wissen sie Bescheid."

„Ohne dass du ihnen Einzelheiten erzählt hast?"

„Was jetzt kommt, davon haben wir jede Nacht geträumt."

Der Giebel ihres Verstecks zeigt nach Osten, hin zur Nationalstraße. Die Bretter sind hier vertikal angebracht und im Halbmeter-Abstand lassen sie Platz für einen verschämten Blick nach draußen.

Hinter dem Lagerfeuer wird es hell. Tanzende Lichter verraten das Näherkommen von Autos. Dann sind sie da. Der blaue Lincoln, der weiße Mazda, ein Landrover und ein Polizeiwagen, mittlerweile ohne Blaulicht. Die Insassen steigen aus, gehen zum Feuer, wo die Dorfbewohner ungerührt sitzen bleiben.

„Zuhören!", schreit der uniformierte Polizist, ein dicker Mann an der Pensionsgrenze. „Alle hören auf mich! Ihr habt hier zwei Verbrecher versteckt. Und ich fordere euch auf, sie uns sofort herauszugeben!"

Am Feuer bewegt sich nichts.

„Ihr habt mich verstanden!" Die Stimme des Polizisten klingt drohend, aber sie bleibt weiterhin ohne Erfolg.

„Wer ist hier der Bürgermeister?"

Langsam erhebt sich ein alter Mann und kommt auf den Uniformierten zu.

„Mich haben die Menschen im Dorf zu ihrem Sprecher gewählt", sagt er bedächtig. „Ich bin der Dorfälteste."

„Wie heißen Sie?", herrscht ihn der Uniformierte an.

„Louis Rodrigues", antwortet der Gefragte. „Ich bitte Sie aber, nicht so laut zu sein. Wir beten heute Nacht für die Seelen der Männer, die vor zwei Wochen in Mesa Cayu getötet wurden."

„Das interessiert mich nicht! Sagen Sie mir, wo Sie die Fremden versteckt haben!"

„Sie sind nicht hier."

„Sie lügen! Wir haben ihre Reifenspuren gesehen. Sie führen genau in dieses Dorf!"

„Es sind die Spuren des Doktors. Er kommt jeden Donnerstag hier vorbei."

„Passen Sie gut auf, was Sie da erzählen. Wenn es die Unwahrheit ist, sperre ich Sie ein." Dann wendet er sich an seine Begleiter: „Alles durchsuchen!"

Etwa zehn Männer schwärmen jetzt aus. In Zweiergruppen verschaffen sie sich Eingang zu den Hütten und leuchten mit ihren Stablampen in jeden Winkel.

„Wer ist der Blonde da vorne am Wagen?", flüstert René Gronwald seiner Begleiterin ins Ohr.

„Einer von Engels Leuten. Er gehörte gestern zu seiner Begleitung, und wenn mich nicht alles täuscht, habe ich ihn seinerzeit bei der Toledo in Frankfurt gesehen."

Wenig später weiß René Gronwald mehr. „Senhor Tiberius", ruft Bürgermeister Fernandez, der erst jetzt aus dem Streifenwagen klettert, „gehen Sie mit und schauen Sie selbst nach."

„Richtig", erinnert sich Annette Basler, „er heißt Tiberius. Phil Matthews hat ihn bei der Durchsuchung als seinen technischen Direktor vorgestellt."

Jetzt knarren unter ihnen Treppenstufen und dann wird eine Tür aufgestoßen. „Drehen Sie die Lampe höher!", befiehlt eine raue Stimme. Die Kinder in den Hängematten wachen auf und beginnen zu weinen. Lichtkegel huschen durch die Hütte. „Wie viel Räume gibt es hier noch?"

„Nur die Küche", antwortet eine leise Frauenstimme.

„Öffnen!" Die Inspekteure treten gegen die Türen der wenigen Vorratsschränke und werfen Tische und Stühle um. „Haben Sie einen Keller?" Sorgfältig leuchten sie den Boden nach getarnten Türen ab. Nach oben schauen sie nicht. Dann verlassen sie kommentarlos Miguels Hütte.

„Tiberius", flüstert René Gronwald, „Tiberius, der Jura-Abbrecher."

„Du kennst ihn?"

„Ich habe ihn auf Band."

„Du hast ihn ...?"

„Später!"

Draußen beginnt der Uniformierte zu schreien. Man hat die Gesuchten nicht gefunden und stellt erneut Strafmaßnahmen in Aussicht. Sämtliche Männer des Dorfes wird man verhaften oder besser noch: Das ganze Dorf wird platt gemacht. Unbewohnbar. Auf lange Zeit.

„Aber Inspektor", entgegnet der Dorfälteste mit sanfter Stimme, „das ist doch gar nicht nötig. Wenn Boa Vista das Land für die Rinderzucht erwirbt, müssen wir sowieso gehen." Stumm wendet sich der Wortführer ab.

„Frag ihn bitte, ob er eine Möglichkeit sieht, Tiberius aus dem Haufen herauszuklauen."

„Warum ...?"

„Frag ihn!"

René Gronwald hat ein Zeitproblem, denn draußen rüstet man zum Aufbruch.

„Er will wissen, ob tot oder lebendig."

„Lebendig natürlich, wir sind doch keine Gringos."

Miguel überlegt. „Nein", sagt er schließlich, „wir haben kein Gegenmittel."

„Wir haben doch ein Gegenmittel", korrigiert ihn Annette Basler.

Miguel wühlt wieder in der Holzkiste. Das Bambusrohr ist knapp zwei Meter lang und mit blauem Indigo bemalt. Er lädt es vom Mundstück her mit den Pfeilen, an deren Ende kurz gestutzte Papageienfedern befestigt sind.

„Er muss ihn hierher rufen", sagt Miguel, „ganz nah an unser Haus."

Thomas Tiberius hält Abstand vom Pulk der anderen, die

sich am Streifenwagen eingefunden haben und laut debattieren.

„Tiberius", ruft René Gronwald, und dann noch einmal, eine Spur lauter: „Herr Tiberius!"

Der versucht jetzt die Stimme zu orten.

„Kommen Sie bitte, es ist wichtig."

Thomas Tiberius macht ein paar Schritte vorwärts, bleibt dann aber wieder stehen.

„Reicht es?", fragt René Gronwald.

Miguel hat das Blasrohr angelegt. Mit einem heftigen Atemstoß schickt er das tödliche Projektil auf die kurze Reise. Thomas Tiberius zuckt wie von einem Stromstoß getroffen zusammen, verharrt sekundenlang wie gelähmt an Ort und Stelle, um sich dann den Kurzpfeil mit einem Ruck aus dem Bauch zu reißen. Während er fassungslos auf das Geschoss in seinen Händen blickt, fällt er still nach hinten in das hohe Gras vor der Hütte von Miguel Ostrada.

Der verschwindet anschließend wieselflink nach unten, um den Körper des Getroffenen zu verstecken. Sekunden später erscheint er wieder auf dem Dachboden.

„Was ist, wenn sie ihn jetzt vermissen?"

„Sie werden ihn nicht vermissen, Senhora", antwortet Miguel. „Sie sind ein Zufallsteam ohne Ehre. Es fällt ihnen nicht auf, wenn einer fehlt."

Irgendwann steigen die späten Besucher wieder in die Wagen und fahren davon.

„Das werden sie noch bereuen!", ruft eine Stimme zum Abschied. Diesmal ist es Bürgermeister Fernandez.

Am Feuer beginnen die Männer zu singen. „Wie lange hat er jetzt noch?", fragt René Gronwald.

Annette Basler schaut auf die Uhr mit den schmalen Leuchtziffern. „Fünf Minuten – höchstens."

Thomas Tiberius ist ohne Bewusstsein. Er atmet nur flach und ab und zu läuft ein Zittern über seinen ganzen Körper. Annette Basler zieht in großer Eile eine Spritze auf und jagt ihm den Inhalt in die Armbeuge. Dann tastet sie nach seiner Halsschlagader und schaut auf die Uhr. Wieder erscheint auf ihrem Gesicht ein Anflug von Panik. Nach einer Weile aber gibt es Entwarnung.

„Glück gehabt", sagt sie.

„Wer?", fragt René Gronwald hinterhältig.

„Er", antwortet Annette Basler „ – und du!"

Wenige Minuten später ist der Patient wieder hellwach, allerdings noch nicht über seine Situation im Klaren. Sie bringen ihn ans Feuer und geben ihm zu trinken. Miguel ist einverstanden mit dem, was sie jetzt vorhaben. Die Männer aus dem Dorf werden wenig davon verstehen, aber sie können ja Gesichter lesen.

„Wissen Sie, wer wir sind?", fragt René Gronwald schließlich.

Thomas Tiberius hört die Frage nicht. „Wo sind ...?", stammelt er.

„Sie vermissen Ihre Begleiter, nicht wahr? Die sind weg. Fast schon wieder zu Hause. Sie haben nicht auf Sie gewartet!"

Der Toledo-Mann tastet mit der rechten Hand unter sein Hemd und verzieht das Gesicht.

„Machen Sie nichts an dem Pflaster", sagt Annette Basler. „Die Wunde schmerzt noch ein wenig, aber sie ist unproblematisch."

„Die Wunde?"

„Da hat Sie vor zehn Minuten ein Pfeil getroffen. Mit Curare präpariert. – In Sachen Gift kennen Sie sich doch aus!"

René Gronwald sagt jetzt: „Erzählen Sie uns *Ihre* Giftstory. Deswegen haben wir Sie hier behalten!"

„Bringen Sie mich zurück", sagt Thomas Tiberius ärgerlich und befehlend. „Sie haben kein Recht, mich hier zu behalten. Das müssen Sie doch wissen als Polizeibeamter."

Ihr Gefangener scheint sich wieder erinnern zu können.

„Es stimmt, was Sie sagen", antwortet René Gronwald, „aber hier in der Savanne gehen die Uhren doch ein bisschen anders. Vor Morgen früh gibt es kein Taxi. Und bis dahin werden wir Sie ein wenig unterhalten – mit Musik vom Band."

René Gronwald holt sein kleines Diktiergerät aus der Reisetasche.

„Eine Tonbandaufnahme aus dem Büro von Professor Engel – von Anfang des Monats. Die Gesprächspartner kennen Sie." Dann bedient er den Starter-Knopf.

„Sie fahren nicht allein. Tiberius begleitet Sie."
„Tiberius? Warum der?"

„Er könnte Ihnen nützlich sein."
„Diese Pfeife?"
„In unseren Augen ist er zwar eine Pfeife, aber eine, die für diverse Dinge gut ist."
„Aber Herr Matthews! Mit diesem Dummkopf blamiere ich mich doch nur."
„Zugegeben, er ist ein Trottel. Dass er sein Jurastudium ab-gebrochen hat, ist nur logisch. Ich habe mich immer schon gewundert, dass er überhaupt das Abitur geschafft hat. Aber glauben Sie mir, er ist ein nützlicher Trottel."

René Gronwald stoppt das Band. „Reicht das?" Thomas Tiberius' Gesicht ist erstarrt und leichenblass. „Sie können das Gespräch gerne bis zu Ende hören." Thomas Tiberius reagiert nicht. René Gronwald drückt Start.

„Man kann ihn instruieren!"
„Genau so ist es. Er hört auf jeden Befehl. Er macht alles. Für den Geschäftsführer und den Professor macht er alles. Allein für ein Schulterklopfen. Versager rehabilitieren sich auf diese Weise selbst. Ein Kotzbrocken, aber ein wertvoller."

Das Band stoppt erneut. „Wie lange sind Sie schon hier in Brasilien?" René Gronwalds Stimme klingt sanft und unaufge-regt.

„Wir sind gestern angekommen – oder vorgestern."

„Sehen Sie – und wir sind schon drei oder vier Wochen hier. Wissen Sie, was das heißt?"

Thomas Tiberius schüttelt den Kopf.

„Es heißt, dass wir drei oder vier Wochen lang Zeit hatten, uns um die brasilianische Toledo-Tochter zu kümmern. Um Boa Vista. Und dabei haben wir interessante Dinge herausgefunden."

„Wobei man eigentlich von schlimmen Dingen reden müss-te", ergänzt Annette Basler. „Oder wie bezeichnen Sie die Vergiftung von 5.000 Schulkindern?"

Thomas Tiberius zuckt zusammen.

„Wir wissen eine Menge von dem, was bei Toledo in Frank-furt und bei Boa Vista in Mesa Cayu gelaufen ist. Zugegebe-nermaßen noch nicht alles. Aber dafür sind Sie ja jetzt hier.

Erzählen Sie uns die vollständige Geschichte."

„Sie können mich nicht zwingen", sagt Thomas Tiberius trotzig.

„Aber ich kann das Band wieder in Gang setzen."

Thomas Tiberius wirft den Kopf in den Nacken und schweigt.

„Eine halbe Stunde lang geht es nur noch um Sie, ganz allein um den Juraabbrecher Thomas Tiberius."

Der schaut jetzt stier ins Feuer.

„Den man im Verdacht hat, schwul zu sein, und der nachts noch immer im Zimmer seiner Mutter schläft – noch mehr?"

Thomas Tiberius hat Schweißperlen auf der Stirn, sein Kinn zittert. „Wollen Sie sich es noch einmal überlegen? Bei einer Zigarette?"

„Nein, nein", sagt Thomas Tiberius spontan und jetzt fast ärgerlich. „Ich erzähle Ihnen die Geschichte. Das ist kein großer Aufwasch mehr. Drei Minuten."

„Bitte."

„Was wollen Sie denn hören? Das Wesentliche wissen Sie doch schon."

„Wir wollen es uns nicht so schwer machen. Erzählen Sie einfach drauf los und fangen Sie ganz vorne an."

Die Männer am Feuer beginnen zu singen. Sie singen in ihrer alten Sprache, leise, schwermütig, geheimnisvoll. An langen Stöcken halten sie teigummantelte Maiskolben über das Feuer. Thomas Tiberius wartet das Ende ihres Liedes nicht ab.

„Als Sie die Dioxin-Geschichte von Herrn Professor Dr. Engel aufgedeckt haben, im Juli, die Sache mit dem Betäubungs-Dioxin meine ich, da haben sich unsere Leute halb tot gelacht." Thomas Tiberius wird von nun an immer von *Herrn Professor Dr. Engel* sprechen.

„Aber nicht, weil Sie sich dabei etwa dumm angestellt hätten. Das war ja gar nicht der Fall. Sondern weil Sie nicht auch auf die andere Dioxin-Geschichte gekommen sind."

„Die Fütterungs-Kiste?"

„Die Fütterungs-Kiste. Es gab eine umfangreiche Infrastruktur für die Fütterungsversuche, Fleischvorräte im Affenhaus, getrennte Futterplätze und überall Wiegevorrichtungen. Und dann dicke Affen, ausschließlich Schimpansen, die sich nicht nur wegen ihres Hanges zur Rauferei zur Aggressionsforschung eignen, sondern auch die einzige Primatenart darstellen, die Fleisch in bedeutenden Mengen verzehrt und sich daher auch für die Heißhunger-Forschung anbietet. Und schließlich Hinweise auf die konspirative Verbindung nach Mesa Cayu."

„Was lief denn konkret ab?"

„Herr Professor Dr. Engel hatte irgendwann anklingen lassen, dass im Dioxin ungeheure Möglichkeiten stecken. Matthews hat ihn daraufhin gelöchert, um mehr zu erfahren. Da weiß ich allerdings nicht viel. Jedenfalls lief der Boss eines Tages ganz euphorisch durch die Firma und hat mir unter vier Augen erzählt, dass man über das Dioxin auch den Hunger steuern könne."

„Phil Matthews hat Ihnen das alles erzählt?"

„Warum nicht?" Thomas Tiberius ist ein wenig beleidigt und ein wenig stolz. „Auch Herr Professor Dr. Engel hat mir in der Folgezeit alles mitgeteilt, was er dazu geforscht hat."

„Er hat sich mit der Hunger-Geschichte befasst?"

„Es war schnell seine Sache!" Thomas Tiberius lacht vor sich hin. „Er wusste aus den Ermittlungsakten, dass bestimmte Dioxin-Varianten Heißhunger auslösen – vor allem auf Fleisch. Irgendwann hatte jemand eine wahnwitzige Idee: diese Dioxin-Wirkung wirtschaftlich zu verwerten. Damit Nahrungsmittel ausrüsten, um sie attraktiv zu machen. Am Anfang war es nur ein ganz verschwommener Gedanke. Aber Nashville hat sofort eingehakt. Man müsse daraus einen Stoff machen, der ein Nahrungsmittel nicht nur attraktiv mache, sondern der es gewissermaßen in einen Suchtstoff verwandele."

„Warum so radikal?"

„Weil alles andere, was eine Etage unter der Sucht siedelte, mittlerweile ausgereizt war. Glutamat zum Beispiel. Auf die Hamburger geben alle Glutamat als Geschmacksverstärker. Wir reden von Hamburgern, von Fast Food, o.k.? Darum ging es immer. Toledo-Nashville wollte mehr. Einen Stoff, der süchtig macht."

„*Süchtig macht*, heißt ...?"

„Heißt nicht nur: süchtig auf Fleisch, heißt nicht nur: süchtig auf Hamburger, sondern heißt: süchtig auf *diese Sorte* Hamburger, auf Hamburger der *Toledo*."

„Ihr Konzern wollte auf Nummer sicher gehen?"

„Das kann man doch verstehen!" Thomas Tiberius schlüpft schnell in seine alte Rolle. „Das Unternehmen investiert große Summen in die Sucht und dann bedienen sich die Abhängigen an der Nachbarbude – bei der Konkurrenz. Das wäre nicht richtig!"

„Keine leichte Aufgabe."

„Eine Riesenherausforderung! Aber Professor Dr. Engel hat sich ihr gestellt – und zwar erfolgreich. Zuerst hat er versucht, das Problem über die sensorische Schiene zu lösen. Er hatte vor, den Hamburger mit einem ganz eigenen, betörenden Duft auszustatten, den der Konsument dann immer wieder riecht. Schon diese Idee war genial. Er wusste, dass der Riechsinn ein alter, bewährter Sinn ist und dass das Riechzentrum im Gehirn unmittelbar neben dem limbischen System liegt. Das ist zuständig für Gefühle und vor allem für die Erinnerung. Düfte, sagt die Wissenschaft, sind Brücken in die Vergangenheit. Und jetzt sollten sie den Konsumenten an den tollen Toledo-Hamburger vom Vortag erinnern."

„Das hat nicht funktioniert?"

„Nein", antwortet Thomas Tiberius und schaut so betreten und enttäuscht, als wäre es eben geschehen, „irgendwie ist es ihm nicht gelungen, einen Duft zusammen zu stellen, der zum Fleisch passte und stabil gehalten werden konnte. Ist ja auch egal! Danach haben wir uns dem Dioxin zugewandt." Im Schein des Feuers leuchtet sein Gesicht.

Er redet im Plural, denkt René Gronwald, und was er erzählt, klingt wie auswendig gelernt. Ein Kotzbrocken, aber wirklich sehr nützlich, im Augenblick jedenfalls.

„Diesmal ging es um das Penta-Dioxin, das wussten wir, wie gesagt, aus den Ermittlungsakten. Herr Professor Dr. Engel hat von dieser Verbindung zunächst etwa zehn Milligramm hergestellt."

„Wie hat er das gemacht?"

„Er hat chlorierte Phenole unter Zugabe von Kupfer in stark alkalischen Lösungen umgesetzt und das Produkt anschließend im Wege eines mehrstufigen physikochemischen Verfahrens isoliert."

René Gronwald ist mit einem Male wieder ganz unsicher, was seine Meinung über Thomas Tiberius betrifft. Prüfend schaut er seinem Gefangenen ins Gesicht. Der kann jetzt auch Gedanken lesen.

„Ich habe am naturwissenschaftlichen Zweig des Gymnasiums Abitur gemacht", sagt er vorwurfsvoll, während er seine Hand mit schmerzverzerrtem Gesicht auf das Pflaster presst, „und Herr Professor Dr. Engel hat mich regelmäßig über seine Arbeiten informiert – manchmal auch sogar konsultiert."

Doch ein Spinner, denkt René Gronwald. „Erzählen Sie bitte weiter."

„Penta-Dioxin ist nicht gleich Penta-Dioxin. Es gibt zahlreiche Varianten. Herr Professor Dr. Engel hat zunächst diejenige Variante bestimmt, die am wirksamsten Hunger auslöst. Das war das 1, 2, 3, 7, 8-Penta-Dioxin."

„Aber wie erzeugt man damit eine Sucht und wie macht man sie an den Hamburgern von Toledo fest?"

Thomas Tiberius fühlt sich jetzt pudelwohl in seiner Haut. Er wird gefragt und er kann Antwort geben. „Herr Professor Dr. Engel hat sich zunächst mit der Frage befasst, warum dieses Dioxin Heißhunger auf Fleisch erzeugt. Die Lösung war: Es vernichtet im Blut ganz bestimmte Aminosäuren und zwar vor allem solche, die bei der Verstoffwechslung von Fleisch entstehen. Ihr Fehlen zeigt dem Körper einen Mangel an Fleisch an und darauf reagiert er folgerichtig mit Hunger auf Fleisch."

„Und was musste Engel tun, damit der Hunger nach *Toledo*-Fleisch verlangt?"

„Das war jetzt wieder nicht so einfach. Aber Herr Professor Dr. Engel hatte ja seine Schimpansen. Die eine Hälfte von ihnen fütterte er mit „sauberem", die andere Hälfte mit dioxinbehandeltem Fleisch. Sämtliche Tiere bekamen zudem ihr Lieblings-Grünfutter, Mais und frische Blätter. Zunächst geschah das, was wir alle erwartet hatten: Die Dioxinkonsumenten entwickelten einen immer größeren Appetit. Sie fraßen mehr und erhöhten auch den Fleischanteil in ihrer Nahrung. Der pendelte sich schließlich bei etwa zehn Prozent ein. Drei Affen änderten allerdings ihr Fressverhalten radikal. Sie fraßen immer mehr Fleisch und vernachlässigten das pflanzliche Angebot schließlich ganz."

„Wie kommt man hinter dieses Phänomen?"

„Indem man schaut, was das ach so begehrte Fleisch alles enthält und was es von dem anderen unterscheidet."

„Was war es?"

„Herr Professor Dr. Engel hat festgestellt, dass das Fleisch der drei Vielfresser mit einer ganz bestimmten Charge des Penta-Dioxins belastet war. Die massenspektrometrische Untersuchung ergab dann, dass diese Charge zufällig einen stark erhöhten Anteil an Dioxin-Molekülen enthielt, deren Chloratom der Position 7 in einem 30-Grad-Winkel zum Grundgerüst angeordnet war."

„Das ist normalerweise nicht der Fall?"

„Nein, praktisch alle Atome im Dioxinmolekül sind auf einer Ebene angeordnet. Das Molekül ist *zwei*dimensional."

„Wie hat ihr Chemiker seine Beobachtungen interpretiert?"

„Zunächst hat Herr Professor Dr. Engel einen ergänzenden Test gemacht. Er hat den drei Fresssäcken zusätzlich Fleisch angeboten, das mit einer anderen, normal zusammengesetzten, Dioxin-Charge behandelt worden war. Sie rührten es kaum an. Danach hat er sich das *drei*dimensionale Penta-Dioxin in der Computeranimation genauer angeschaut. Und, was denken Sie, hat er festgestellt?"

„Wir müssten spekulieren", antwortet Annette Basler beherrscht aber neugierig.

„Das Gerüst des Moleküls hatte eine verblüffende Ähnlichkeit mit dem unserer Neurohormonen, die der Körper zur Stressbewältigung und Schmerzbekämpfung bildet ..."

„... Glückshormone, wie man sie auch nennt ..."

„Und das war die Lösung! Die Gier auf das fragliche Fleisch wurde von den dreidimensionalen Penta-Molekülen ausgelöst, die die gleiche Wirkung wie beispielsweise unser Serotonin entfalten und den Affen grenzenlose Seligkeit bescherten."

„Fleischverzehr mit ähnlichen Effekten wie sie von Bungee-Springen und Free-Climbing verursacht werden", sagt Annette Basler. „Dabei werden diese Stoffe ja auch ausgeschüttet."

„Noch einfacher: die gleichen Wirkungen, die man vom Alkohol- und Drogenkonsum kennt", ergänzt Thomas Tiberius. „Und nach einiger Zeit das entsprechende Suchtphänomen. Irgendwann „brauchten" die Affen ihre Glücksbringer. Jetzt hatte Herr Professor Dr. Engel was er gesucht hatte. Einen Stoff, mit dem er die Konsumenten unter Dauerhunger halten und sie an eine ganz bestimmte Hamburgersorte binden konnte."

„Irrsinn", sagt Annette Basler, „ein doppelt verstärktes und gesichertes System. Hamburger, die mit Penta-Dioxin behandelt wurden, machen in stetigem Wechsel hungrig und satt und dazu noch – high! Sie sind unwiderstehlich und ohne jegliche Konkurrenz."

„Ein Problem war aber noch ungelöst", macht es Thomas Tiberius wieder spannend. „Das Penta-Dioxin mit dem abgewinkelten Chloratom, das für den Rausch zuständig war, das gab es eigentlich nicht. Es war in der fraglichen Charge zufällig entstanden. Wir mussten es jetzt gezielt herstellen."

„Dazu brauchte es wieder das Können von Professor Engel", wirft René Gronwald ein. „Er war erneut erfolgreich?"

„Er ist halt ein Genie", antwortet Thomas Tiberius, immer noch gefangen in seiner Hochachtung für den Mann, der ihn Dummkopf genannt hatte. „Er hat die Atome der Position 7 allesamt aufgebogen – in einem Magnetfeld. Können Sie sich das vorstellen? In einem Magnetfeld! Ein Meisterstück im Microbereich. Das hat noch niemand geschafft!"

Thomas Tiberius ist jetzt erschöpft und am Ende seiner Kraft. Er lehnt schweißgebadet an der Veranda von Miquel Ostradas' Haus. René Gronwald wartet ungeduldig, bis Maria ihm eine Tasse Wasser gebracht hat. Dann sagt er :

„Aber es gab doch Nebenwirkungen!"

„Allerdings! Die haben wir bei unseren Affen gesehen und die wurden uns auch schon bald nach Beginn der Schulspeisung aus Südamerika gemeldet. Die Ärzte der Boa Vista, die die Schüler regelmäßig untersuchten, haben uns darüber unterrichtet. Herr Professor Dr. Engel reagierte sofort. Seine Forschungsergebnisse hat er gestern hierher mitgebracht."

„Wie sehen sie aus?"

„Oder sagen wir so: Was müssen die Schüler jetzt essen?", empört sich Annette Basler.

Thomas Tiberius wiegt den Kopf und hebt die Unterarme ein Stück weit über seine Oberschenkel und schweigt.

„Ist das neue Dioxin jetzt weniger giftig?", bohrt der Kommissar. Hier kann Thomas Tiberius wieder einhaken. „Nein, nein, nein! Das ist naturwissenschaftlich gar nicht möglich. Herr Professor Dr. Engel hat einmal gesagt, Dioxin bleibt Dioxin. Wenn wir die Nebenwirkungen nicht wollen, müssten wir das ganze Projekt aufgeben."

„Und was ist neu an dem Mittel?"

„Herr Professor Dr. Engel hat herausgefunden, dass sich die beiden Wirkungen des Penta-Dioxins, also sowohl die hungerverstärkende als auch die glücklichmachende, durch Zugabe von geringen Mengen eines Hepta-Dioxins um den Faktor 10 steigern ließen. Wir müssen jetzt nur noch ein Zehntel der ursprünglichen Menge einsetzen. Zwei Nanogramm statt bisher 20."

„Aber bedeutet das nicht gleichzeitig eine geringere Giftbelastung für die Konsumenten?"

„Leider nicht. Herr Professor Dr. Engel hat die Herabsetzung der Menge über eine Steigerung der Wirksamkeit erreicht. Und die gilt auch für die Giftigkeit."

„Und was heißt das für Sie? Ist es ein Kostenfaktor?"

„Wo denken Sie hin! Für uns hat das den Vorteil, dass die Verbindung mangels Masse im Hamburger nur noch ganz schwer nachweisbar ist."

„Noch was?", fragt Annette Basler angewidert.

„Sicher", antwortet Thomas Tiberius, während ein hämisches Lachen über sein Gesicht huscht. „Wir haben im Penta-Molekül das Chloratom der Position 2 durch eine Nitratgruppe ersetzt. Das hat der Wirksamkeit der Verbindung keinen Abbruch getan, aber wir hatten sie dadurch sozusagen maskiert. Das Penta-Dioxin taucht im Massenspektrometer an einer ganz anderen, unverdächtigen Stelle auf!"

„Dosisreduzierung zuzüglich Tarnung – das steht jetzt auf Ihrem Programm?"

„Professor Dr. Engel wird morgen schon die Produktion umstellen. Er hat einen großen Vorrat von dem modernen Wirkstoff mitgebracht."

„Dann werden Pechvögel wie Pedro nicht mehr als Dioxin-Opfer zu identifizieren sein?"

Jetzt senkt Thomas Tiberius den Blick. Seit einer halben Stunde wechselt er die Standpunkte im Minutentakt. Die schillernde Toledo-Welt, hochbezahlt und ohne Verantwortung, ist nach dem Tonband-Angriff des Kommissars porös geworden und macht vorübergehend der Erkenntnis Platz, dass es verbrecherisch ist, Kinder zu vergiften.

„Nochmal ganz grundsätzlich, Herr Tiberius", stellt Annette

417

Basler ihre letzte Frage. „Das Schulspeisungsprojekt hier in Mesa Cayu, das hat aber doch nicht nur zu tun mit dem guten Zugang zum billigen brasilianischen Fleisch ...?"

„Nein", gibt der Juraabbrecher bereitwillig Auskunft, „wir mussten doch unsere Frankfurter Forschungsergebnisse, die wir über den Tierversuch gefunden hatten, an der Zielgruppe testen. Löst das Dioxin auch beim Menschen Heißhunger aus, macht es süchtig, mit welchen Nebenwirkungen ist zu rechnen? Die Hinweise aus den Holzschutz-Akten und die Erkenntnisse aus der Schimpansen-Fütterung genügten da nicht."

„5000 Kinder kamen Ihnen da gerade recht ..."

„Ein ideales Kollektiv, jedenfalls unter wissenschaftlichen Gesichtspunkten! Bedenken Sie: Eine große Probandenzahl, die Zufälle ausschließt. Kontrollierte Zufuhr des fraglichen Stoffes, denn jeder Schüler verzehrt jeden Tag einen speziell präparierten Hamburger. Umfassende medizinische Kontrolle des Kollektivs durch regelmäßige ärztliche Untersuchungen. Im Prinzip genauso zuverlässig wie der Tierversuch, aber noch viel, viel aussagekräftiger. Und wo hätten wir diesen Test in Europa oder Nordamerika durchführen können? Ein Hungerland musste es sein, wo man uns für das, was wir tun, noch dankbar ist."

„Und wo man keine Probleme mit den Behörden hat, weil sie ja alle gekauft sind."

„Richtig, mehr als ein Kostenfaktor sind sie nicht und der ist zudem vernachlässigbar klein."

„Boa Vista wurde also nur gegründet, um den „Fütterungsversuch" durchführen zu können?", vergewissert sich der Kommissar.

„Ausschließlich zu diesem Zweck", antwortet Thomas Tiberius. „Exzellent getarnt als Bio-Laden. Mit nachwachsenden Rohstoffen hatten wir nie etwas im Sinn. Wenn der Versuch allerdings erfolgreich ist, bauen wir den Laden aus. Dann züchten wir hier Rinder und kochen hier auch unser Zaubermittel. Die ersten Hamburger, die von hier aus in die Welt gehen, heißen Mesa Cayu!"

„Eine allerletzte Frage noch", sagt die Ärztin. „Warum gab es an der Schule zwei Verkaufsstellen?"

„An der großen Bude", erwidert Thomas Tiberius, „gab es Hamburger mit und an der kleinen Bude Hamburger ohne

Dioxin. Äußerlich unterschieden sich unsere Snacks überhaupt nicht. Wenn die Sucht-Idee funktionieren würde, mussten die Schüler mit der Zeit alle an der großen Bude stehen. So war es dann auch, wie Sie sicherlich selbst beobachtet haben. Ein eindrucksvoller Beweis für die hervorragende Arbeit von Herrn Professor Dr. Engel."

„Aber Sie haben die kleine Bude auch noch betrieben, als die Schüler sich schon entschieden hatten", sagt René Gronwald.

„Die brauchten wir doch weiterhin für das Personal", erläutert Thomas Tiberius, „für die Verkäufer und die Mitarbeiter der Schule. Für die gab es nur dort etwas zu essen. Oder glauben Sie, wir hätten uns kranke Lehrer leisten können?"

Die Medizinerin denkt jetzt darüber nach, ob die Curare-Injektion für die verblüffende Aussagebereitschaft des Mittäters verantwortlich ist, und René Gronwald denkt sich nach Frankfurt und richtet unangenehme Fragen an den Toledo-Boss.

Sie wissen jetzt genug. Der Kommissar stellt das Tonbandgerät ab. „Vielen Dank, Herr Tiberius, Sie haben uns sehr geholfen."

Der Jura-Abbrecher strahlt ein letztes Mal, dann senkt er augenblicklich den Kopf.

„Nehmen Sie mich bitte mit", sagt er schwer atmend mit neuen dicken Schweißperlen auf der Stirn. „Ich will zurück, nach Frankfurt."

„Dort landen Sie im Knast!"

„Egal, nehmen Sie mich mit!"

Die Dorfbewohner am Feuer haben wieder zu singen begonnen. Miguel Ostrada ist aufgestanden.

„Wenn Sie ihn nicht mehr brauchen, dann gehört er uns."

„Was wollen Sie mit ihm?", fragt Annette Basler.

„Er hat unsere Kinder vergiftet und ist gerade dabei, unser Land zu rauben. Deswegen gehört er uns."

„Aber *wir* brauchen ihn auch. Vor Gericht in Deutschland. Dort ist er mehr wert als hier. Er packt nämlich aus!"

Der Mischling lächelt. Die beiden Deutschen haben sein Leben gerettet. Die Beute gehört ihnen. Morgen werden sie den Wagen der Senhora nach Mesa Cayu zurückbringen. Thomas Tiberius wird mit von der Partie sein. Vor der Firma werden sie ihn aussteigen lassen. Vorher bringen sie Annette

Basler und René Gronwald zu einer kleinen Flugpiste im Dschungel, 100 Kilometer westlich von Los Martos. Eine illegale Bahn, die von Goldsuchern und Wilderern benutzt wird. Miguel hat gute Beziehungen dorthin, über die Gründe spricht er nicht. Irgendein Pilot wird die beiden Deutschen mitnehmen. Nach Carolina oder, wenn sie 500 Reais zulegen, bis nach Belem. Von dort starten täglich Maschinen nach Europa.

„Noch eine Frage", ruft René Gronwald seinem Informanten nach, als dieser von Miguel zu seinem Schlafplatz im Saatgutschuppen begleitet wird. „Woher wussten Sie, dass wir hier sind? Hier im Dorf. Wer hat uns verraten?"

Thomas Tiberius bleibt stehen und wendet sich zum Kommissar.

„Die Senhora?", fragt Annette Basler neugierig und ängstlich.

„Der schwarze Kellner", antwortet Thomas Tiberius, während er sich wieder umdreht und weitergeht. „Für 50 Reais", murmelt er noch.

Reisende soll man nicht aufhalten

Diese Stadt kann man getrost vergessen. Heute jedenfalls kann man sie vergessen. Es war einmal anders. Im Jahr 1822 wurde hier das erste deutsche Parlamentsgebäude eingeweiht; es gilt als die Wiege der Demokratie. Karl Benz, der große Mann des Automobils, ist 1844 hier geboren und 1849 war sie die Hauptstadt einer Republik, wenn auch nur für wenige Wochen. Noch vor 30 Jahren machte sie mit ihren notorischen Staus zwischen den Autobahnanschlüssen und mit ihrer Fußballmannschaft, oder besser gesagt: mit deren exzentrischem Trainer, von sich reden. Heute ist da nichts mehr. Die Autobahn ausgebaut, die Mannschaft aus der Bundesliga abgestiegen und der Trainer in Afrika. Erwähnenswert nur noch zwei Oberste Bundesgerichte, das Bundesverfassungsgericht und der Bundesgerichtshof nebst Bundesanwaltschaft. Aber da die Gesellschaft von ihrer Justiz nicht viel hält, erfährt die Stadt dadurch keine Aufwertung.

Der Konferenzraum im ersten Stock ist fein hergerichtet. Weiße Tischdecken, Kerzen und Blumengebinde und an der Stirnseite ein Stehpult, das mit einem schwarz-rot-goldenen Tuch behängt ist. Der Chef macht sich in der Cafeteria noch einmal kundig, wie es mit dem kalten Buffet bestellt ist und dem Sortiment Rotwein. Rotwein trinken sie hier, ausnahmslos Rotwein, und das gehört zur eisernen Regel, wenn es auch in der Vergangenheit immer wieder Stimmen gegeben hat, die eine Erweiterung des Getränkeangebotes in Richtung Bier und Spirituosen gefordert haben. Man legt Wert auf Tradition und die ist konservativ um jeden Preis. Also Rotwein. Zudem hatten sie mit der Schnapskultur schon einmal böse Erfahrungen gemacht. Toni, so nannten sie spöttelnd ihren damaligen Chef, hatte dem Feuerwasser allzu sehr zugesprochen und das war aufgefallen, auch außerhalb der Behörde.

„Ist Dr. Kahlo eigentlich schon da?" Der Chef will seinen wichtigsten Gast unter keinen Umständen warten lassen.

„Eben hereingekommen", antwortet der junge Kollege. „Frau Schmidt nimmt ihnen gerade die Mäntel ab."

Der Chef eilt nach vorne ins Zimmer seiner Sekretärin.

„Herr Dr. Kahlo! Ich freue mich!" Der Chef schüttelt dem Staatsanwalt aus Frankfurt heftig die Hand.

„Ganz meinerseits", sagt der artig und stellt sogleich seinen Begleiter vor. „Herr Fontaine aus Berlin, die rechte Hand des Staatssekretärs. Herr Fontaine will sich ein Bild machen von der neuen Heimat unseres Mannes. Ich denke, dafür kann man Verständnis haben?"

„Keine Frage! Schauen Sie sich um in unserem Laden und reden Sie auch mit unseren Leuten. Ich bin sicher, dass es ihm hier gefällt."

„Herr Fontaine sollte allerdings heute als *mein* Mitarbeiter geführt werden", sagt Hilmar Kahlo. „Ich gehe davon aus, dass es Dinge gibt, die nur wir drei kennen."

„Und mein Vize. Sonst aber niemand!"

Nach und nach füllt sich der Konferenzraum. „Greifen Sie schon mal zu", ruft der Chef. Es ist halb elf und der wichtigste Mann fehlt noch. Die Kollegen stehen in kleinen Grüppchen zusammen, nippen an ihren Rotweingläsern und verkosten geübt die großzügig garnierten Brötchen. Viele erscheinen auffällig jung für diesen Job. Alle sind sie in feine Anzüge gekleidet und keiner hat ein Gramm Fett zuviel auf den Rippen. Drei Frauen sind mit von der Partie, gehören aber sämtlich zum Schreibdienst.

Hans Fontaine nimmt befriedigt zur Kenntnis, dass sich alle hier wohl fühlen. Denn sie halten sich ausnahmslos für wichtig. Das sieht der Mann, der auf der Hardthöhe gelernt hat, den Kandidaten an. Das kann er verstehen. Jeder hat einen eigenen Dienstwagen mit Fahrer, trägt das modernste Schießeisen und hat, wenn er irgendwelche Prozesse führt, zwei Bodyguards an seiner Seite. Keiner hat mehr ein Privatleben und das wird als Auszeichnung verstanden. Der Neue wird sich hier pudelwohl fühlen. Das ist ganz wichtig. Ginge das schief, müssen sie sich etwas einfallen lassen. Dann meldet der Pförtner den lang erwarteten Besuch.

✱✱✱

Das Wetter rund um den Äquator ist scheußlich. In Belem sind sie im strömenden Regen gestartet und erst eine gute Stunde später haben sie blauen Himmel über sich und klare Sicht nach unten. Der Kapitän ist überzeugt, dass das bis zur Zwischenlandung in Lissabon so bleiben wird. Die Passagiere auf dem Airbus 300 hören die Botschaft gerne, denn das gewährleistet einen ruhigen Flug. Auch Annette Basler und René Gronwald sind dankbar für diese Aussichten, denn der Flug von der kleinen Urwaldpiste am Rio Fresco nach Belem war die Hölle. Sturm, eine altersschwache Piper und ein zugekiffter Pilot hatten erneut Zweifel am guten Ausgang des Südamerika-Projektes geweckt. Die glückliche Landung im Amazonas-Delta hatte schließlich das alles vergessen gemacht, auch die Tatsache, dass sie ihrem Junkie 1000 Reais für die Überfahrt zahlen mussten.

„Was meinst du, wie wird er reagieren?", fragt Annette Basler und schiebt ihre Beine ausgestreckt unter den Vordersitz.

„Das fragst Du *mich*? *Frauen* sind doch die geborenen Hellseher!"

„Es geht nicht um Hellseherei. Sondern um die Einschätzung eines Menschen, mit dem man schon viel zu tun hatte."

„Na gut, dann geht es halt um eine Erfahrungsfrage. Ich glaube, er hat gar keine Wahl. Wenn wir ihm unsere neuen Erkenntnisse präsentieren, muss er weitermachen. Sie sind so zwingend, da hat selbst das Wort des Generals keine Bedeutung mehr."

„Bist du sicher?"

„Diesmal schon – denke ich."

„Aber das Unrecht hält sich an keine Regeln."

René Gronwald spürt, dass er ein Problem hat. Er will einfach nicht mehr glauben, dass noch etwas schief gehen kann. Nach einer so erfolgreichen Jagd. Aber dazu braucht er einen funk-tionierenden Dirk Neuhaus. Der Wunsch ist der Vater des Gedankens.

„Warten wir es ab", sagt Annette Basler, während sie sich zu ihrem Kommissar hinüberkuschelt und augenblicklich an seiner Brust einschläft. Es ist Montag, der 30. September, 14 Uhr MEZ.

Sie haben in ihrer Wohnung in Sachsenhausen übernachtet und am nächsten Morgen im *Café Mohr* gefrühstückt. Am späten Vormittag fahren sie mit der U-Bahn zum Gericht. Beim Pförtner fragen sie nach, ob Dirk Neuhaus Urlaub hat oder heute zum Sitzungsdienst eingeteilt ist. Negativ, heißt es, und deswegen gehen sie mit Hummeln im Bauch zum Aufzug.

„Wir bewahren Abstand wie am ersten Tag", sagt Annette Basler.

„Ich werde es aushalten", entgegnet René Gronwald.

„Im Ernst. Er reagiert vielleicht merkwürdig, wenn er ..."

„Schon in Ordnung."

Es ist Tischzeit und die Flure des Gerichtsgebäudes sind leer. Dirk Neuhaus befindet sich nicht in seinem Büro. Die Besucher nehmen auf der schmalen Holzbank vor seiner Tür Platz. Sie werden warten. Bald schon erhebt sich Annette Basler und geht im Flur auf und ab. Dann klopft sie an der gegenüberliegenden Tür. Aber auch das Büro der Rechtspflegerinnen ist verschlossen. Als Annette Basler sich wieder setzen will, fällt ihr Blick auf das Türschild des Staatsanwaltes.

„Schau mal, da fehlt ja sein Name."

René Gronwald steht auf. Unter der Plexiglasscheibe neben der Tür ist nur noch „Staatsanwalt" zu lesen. Der Namenszug ist entfernt worden.

„Hmmmm", brummt René Gronwald, „wenn er gestorben wäre, hätten wir es bestimmt erfahren."

Sie setzen sich wieder und warten. Annette Baslers Instinkte melden sich mit einer unangenehmen Botschaft.

Nach langen Minuten erscheinen die beiden Rechtspflegerinnen am Ende des Ganges. Als sie die Gäste auf der Bank erkennen, fangen sie an zu tuscheln und leise zu lachen.

„Sie suchen doch nicht etwa Herrn Dr. Neuhaus?", fragt Conny Römer mit schadenfrohem Lachen, als sie die Wartenden erreicht hat.

„Es scheint so, dass wir heute kein Glück haben", mutmaßt der Kommissar.

„Was heißt heute?" Die Damen lächeln weise. „Hier erreichen Sie ihn gar nicht mehr."

„Gar nicht mehr? Wieso das?"

René Gronwald ist schlagartig wieder in der Wirklichkeit, die immer schon mit schlechten Nachrichten für ihn aufgewartet hat.

„Sie wissen das nicht?" Conny Römer ist erstaunt, denn sie kennt das enge Verhältnis zwischen den beiden. „Er hat zur Bundesanwaltschaft gewechselt. Nach Karlsruhe."

„Wann?"

„Gestern war sein letzter Tag bei uns."

René Gronwald und Annette Basler schauen sich überrascht an. „Nach Karlsruhe?"

Jutta Rinker nickt. „Heute ist seine Amtseinführung. Der General ist dort."

„Hossenberger auch?"

„Um Gottes willen", Jutta Rinker winkt ab. „Schauen Sie ihn sich doch einmal an. Er ist in seinem Büro."

„Unter diesen Umständen nicht."

„Dann kommen Sie doch einfach zu uns rein. Auf einen Kaffee!"

„Wir stören nicht?"

„Überhaupt nicht. Nach der Kantine machen wir immer noch eine halbe Stunde Kaffeepause."

Während Conny Römer die Espressomaschine lädt, nehmen die Besucher auf zwei Wackelstühlen Platz, die eigentlich zum Sperrmüll gehören. Dass sie hier im fünften Stock noch eine ganz offizielle Funktion erfüllen, hat mit dem Wunsch der beiden Damen zu tun, den normalen Besucher schnell wieder los zu werden. Normaler Besuch, das sind Verurteilte, die mit ihnen über Strafzeitberechnungen und abgelehnte Strafunterbrechungen streiten und von daher unangenehmen Besuch bedeuten. Unter diesen Umständen sind René Gronwald und Annette Basler eine willkommene Abwechslung für sie. Im übrigen kennen sie die beiden schon von deren Besuchen bei Dirk Neuhaus; das Gerücht, dass der ein Verhältnis mit der Rechtsmedizinerin hat, stammt allerdings nicht von ihnen.

„Da bin ich trotz allem ganz überrascht", sagt René Gronwald. „Er hat zwar ab und zu von Karlsruhe gesprochen und das immer mit Hochachtung. Dass er tatsächlich einen Wechsel plant, hat er aber mit keinem Wort erwähnt. Und dass es dann so schnell geht!"

„Für uns kam das auch überraschend. Vor drei Wochen wurde unter vorgehaltener Hand ein wenig davon gemunkelt und eine Woche später war es schlagartig offiziell."

„Was heißt das?"

„Er ging in keine Sitzung mehr, erhielt keinen Zutrag mehr und empfing statt dessen pausenlos hohen Besuch."

„Hohen Besuch?"

„Aus Berlin. Gepanzerte Mercedes-Wagen mit Regierungskennzeichen."

René Gronwald überlegt einen Augenblick. „Justizministerium. Er hat ja auch zur Bundesbehörde gewechselt."

„Nicht nur Justizministerium."

„Was noch?"

„Ich konnte die Wagen von hier aus sehen", antwortet Conny Römer. „Man hatte ihnen unten vor dem Übergang Parkplätze reserviert. Zuerst waren es allerdings Wagen des Justizministeriums, gut zu erkennen an ihren humorlosen Insassen."

„Und dann?"

„... des Verteidigungsministeriums!"

„Das haben Sie auch von hier oben gesehen?"

„Ich bin noch jung und habe gute Augen", antwortet die Mittvierzigerin vorwurfsvoll.

„Und woran haben Sie die Wagen des Verteidigungsministeriums erkannt?"

„An der Stummelantenne auf ihrem linken Heck natürlich."

René Gronwald schaut erstaunt zu seiner Begleiterin. „Hätten Sie das gewusst?"

Während Annette Basler den Kopf schüttelt, sagt Jutta Rinker: „Hossenberger hat es uns verraten."

„Und was haben die Militärs hier gemacht?"

„Keine Ahnung ..., wirklich nicht. Hossenberger hat nur einmal ganz furchtbar auf die Leute mit den Uniformen geflucht, als er kurz vor Feierabend bei uns war und nach Alkohol gesucht hat. Das gäbe noch ein Problem, hat er gemeint."

„Welches Problem denn?"

„Das hat er nicht gesagt", antwortet Jutta Rinker, „und ich weiß auch gar nicht, ob er es vielleicht nur so dahergesagt hat."

Jetzt werden sie doch bei Jo Hossenberger nachfragen. Die beiden Besucher bedanken sich schließlich und gehen in den vierten Stock. Jo Hossenberger sitzt an seinem Schreibtisch und blättert in einer Akte. Ein leeres Glas zeigt an, dass heute ein Tag wie jeder ist. Er gibt sich kurz angebunden und ungewohnt unhöflich.

„Da kann ich Ihnen nur empfehlen, ihn in Karlsruhe anzurufen. Aber bitte heute nicht und morgen auch noch nicht gleich. Geben Sie ihm ein bisschen Zeit, sich einzugewöhnen."

René Gronwald hat die neue Witterung noch nicht aufgenommen. „Bestimmt können Sie uns sagen, wer sein Dezernat übernimmt!"

„Um Himmels Willen, Herr Gronwald!" Der Abteilungsleiter kann seinen Zorn kaum noch zügeln. „Das kann ich Ihnen vielleicht in zwei bis drei Monaten sagen. So lange bleibt das Dezernat unbesetzt und wird vertreten."

Jo Hossenberger macht keine Anstalten, aufzustehen oder seinen Gästen einen Platz anzubieten. Die haben jetzt verstanden und sagen knapp und kalt *tschüss*.

„Vergessen Sie die Toledo", ruft ihnen der Staatsanwalt nach und beseitigt damit die letzten Zweifel bei seinen Gästen.

„Was jetzt?", fragt Annette Basler auf dem Weg nach unten.

„Ich weiß nur eins", antwortet René Gronwald. „Zuerst muss ich aus diesem Laden raus. Ich bekomme hier keine Luft mehr."

Unten auf der Konrad-Adenauer-Straße bleiben sie stehen. „Ich schlage vor, wir gehen rüber zu *Molly's* und bestellen uns Saure Nieren und ein großes Pils."

„Nebenan bekommen wir das alles für die Hälfte." Annette Basler deutet zur Justizkantine. René Gronwald schüttelt den Kopf: „Nie mehr!"

Bei *Molly's* erwischen sie die letzten beiden freien Plätze. Saure Nieren gibt es heute nicht, dafür Linseneintopf mit Dörrfleisch. Nach vier Wochen Südamerika noch nicht die willkommene Abwechselung.

„Dirk Neuhaus bei der Bundesanwaltschaft! Unser wichtigster Mann ist weg."

„Und es gibt keinen Ersatz. Da haben wir wohl Pech gehabt."

„Pech ist das nicht. Hier geht es offensichtlich um etwas ganz anderes: Berechnung, Methode, Absicht."

„Man hat ihn ...?"

„... ganz bewusst weggeschafft. Entsorgung durch Beförderung. Zuckerbrot statt Peitsche. So sieht es jedenfalls aus."

„Alles wegen Toledo? Er war für die doch gar keine Gefahr mehr! Er war längst wieder auf die Generalslinie umgeschwenkt!"

„Denk aber daran, dass er das Verfahren am Anfang ernsthaft betrieben hat. Egal, was er später macht, solche Leute sind dem Apparat verdächtig. Er war in jedem Fall ein Restrisiko, das man ernst zu nehmen hatte. Damit hätten sie gar nicht so falsch gelegen, denn er hat schließlich noch das Schreiben von Willi Urban für uns entschlüsseln lassen."

„Das erscheint mir nicht ganz logisch. Wenn er schon als unzuverlässig gilt, dann belastet sich doch die Bundesanwaltschaft nicht mit ihm."

„Es sei denn, man bürdet ihr diese Last aufgrund höherer Weisung auf. Oder weil einer, der auch was zu sagen hat, diskret darum gebeten hat. Dr. Kahlo zum Beispiel. Toledo hat die Herzverpflanzung seiner Frau gedeichselt und bezahlt. Und Kahlo besitzt doch sicher auch gute Freunde in Karlsruhe."

„Ja, natürlich. Eigentlich eine bekannte Geschichte. Alle Oberen sind miteinander vernetzt. Da gibt es nichts, was nicht geht."

„Aber eines verstehe ich nicht", sagt Annette Basler, während sie ihre Stirn in kleine Falten legt. „Wenn Dirk Neuhaus doch einmal sehr engagiert war in Sachen Toledo, warum wirft er jetzt alles hin, wechselt sozusagen die Seiten? Nur damit ihm sein alter Wunsch erfüllt wird, Bundesanwalt zu werden?"

„Alter Wunsch meint Herzenswunsch, vergiß das nicht."

„Und wenn schon. Dafür verrät man doch nicht das Recht!"

René Gronwald lacht kurz, aber herzlich. „Juristen machen viel, schon für ein Schulterklopfen. Weißt Du, wer mir das einmal anvertraut hat?"

„Ich kann es mir denken."

„Richtig, Dirk Neuhaus. Und wenn Du mal ein paar Jahrzehnte zurück gehst, dann wirst Du sehen, dass das, und viel mehr noch, zu ihrer Tradition gehört. Das haben sie im Blut, die Juristen, verstehst Du?"

Als sie gegessen haben, trinken die beiden noch einen Kaffee. Langsam schleicht die Müdigkeit in ihre Köpfe und Glieder. Brasilien war alles andere, nur kein Urlaub. Und jetzt noch Jetlag, Klimawechsel und ein verlorengegangener Staatsanwalt. René Gronwald hat erstmals das Gefühl, dass er früher besser mit Belastungen umgehen konnte.

„Erinnerst du dich noch daran, wie wir auf dem Dach gelegen haben und sie unten auf dem Platz die Leute massakriert haben?", fragt René Gronwald unvermittelt.

„Meinst du, das vergesse ich irgendwann?"

„Und sie dir die Kamera aus der Hand geschossen haben?"

„Wie kommst du jetzt darauf?"

„Das haben wir nicht umsonst gemacht!"

„Was soll das heißen?"

„Ich will wenigstens wissen, was hier läuft", antwortet René Gronwald kalt und entschlossen. „Wer was gedreht hat, wer sich solche Schweinereien ausgedacht hat. Welche Rolle das Militär spielt. Nur zu wissen, dass es nicht weitergeht, das ist mir zu wenig."

„Und wie willst du das rauskriegen?"

René Gronwald zahlt und bestellt ein Taxi.

„Bitte", sagt Klaus-Dieter Salzmann, als er seine Gäste an der Bürotür in Empfang nimmt. „Ehrlich gesagt, mit Ihnen habe ich nicht mehr gerechnet. Aber nehmen Sie doch Platz." Der Detektiv rückt zwei Stühle an die Schreibtischfront und setzt sich wieder in seinen schweren Ledersessel.

„Was meinen Sie denn, was uns zu Ihnen treibt?" René Gronwald grinst und macht auf lässig.

„Ihr unstillbarer Hunger nach Informationen natürlich."

„Das ist zu wenig."

„Dann sage ich es Ihnen halt genauer. Es geht um Dirk Neuhaus."

„Sie haben recht. Dirk Neuhaus hat zur Bundesanwaltschaft gewechselt. Warum?"

Klaus-Dieter Salzmann lacht laut und schallend. „Aber das können Sie sich doch ganz einfach zusammenreimen."

„Nur genügt uns das nicht. Wir brauchen Fakten."

„Die haben wir auch nicht. Ich weiß nur, was Sie auch schon wissen. Er wollte weg – und er sollte weg."

„Aber wer hat die Sache eingefädelt?"

„Das weiß ich nicht."

„Und welche Rolle spielt die Hardthöhe?"

„Davon wissen Sie auch schon?"

„Viel allerdings nicht."

„Ja, das Militär hängt mit drin. Aber hinsichtlich der Hintergründe bin ich ebenfalls nicht im Bild."

„Kein Informant, der Ihnen mitten in der Nacht etwas ins Ohr geflüstert hat?"

Klaus-Dieter Salzmann schüttelt den Kopf und grinst vielsagend. René Gronwald ist ein Fuchs. Weiß er vielleicht, dass sie weiter abgehört haben und noch lange abhören werden, weil sie die Wanze wie all ihre Wanzen mit einer Hochleistungsbatterie bestückt haben und es bei Toledo interessante Dinge zu erfahren gibt?

„Wie lange sind Sie eigentlich wieder zurück?"

„Seit gestern Abend, genau 22 Stunden."

Zu wenig, um so viel zu wissen. Er wird seine Informationen später noch loswerden, gewinnbringend, versteht sich. Jetzt schweigt er.

„Gut, dann war's das. Wir bedanken uns." René Gronwald weiß, dass im Augenblick nicht mehr zu erfahren ist.

Alle drei stehen auf. Klaus-Dieter Salzmann begleitet seine Gäste zur Tür. „Eine Information hätte ich allerdings noch", sagt er wie zum Abschied. „Eigentlich habe ich gedacht, dass Sie deswegen hergekommen sind."

„Die nehmen wir gerne mit."

„Sie fangen am Montag wieder an?"

„Sechs Wochen Abenteuerurlaub sind genug."

„Wissen Sie auch schon, wo Sie am Montag anfangen?"

„Was soll das heißen?"

„Sie fangen im Raub-Dezernat an."

René Gronwald durchzuckt es wie ein Blitz. Darauf war er, der immer mit allem rechnet, jetzt nicht vorbereitet. Aber er hat die

Sache schnell wieder im Griff.

„Sicher?"

„Hundertprozentig. Letzte Woche ist die Entscheidung gefallen."

„Wer steckt dahinter?"

„Wer schon, Ihr Chef natürlich."

„Und wer noch?"

„Finden Sie es heraus. Alles kann ich auch nicht wissen."

Sie verabschieden sich. Als seine Gäste schon fast auf der Straße sind, sagt Klaus-Dieter Salzmann noch: „Wenn ich eben vom Militär gesprochen habe, dann war der MSD gemeint, der Militärische Sicherheitsdienst!"

„Danke", antwortet René Gronwald, obwohl er im Augenblick wenig mit der Information anfangen kann.

Verbrecherhirne

Es wird wohl keinen goldenen Oktober geben. Die Meteorologen sagen einen kalten und nassen Monat voraus. Am Nachmittag hat der Regen angefangen und es weht ein unangenehm böiger Wind. Nach der langen Zeit im heißen Brasilien frösteln die beiden gewaltig. Mit Schirm und Regenjacke gehen sie dennoch eine Stunde am Main spazieren, laufen über den Eisernen Steg hinüber zum Römer, wo sie im *Schwarzen Stern* Cappuccino trinken und Torte essen. Auf dem Rückweg kaufen sie Brot und Käse ein und leisten sich dann noch einen guten Wein. In Annette Baslers Wohnung läuft schon die Heizung und da ist es schnell kuschelig warm. Sie sehen fern, zappen von Nachrichten zu Nachrichten und erfahren doch nur, dass die Welt sich nicht verändert hat. Die Katastrophen sind die gleichen geblieben, nur die Örtlichkeiten haben in dem einen oder anderen Fall gewechselt. Nichts wesentlich Neues aus der Zeitung und auch in der Post nur das Altbekannte. Nach dem ersten Glas Wein unternimmt die Müdigkeit einen neuen Anlauf. Der Frust hält tapfer dagegen. Den wollen sie sich zuerst noch von der Seele reden. Was René Gronwald ärgert, ist seine Unfähigkeit, mit dieser neuen Niederlage umzugehen. Wenn er in seinem Kommissariat einen Fall aufgeben musste, dann hatte das oft weh getan. Zahlreiche Überstunden und Nachtschichten – und dann reichte es doch nicht, um den Täter zu überführen. Zweimal schlucken war angesagt, dann war das Schlimmste überstanden, wenn es auch noch lange weh tat. Mit der Toledo-Niederlage kann er sich aber überhaupt nicht abfinden. Er weiß auch, warum. Diese Niederlage ist fremdverschuldet, das Ergebnis einer Intrige, eines Komplotts. Von interessierter Seite vorsätzlich herbeigeführt worden. Ein rechtswidriger, ein bösartiger Akt. Eine Verschwörung, der man offenbar nichts entgegensetzen kann. Ohnmächtige Wut ist eine schlimme Sache.

Annette Basler hat Käse aufgeschnitten und die Flasche *California Blue* geöffnet. Dann kuschelt sie sich neben ihren Kommissar auf die Couch.

„Es war alles umsonst, nicht wahr?"

„So wie es aussieht."

„Und wie wäre es, wenn wir die gesamten Vorfälle sorgfältig protokollieren würden, den Film dazu geben, das Tonband mit dem Geständnis des Herrn Tiberius, uns die Messergebnisse aus Sao Luis schicken lassen und einfach warten, bis der neue Dezernent im Amt ist – und ihm dann alles vorlegen?"

René Gronwald winkt verärgert ab. „Was glaubst du, wer als Nachfolger ausgekuckt wird? Ein Hundertzehnprozentiger natürlich! Der Bescheid weiß und keine Probleme macht. Nein, nein, nein, da bekommen wir keinen Fuß mehr in die Tür!"

„Dann versuchen wir es halt über deine Firma. Dein Boss war doch ein Mann mit Grundsätzen!"

„Er ist auch umgefallen. Er hat meine Versetzung nicht verhindert. Ein Weichei!"

Annette Basler trinkt mit zitternder Hand aus ihrem Glas. „Aber es kann doch nicht sein, dass dieses Verbrechen ungeahndet bleibt. In Mesa Cayu sind jetzt schon 5000 Schulkinder krank und wenn das Verfahren demnächst global zur Anwendung kommt, sind es schnell fünf Millionen – und es werden noch mehr werden. Da muß doch etwas geschehen!"

„Auschwitz hat es auch gegeben." Vor einem Vierteljahr hätte René Gronwald diesen Satz noch nicht gesagt. Zumindest hätte er ihn mit einem Zusatz versehen: Auschwitz und Dresden, hätte er gesagt, oder Auschwitz und Hiroshima. Brasilien hat ihn gelehrt, dass es Wahrheiten gibt, denen man sich ohne Einschränkungen stellen muss. Aber was heißt Brasilien? Es war eher dieser wahnsinnig sympathische Mensch, der jetzt wie ein verknallter Teenager erfolgreich seine Nähe sucht. René Gronwald streichelt ihr zärtlich über das blonde Haar.

„Was würdest du davon halten, wenn wir morgen oder übermorgen der Toledo noch einen Besuch abstatten?"

Annette Basler kann mit dem Vorschlag nichts anfangen. „Toledo?"

„Phil Matthews", erklärt René Gronwald. „Wir machen einen Termin mit dem Boss aus. Er wird uns nicht abweisen, denn er ist sich seiner Sache sicher."

433

„Und dann? Was erwartest du von ihm?"

„Nichts", entgegnet René Gronwald kalt. „Ich lege ihn um!"

Annette Basler lockert erschrocken ihren Griff. „Bist du verrückt?"

„Glaube ich nicht."

„Du meinst das doch nicht ernst?"

„Warum nicht? Die Pistole der Senhora ist bestens geeignet für den perfekten Mord!"

„Du hast sie mit nach hier gebracht?"

„Natürlich!"

„Und was hast du mit ihr vor?"

„Abdrücken, ihm mitten in die Stirn schießen."

„Dafür gibt es lebenslänglich."

„Nicht immer."

Das ist ein Rückfall, denkt Annette Basler, er ist jetzt da, wo er war, als wir uns kennen gelernt haben. Ihre Urangst kommt mit einem Mal wieder hoch. Tränen schießen ihr in die Augen und sie beginnt zu schluchzen. Bitte, René, sag, dass du das nicht ernst meinst.

Der Kommissar hat nicht geblufft. „Die Pistole der Senhora ist eine tschechische Waffe. Ein altes Modell ohne großen technischen Schnickschnack, aber mit hoher Durchschlagskraft. Deswegen ist es die Lieblingswumme von Profikillern, zum Beispiel der montenegrischen Mafia. Auch die japanische Yakuza hat einige davon im Gebrauch. Man wird die Tat mit Streitigkeiten unter kriminellen Pharmabanden in Verbindung bringen und wir sind fein raus."

„Hast du den Verstand verloren!" Annette Basler rüttelt mit beiden Händen an seinen muskulösen Schultern. „Der Verdacht fällt doch sofort auf dich. Du hast ein Motiv, du hattest zuletzt Kontakt zu ihm und selbst die Pistole werden sie dir zuordnen können, wenn sie deinen Urlaub überprüfen."

René Gronwald schweigt. Er weiß, dass Annette Basler recht hat. Seine Betroffenheit hat ihm einen kurzen Streich gespielt.

„Aber er hätte es verdient", sagt er mit hängenden Schultern.

„Auch das stimmt nicht. Die Todesstrafe ist abgeschafft."

„Gilt das auch für die Kinder in Mesa Cayu?"

„Du weißt, dass du im Augenblick Unsinn redest. Überlege doch mal, was Dirk Neuhaus jetzt zu dir sagen würde."

„Das werde ich nicht tun!"

Annette Basler kuschelt sich wieder an den Kommissar. „Wir besuchen den Amerikaner also ohne Pistole im Gepäck. Aber wir stellen ihm ein paar unangenehme Fragen. Vielleicht verrät er uns genau das, was wir wissen wollen."

„Was wollen wir denn wissen?"

„Du willst wissen, warum Dirk Neuhaus weggegangen ist. Das will ich zwar auch wissen, aber mich interessiert noch etwas anderes."

„Und was?"

„Wie Verbrecherhirne funktionieren."

„Aber die hast du doch schon oft genug unter dem Messer gehabt."

„Leider jedes Mal ohne Erfolg. Kein einziges hat sein Geheimnis verraten."

Sie erreichen Phil Matthews am nächsten Morgen gegen zehn Uhr an seinem Schreibtisch. Der Geschäftsführer hat mit dem Anruf des Kommissars nicht gerechnet, aber als Profi behält er die Situation im Griff. Selbstverständlich können sie ihn aufsuchen. „Sagen wir 16 Uhr, dann sind die Herren vom Umweltamt sicher weg."

René Gronwald hört hinter seinem Lachen Reste von Verärgerung, aber da ist er sich nur bedingt sicher. Phil Matthews legt den Hörer nicht auf, sondern wählt sogleich die Nummer des Polizeipräsidiums. Samt Nebenstelle kennt er sie auswendig.

Erster Hauptkommissar Schneider meldet sich. Der Boss verzichtet auf die üblichen Höflichkeitsformeln.

„Ich denke, es gibt einen Deal, Herr Hauptkommissar", sagt er erregt, aber kalt.

„Was meinen Sie?"

„Kommissar Gronwald natürlich."

„Und?"

„Er hat gerade angerufen und sich für heute Nachmittag bei mir angesagt."

„So?" Der Kommissariatsleiter ist überrascht.

„Waren wir uns nicht einig darüber geworden, dass Ihr Mann kalt gestellt wird? Absolut kalt! Und bei uns nie mehr auftaucht?"

Erster Hauptkommissar Schneider kann umgehend Entwarnung geben. „Das geht selbstverständlich alles in Ordnung, aber erst ab kommendem Montag. Bis dahin hat Herr Gronwald Urlaub. Er weiß noch gar nichts von seinem Glück. Sagen Sie ihm doch ab und vertrösten Sie ihn auf die nächste Woche. Dann hat sich alles von selbst erledigt."

Phil Matthews atmet tief durch und legt die Beine auf den Schreibtisch.

„Das beruhigt mich, was Sie sagen", entgegnet er entspannt.

„Etwas anderes hätte ich Ihnen auch nicht zugetraut. Den Deal haben wir uns ja auch etwas kosten lassen. Und wir müssen das Geld, das wir ausgeben, zuerst verdienen."

„Aber Herr Matthews, für die Polizei ist der Deal stets verbindlich. Egal, mit wem wir ihn machen. Anders hätten wir doch auf der Ermittlungsebene überhaupt keine Chance. Ich darf Ihnen noch mal den Tipp geben: Sagen Sie das Treffen ab."

„Aber nein", antwortet Phil Matthews fast beleidigt. „Wir werden uns hervorragend unterhalten."

Am frühen Nachmittag haben sie das Auto des Kommissars aus der Tiefgarage des Polizeipräsidiums geholt, sind noch einmal ins Nordend zum Kaffeetrinken gefahren und stehen kurz vor vier auf dem Besucherparkplatz von Toledo-Wellness im Frankfurter Osten.

„Stell dir vor, du hättest jetzt die Pistole dabei und würdest ihn umlegen. Wahrscheinlich kämst du noch nicht einmal hier raus."

„Man wird doch noch träumen dürfen", entgegnet René Gronwald vorwurfsvoll, aber nicht ganz ernst.

Phil Matthews holt seine Gäste persönlich am Haupteingang ab.

„Seien Sie willkommen", sagt er und schüttelt den Besuchern die Hand. „Ich darf Sie in mein Büro bitten!"

Hinter den freundlichen Worten erkennt Annette Basler eine routinierte Kälte.

„Aufzug oder Treppe?"

„Treppe bitte."

Der Geschäftsführer geht voran. Sein leicht gedrungener Körper bewegt sich federnd über die breiten Marmorstufen. Gewinner kann man schon am Gang erkennen.

„Kaffee, Cognac, Bier, was darf ich Ihnen anbieten?"

Letzte Freundlichkeiten vor dem Showdown, den alle erwarten und den alle wollen.

„Wenn es auch Wasser gibt?"

„Selbstverständlich."

Frau Dirschoweit bedient die Gäste ebenfalls mit professioneller Freundlichkeit.

René Gronwald nimmt einen kleinen Schluck Apollinaris. Es ist ein symbolischer Schluck.

„Wissen Sie, dass viele Menschen in Brasilien solch sauberes Wasser nicht trinken können?"

„Wo ich war, gab es überall sauberes und frisches Wasser."

„Wo wir waren, nicht!"

„Dann waren wir wohl an verschiedenen Orten."

„Wo Sie waren, wissen wir nicht, aber wir waren in Mesa Cayu."

„Ich weiß."

Spätestens jetzt sind die Visiere offen, aber sie wahren die Form. Wie alle Profis.

„Sechs Wochen lang, ein richtiger Abenteuer-Urlaub. Jeden Tag Neuigkeiten."

„Neues von der Schule, Neues vom Marktplatz, Neues von Boa Vista, ja - und sogar Neues von Thomas Tiberius, stimmt's?"

„Richtig, gerade von ihm haben wir besonders interessante Dinge erfahren."

„Schade."

„Wieso?"

„Schade, dass er tot ist. Er hätte Ihnen sicher noch viel mehr erzählen können."

René Gronwald schluckt und weiß im selben Moment, dass das nicht gut war.

„Irgendwann sind die Hemmungen weg, nicht wahr?"

„Aber Herr Kommissar!" Der Amerikaner spielt Theater und möchte das auch so verstanden wissen. „Wollen Sie damit vielleicht sagen, dass wir etwas mit seinem Tod zu tun haben?"

„Ja, selbstverständlich."

„Ich bitte Sie! Die Gerichtsmedizin sagt, dass Gift im Spiel war. Curare und Cocain. Die stammen ja wohl von Ihnen."

„Das hat mit seinem Tod nichts zu tun", sagt Annette Basler

kühl. „Das Gift war längst neutralisiert. Gab es nicht vielleicht irgendwelche Schussverletzungen?"

„Dr. da Silva hat keine gefunden."

„Vielleicht sollten wir nochmal nachschauen, wenn der Leichnam nach Deutschland kommt."

„Ich fürchte, daraus wird nichts." Phil Matthews schaut auf die Uhr. „Im Augenblick dürften sie ihn gerade einäschern. Wissen Sie, in der Hitze dort unten hält sich der Mensch nicht lange. Und der tote Mensch erst recht nicht."

René Gronwald kennt diesen Tätertyp. Irgendwo hat er ihn schon einmal erlebt. Im Moment kann er sich allerdings nicht daran erinnern. Nur soviel weiß er: Es gibt wenige von dieser Sorte. Normale Straftäter sind anders. Sie sind nicht so böse.

„Wenn ich Sie jetzt einen Verbrecher nennen würde, oder sogar einen Mörder, wären Sie mir dann gram?"

Der Geschäftsführer versucht einen Moment glauben zu machen, dass er ernsthaft über die Frage nachdenkt.

„Sagen wir so: Ich würde ein Urteil abhängig machen von Ihrer Begründung. Die würde ich von Ihnen fordern. Warum sollte ich ein Verbrecher sein?"

„Weil Sie in Mesa Cayu gerade dabei sind, ein paar tausend Kinder zu vergiften."

Phil Matthews schaut seinen Gegenüber mit großen Augen an. Eine ganze Weile schweigt er, dann sagt er in einem Ton, wie er selbstverständlicher gar nicht sein kann: „Da haben Sie recht. Wir vergiften Kinder. Es gibt aber noch eine andere Wahrheit: Wir machen Kinder satt. 5.000 jeden Tag, und das schon seit einem Jahr. Keines der Kinder könnte sich in einem normalen Laden einen Hamburger kaufen, wir wollen kein Geld."

„Aber das ist doch abartig", mischt sich Annette Basler ein, „Sie nehmen ihnen den Hunger und gleichzeitig die Gesundheit. Und ewig gibt´s die Dinger ja auch nicht umsonst. Wenn die Versuchsphase abgeschlossen ist, wenn Sie sich davon überzeugt haben, dass Ihre Dioxin-Hamburger süchtig machen und das Gift analytisch nicht nachweisbar ist, dann hängen plötzlich Preisschilder an den Buden, außerhalb von Mesa Cayu sowieso. Was ist dann mit Ihrer Hunger-Logik?"

„Wenn wir überall Marktführer sind, wenn unser Umsatz in die Höhe schnellt, dann können wir konkurrenzlos billig sein.

Dann kostet Fast-Food vielleicht nur noch die Hälfte. Und selbst die Habenichtse können sich dieses Essen leisten."

„Seltsam", sagt René Gronwald mit einem süffisanten Grinsen. „Auf dem Rauschgiftsektor macht man andere Erfahrungen. Monopolisten *erhöhen* die Preise. Wenn alle scharf sind auf Toledo-Hamburger und nur auf Toledo-Hamburger, dann wird irgendwann jeder Preis gezahlt."

Der Mann aus Nashville ist aufgestanden und geht langsam hinter seinem Schreibtisch auf und ab.

„... dann wird jeder Preis bezahlt", sagt er bedächtig. „Ich gehe davon aus, dass Sie Bescheid wissen. Nach sechs Wochen Mesa Cayu weiß ein Bulle wie Sie Bescheid. Und die Frau Doktor hat sicher auch ihre medizinischen Kenntnisse in die Ermittlungen eingebracht."

„So schwierig war das ja nicht."

„Egal, aber gehen auch Sie davon aus, dass *ich* Bescheid weiß."

„Worüber?", fragt René Gronwald.

„Über Ihren beruflichen Werdegang zum Beispiel. Dass Sie demnächst in einem ganz anderen Kommissariat tätig sind und mit mir leider keinen Kaffee mehr trinken dürfen."

Phil Matthews sucht nach Spuren von Überraschung im Gesicht des Kommissars. „Sie wissen schon von Ihrer Entmachtung?"

René Gronwald lacht. „Sie und ich, wir haben doch gleich gute Informanten. Sie wissen, was zu dieser Stunde in Brasilien mit Thomas Tiberius geschieht und ich weiß, was mir am Montag im Polizeipräsidium blüht."

„Schön", sagt der Boss. „Es ist also Ihr Abschiedsbesuch und der von Frau Dr. Basler auch. Ich weiß nicht so recht, was Sie unter diesen Umständen hierher treibt. Erst habe ich gedacht, Sie kommen, um mich zu erschießen. Aber unsere Überwachung hat Entwarnung gegeben. Sie sind unbewaffnet. Dann kann es eigentlich nur noch darum gehen, unser Konzept zu erfahren. Habe ich recht? Bullen sind neugierig. Auch noch nach Feierabend."

„Ihre Logik! Es geht uns um Ihre Logik. Genau deshalb sind wir noch einmal gekommen. Um Ihre Logik und um ein paar Randprobleme. Zum Beispiel: Haben Sie keine Angst, wenn Sie das Gift aus der Flasche lassen?"

„Angst?" Phil Matthews schaut seine Gesprächspartner ungläubig an. „Vor wem denn Angst? Vor der Justiz etwa? Da sind wir gut abgesichert."

„Durch die Finanzierung einer Herzverpflanzung zum Beispiel."

„Es gibt noch viel mehr", fährt Phil Matthews mit ruhiger Stimme fort. „Bei uns arbeiten zwei Psychologen. Einer ist für die Mitarbeiter und einer für die Firmenstrategie zuständig. Sie machen sich den lieben langen Tag Gedanken darüber, wie man Menschen motivieren kann, wie man sie packen kann, verführen kann, kaufen kann, wo ihre empfindlichen Stellen sind und so fort ..."

„... und ausschalten kann, indem man sie nach Karlsruhe schafft."

„Sagen Sie es anders: Indem man ihnen einen Herzenswunsch erfüllt."

„Und wenn es nicht geklappt hätte? Wenn Neuhaus weiter gemacht und Ihnen in einem halben Jahr eine Anklage präsentiert hätte?"

„Ein sehr, sehr unwahrscheinlicher Fall, das werden Sie zugeben müssen, Herr Gronwald. Durch den Generalstaatsanwalt sind wir in dieser Hinsicht schon auf der sicheren Seite. Aber gehen wir davon aus, dass es so kommt, wie Sie sagen. Dann haben die Gerichte das Wort. Meinen Sie, wir haben nicht vorgesorgt? Die Gerichte sind viel leichter zu händeln, als Sie glauben. Stellen Sie sich vor: Der Vorsitzende Richter, 55 Jahre alt und alles erreicht. Was glauben Sie, wie er reagiert, wenn wir ihm eine neue Tür aufmachen? Und ihm die Chance eröffnen, noch den Professorentitel zu erwerben? Die Leute zahlen für den Doktortitel schon 100.000. Der Professorentitel ist noch viel begehrter."

„Wie wollen Sie das schaffen?", fragt Annette Basler mit einem selbstsicheren Lächeln.

„Auf dem normalen Weg geht es selbstverständlich nicht. Aber auch diesbezüglich ist vorgesorgt. Vor Jahren haben wir über eine bekannte Anwaltssozietät am Fachbereich Rechtswissenschaft der Universität eine Stiftungsprofessur eingerichtet. Die bestücken *wir* – und zwar mit Leuten, die uns das wert sind. Was glauben Sie, wie viele Lehrstühle in Deutschland schon in der Hand der Wirtschaft sind!"

René Gronwald fixiert seinen Gegenüber mit einem durchdringenden Blick. „Irgendwann kommen Sie einmal an den Falschen. Der Ihr Spiel nicht mitspielt!"

„Ich weiß auch schon, an wen Sie jetzt denken." Phil Matthews kneift die Lippen zusammen und nickt heftig mit dem Kopf. „An den jungen Amtsrichter, am ehesten aus Frankfurt, wo alles möglich ist. Der gerade einmal drei oder vier Jahre im Dienst ist und noch Ideale hat. Der sich damit profiliert, dass er einen Spitzenmanager hinter Schloss und Riegel bringt. Den meinen Sie doch?"

„Genau den meine ich. Ist der Fall so unrealistisch?"

„Aber Herr Kommissar!" Der Boss ist wieder ganz Schulmeister. „Der junge Amtsrichter – er ist doch die erste Instanz. Die ist uns doch völlig egal." Phil Matthews hält einen Augenblick inne und dann überzieht ein breites Lächeln sein Gesicht. „Was rede ich denn! Sie ist uns selbstverständlich nicht gleichgültig. Im Gegenteil! Wir finden es toll, dass ab und zu mal ein junger Richter für wirtschaftskritische Schlagzeilen sorgt. Das ist ideal für die Optik. Jedem ist dann wieder klar: Unsere Justiz ist unabhängig und objektiv. Selbst eingefleischte Ökos kann man damit an der Nase herum führen."

„Die nächste Instanz gehört dann wieder Ihnen?"

„Nicht unbedingt. Die mittlere Instanz, da, wo der 55-jährige Landrichter sitzt, darf im Zweifel auch noch verloren gehen. Wichtig ist, dass die letzte Instanz in unserem Sinne entscheidet."

„Und das tut sie ja wohl auch, wie jeder Zeitungsleser weiß."

„Ohne Frage. Dabei ist das ein Geschenk der Politik. Schauen Sie sich doch nur an, wie man Oberrichter wird. Die großen Parteien setzen sie ein – immer einvernehmlich. Da ist kein Platz für Träumer oder Utopisten. Da tragen alle den Stempel *Zuverlässig* auf der Stirn."

„Ziemlich wasserdicht, was Sie uns schildern." In Annette Baslers Stimme schwingt ein Hauch von Anerkennung.

„Das kann man wohl sagen", entgegnet Phil Matthews, „und dazu gibt es noch einen gesellschaftspolitischen Vorteil gratis: Deutschland kennt keine Gewalt gegen die Justiz, keine Attentate auf Richter oder Staatsanwälte. Solange wenigstens die letzte Instanz uns gehört, müssen wir nicht schießen!"

Die Besucher wollen noch mehr wissen. „Sagen Sie, gibt es in Ihren Kreisen eigentlich so etwas wie ein schlechtes Gewissen? Oder wie sagt man: ethische Bedenken?"

Phil Matthews reagiert heftig. „Ethik, Schuld, und was noch alles! Das sind doch Erfindungen! Erfindungen von Leuten, denen es zu gut geht, die ihr Geld vom Staat bekommen. Für mich ist die Evolution entscheidend. Nach ihren Gesetzen richte ich mich. Denn die sind für mich verbindlich."

Der Chef ist aufgestanden und sucht im Wandschrank nach Zigarillos.

„Die Evolution sagt, wo es lang geht: Der Stärkere gewinnt. Der Clevere. Der Schnellere."

„... der Rücksichtslosere ...."

„Ja, auch der! Meinen Sie, unsere Konkurrenz schläft? Wenn wir eine Woche nicht aufpassen, können wir die Hälfte unserer Belegschaft entlassen. Und die Konkurrenz hat mit Ethik auch nichts im Sinn."

Jetzt brennt das neue Zigarillo und Phil Matthews inhaliert tief, ganz so, als ob ihn die Fragen der Besucher aus dem Gleichgewicht gebracht hätten.

„Da genügt es im übrigen nicht", fährt er fort, „die juristische Flanke zu sichern. Da muss man die gesamte Firmenstrategie fortlaufend verbessern. Nehmen Sie Monferrato als Beispiel: Die sind nur erfolgreich, weil sie eine hochintelligente Masche fahren – *Sie* werden wahrscheinlich von einer niederträchtigen Methode sprechen: Aus dem Saatgut, das sie den Bauern verkaufen, entsteht kein neues Saatgut mehr. Die Bauern müssen es sich jedes Frühjahr neu beschaffen. Bei Monferrato natürlich. Darüber hinaus ist das Saatgut genetisch so eingerichtet, dass es ausschließlich die Düngemittel und die Herbizide von Monferrato verträgt. Expandierende Geschäftsbeziehung nennt man das – und der Laden läuft. Wir haben im Fast-Food-Sektor, wo wir ja nur zuarbeiten, auf die Sucht-Schiene gesetzt. Eine neue Idee ist das im übrigen nicht. Der Lebens- und Genussmittelsektor hat sich längst schon entsprechend eingerichtet. Das gilt nicht nur für die Tabak-industrie. Die herkömmlichen Geschmacksverstärker sind ausgereizt. Jetzt haben die Neurobiologen das Wort. Was glauben Sie, was alles schon in der Schokolade steckt?" Der Boss lacht laut auf. „Der Zucker, das dürfen Sie mir wirklich glauben, ist es schon längst nicht mehr, der sie so unwiderstehlich macht."

Phil Matthews setzt sich hinter seinen Schreibtisch und ist sofort wieder die Ruhe selbst.

„Was wir da machen, ist so oder anders überall Standard – und selbstverständlich. Niemand hat deswegen Angst vor irgendjemandem – vor der Justiz oder ganz allgemein vor dem Staat, der uns im übrigen schon längst gehört. Oder glauben Sie ernsthaft, eine deutsche Regierung macht irgendwann Gesetze, die unseren Interessen zuwider laufen? Nein, nein, das ist nicht unser Problem." Der Geschäftsführer steht jetzt wieder auf und geht zum Fenster. „Eher sind es Leute wie Sie, Herr Gronwald, und Sie, Frau Dr. Basler, die uns Sorgen machen. Einzelkämpfer, Exoten, nur die noch, der Apparat nicht mehr."

Dann steht Phil Matthews einfach so da, hat irgendwie Haltung angenommen und lächelt. „Aber wie Sie sehen, ist das auch kein unlösbares Problem. Im neuen Dezernat wird der Kommissar nicht mehr viel Zeit haben für irgendwelche Dioxin-Eskapaden. Und Frau Dr. Basler kann ich mir als Alleinermittelnde, ehrlich gesagt, nicht vorstellen."

„Irgendwie sind Sie mutig, Herr Matthews", sagt Annette Basler nach einem kurzen Augenblick. „Ein riesiger krimineller Komplott und Sie können offensichtlich noch ruhig schlafen."

Jetzt ist der Boss wieder gefordert. Mit erhobenem Zeigefinger beugt er sich über den Schreibtisch.

„Da liegen Sie aber falsch. Mit Kriminalität hat das alles nichts zu tun. Das ist eine kulturelle Angelegenheit, verstehen Sie? Wir haben uns nicht zu rechtfertigen oder zu entschuldigen!"

Zwei Anrufe

Sie gehen zurück zum Wagen. Schneller als üblich laufen sie die Treppen hinunter zum Ausgang.

„Gut, dass wir das noch gemacht haben", sagt Annette Basler erleichtert.

„Ich kann mich nur an einen Weg erinnern, der noch wichtiger war."

„Sagst du ihn mir?"

„Der zum Schießplatz, im Mai, als ich dich kennen gelernt habe."

Annette Basler legt ihren Arm um die Hüfte von René Gronwald und drückt ihren Kopf an seine Schulter. Sie zittert, aber sie ist glücklich.

„Gegen das große Verbrechen kommt man nicht an", sagt die Ärztin.

„Weil es sich als Teil des Alltags getarnt hat", antwortet der Kommissar resigniert. „Weil es sich hinter Firmennamen, Bilanzen, chemischen Formeln versteckt. Und weil es unaufgeregt handelt und wie selbstverständlich inszeniert wird. Das Böse ist maskiert und hat Kreide gefressen. Nur so, im Kostüm des Banalen, funktioniert es."

Die Besucher umrunden geschickt die zahlreichen Pfützen auf dem grauen Asphalt des Parkplatzes.

„Sie haben den gesamten Staat unterwandert", fasst Annette Basler mit ruhiger Stimme zusammen.

„Davor hat schon Karl Marx gewarnt."

„Hilft uns das weiter?"

„Kaum, aber sie machen doch gerade noch etwas viel Schlimmeres."

„Und was?"

„Sie eliminieren - die Moral."

Am Auto öffnet René Gronwald zuerst die Beifahrertür. Es

passt nicht zu seinem eher diskreten Charme, aber Annette Basler bedankt sich artig. Als der Kommissar die Fahrertür aufsperrt, stutzt er einen Moment.

„Was ist?"

„Die Vorderräder sind nach links eingeschlagen", brummt der Kommissar. „Aber wir sind doch von da hinten gekommen."

„Es gibt keinen Sinn", sagt Annette Basler.

„Natürlich nicht", antwortet René Gronwald und setzt sich hinter das Steuer. Auch diesen Fehler wird er sich lange nicht verzeihen.

Er verlässt das Firmengelände und fährt über die Hanauer Landstraße Richtung Innenstadt. Schon nach etwa 100 Metern klingelt sein Handy. Es ist Klaus-Dieter Salzmann.

„Fahren Sie auf den Parkplatz des Fast-Food-Ladens auf der rechten Seite und halten Sie an."

René Gronwald fragt nicht nach und gibt auch seiner Beifahrerin keine Erklärung ab. Die Botschaft passt zur Reifengeschichte. Als er die Tür öffnet, hält der silbergraue BMW von Klaus-Dieter Salzmann schon neben ihm. Der Detektiv steigt aus und kommt an die Fahrerseite des Kommissars.

„Was gibt's?", fragt René Gronwald, der jetzt auf alles gefasst ist.

Klaus-Dieter Salzmann verstaut sein Handy in der Manteltasche. „Öffnen Sie mal die Kühlerhaube."

Die drei roten Stangen sehen aus wie überdimensionierte Silvesterkracher. Mit einem Klebeband sind sie mitten auf dem Motorblock befestigt, isolierte Drähte verbinden sie mit einer streichholzschachtelgroßen Box am Ende des reinen Dynamits. Klaus-Dieter Salzmann packt den Verteiler und reißt ihn heraus.

„Eine reine Vorsichtsmaßnahme", sagt er und grinst. „Wenn Sie über die Main-Brücke gefahren wären, hätte man die Ladung gezündet."

René Gronwald schüttelt den Kopf. „Während er uns oben die Karten aufgedeckt hat, als Teil einer Märchengeschichte, haben seine Leute unten unser Auto präpariert. Phil Matthews ist wirklich ein Schwein."

„Da liegen Sie falsch", sagt Klaus-Dieter Salzmann.

„Wieso falsch?"

„Phil Matthews hat mit dem Dynamit nichts zu tun."

„Nichts zu tun? Der Obergangster hat unseren Wagen nicht vermint? Wer sonst?"

„Das ist eine komplizierte Geschichte."

„Die Sie kennen!", sagt René Gronwald. „Weil Sie die Firma weiter belauscht haben."

„Richtig, aber hören Sie jetzt bloß auf, deswegen rumzu-jammern. Andernfalls würden Sie nämlich in einer Viertel-stunde in die Luft fliegen."

René Gronwald sieht das ein. „Erzählen Sie bitte."

„Der Mesa Cayu-Komplott ist nicht alles..."

Annette Basler besteht darauf, dass Klaus-Dieter Salzmann seine Geschichte im Lokal erzählt. Dort sind nur wenige Ti-sche besetzt und auch vor den Schaltern stehen nur drei oder vier Kunden. Sie setzen sich in die Nähe des Toiletten-Abgangs. Dort werden sie ungestört bleiben. Der Kommissar holt drei Portionen Kaffee. Vor gut zehn Jahren hat er das letzte Mal in einem Fast-Food-Laden gegessen. Der Mac-Farmer ist ihm in grausamer Erinnerung geblieben. Der Kaffee war allerdings gut, obwohl es ihn im Pappbecher gab, so wie heute.

„Mesa Cayu war nicht alles – da bin ich aber gespannt."

Klaus-Dieter Salzmann führt den Becher vorsichtig an den Mund und nimmt einen kleinen Schluck. „Ich habe das Gefühl, dass Sie schon längst Bescheid wissen."

„Wieso sollte ich?"

Der Detektiv zuckt mit den Schultern. „Polizistenhirne. Ich weiß doch, wie sie funktionieren."

„Geben Sie mir wenigstens eine Hilfe."

„Sie haben mich vorgestern gefragt, was das Militär mit der Versetzung von Dirk Neuhaus zu tun hat ...?"

„Ja, und?"

„Ist Ihnen in der Zwischenzeit nichts eingefallen?"

„Nein, um ehrlich zu sein." René Gronwald überlegt ange-strengt, was ihm entgangen sein könnte.

„Ist auch egal", fährt Klaus-Dieter Salzmann fort. „Jedenfalls hat der MSD schon im Sommer von den Dioxin-Arbeiten bei Toledo-Wellness erfahren. Von wem, das weiß ich selbst nicht. Einer meiner Mitarbeiter ist der Meinung, dass der Generalstaatsanwalt die Infos weitergab. Wie dem auch sei, im August hat deren Präsident höchstpersönlich bei Toledo nachgefragt, ob man zu weiteren Forschungen am Dioxin bereit sei. Klar, hieß es dort. Phil Matthews hat allerdings auf die Risiken hingewiesen, die seitens der Strafverfolgungsbehörden bestehen. Darauf hin setzte sich der MSD mit dem Generalstaatsanwalt in Verbindung. Der hat zunächst abgewiegelt. Die Verfahren seien erledigt und neue nicht zu erwarten. Aber der MSD wollte auf Nummer sicher gehen."

„Was heißt das: auf Nummer sicher gehen? Um was drehte es sich?"

„Warten Sie einen Augenblick. Der Sicherheitsdienst wollte eine Garantie dafür, dass sich die Justiz völlig aus der – neuen – Dioxin-Geschichte heraushält. Man hat sich schnell geeinigt." Klaus-Dieter Salzmann lacht hämisch. „Dirk Neuhaus, der einzige Staatsanwalt, der in der Lage gewesen wäre, die Sache zu durchschauen, wird zur Bundesanwaltschaft versetzt. Übrigens nicht gegen seinen Willen, denn das war ja sein großes Ziel schon immer gewesen. Und er kann dort bleiben, auch wenn er nur Scheiße baut."

„Wusste Dirk Neuhaus, warum ihm plötzlich sein alter Berufswunsch erfüllt wurde?"

„Aber ja. Der MSD war – wie Sie auch schon wissen – bei ihm und hat die Karten auf den Tisch gelegt."

Annette Basler erinnert sich jetzt daran, dass sie mit Dirk Neuhaus schon ein paar Mal essen war. Gott sei dank nur essen.

„Ja, und gegenüber dem Generalstaatsanwalt hat man sich selbstverständlich auch abgesichert. Dr. Kahlo war zwar von Anfang an den Plänen der Militärs zugetan, aber man hat ihm sicherheitshalber noch einmal klar gemacht, dass man die Umstände der Herzverpflanzung seiner Ehefrau kennt. Damit war auch der im Sack."

„Und jetzt sagen Sie uns, um was es dem MSD ging."

„Das sage ich Ihnen sogleich. Eine Sache habe ich aber vergessen. Herr Gronwald – Sie haben auch noch eine Rolle gespielt."

„So?"

„Irgendjemand im MSD hat gemeint, dass Sie das eigentliche Problem darstellten. Man hat daraufhin diskutiert, wie man

Sie kalt stellen könnte. Schließlich hat sich Phil Matthews bereit erklärt, den Fall zu lösen. Er hat dann Ihren Chef angesprochen."

„Und der hat das Spiel mitgespielt. Einfach so?"

„Hat er. Allerdings gegen Cash."

„Gegen Cash?"

„Gegen Cash – ich habe Ihnen vorgestern nicht die ganze Wahrheit gesagt. Toledo hat für Sie bezahlt."

„Wieviel?"

„100.000, ganz formlos, im Umschlag."

Klaus-Dieter Salzmann hat jetzt Hunger bekommen und macht sich auf den Weg zum Schalter. „Darf ich Ihnen etwas mitbringen?" Die beiden schütteln den Kopf.

„Wissen Sie", sagt der Detektiv, als er kurz darauf wieder Platz nimmt, „dass das Militär schon seit langem im Dioxin-Geschäft steckt? Seit 1958, um genau zu sein. Eigentlich seit es diese Verbindung gibt – oder sagen wir besser, seit diese Verbindung mit ihren ungeheuren Wirkungen bekannt ist. Einige Unfälle in der Chemie-Industrie hatten die außerordentliche Giftigkeit der Chemikalie aufgezeigt – und dadurch beim Militär entsprechende Begehrlichkeiten geweckt."

„Das kann ich mir gut vorstellen", wirft Annette Basler ein. „Gezielt angewendet können ein paar Kilogramm Millionen Menschen töten."

Klaus-Dieter Salzmann nickt. „Die Vietnamesen haben ausgerechnet, dass schon mit sieben Gramm vom Seveso-Dioxin ganz New York ausgelöscht werden könnte. Dagegen ist der 11. September ein Klacks. Aber diese Berechnungen wurden während des Vietnamkriegs durchgeführt und da war wohl der Wunsch der Vater des Gedankens. Außerdem hatte man in den fünfziger Jahren noch keine konkreten Vorstellungen vom Einsatz der Gifte. Nur, dass es ein As in der Palette der Vernichtungswaffen sein konnte, das war klar."

„Und jetzt, wo wir militärisch wieder wer sind und immer mehr Zurückhaltung aufgeben, hat sich die Hardthöhe an die alte Geschichte erinnert."

„Nicht nur an die *alte* Geschichte, Herr Gronwald!" Klaus-Dieter Salzmann macht es spannend. „Es ging hauptsächlich um die *neuen* Wirkungen, die von Professor Engel erkannt beziehungsweise erhöht worden waren. Die Vernichtungswirkung des Dioxins war zwar auch noch von Bedeutung, insbesondere im Hinblick auf seine einfache Herstellbarkeit. Atombomben sind viel schwerer zu bauen. Aber jetzt ging es um mehr. Oder besser gesagt: Zunächst einmal ging es um etwas anderes ..."

„... da fällt mir spontan wieder der 11. September ein ..."

„... und damit liegen Sie genau richtig, Frau Dr. Basler." Klaus-Dieter Salzmann nickt der Ärztin anerkennend zu. „Nach der Geschichte in New York war die Terroristenbekämpfung in den Mittelpunkt des militärischen Interesses gerückt. Sie erinnern sich an die Worte von Präsident Bush: *Wir sind im Krieg!* Afghanistan kaputt bomben war einfach, und das Unternehmen Euphrat ging auch irgendwie über die Bühne. Aber danach gab es immer noch, oder besser gesagt: gab es mehr denn je das Problem der Flugzeugentführungen, und zwar in der neuen Variante: vollgetankte Maschinen, die auf Kernkraftwerke, Chemieanlagen oder Baseballstadien stürzen. Engels Super-dope, an dem er seit dem Tod seiner Tochter arbeitete, war genau das, was die Militärs suchten: Ein Stoff, der den Highjacker vom Löwen zum Lamm degradiert, der die Macht des Korans in Sekundenschnelle bricht. Ein entsprechendes System, in den Flugzeugen installiert, würde alle anderen millionenteuren Sicherungseinrichtungen überflüssig machen."

„Deswegen sollte Engel an seinem ursprünglichen Projekt weiter arbeiten können!"

Klaus-Dieter Salzmann nickt. „Allerdings hatten die Militärs dabei ihr altes Ziel nicht aus den Augen verloren. Kriege, richtige Kriege, gewinnen. Und jetzt ist der Hardthöhe mit einem Mal klar geworden, wie primitiv doch die herkömmliche Waffenlogik ist. Alle Atom-, Bio- und Chemiewaffen können nur eins: Töten. Und sie hinterlassen zudem verseuchtes Land. Was für ein Schwachsinn!"

„Dioxin kann viel mehr", sinniert Annette Basler. „Es macht auch den Gegner am Boden antriebslos und damit ungefährlich ..."

„... und er bleibt am Leben und kann eventuell mit einer noch moderneren Dioxin-Variante für die Zwecke des Angreifers verfügbar gemacht werden. - Als dann die Militärs von dem

Projekt in Mesa Cayu erfuhren, wurde ihnen schlagartig bewusst, dass im Dioxin noch viel mehr Möglichkeiten stecken, die sie für ihre Kriegslogik nutzen können."

„Hunger kann als Waffe eingesetzt werden, natürlich ..."

„Und umgekehrt." Klaus-Dieter Salzmann beisst entschlossen in seinen Hamburger. „Ein Stoff, der hungrig macht, kann vielleicht auch zum Sattmacher umgepolt werden. Zuckerbrot und Peitsche! Und vor allem der Suchtaspekt! Süchtige kann man problemlos steuern."

„Furchtbar", sagt der Kommissar. „In den Akten waren massenhaft Allgemeinbeschwerden dargestellt. Wenn ich mir vorstelle, dass man diese Wirkungen isoliert und steigert, dann graust mir."

„Was gab es denn noch?", fragt Annette Basler.

„Praktisch alles", antwortet René Gronwald. „Schlaflosigkeit, Schweißausbrüche, Unfruchtbarkeit ...."

„Unfruchtbarkeit?"

„Ja, stark belastete Frauen wurden entweder gar nicht mehr schwanger oder brachten tote beziehungsweise lebensunfähige Kinder zur Welt."

„Mein Gott!" Annette Basler schüttelt den Kopf.

„Da kommt man auf schlimme Gedanken, nicht wahr?" Klaus-Dieter Salzmann grinst mitleidsvoll.

„Mit einem entsprechend ausgerichteten Dioxin", führt die Ärztin den Gedanken zu Ende, „könnte man ganze Völker ausrotten. Eine Handvoll Sprühflugzeuge würden ausreichen. Die Pille für alle aus der Luft! Man müsste sich halt nur ein bisschen gedulden, aber es wäre eine unbedingt zuverlässige Methode."

„Man kann es auch positiv sehen", wirft der Detektiv sarkastisch ein, „aus der Sicht der Ersten Welt jedenfalls: Die Vermehrung der Menschen in vernünftige Bahnen lenken. Die Fortpflanzungs-Meister aus Indien oder Uganda in die Schranken verweisen. Die Ein-Kind-Familie nicht mehr mittels teurer Überzeugungsarbeit durchzusetzen versuchen, sondern mittels zuverlässiger Chemie tatsächlich auch realisieren. Damit die Dritte Welt nicht überläuft! Das wäre in unser aller Interesse."

„Lauter Dinge, die für die Militärs äußerst interessant sind", sagt René Gronwald.

„Was heißt: interessant?", hakt Klaus-Dieter Salzmann nach.

„Dioxin bedient ihre Allmachtsphantasien. Kriege gewinnen, schnell und gründlich, ohne dass CNN oder der SPIEGEL hässliche Leichenbilder zeigen können. Und zudem: im Vorfeld schon die gegnerische Manpower ausschalten, Krisenherde schaffen oder gar nicht erst entstehen lassen. Geschichte schreiben, heißt das und davon träumen sie, solange es sie gibt."

„Was wird die Gesellschaft zu all dem sagen?", fragt Annette Basler mehr herausfordernd als nachdenklich. „Irgendwann erfährt sie doch von der neuen Rüstungs-Eskalation."

Klaus-Dieter Salzmann lacht. „Denken Sie an einen Skandal, vielleicht sogar an eine Staatskrise oder zumindest an einen Untersuchungsausschuss? Weil das ja alles schlichtweg verboten ist?" Der Detektiv schüttelt den Kopf. „Die Gesellschaft hat sich doch schon mit der Verwertung von Embryonen abgefunden, sie kennt keine Skrupel mehr. Da hat die Politk leichtes Spiel. Sie verkauft den waffentechnischen Quantensprung als einen Beitrag zur Humanisierung des Krieges und wird nur Beifall ernten. Gegenüber Waffengängen, die noch nicht einmal auf der Seite des Gegners einen Blutzoll fordern, gibt es keine Bedenken mehr!"

„Und deshalb freie Bahn für Professor Engel!"

„Er ist der einzigen Wissenschaftler, weltweit sogar, der das Dioxin-Molekül beherrscht."

René Gronwald holt eine neue Lage Kaffee. „Das stammt alles aus den Gesprächen, die Sie mitgeschnitten haben?"

„Ihnen ist doch klar: Detektive müssen viel wissen, um Erfolg zu haben. Und da habe ich schnell gemerkt, dass bei Toledo ein noch viel größeres Ding in Szene gesetzt wird, bei dem der MSD eine Hauptrolle spielt. Daraufhin haben wir alles aufgenommen."

„Aber dass sie uns in die Luft jagen wollten, konnten Sie doch auf diese Weise gar nicht in Erfahrung bringen."

„Darüber wurde im Hause Toledo auch nicht gesprochen. Wie ich Ihnen schon sagte: Das Ding hat der MSD allein gedreht; Phil Matthews weiß nichts davon."

„Und wer hat es Ihnen gesagt?"

„Niemand. Ich wusste von Ihrem Termin heute und bin halt einfach dazugekommen. Ehrlich gesagt, ich hatte ein dummes

Gefühl im Bauch. So eine Art siebter Sinn. Auf dem Parkplatz habe ich gesehen, wie zwei Männer Ihren Wagen präparierten. Dreißig Sekunden haben sie gebraucht und sind dann über die Mauer verschwunden."

„Sagen Sie mir bitte noch eins." René Gronwalds Gesicht ist blass geworden, seine Lippen haben sich zu einem Strich verengt. „Warum wollte uns der MSD beseitigen? War es nicht ausreichend, meine Versetzung zu betreiben – wie bei Dirk Neuhaus?"

„Phil Matthews hat das ebenso gesehen. Aber der MSD wollte auch bei Ihnen auf Nummer sicher gehen. Sie beide waren den Militärs nicht geheuer. Einzelgänger bei der Polizei halten die immer für gefährlich. Auch hieß es einmal, Sie beide seien eine brisante Mischung. Ich glaube, es war ihnen auch wichtig, Sie, Frau Dr. Basler, zu beseitigen."

Annette Basler ringt sich ein Lächeln ab. „Nun ist es misslungen und wir können weiter machen."

Der Kommissar hat noch eine Frage: „Dynamit. Sie haben unseren Wagen mit Dynamit präpariert. Eine überholte Methode, oder?"

„Allerdings. Es gibt heute viel Wirksameres, Plastiksprengstoff im Miniformat oder Sauerstoff-Reduktoren. Aber vergessen Sie nicht: Im MSD arbeiten Logistiker der Spitzenklasse. Mit Dynamit legen sie falsche Spuren. In Richtung der Russenmafia zum Beispiel. Die hat zwar Geld genug für alle möglichen Sperenzien, aber traditionell hängt sie immer noch am alten Lösungsmuster. Und das heißt Dynamit!"

Für Klaus-Dieter Salzmann ist es Zeit, zu gehen. „Wenn ich Ihnen einen guten Rat geben darf: Hören Sie auf. Dynamit kann man überall verstecken. Und es muss ja, wie gesagt, gar nicht Dynamit sein."

„Danke", sagt René Gronwald noch und Klaus-Dieter Salzmann antwortet: „Keine Ursache."

Sie trinken ihren Kaffee aus und gehen zum Wagen. „Was machen wir mit dem Zeug?", fragt Annette Basler mit Blick auf die gefährlichen Stangen auf dem Beifahrersitz.

„Aufheben", antwortet René Gronwald. „Kommt Zeit, kommt Rat ..."

„... kommt Attentat. Ich weiß. Aber pass auf, dass du nicht noch in der Registratur landest!"

Sie fahren langsam in Richtung des trüben Flusses. Sie sind noch am Leben, aber sie haben verloren. Trotzdem ist mit einem Mal alle Anspannung von ihnen gefallen. Ein schwer beschreibbares Gefühl von Glück überkommt beide. Annette Basler erinnert sich an einen Roman von Leo Tolstoi, den sie in der Schule gelesen hat. Auf dem Gang zur Guillotine empfindet der Verurteilte eine grenzenlose Seligkeit. Mit massenhaft Serotonin wehrt sich das Hirn gegen die furchtbare Wahrheit.

„Wir haben wirklich keine Chance mehr, oder?"

„Der Detektiv hat Recht", antwortet René Gronwald. „Am Militär kommen wir nicht vorbei. Sie legen Bomben – rein vorsichtshalber, wenn es sein muss."

„Und was jetzt?"

Als Annette Basler ihre Wohnung in Sachsenhausen aufsperrt, klingelt das Telefon.

„Nein!", sagt sie unwirsch, nimmt aber trotzdem ab. Es könnten auch ihre Eltern sein – oder das Institut mit einem Notfall.

„Ja", sagt sie schließlich und dann spricht sie zehn Minuten nur noch im Slang der brasilianischen Savanne. Erst ist ihr Gesicht blass geworden, dann hat sie geweint und am Ende glühen ihre Wangen. René Gronwald weiß, dass etwas Ungeheuerliches geschehen sein muß. „Was ist?", fragt er, als Annette Basler aufgelegt hat.

„Das war Senhora Costellan", antwortet die Ärztin.

„Die Schulleiterin aus Mesa Cayu?"

„Ich hatte ihr meine Karte gegeben." Und nach einer Pause: „Isabel ist tot."

„Das Leprakind aus der Klasse 10 B?"

„Ja. Sie ist vorgestern gestorben. Auch durch die Hamburger, wie Senhora Costellan sagt."

„Um Gottes willen!" René Gronwald ist erschrocken.

„Aber jeder Tod macht einen Sinn", antwortet Annette Basler und verliert augenblicklich ihre Angst. „Die Senhora hat mir erzählt, dass da unten jetzt die Dämme gebrochen sind. Isabel war sehr beliebt. Sie lassen sich das nicht mehr gefallen. Es gibt eine Bürgerbewegung gegen die Boa Vista. Die Menschen seien betroffen darüber, dass zwei Fremde aus Deutschland sich eingesetzt und sogar ihr Leben gewagt hätten, während sie selbst zu all den Dingen, sogar zur Vergiftung der eigenen Kinder, geschwiegen hätten."

Sie stellt sich vor den Kommissar und rüttelt mit beiden Händen an seinen Schultern.

„Professor Vasco hat sich angesagt für ein Referat. Eine große amerikanische Fernsehstation wird über den Skandal berichten. Amerika hat angebissen – verstehst du, das bessere Amerika! Es gibt Licht am Ende des Tunnels und wir gehören zu denen, die es angezündet haben!" Jetzt fällt sie ihm weinend um den Hals. „Was wir getan haben, war nicht umsonst", schluchzt sie, während René Gronwald ihren zitternden Körper an sich zieht.

Eine Weile stehen beide so da, aneinander geschmiegt, und schweigen. Dann geht Annette Basler in die Küche und holt den Wein. Sie schenkt zwei Gläser voll und setzt sich auf die Couch. „Über einen Punkt sollten wir uns an dieser Stelle allerdings noch klar werden. Damit wir nicht noch einmal in die falsche Firma investieren: Die Justiz ist abgehakt. Gestrichen aus dem Katalog der Hoffnungsträger. Verbindlich."

„Selbstverständlich", antwortet René Gronwald angestrengt.

„Ich weiß, wie schwer dir das fällt", fährt Annette Basler fort und bittet mit offenen Armen den Kommissar zu sich. „Du hast viele Nachtschichten gemacht für deine Staatsanwälte. Die Justiz war dir eine Herzensangelegenheit."

René Gronwald geht zum Fenster und schaut über die schmuddelige Stadt. Die Taunusberge sind in tiefhängende Wolken gehüllt und die Fahne aus dem Schornstein der Müllverbrennungsanlage in der Nordweststadt zeigt nach Süden. „Das ist leider nicht alles", antwortet er. „Ich habe an sie geglaubt."

Dann sitzen sie nebeneinander auf der Couch und Annette Basler streicht ihrem Kommissar zärtlich mit der Hand über Stirn und Wangen. „Vergiss sie einfach. Wenn wir ehrlich sein wollen: So richtig was getaugt hat sie doch noch nie. Stets eitel und selbstverliebt und immer auf der Seite der Starken." Die Medizinerin lächelt milde. „Arme alte Tante Justiz!"

Langsam hellen sich die Gesichtszüge des Kommissars wieder auf. „Es muss anders gehen", sagt er schließlich.

„Es kann nur anders gehen", antwortet Annette Basler. „Die Menschen müssen die Dinge selbst in die Hand nehmen und dürfen sie nicht mehr delegieren – an dubiose Apparate, die sich Justiz nennen oder wie auch immer und die früher oder später alle korrupt werden."

„Und unser Part?"

„Den haben wir doch in Brasilien schon gespielt. Diejenigen, die es können, müssen aufklären, müssen die Zusammenhänge transparent machen, müssen Öffentlichkeit schaffen. Müssen Roß und Reiter nennen. Verbrecher haben Namen, heißen beispielsweise Phil Matthews; Opfer haben Gesichter, oft weiß, wie die von Pedro und Isabel, und jedes Tun hat ein Motiv, vielleicht Gewinnsucht. Wenn die Menschen erfahren, dass sie missbraucht werden, und dann noch erfahren, von wem sie in welcher Weise und zu welchem Zweck sie missbraucht werden, dann werden sie sich wehren. Es ist so wichtig, dass man ihnen ihre Situation erläutert und ihre Möglichkeiten aufzeigt. Denn es gibt 1000 Toledos und noch mehr Mesa Cayus."

Ihr Optimismus steckt ihn an, aber noch gibt es Zweifel.

„Der Gegner ist mächtig!"

„Das Wissen um die Dinge ist mächtiger! Davor fürchtet sich die Gegenseite: dass ihre Schandtaten publik werden. Willi Urban musste sterben, weil er als undichte Stelle in Betracht kam. Und wir – Phil Matthews glaubt, dass er mit uns leben kann; er sieht uns nur als Teil der Justiz. Dem MSD waren wir aber schon drei Stangen Dynamit wert. Und bedenke: Das Große Dorf, das sie uns gebaut haben, birgt auch eine große Chance: Die Informationen sind schnell rund."

René Gronwald steht auf fremdem Land und dort halten sich noch viele Ressentiments. „Aber glaubst Du nicht, dass die Menschen, jedenfalls in unseren Breiten, längst widerstandsunfähig sind, abgelenkt oder sogar gelähmt durch die alltäglichen Verlockungen: Bier und Bratwurst, Mallorca-Urlaub und Autofahren?"

Annette Basler schüttelt den Kopf. „Die Evolution hat nicht nur die Lust auf den Kick im Programm, sondern noch etwas ganz anderes: soziale Kompetenz, Verantwortung, Solidarität. Es gibt uns nicht deshalb schon zwei Millionen Jahre, weil wir vornehmlich Bilanzen fälschen und Kinder vergiften."

Sie werden das Spiel mitspielen, das jetzt in der staubigen Savanne von Pais Extenso begonnen hat. Morgen schon wird der Film, den Annette Basler vom heißen Dach des Hotels Paraíso aus gedreht hat, einen neuen Besitzer haben, und der setzt ihn zur besten Sendezeit ins Programm. Sie werden einem Millionenpublikum von ihren Erlebnissen berichten und die Geschichte vom armen Pedro und der kleinen Isabel erzählen.

Aber heute wollen sie erst einmal die neue Botschaft feiern. In Brasilien brennen jetzt nicht nur die Wälder. Bald wird es aufhören, dass immer nur die anderen gewinnen. Am Luisenplatz essen die Ärztin und der Kommissar Spaghetti und dann trinken sie Ecke um Ecke einen Wein. Als sie kurz vor Mitternacht nach Hause gehen, sind die Flugzeuge über ihren Köpfen noch genau so laut wie am Nachmittag. An der Litfasssäule eingangs der Gartenstraße klebt ein Plakat: *Stille ist ein Menschenrecht.*

„Ein langer Weg", sagt René Gronwald.

Anhang

Der Autor

Erich Schöndorf, 1947 in Ulm/Mittelhessen geboren, studierte in Giessen/L. und Frankfurt/M. Rechtswissenschaften. Zwischen 1977 und 1996 war er in Frankfurt/M. als Staatsanwalt tätig. Im bekannten Holzschutzmittel-Verfahren leitete er die Ermittlungen und vertrat auch die Anklage. 1996 quittierte er den Justizdienst und arbeitet seitdem als Professor für Umweltrecht an der Fachhochschule Frankfurt/M. Im BUND und EUROSOLAR engagiert er sich für eine radikale Wende in der Energiepolitik: weg vom Öl – hin zur Sonne!

Buchveröffentlichungen:

Von Menschen und Ratten – Über das Scheitern der Justiz im Holzschutzmittel-Skandal, 1998, Verlag Die Werkstatt

Strafjustiz auf Abwegen – Ein Staatsanwalt zieht Bilanz, 2001, Fachhochschulverlag Frankfurt/M.

Kinderbücher:

Federhut – Ein Wintermärchen
Federhut – Ein Sommermärchen

Die Bücher sind - auch als signierte Exemplare - über den Bad Vilbeler Buchverlag zu beziehen. Die beiden Kinderbücher sind ausschließlich bei dem Verlag erhältlich.

Danksagung

Ich habe zahlreichen Menschen zu danken, die mir bei diesem Buch geholfen haben:

Gudrun Rehmann, meiner Lektorin, die tapfer gegen das Pisa-Phänomen ankorrigiert hat,
Prof. Wolf Paul, dem Brasilien-Kenner und Experten für Indianerrecht,
Vanessa Richter, zuständig für die portugiesische Sprache,
Prof. Markus Rothschild und Dr. Stefan Tönnes vom Zentrum der Rechtsmedizin in Frankfurt a.M.,
Dr. Stefan Stadler und Dr. Rüdiger Dmoch vom Zoologischen Garten in Frankfurt a.M.,
Prof. Georg Zizka vom Senckenberg-Institut in Frankfurt a.M.,
Dr. Carsten Alsen-Hinrichs und Rainer Fabig, den Dioxin-Spezialisten aus Kiel und Hamburg,
Prof. Peter Schönhöfer, dem Bremer Pharmakologen,
Prof. Otmar Wassermann, dem Kieler Toxikologen,
Jürgen Streich, dem Frechener Umweltjournalisten sowie
Rechtsanwalt Winfried Seibert aus Köln, der die juristische Flanke gesichert hat.

Glücklicherweise durfte ich noch auf eine Reihe weiterer Unterstützer zurückgreifen: Da gibt es zum Beispiel die Dame am Telefon der Frankfurter Stadtverwaltung, die mir den Namen des Cafes am Römer verraten hat, wo die beiden Ermittler gefrühstückt haben, und den freundlichen Herrn aus Nord-Baden, der mir von der glorreichen Geschichte Karlsruhes berichtete. Aventis-Deutschland hat mich über das Thema Tierversuche informiert und die Hessische Justiz konnte vermelden, dass aufgrund des Einsatzes von Teilzeitkräften heute mehr Staatsanwälte im Dienst sind, als von den Planstellen vorgesehen. Und, und, und ...... Ich habe die Namen meiner freundlichen Helfer leider nicht alle notieren können. Ihnen dennoch an dieser Stelle meinen herzlichsten Dank!

Dr. Erich Schöndorf, im Oktober 2002

461